Kondensatoren

Kondensatoren

Dielektrikum   Bemessung   Anwendung

Von

Fritz Liebscher   **Wolfgang Held**

Mit 226 Abbildungen

Springer-Verlag

Berlin Heidelberg New York

1968

Dr.-Ing. FRITZ LIEBSCHER
Ehem. Oberingenieur im Dynamowerk
der Siemens AG, Berlin

Dr.-Ing. WOLFGANG HELD
Oberingenieur im Dynamowerk
der Siemens AG, Berlin

ISBN-13: 978-3-642-95069-8   e-ISBN-13: 978-3-642-95068-1
DOI: 10.1007/ 978-3-642-95068-1

Vorwort

Der Kondensator ist seit 200 Jahren als Speicher elektrischer Ladungen bekannt. Er wurde jedoch erst etwa am Anfang dieses Jahrhunderts in die Nachrichtentechnik und 2 bis 3 Jahrzehnte später in die Starkstromtechnik in größerem Maße eingeführt. Unsere Kenntnisse von den Isolierstoffen waren um 1900 noch gering. Ihre Vielzahl, ihre unterschiedliche Struktur, ihre oft ungenügende Reinheit, der Mangel an geeigneten Meßgeräten erschwerten die Erforschung der Vorgänge, die in den Isolierstoffen unter dem Einfluß des elektrischen Feldes und der Temperatur ablaufen. Mehrere Theorien wurden zur Beschreibung der Vorgänge entwickelt.

Die anfangs gebräuchlichen Dielektrika, wie Glimmer, Glas, Wachs u. a., waren für die Anwendung in großem Umfang wenig geeignet. In den letzten Jahrzehnten wurden hoch beanspruchbare Dielektrika gefunden, wie keramische Massen mit hoher Dielektrizitätskonstante, das äußerst dünne Dielektrikum des Elektrolytkondensators, verlustarme Kunststoffolien und vor allem das Dielektrikum aus getränktem Papier. Jedes Dielektrikum hat sich sein Anwendungsgebiet erobert. Darüber wird in diesem Buch berichtet; vor allem aber ist vom dünnschichtigen Papier-Dielektrikum die Rede, dessen wirtschaftliche Bedeutung die der anderen Dielektriken überragt.

Die Papierisolation hat sich nach Vervollkommnung der Papiere und Tränkmittel sowie der Trocknungs- und Tränkverfahren hervorragend bewährt. Sie wird für Transformatoren, Kabel, Kondensatoren der Starkstrom- und Nachrichtentechnik usw. in großem Umfang angewendet. Hervorgehoben sei an dieser Stelle der Kondensator für große Leistungen, der in den Energieversorgungsnetzen in ständig wachsendem Maße die induktive Blindleistung der Leitungen, Transformatoren, Motoren kompensiert und damit die Energieerzeuger in den Kraftwerken entlastet. In den letzten 15 Jahren wurde die Güte des Kondensatorpapieres beträchtlich verbessert; damit konnte die Leistung je Raumeinheit verdreifacht und die Wirtschaftlichkeit des Leistungskondensators entscheidend verbessert werden.

Teil I des Buches unterrichtet kurz über die beim Kondensator gebräuchlichen Grundbegriffe und über die Vorgänge im Dielektrikum und weist auf die Dipoltheorie von DEBYE und die Theorien von K. W. WAG-

NER und P. BÖNING hin. Teil II behandelt ausführlich den Papierkondensator, vor allem sein Dielektrikum sowie seine Bemessung, den Aufbau und die Herstellung. Die anderen, oben genannten Dielektrika werden in Teil III beschrieben. Schließlich werden im Teil IV kurz gefaßte Übersichten über zahlreiche Anwendungen der Kondensatoren in Technik und Forschung gebracht. Dabei wird u.a. auf die unterschiedlichen Methoden der Blindleistungskompensation in Europa, den USA und Japan hingewiesen, ein Wirtschaftlichkeitsvergleich des Kondensators mit der Blindleistungsmaschine gebracht, die Kompensation von Fernleitungen durch Reihenkondensatoren und Blindleistungsfragen bei der Hochspannungs-Gleichstromübertragung behandelt. Auch auf die Verwendung des Kondensators als Energiespeicher zur Erzeugung sehr hoher Spannungen und Stoßströme für Prüf- und Forschungszwecke und auf vieles andere mehr wird eingegangen.

Bis heute sind etwa 2000 Aufsätze über den Kondensator, sein Dielektrikum und seine Anwendung erschienen. Einige Bücher befassen sich vorwiegend mit dem Einsatz des Kondensators in Netzen und Anlagen. Dieses Buch behandelt dagegen den Kondensator selbst und sein Dielektrikum; es schließt somit eine Lücke und ergänzt die bisher erschienenen Bücher. Wir glauben, daß das Buch nicht nur für den Hersteller und Anwender des Kondensators von Nutzen ist, sondern auch für Fachleute auf dem Isolationsgebiet und für Studierende der Elektrotechnik. Es soll anregen, zahlreiche noch offene Fragen zu klären.

Die Verfasser sind der Siemens AG, insbesondere der Leitung des Dynamowerkes, für die Förderung der Arbeit zu Dank verpflichtet. Wir danken Herrn Dipl.-Ing. F. J. POLLMEIER und seinen Mitarbeitern für ihre Mitarbeit bei Messungen und bei der Abfassung des Manuskriptes. Dem Springer-Verlag sind wir für die vorzügliche Ausstattung des Buches dankbar.

Berlin-Siemensstadt, im Januar 1968

F. Liebscher   W. Held

Inhaltsverzeichnis

Verzeichnis der Formelzeichen

A Fläche

a Atomradius

$\varkappa$ Polarisierbarkeit

$\varkappa_E$ Elektronenpolarisierbarkeit

$\varkappa_{Or}$ Orientierungspolarisierbarkeit

$\varkappa_d$ Wärmedurchgangszahl

$\varkappa_i$ innere Wärmeübergangszahl

$\varkappa_a$ äußere Wärmeübergangszahl

$\varkappa_s$ Wärmeübergangszahl durch Strahlung

$\varkappa_k$ Wärmeübergangszahl durch Konvektion

b Breite

β_k Kippfaktor

β_{45} Kippfaktor bei 45 °C Umgebungstemperatur

β_p Temperaturkoeffizient der Kapazität

C Kapazität

C Strahlungszahl

C_s Strahlungszahl des schwarzen Körpers

d Abstand, Dicke des Dielektrikums

D dielektrische Verschiebung

DK   relative Dielektrizitätskonstante (ε_r)

$\delta, \tan\delta$ Verlustwinkel, Verlustfaktor

δ Stabilitätswinkel

E elektrische Feldstärke

E_g, E_i Glimmeinsatzfeldstärke

e Elementarladung ($-1,6 \cdot 10^{-19}$ As)

ε_0 Dielektrizitätskonstante des Vakuums oder elektrische Feldkonstante ($8,85 \cdot 10^{-12}$ As/Vm)

ε_r relative Dielektrizitätskonstante oder Dielektrizitätszahl (DK)

$\varepsilon = \varepsilon_0 \cdot \varepsilon_r$ Dielektrizitätskonstante

$\bar\varepsilon$ Mischdielekrizitätskonstante

ε Emissionsverhältnis der Strahlung

η Viskosität

F Kraft

f Frequenz

f_e Eigenfrequenz

f Tränkfaktor

H, h Höhe

I elektrischer Strom

I_N Nennstrom

I_C kapazitiver Strom

I_L induktiver Strom

I_R Wirkstrom, Strom im Parallelersatzwiderstand R

I_R Rückstrom im Dielektrikum

I_V Verluststrom des Kondensators

i_V Verluststrom im Dielektrikum

I_{is} Isolationsstrom

k Boltzmann-Konstante ($1,38 \cdot 10^{-23}$ Ws/°K)

k Ionenbeweglichkeit

k Kompensationsgrad einer Leitung

$\varkappa$ elektrische Leitfähigkeit

l Länge

L Induktivität

L Lebensdauer

λ Wärmeleitfähigkeit

m Masse eines Teilchens

m_e Dipolmoment

n Wertigkeit eines Ions

N Zahl der Ionenpaare je Volumeneinheit

N_L Loschmidt-Konstante $(6{,}023 \cdot 10^{23}\ \mathrm{mol^{-1}})$

ν Ordnungszahl einer Oberschwingung

ω Kreisfrequenz

P Wirkleistung

P_V Verlustleistung

P_{nat} natürliche Leistung einer Leitung

P Polarisation

P Wärmestrom

$\varphi, \cos\varphi$ Phasenwinkel zwischen I und U, Leistungsfaktor

ψ Polarisierbarkeit je Volumeneinheit

Q Blindleistung

Q_k thermische Grenzleistung „Kippleistung"

q elektrischung Ladung

q_n Nachladung

q_r Glimmintensität

R Ionenradius

R, r ohmscher Widerstand, Parallel- oder Reihenersatzwiderstand

R_{is} Isolationswiderstand

R_i, R_a innerer, äußerer Wärmewiderstand

R_d Wärmedurchgangswiderstand

R_s Wärmewiderstand durch Strahlung

R_k Wärmewiderstand durch Konvektion

ϱ spezifischer elektrischer Widerstand

ϱ Dichte

S Scheinleistung

t Zeit

T Periodendauer

T absolute Temperatur

τ Zeitkonstante

ϑ Temperatur

ϑ_0 Umgebungs- oder Raumtemperatur (RT)

$\vartheta_u, \Delta\vartheta$ Übertemperatur, Temperaturdifferenz, Erwärmung

U Spannung

U_N Nennspannung

U_d Durchschlagspannung

U_g Glimmeinsatzspannung

U_p Prüfspannung

U_R Rückspannung

V Volumen

v_P, v_T, v_L Volumenanteil des Papieres, des Tränkmittels, der Luft

v Geschwindigkeit

W elektrische Energie

W Wärmemenge

X_C kapazitiver Widerstand

X_L induktiver Widerstand

Z komplexer Widerstand

Z Wellenwiderstand

Einleitung

Historisches

Der Kondensator wurde 1745 von Kleist in Camin in Pommern und unabhängig kurz darauf von Cunaeus und Muschenbroek in Leyden [*112*] erfunden und wurde als Kleistsche oder Leydener Flasche bekannt. Ein Glaszylinder wurde innen und außen mit Metallfolien beklebt; er diente als Sammler, Speicher oder „Kondensator" elektrischer Ladungen, die durch Reiben des Bernsteins und anderer Isolierstoffe oder mittels der Elektrisiermaschine erzeugt wurden. Schon 1746 sprach Wilson das Gesetz aus, daß die Größe der angesammelten Elektrizitätsmenge der Größe der Belegungen direkt proportional, der Dicke der isolierenden Zwischenschicht umgekehrt proportional sei. Dagegen folgte erst wesentlich später, vor allem durch Faraday (etwa 1830), die Erkenntnis, daß die Größe der Elektrizitätsmenge auch von der Art des Mediums zwischen den Elektroden, dem „Dielektrikum", abhängt; Faraday fand zu seiner Überraschung, daß die „spezifische Induktionskapazität" für Schwefel, Schellack und Glas beträchtlich größer als für Luft war, und bestimmte so die ersten Dielektrizitätskonstanten. 1864 wies W. v. Siemens [*250*] auf die Erwärmung des Glases einer Leydener Flasche hin, die er, nach dem Vorgang von Faraday, auf Molekularbewegungen im Isolator zurückführte.

Dementsprechend geht das Streben des Herstellers von Kondensatoren dahin, für das Dielektrikum Stoffe mit möglichst hohen Dielektrizitätskonstanten (DK) und geringen Verlusten zu verwenden. Leider haben jedoch Isolierstoffe mit hoher DK vielfach eine geringe elektrische Festigkeit, sei es, daß ihr Isolationswiderstand oder ihre Durchschlagspannung niedrig sind oder daß sie hohe dielektrische Verluste haben und sich im elektrischen Feld, insbesondere im Wechselfeld, erwärmen und altern. Hohe elektrische Festigkeit, geringe Erwärmung und lange Lebensdauer sind die wichtigsten Eigenschaften eines Dielektrikums.

Arten und Anwendungsgebiete des Kondensators

Es gibt zahlreiche Isolierstoffe, die als Kondensatordielektrikum verwendet werden können; es gibt ferner heute zahlreiche und sehr verschiedenartige Anwendungsgebiete für Kondensatoren. Die Entwicklung der Technik und die praktische Erfahrung haben für jedes Anwendungsgebiet den geeigneten, wirtschaftlichen Kondensator finden lassen. Tab. 1 gibt einen Überblick über heute verwendete Isolierstoffe, über die Kondensatorarten und ihre Anwendungsgebiete.

Tabelle 1. *Arten und Anwendungsgebiete des Kondensators*

	Dielektrikum	Form des Kondensators	Anwendungsgebiet
1	Vakuum Luft Preßgas	Platten Zylinder	Verlustlose Kondensatoren für Meßbrükken und andere Meßgeräte, Nachrichtentechnik
2	Glimmer	Platten Schichten	Verlustarme Kondensatoren hoher Konstanz für Meßgeräte und Hochfrequenzapparate, für Nachrichtenzwecke
3	Glas	Zylinder Flasche	Leydener Flaschen, „Minosflaschen" für Laboratorien
4	Keramik	Platten Zylinder Topf	Kondensatoren für hohe Spannungen und hohe Frequenzen für die Nachrichtentechnik und Induktionsheizung. Kondensatoren mit sehr hoher DK (Bariumtitanat)
5	Aluminium- oder Tantaloxyd und Elektrolyt	Wickel	Große Kapazitäten zur Glättung niedriger gleichgerichteter Spannungen
6	Kunststoffolien in Luft oder Öl	Wickel	Verlustarme Kondensatoren für die Nachrichtentechnik und Leistungskondensatoren für Induktionsheizung
7a	Papier, getränkt mit Chlordiphenyl, Mineralöl oder Wachs	Rund- und Flachwickel in Papier-Folien- oder Metallpapierbauweise	Kondensatoren zur Leistungsfaktorverbesserung in Starkstromnetzen und Mittelfrequenzanlagen (Induktionsheizung) Reihenkondensatoren zur Kompensation von Freileitungen } Leistungskondensatoren
7b	Verlustarme Kunststoffolien, meist in Verbindung mit Papier		Kopplungs- und Überspannungsschutzkondensatoren Kondensatoren zur Glättung von Gleichspannungen in Gleichrichter-, Sende- und Röntgenanlagen Kondensatoren für Anlagen zur Erzeugung höchster Gleichspannungen, Stoßspannungen und Stoßströme Kondensatoren aller Art für die Nachrichtentechnik

Eine Aufzählung anderer Art ist die folgende; man unterscheidet

1. nach Art des Dielektrikums:

Luft-, Preßgas-, Papier-, Wachs-, Papier-Öl-, Papier-Clophen-, Keramik-, Glas-, Glimmer-, Kunststoffolien-, Elektrolytkondensatoren;

2. nach Art der Beläge (Elektroden):

Folienkondensatoren (mit Metallfolien) und Metallpapier-(MP-)Kondensatoren (mit auf die Isolierfolien aufmetallisierten Belägen);

3. nach Form des Dielektrikums:

Flachwickel-, Rundwickel-, Falt-, Stapel-, Schicht-, Topf-, Flaschen-, Zylinder-, Rohr- und Plattenkondensatoren;

4. nach Art des Gehäuses bzw. der Umhüllung:

Kondensatoren in rechteckigem Gehäuse und in zylindrischem Gehäuse, Rohrkondensatoren (mit Isolierrohren);

5. nach Anwendungszweck:

Leistungs- (Phasenschieber-), Reihen- und Parallelkondensatoren: Motor-, Siebkreis-, Glättungs-, Kopplungs-, Schwingkreis-, Entstör- (Störschutz-) und Blockkondensatoren; Meßkondensatoren; Kondensatoren für die Nachrichtentechnik;

6. nach Art der Betriebsspannung:

Gleichspannungs-, Wechselspannungs-, Hochfrequenz-, Mittelfrequenz-, Hochspannungs-, Mittelspannungs-, Niederspannungs- und Stoßkondensatoren.

Schließlich zeigt Tab. 32 eine weitere Einteilung, die für die Vorschriften VDE 0560 für Kondensatoren geschaffen worden ist.

Die Elektrotechnik kennt 3 Arten von Widerständen, den ohmschen, induktiven und kapazitiven; im ersten wird die elektrische Energie verbraucht, im zweiten als magnetische und im dritten als elektrische Energie gespeichert. Im Wechselstromkreis pendelt die Energie zwischen Kondensator und Spule hin und her, im Spannungsmaximum ist sie als elektrische Energie im Kondensator konzentriert, eine Viertelperiode später, im Strommaximum, als magnetische Energie in der Spule. Dabei kann es sich beispielsweise um einen Hochfrequenz Schwingkreis eines Nachrichtengerätes handeln oder um den Schwingkreis eines Mittelfrequenz-Induktionsofens zum Schmelzen von Stahl oder um einen Teil eines Niederfrequenznetzes zur Energieversorgung, dessen Leistungsfaktor durch den Kondensator verbessert werden soll. Auch im letzten Beispiel liegt ein Schwingkreis vor, in dem das Netz mit seinen Leitungen und den angeschlossenen Transformatoren und Maschinen die Induktivität und der Kondensator die Kapazität darstellen; es kann sich dabei um beträchtliche Leistungen handeln. Für diese Kondensatoren hat sich die Bezeichnung „Leistungskondensatoren" (englisch: power capacitors) eingebürgert.

1*

Neben dieser Anwendung im Schwingkreis wird der Kondensator als Energiespeicher in Anlagen zur Erzeugung höchster Gleichspannungen, Stoßspannungen und Stoßströme für Forschungs- und Prüfzwecke gebraucht. Als Block- oder Kopplungskondensator soll er 2 Stromkreise galvanisch trennen, z. B. eine Anlage zur Nachrichtenübermittlung über Hochspannungsleitungen vom Energieversorgungsnetz. Ferner dient er zur Glättung von gleichgerichteten Wechselspannungen, z. B. in Rundfunkgeräten, Sende- und Röntgenanlagen, in Starkstrom-Gleichrichteranlagen usw. Daneben gibt es zahlreiche Anwendungen in der Nachrichtentechnik, auf die nicht näher eingegangen werden soll.

Die Entwicklung des Kondensators

Die Ursache für die späte Reife des äußerlich so einfach aussehenden Kondensators liegt in der Schwierigkeit begründet, ein leistungsfähiges Dielektrikum zu schaffen. Das aktive Material des Kondensators besteht aus Nichtleitern im Gegensatz zur Spule, deren aktives Material, das Metall, den elektrischen Strom leitet. Während die Metalle seit langem in hinreichender Reinheit hergestellt werden können und in mechanischer und thermischer Hinsicht verhältnismäßig einfache und feste Baustoffe sind, sind demgegenüber die Isolatoren im allgemeinen komplizierter aufgebaut, ihre mechanische und thermische Belastbarkeit ist meist weitaus geringer (mindestens, soweit es sich um Isolierstoffe organischer Natur handelt). Ihre wesentliche Aufgabe ist, metallische Leiter gegeneinander und gegen ihre Umgebung zu isolieren und die Energie des elektrischen Feldes zu speichern. Die Zahl der Isolierstoffe ist überaus groß, ihr Aufbau außerordentlich verschieden; daher sind auch die in ihnen unter dem Einfluß des elektrischen Feldes hervorgerufenen Erscheinungen sehr mannigfaltig und schwer zu erfassen. Sie wurden durch mehrere Theorien beschrieben. Diese Theorien sind im wesentlichen erst vor 30 bis 40 Jahren entstanden und werden weiter ausgebaut in dem Maße, wie unsere Kenntnis über die Struktur der Isolierstoffe wächst.

Eng verknüpft mit dem wissenschaftlichen Fortschritt ist die Technik der Herstellung der Kondensatoren. Seit langem verwendet man Luft, Glas und Glimmer als Dielektrikum, dagegen wurden wirtschaftliche Dielektrika hoher spezifischer Leistung erst in den letzten 3 Jahrzehnten geschaffen, wie z. B. keramische Sondermassen mit hoher DK oder besonders verlustarme Kunststoffolien; auch die Elektrolytkondensatoren sind nicht älter. Das gleiche gilt für den Papierkondensator. Das Papier als Dielektrikum hat vor anderen Isolierstoffen wichtige Vorteile; die Zellulose ist ein hervorragender Isolator und hat niedrige dielektrische Verluste. Jedoch konnten diese Eigenschaften erst ausgenutzt werden, nachdem es dem Papierhersteller gelungen war, die Zellulosefasern in einem chemischen Kochprozeß aus dem Holz „aufzuschließen", von den Chemikalien restlos zu reinigen, fein zu mahlen und aus dem Papierbrei ein sehr dünnes Papier herzustellen, und nachdem der Kondensatorhersteller gelernt hatte, mit Hilfe der neuzeitlichen Vakuumtechnik das Papier weitestgehend von Feuchtigkeit und Gas zu befreien und mit hochwertigen Isolierflüssigkeiten zu durchtränken.

Diese Verbesserungen waren besonders dringend, als man dazu überging, den Kondensator im Dauerbetrieb mit hohen Wechselfeldstärken zu belasten. Die Beanspruchung eines Isolierstoffes durch Wechselspannung ist härter als diejenige durch Gleichspannung bei gleicher Feldstärke. Während bei Belastung mit Gleichspannung die Ladungen im Dielektrikum nur einmal, nämlich beim Einschalten, vom elektrischen Feld bewegt werden und nach einiger Zeit bis auf einen geringen Rest, den Isolationsstrom, zur Ruhe kommen, werden sie bei Wechselspannung im Takte der Frequenz dauernd hin und her bewegt oder gedreht, sie erwärmen dadurch den Isolierstoff und können ihn unter Umständen zerstören, wenn die Bewegung der Ladungen zu hohe Temperaturen erzeugt oder wenn sie gar mit Ionisationsvorgängen verbunden ist. Ionisation tritt besonders leicht dann auf, wenn das Dielektrikum Gas enthält. Während feste Isolierstoffe größenordnungsmäßig bei 2000 kV/cm und flüssige Isolierstoffe bei 200 kV/cm durchschlagen, beträgt die Durchschlagfeldstärke gasförmiger Isolierstoffe nur 20 kV/cm (bei 50 Hz, Spannungssteigerung innerhalb 1 min, Schichtdicken von 1 cm). Daher sind Kondensatoren, deren Dielektrikum und Elektroden in Luft (von 1 at Druck) liegen, weniger belastbar als solche, die mit einem flüssigen Isolierstoff getränkt sind. Ganz besonders wichtig ist die Vermeidung jeglicher Gasreste und in ihnen auftretender Glimmentladungen beim getränkten Papierkondensator für Netzfrequenz, da dieser mit den höchsten Wechselfeldstärken arbeitet, die in der Elektrotechnik angewendet werden (10···20 kV/mm im Dauerbetrieb).

Der Papierkondensator und seine Vorteile

Die Zellulosefaser ist im getrockneten und getränkten Zustand nicht nur ein guter Isolator, sondern sie hat darüber hinaus die hohe Dielektrizitätskonstante von 6, wohingegen die DK der anderen organischen Isolierstoffe im allgemeinen nur etwa 2,5 beträgt. Praktisch wichtig ist weiterhin, daß sich die Zellulosefaser bei genügender Zerkleinerung zu Folien bis herunter zu 0,005 mm Dicke verarbeiten läßt und dabei noch außerordentlich reißfest ist. Infolgedessen lassen sich sehr dünne Schichten herstellen, eine Voraussetzung für die Anwendung hoher Feldstärken und ein großer Vorteil gegenüber den Glas- und Keramikkondensatoren, deren Schichtstärken 1 mm selten unterschreiten. Ein weiterer Vorteil

des Papieres gegenüber dem Luft-, Glas-, Keramik- und Glimmerdielektrikum ist die praktisch unbegrenzte Länge der Papierbahn, die
es ermöglicht, große Kapazitäten in Form von Wickeln herzustellen.
Schließlich muß der relativ niedrige Preis des Papieres erwähnt werden.
Diese Vorzüge des Papieres haben dazu geführt, daß es auch als Isolierstoff für Kabel, Transformatoren, elektrische Maschinen usw. in großen
Mengen verwendet wird.

Tab. 2 bringt einen Leistungsvergleich der Kondensatorarten nach
Tab. 1, wenn sie mit Wechselspannung von 50 Hz betrieben werden.
Die Leistung Q/V je Raumeinheit des aktiven Dielektrikums ist dem
Produkt aus der Dielektrizitätskonstanten ε_r und dem Quadrat der
Betriebsfeldstärke E proportional. Setzt man $Q_L/V = 1$ für einen Kondensator mit Luft als Dielektrikum, so erhält man für die anderen Dielektrika die in der letzten Rubrik der Tab. 2 angegebenen Vielfachen.

Tabelle 2

Leistung je Raumeinheit von Kondensatoren mit verschiedenem Dielektrikum

Dielektrikum	Relative Dielektrizitätskonstante ε_r	Bei 50 Hz zulässige Betriebsfeldstärke E V/μm	Relative Leistung Q/Q_L bei 50 Hz
Luft bei 1 at	1	1	1
Glas in Luft	6	2	24
Glimmer in Luft	7	2	28
Keramik in Luft	80	1	80
Titanat	2000	0,5	500
Kunststoffolie (Styroflex in Öl)	2,2	13	372
Papier getränkt			
mit Mineralöl	3,5···4,5	14···16	685···1150
mit Clophen	5,5···6	16···20	880···2400

Man erkennt, daß die Leistung des getränkten Papierdielektrikums
bei Netzfrequenz größer als die aller anderen Kondensatoren ist. Dies
und die weiteren oben angegebenen Vorteile sind der Grund, weshalb im
Frequenzbereich bis zu etwa 2000 Hz der Papierkondensator vorherrscht.
Oberhalb dieses Frequenzbereiches dagegen erobern sich die verlustärmeren Kunststoffolien- und Keramikkondensatoren zunehmend den
Markt. Bei hohen Frequenzen verursachen die höheren Verluste des
Papierkondensators eine um so stärkere Erwärmung, je größer die Einheiten sind; die Feldstärke muß herabgesetzt und die Kondensatoren
müssen künstlich gekühlt werden. Damit sinkt die relative Leistung
Q/Q_L beim Papierkondensator, wenn Q_L jetzt nicht mehr auf 50 Hz, sondern auf die jeweilige Frequenz bezogen wird. Beim Styroflex- und

Keramikkondensator ist das nicht oder erst bei hohen Frequenzen der Fall; je höher die Frequenz, um so mehr macht sich der Vorteil der Verlustarmut dieser Dielektrika bemerkbar.

Fassen wir nochmals die Gründe zusammen, die dem Papierkondensator gegenüber den anderen Kondensatorarten das große Anwendungsgebiet der Gleichspannung und der Wechselspannung bis etwa 2000 Hz erschlossen haben:

1. Das Papier ist nach guter Trocknung und Tränkung ein hervorragender Isolator mit hohem Isolationswiderstand, niedrigen dielektrischen Verlusten und hoher Durchschlagfestigkeit.

2. Die DK der Papierfaser ist mit 6 relativ hoch.

3. Aus der Zellulose lassen sich Papierlagen von unbegrenzter Länge und daraus Wickelkondensatoren großer Kapazität und Leistung herstellen, aus Glas, Glimmer, Keramik nicht.

4. Papier läßt sich sehr dünn herstellen. Dies ermöglicht auch bei niedrigen Spannungen die Anwendung hoher Feldstärken und macht den Papierkondensator auch für Niederspannung wirtschaftlich.

5. Kondensatorpapier ist im Verhältnis zu Kunststoffolien im Dickenbereich oberhalb 8···10 μm relativ billig (s. Abb. 1). Sein Preis steigt mit

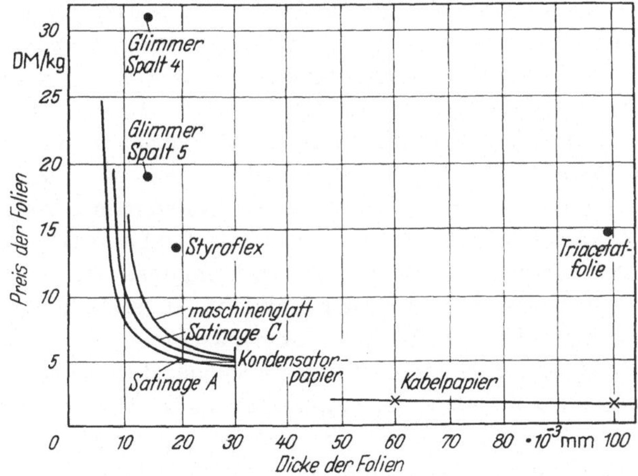

Abb. 1. Preis von Kondensatorpapier, Glimmer und Kunststoffolien. Stand 1966.

fallender Dicke stark an, bedingt durch zunehmenden Herstellungsaufwand, weshalb dünnere Papiere nur in Ausnahmefällen eingesetzt werden.

Einen Hinweis auf die Wirtschaftlichkeit des Leistungskondensators bringt ein Vergleich mit anderen elektrotechnischen Betriebsmitteln, Tab. 3:

Tabelle 3

Vergleich des Leistungskondensators mit anderen elektrotechnischen Betriebsmitteln

Betriebsmittel	Verluste	Gewicht	Preis (1966)
	%	kg/kvar oder kg/kVA	DM/kvar oder DM/kVA
Leistungskondensator 100 kvar, 6 kV	0,23	0,6	10
Blindleistungsmaschine 50 MVA, 10 kV, 1000 U/min (luftgekühlt, ohne Montage und Zubehör)	1,3	2,5	20
Drehstrommotor (Wirbelstromläufer) 175 kW, 3000 U/min, 6 kV	10	8	35
Drehstromtransformator 300 kVA 6/0,4 kV	2	3,8	35

Das Gewicht des Kondensators ist relativ niedrig, da sein aktives Material zu einem beträchtlichen Teil aus Papier besteht. Sein Preis und seine Verluste sind geringer als die einer rotierenden Maschine; ferner braucht er keine schweren Fundamente. Daher hat der Kondensator die rotierenden Blindleistungsmaschinen weitgehend verdrängt, sogar auch dann, wenn es sich um große Leistungen an *einem* Aufstellungsort handelt. Blindleistungsmaschinen werden heute vorwiegend zur Erhöhung der Stabilität des Energieversorgungsnetzes eingesetzt. Je engmaschiger jedoch die Energieversorgungsnetze und je geringer die Entfernungen zwischen den Kraftwerken werden, um so mehr verlieren die Stabilitätsprobleme an Bedeutung [153]. Wenn jedoch die elektrische Energie über weite Entfernungen zu den Verbrauchern transportiert werden muß, dienen die Blindleistungsmaschinen auch dazu, den Ladestrom der langen Versorgungsleitungen bei niedriger Last zu kompensieren, d.h. induktive Blindleistung aufzunehmen, was der Kondensator nicht kann. Ein weiteres Anwendungsgebiet für Blindleistungsmaschinen ist die Symmetrierung unsymmetrischer Netzbelastungen. Solche Belastungen treten in Drehstromnetzen auf, wenn sie einphasige 50-Hz-Bahnen oder große Lichtbogenöfen speisen. Schließlich ist hervorzuheben, daß Blindleistungsmaschinen in der Lage sind, mittels ihres Dämpferkäfigs Oberschwingungen in den Netzen zu dämpfen; z.B. verursachen Walzwerksmotoren, die durch gesteuerte Gleichrichter gespeist werden, im Rhythmus des Walzprozesses stark oberschwingungshaltige Blindstromstöße und damit starke Spannungsschwankungen. In diesen Fällen liefert die Blindleistungsmaschine nicht nur wie ein Kondensator die verlangte Blindleistung, sondern sie arbeitet gleichzeitig bei unsymmetrischen Belastungen als Symmetriermaschine und schließt die Oberschwingungsströme kurz [276] (s. hierzu S. 270).

Der Kondensator nimmt an dem allgemeinen Wachstum der Elektrotechnik teil. In den letzten Jahren nahm der Stromverbrauch in der Bundesrepublik Deutschland etwa um jährlich 8 % zu, er verdoppelt sich also in 10 Jahren. In gleichem Maße nimmt auch die Blindleistung zu, die in Energieversorgungsnetzen normalerweise 75···100 % der Wirkleistung beträgt. Der Neubau von Kraftwerken und Verteilungsanlagen erfordert viel Zeit und Kapital. Das zwingt zur vollen Ausnutzung der vorhandenen Anlagen und damit zur Vermeidung des Blindstromes, der Kraftwerke und Leitungen unnötig belastet. Die Energieerzeuger veranlassen daher durch ihre Tarife die Energieverbraucher, die Entnahme von Blindstrom aus dem Netz zu senken. Der Leistungskondensator ist hierzu heute das geeignete Mittel. In der Bundesrepublik Deutschland wurden 1960 1,5···2 Millionen kvar Kondensatoren allein zur Blindleistungsabgabe in den Starkstromnetzen eingesetzt und dazu fast 1000 t Kondensatorpapier verbraucht. Eine noch etwas größere Menge dürfte für Kondensatoren der Nachrichtentechnik und für Motor- und Leuchtstofflampen-Kondensatoren benötigt worden sein.

Es sei hier noch auf eine umfassende Zusammenstellung der Literatur über Leistungskondensatoren aufmerksam gemacht, die etwa 1700 Veröffentlichungen der Jahre 1925 bis 1962 über Physik, Konstruktion, Herstellung, Betrieb, Wartung, Anwendung und Wirtschaftlichkeit der Leistungskondensatoren aufführt [5].

I. Grundlagen

A. Zusammenstellung einiger Grundbegriffe

1. Kapazität und Dielektrizitätskonstante

Ein Kondensator, dessen Belegungen sich mit der Fläche A in einem Abstand d gegenüberstehen, hat im leeren Raum die Kapazität

$$C_0 = \varepsilon_0 \frac{A}{d} \, . \tag{1}$$

ε_0 ist die Dielektrizitätskonstante des leeren Raumes; sie wird elektrische Feldkonstante oder Verschiebungskonstante genannt (DIN 1324).

$$\varepsilon_0 = 0,88542 \cdot 10^{11} \quad [\text{Asec/Vm}].$$

Dieser Wert gilt genügend genau auch für Gase bei Atmosphärendruck (Tab. 5). Wird der Raum zwischen den Platten, das „Dielektrikum", mit einem Isolierstoff ausgefüllt, dann erhöht sich die Kapazität von C_0 auf

$$C = \varepsilon_r C_0 = \varepsilon_0 \varepsilon_r \frac{A}{d} = \varepsilon \frac{A}{d} \, . \tag{2}$$

ε ist die absolute, ε_r die relative DK; da vor allem ε_r von Interesse ist, wird der Index r im Sprachgebrauch und Schrifttum häufig weggelassen, wenn keine Mißverständnisse möglich sind. Das Wort „Dielektrizitätskonstante" wird im folgenden häufig mit DK abgekürzt.

Der zwischen die Platten des Kondensators gebrachte Isolierstoff ist stets mehr oder weniger leitfähig. Er nimmt daher elektrische Ladung auf, die die Kapazität des Kondensators vergrößert. Diese Vergrößerung ist jedoch bei Netzfrequenz vernachlässigbar klein; sie wird erst bei langer Ladezeit (Gleichspannung) oder bei großer Leitfähigkeit, z. B. bei gealtertem Dielektrikum, merklich (s. Abb. 68 u. 77). Eine Kapazität mit vernachlässigbarer Nachwirkung wird geometrische Kapazität genannt, da sie allein von den Abmessungen bestimmt wird [57].

Gl. (2) gilt nur, wenn die Streukapazität am Elektrodenrand vernachlässigt werden kann, d. h., wenn A groß gegenüber d ist. Diese Voraussetzung ist bei Leistungskondensatoren fast immer erfüllt. Über den Kapazitätsanteil des Randfeldes s. Abb. 57, ferner DIN 53483 und [14, 180].

2. Ladung, Energieinhalt, Anziehungskraft

Die Ladung q eines Kondensators der Kapazität C ist

$$q = C\,U. \tag{3}$$

Die von der Stromquelle beim Aufladen mit konstanter Spannung gelieferte Arbeit ist:

$$W_G = \int_0^\infty U\,i\,\mathrm{d}t = C\,U^2. \tag{4}$$

Von dieser Energie wird die Hälfte im Widerstand des Stromkreises verbraucht. Die im Kondensator aufgespeicherte Energie ist also stets:

$$W_C = \frac{C}{2}\,U^2. \tag{5}$$

Werden in Gl. (5) die Abmessungen des Kondensators und die Feldstärke $E = U/d$ eingeführt, so ergibt sich

$$W_C = \frac{1}{2}\,\varepsilon_0\varepsilon_r\,\frac{A}{d}\,U^2 = \frac{1}{2}\,\varepsilon_0\varepsilon_r\,V\,E^2. \tag{6}$$

V bedeutet das Volumen des Kondensatordielektrikums. Die Ladeenergie eines Kondensatros ist also dem Quadrat der Feldstärke proportional. Die anwendbare Feldstärke hängt von der Art des verwendeten Dielektrikums ab. Sie ist eine besonders wichtige Größe des Kondensators. Auf S. 6 wurden Angaben über den relativen Energieinhalt einiger Kondensatordielektrika gemacht.

Die elektrostatische Anziehungskraft F der Kondensatorbelegungen berechnet sich aus dem Energieinhalt W zu

$$F = \frac{1}{2}\,\varepsilon_0\varepsilon_r\,AE^2 = 4{,}5\,\varepsilon_r AE \quad [\text{kp}] \tag{7}$$

A in m², E in V/μm.

F beträgt bei einer Betriebsfeldstärke von 15 V/μm in einem mit Clophen getränkten Kondensatorwickel von 100 cm² Wickelfläche etwa 12 kp; darum hört man einen mit Wechselspannung von 50 Hz betriebenen Kondensator mit der Frequenz von 100 Hz leise summen. F steigt auf 1000 kp und mehr bei Steigerung der Spannung bis zum Durchschlag.

3. Blindleistung und Leistungsfaktor

In Starkstromnetzen müssen Transformatoren und Motoren zur Erzeugung ihrer magnetischen Felder dem Netz Blindleistung entnehmen. In Abb. 2a ist der Energieverbraucher R mit einer Induktivität L in Parallelschaltung an die Spannung U gelegt; der dem Netz entnommene Strom I eilt der Spannung U um den Winkel φ nach.

$$\cos\varphi = I_R/I \tag{8}$$

wird Leistungsfaktor genannt.

$$P = U\,I\cos\varphi = U\,I_R \tag{9}$$

ist die dem Netz entnommene Wirkleistung und $I_R = I\cos\varphi$ der Wirkanteil des Stromes.

$$Q = U\,I\sin\varphi = U\,I_L \tag{10}$$

ist die dem Netz entnommene Blindleistung und $I_L = I\sin\varphi$ der Blindanteil des Stromes.

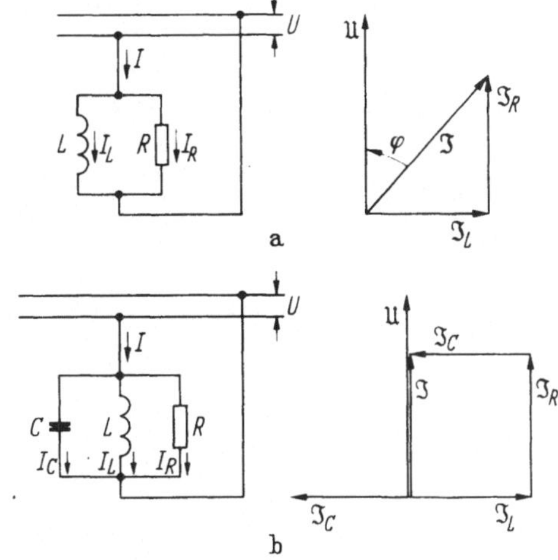

Abb. 2a u. b. Blindstromkompensation durch einen Kondensator.

Um die notwendige Wirkleistung zu erhalten, würde es genügen, dem Netz nur den Wirkstrom zu entnehmen; der Blindstrom belastet das Netz (die Übertragungsleitungen, die Netztransformatoren und die Maschinen im Kraftwerk) zusätzlich. Man kann das Netz durch Parallelschaltung eines Kondensators (Abb. 2b) vom Blindstrom vollständig entlasten, wenn man C so groß wählt, daß $I_C = -I_L$ wird. Meist genügt es, C nur so groß zu wählen, daß $\cos\varphi \approx 0{,}9$ wird. C wird „Parallelkondensator" oder auch „Leistungskondensator" genannt. Man kann den Kondensator auch in Reihe mit dem Verbraucher schalten; er wirkt dann als „Reihenkondensator" (Näheres s. S. 289).

Motoren, Transformatoren, Spulen usw. wurden bisher häufig als Blindleistungs*verbraucher* bezeichnet. Kondensatoren hießen Blindleistungs*erzeuger*, da sie Blindleistung ins Netz schicken oder dem Stromabnehmer unmittelbar liefern. Am Netz arbeitende Wechselstromgeneratoren und -motoren werden zu Blindleistungs*erzeugern*, wenn in ihnen durch den Strom einer Erregermaschine ein hinreichend hohes magnetisches Feld erzeugt wird. H. PRINZ [*216*] empfiehlt, statt des Wortes „Verbrauch" das Wort „Aufnahme" und statt „Erzeugung" das Wort „Abgabe" zu verwenden, da Blindleistung nicht „verbraucht", sondern höchstens „gebraucht" werden kann. Ferner schlägt er vor, den Begriff „kapazitive Blindleistung" möglichst zu vermeiden und nur von induktiver Blindleistung als der Blindleistung schlechthin zu reden. Danach geben Blindleistung ab: übererregte Synchronmaschinen, Kondensatoren, Kabel, leerlaufende Höchstspannungsleitungen. Blindleistung

Tabelle 4. *Zusammenhang zwischen Blindleistung Q und Kapazität C des Einphasenkondensators und des Drehstromkondensators in Stern- und Dreieckschaltung*

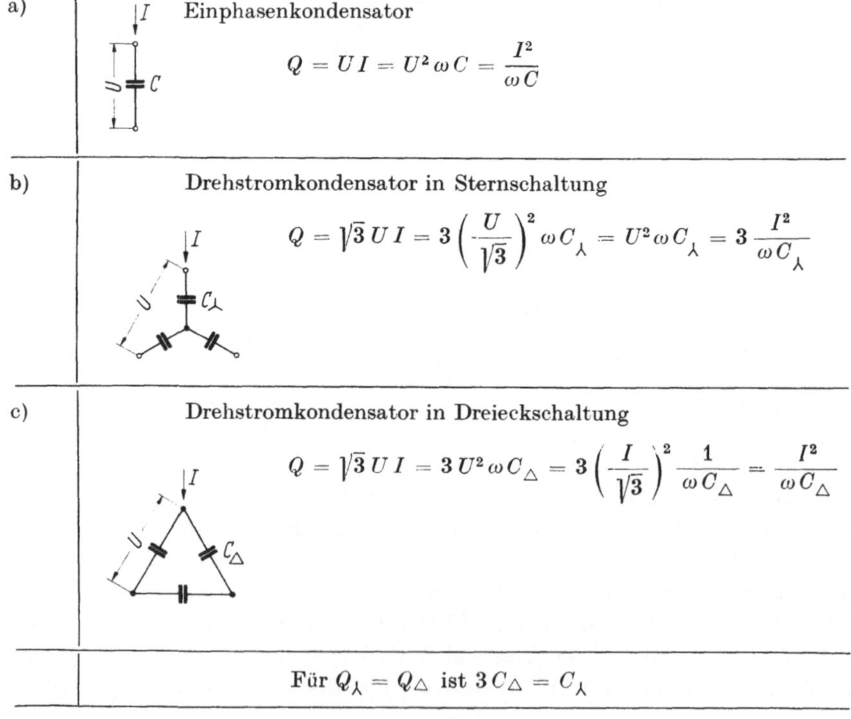

a)   Einphasenkondensator

$$Q = U I = U^2 \omega C = \frac{I^2}{\omega C}$$

b)   Drehstromkondensator in Sternschaltung

$$Q = \sqrt{3}\, U I = 3 \left(\frac{U}{\sqrt{3}} \right)^2 \omega C_\lambda = U^2 \omega C_\lambda = 3 \frac{I^2}{\omega C_\lambda}$$

c)   Drehstromkondensator in Dreieckschaltung

$$Q = \sqrt{3}\, U I = 3 U^2 \omega C_\triangle = 3 \left(\frac{I}{\sqrt{3}} \right)^2 \frac{1}{\omega C_\triangle} = \frac{I^2}{\omega C_\triangle}$$

Für $Q_\lambda = Q_\triangle$ ist $3 C_\triangle = C_\lambda$

nehmen auf: untererregte Synchronmaschinen, Asynchronmotoren, Transformatoren, Nieder- und Mittelspannungsleitungen sowie Stromrichter im Gleich- und Wechselrichterbetrieb. Im gleichen Buch bringt G. OBERDORFER [202] einen Aufsatz „Begriffserklärung und Erläuterung der Blindleistung".

Die Blindleistung Q eines Kondensators mit der Kapazität C, der an der Spannung U liegt und den Strom I führt, beträgt

$$Q = U^2 \, \omega C \approx U \, I. \tag{11}$$

Die Verluste im Kondensator sind demgegenüber meist vernachlässigbar klein. Sie interessieren erst, wenn seine Erwärmung und Lebensdauer betrachtet werden. Mit Gl. (4) und (5) wird analog zu Gl. (6)

$$Q = \varepsilon_0 \, \varepsilon_r \, \omega \, V \, E^2, \tag{12}$$

wobei $V = A \, d$ das Volumen des Dielektrikums ist.

Tab. 4 gibt den Zusammenhang zwischen Leistung und Kapazität eines in Stern oder Dreieck geschalteten Drehstromkondensators an.

4. Der Verlustfaktor

Der Winkel φ zwischen Strom I und Spannung U eines Kondensators beträgt nur bei vollkommen verlustfreien Kondensatoren 90°. Alle technischen Kondensatoren haben jedoch Verluste im Dielektrikum, in den Belegungen und in den Stromzuführungen.

Im Ersatzschaltbild des Kondensators ist eine verlustlose Kapazität mit einem ohmschen Widerstand in Reihe oder parallel geschaltet. Für die Reihenschaltung, Abb. 3a, gilt

$$\frac{U_r}{U_c} = \frac{I\,r}{I\,\dfrac{1}{\omega C}} = r \, \omega \, C = \tan \delta . \tag{13}$$

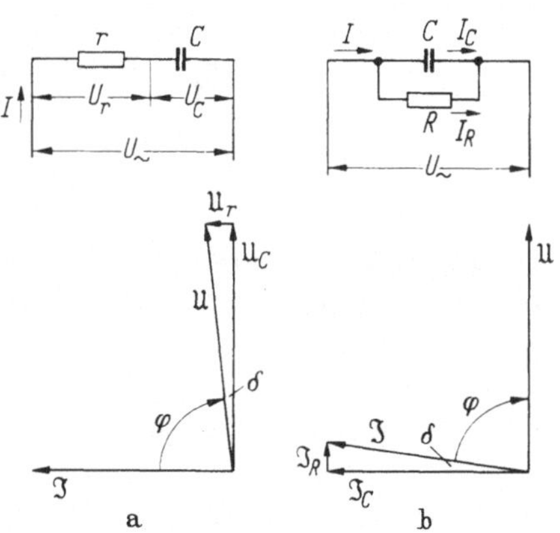

Abb. 3a u. b. Verlustwinkel δ.
a) Reihenschaltung einer Kapazität C und eines Widerstandes r; b) Parallelschaltung einer Kapazität C und eines Widerstandes R.

Der Winkel $\delta = 90 - \varphi$ ist ein Maß für die Verluste im Kondensator; er wird daher Verlustwinkel genannt. Die Verlustleistung beträgt:

$$P_v = U \, I \, \cos\varphi = U \, I \, \sin\delta = Q \, \tan\delta . \tag{14}$$

$\tan\delta$ wird Verlustfaktor genannt; jedoch ist die Gleichsetzung von $\tan\delta$

und Verlustfaktor nur richtig, wenn die Felder sich zeitlich sinusförmig ändern [2].

Wird im Ersatzschaltbild der Verlustwiderstand als Parallelwiderstand R (Abb. 3b) eingeführt, so ergibt sich:

$$\tan \delta = \frac{I_R}{I_c} = \frac{1}{R \omega C} . \tag{15}$$

Wenn mit diesen einfachen Ersatzschaltbildern gerechnet wird, muß von Fall zu Fall entschieden werden, welches Bild den physikalischen Vorgängen bei der Verlusterzeugung im Kondensator am nächsten kommt. Diese Entscheidung ist oft schwierig und häufig auch bei Verwendung einer Kombination von Reihen- und Parallelwiderstand nur angenähert möglich (s. S. 108).

Das Ersatzschaltbild nach Abb. 3a läßt sich in das andere nach Abb. 3b überführen:

$$Z = r + \frac{1}{j \omega C_r} = \frac{1}{\frac{1}{R} + j \omega C_R} ,$$

$$\frac{r}{R} + j \omega r C_R + \frac{1}{j \omega R C_r} + \frac{C_R}{C_r} = 1 .$$

Durch Gleichsetzen der Realteile einerseits und der Imaginärteile andererseits und gegenseitiges Einsetzen der gewonnenen Ausdrücke ergibt sich:

$$C_r = C_R \left[1 + \left(\frac{1}{\omega C_R R} \right)^2 \right] = C_R [1 + \tan^2 \delta] , \tag{16}$$

$$r = R \frac{1}{1 + (\omega C_R R)^2} . \tag{17}$$

Die Kapazitätswerte C_r und C_R weichen voneinander ab: um weniger als 1%, wenn $\tan\delta < 0,10$ und um weniger als $0,1\%$, wenn $\tan\delta < 0,03$ (s. DIN 53483).

O. ZINKE [310] behandelt eingehend Verluste, Verlustfaktor und Ersatzschaltungen des technischen Kondensators.

5. Die Reihenschaltung verschiedener Dielektriken

Eine technische Isolierung besteht meist aus mehreren Schichten, beim Papierkondensator, Kabel, Transformator z.B. aus mehreren Lagen Papier, deren Poren und Zwischenräume mit einer Isolierflüssigkeit ausgefüllt sind, oder bei der Nutenisolation elektrischer Maschinen aus Glimmerblättchen, Papier, einem Bindeharz und stellenweise noch unerwünschten dünnen Luftschichten. Diese Schichten haben verschiedene Dicken und unterschiedliche Dielektrizitätskonstanten und Leitfähigkeiten und werden infolgedessen mit unterschiedlich hohen Feldstärken beansprucht.

a) Beanspruchung mit Wechselspannung. Abb. 4 zeigt ein Dielektrikum aus 3 Schichten mit den Dicken d_1, d_2, d_3, den DK ε_1, ε_2, ε_3 und den Leitfähigkeiten $\varkappa_1$, $\varkappa_2$, $\varkappa_3$. Wir können es als Reihenschaltung von 3 Kondensatoren auffassen mit den Kapazitäten

$$C_1 = \varepsilon_1 \frac{A}{d_1}, \quad C_2 = \varepsilon_2 \frac{A}{d_2},$$

$$C_3 = \varepsilon_3 \frac{A}{d_3}.$$

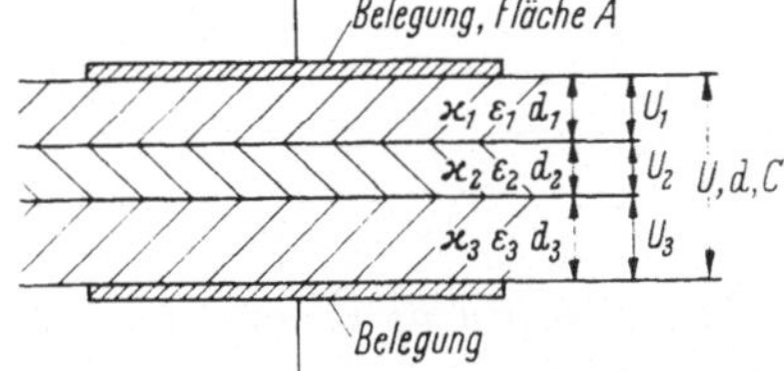

Abb. 4. Reihenschaltung von Dielektriken verschiedener Dielektrizitätskonstante, Leitfähigkeit und Dicke.

Die Leitwerte $\varkappa \frac{A}{d}$ sind im allgemeinen, z. B. bei einem brauchbaren Kondensatordielektrikum, gegenüber dem kapazitiven Leitwert ωC so klein, daß sie bei Netzfrequenz vernachlässigt werden können.

Die Feldstärken E_1, E_2, E_3 in den einzelnen Schichten verhalten sich umgekehrt wie ihre Dielektrizitätskonstanten. Eine einfache Rechnung ergibt für E_1 (und entsprechend für E_2 und E_3)

$$E_1 = \frac{U}{d_1 + d_2 \dfrac{\varepsilon_1}{\varepsilon_2} + d_3 \dfrac{\varepsilon_1}{\varepsilon_3}}. \tag{18}$$

Für ein Zweischicht-Dielektrikum der Dicke d, bestehend aus einer dünnen Luftschicht ($d_1 \ll d$, $\varepsilon_{r1} = 1$) und einem festen oder flüssigen Isolierstoff ($d_2 \approx d$, ε_{r2}), ergibt sich aus Gl. (18)

$$E_1 = \frac{U}{d_1 + d_2 \dfrac{\varepsilon_1}{\varepsilon_2}} = \frac{U}{d}\varepsilon_{r2} \approx E\,\varepsilon_{r2}. \tag{19}$$

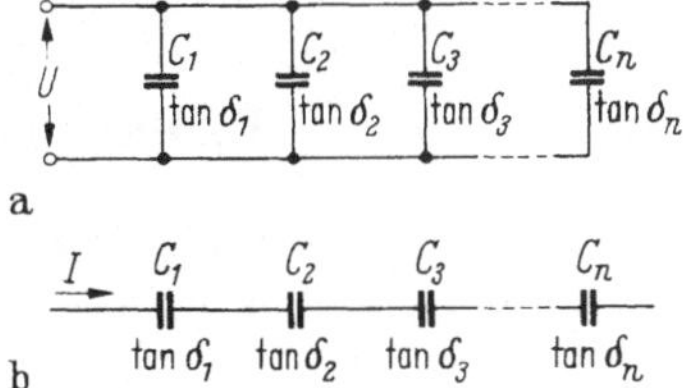

Abb. 5a u. b. Resultierender Verlustfaktor parallel oder in Reihe geschalteter Dielektriken oder Kondensatoren.

Die Feldstärke im Lufteinschluß ist also das ε_{r2}-fache der Gesamtfeldstärke, so daß in ihm gegebenenfalls Glimmentladungen entstehen können, denn zur hohen Feldstärke im Lufteinschluß kommt hinzu, daß die Durchschlagfeldstärke der Gase niedriger ist als die der festen und flüssigen Isolierstoffe (s. Abb. 83).

Der resultierende Verlustfaktor in Reihe oder parallelgeschalteter Dielektriken oder Kondensatoren errechnet sich aus den Kapazitäten und Verlustfaktoren der Teilkondensatoren (Abb. 5):

α) Parallelschaltung

$$\tan\delta = \frac{\sum\limits_{k=1}^{n} C_k \tan\delta_k}{\sum\limits_{k=1}^{n} C_k}. \tag{20}$$

β) Reihenschaltung

$$\tan\delta = \frac{\sum\limits_{k=1}^{n} \dfrac{1}{C_k} \tan\delta_k}{\sum\limits_{k=1}^{n} \dfrac{1}{C_k}}. \tag{21}$$

b) Beanspruchung mit Gleichspannung. Bei Gleichspannung wird der kapazitive Leitwert Null; die Feldstärke in den einzelnen Schichten wird daher, nach beendeter Aufladung und Nachladung (s. S. 27), durch deren ohmsche Leitfähigkeiten $\varkappa_1$, $\varkappa_2$, $\varkappa_3$ bestimmt. Ist i die Dichte des Isolationsstromes im Dielektrikum, dann ergeben sich die Feldstärken

$$E_1 = i/\varkappa_1, \quad E_2 = i/\varkappa_2, \quad E_3 = i/\varkappa_3. \tag{22}$$

Aus

$$U = U_1 + U_2 + U_3 = E_1 d_1 + E_2 d_2 + E_3 d_3$$

folgt die Spannungsverteilung.

Bei hohen Spannungen werden die Wickel eines Kondensators in Reihe geschaltet. Die Leitwerte dieser Wickel sind, wie die Erfahrung zeigt, im allgemeinen nur sehr wenig voneinander verschieden, so daß sich die Kondensatorspannung nicht nur bei Wechselspannung, sondern auch bei Gleichspannung gleichmäßig auf alle Wickel verteilt, wenn diese gleiche Abmessungen und Kapazität haben.

B. Materie im elektrischen Feld

1. Die Dielektrizitätskonstante der Isolierstoffe.
Atompolarisation, polare Moleküle, die Dipoltheorie von P. Debye

Die Dielektrizitätskonstante ist eine für jeden Isolierstoff charakteristische Größe. Tab. 5 gibt die DK einiger Gase, Flüssigkeiten und festen Stoffe an. Sie zeigt, daß die DK der Gase annähernd 1, die der Flüssigkeiten und festen Stoffe meist größer als 2 ist. Diese Zunahme ist eine Folge der größeren Dichte der festen und flüssigen Stoffe; das erkennt man z. B. an der Erhöhung der DK der Luft von 1,00054 bei 1 at auf 1,054 bei 100 at; der Zuwachs von 0,00054 zur DK des Vakuums $\varepsilon_r = 1$ steigt auf das Hundertfache entsprechend der bei 100 at hundertmal größeren Anzahl der Luftmoleküle je Volumeneinheit. Die DK der

Tabelle 5. *Relative Dielektrizitätskonstante verschiedener Stoffe*

			ε_r	Temperatur °C
Gase	Wasserstoff bei 1 at	H_2	1,000264	0
	Luft bei 1 at		1,000546	18
	Luft bei 100 at		1,05404	0
	Kohlensäure bei 1 at	CO_2	1,000946	0
	Chlorwasserstoff	HCl	1,003	
	Wasserdampf		1,00705	145
Flüssig-keiten	flüssige Luft		1,5	—
	flüssige Kohlensäure	CO_2	1,6	− 5
	flüssiger Chlorwasserstoff	HCl	4,6	27
	Petroleum		2,1	20
	Paraffin		2,2	20
	Mineralöl		2,3	20
	Asphalt		2,7	20
	Olivenöl		3,1	20
	Rizinusöl		4,7	18
	Benzol	C_6H_6	2,3	20
	Diphenyl	$C_{12}H_{10}$	2,2/2,8	geschmolzen/fest
	Pentachlordiphenyl (Clophen A 50)	$C_{12}H_5Cl_5$	4,9	20
	Trichlordiphenyl (Clophen A 30)	$C_{12}H_7Cl_3$	5,8	20
	Chlorbenzol	C_6H_5Cl	5,6	20
	Tetrachlorkohlenstoff	CCl_4	2,2	
	Wasser	H_2O	88	0
			81	18
			70,5	50
feste Stoffe	Eis bei 300 Hz		3,1	− 70
	Paraffin		2,2	
	Kunststoffolien		2,5···3,5	
	Chlornaphthalin		4···5	
	Zellulose, Papierfaser		5,6···6,7[1]	
	Gläser		6,2···8,3	
	keramische Isolierstoffe		5···60	
	Titanate		350···3000	stark temp.-abh.
	Seignettesalz		20000	− 18 bis 23 °C

[1] Siehe Tab. 11.

flüssigen und festen Isolierstoffe kann aber noch wesentlich höhere Werte
annehmen. Es müssen daher neben der Dichte noch andere Einflüsse den
Wert der DK bestimmen.

Maßgebend für die Größe der DK eines Isolierstoffes ist sein molekularer Aufbau. Im Normalzustand fallen die elektrischen Schwerpunkte
des positiven Atomkernes und der Elektronenhülle, in denen man sich
ihre elektrischen Ladungen vereinigt denken kann, zusammen. Das Atom
verhält sich daher gegenüber seiner weiteren Umgebung elektrisch neutral. Befindet es sich jedoch zwischen den Platten eines geladenen Kondensators, so wird die Elektronenhülle von der positiven und der Kern
von der negativen Elektrode angezogen, das Atom wird im elektrischen

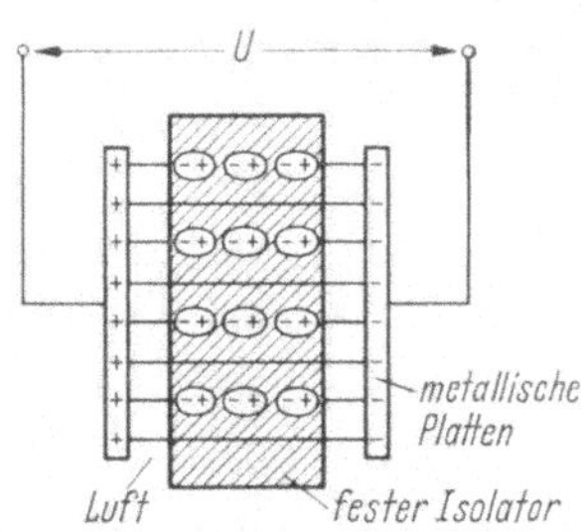

Abb. 6. Polarisation der Atome
eines Isolators im elektrischen
Feld.

Feld deformiert oder „polarisiert", es findet
eine „dielektrische Verschiebung" seiner Ladungen statt [*192*, S. 2]. Infolgedessen wirkt
ein Isolierstoff im elektrischen Feld so, als
säßen elektrische Ladungen auf seiner Oberfläche. An diesen Ladungen endet ein Teil
der Feldlinien. In Abb. 6 ist schematisch angedeutet (die Ellipsen sollen die deformier-
ten Atome des Isolierstoffes darstellen), wie
sich im elektrischen Feld die paarweise „in-
duzierten" Ladungen hintereinanderreihen,
so daß die eine Grenzfläche des festen Isolierstoffes positiv, die andere negativ geladen er-

scheint. Das Einbringen des Isolierstoffes zwischen die Kondensatorbelegungen erhöht also die Flächendichte D der Ladungen auf den Belegun-
gen, die „dielektrische Verschiebung", von $D_0 = \varepsilon_0\, E$ auf $D = \varepsilon_0\, E + P$;
die Polarisation P ist somit die *zusätzliche*, vom Isolierstoff herrührende
dielektrische Verschiebung [*302, 303*]. Dabei ändern sich die Spannung
und Feldstärke nicht. P ist, wie D, erfahrungsgemäß der Feldstärke E
proportional, der Proportionalitätsfaktor α, bezogen auf ein Molekül,
wird „Polarisierbarkeit" genannt.

Schließt man die Kondensatorbelegungen kurz, so verschwindet mit
dem elektrischen Feld sofort auch die Polarisation. Die Deformation der
Atome ist außerordentlich klein. Sie beträgt nur 10^{-16} cm bei einer elektrischen Feldstärke von 300 V/cm; auch bei sehr viel höheren Feldstärken bis zu den praktisch vorkommenden Durchschlagfeldstärken von
10^6 V/cm tritt noch keine Sättigung ein [*187*].

Mit der Polarisierung der Atome läßt sich die Größe der DK einer
Klasse von Isolierstoffen erklären. Es gibt jedoch noch eine zweite große
Klasse, deren DK nicht allein durch sie bestimmt ist. Das sind Isolierstoffe, die polare Moleküle enthalten; in diesen fallen die Schwerpunkte
ihrer Ladungen im feldlosen Raum *nicht* zusammen. Abb. 7 zeigt sche-

matisch die Gestalt einiger Moleküle. Das Kohlensäuremolekül ist gestreckt und symmetrisch gebaut, die Schwerpunkte der positiven und negativen Ladungen fallen zusammen. Das Molekül ist daher nicht (oder fast nicht) polar. Beim Chlorwasserstoff hingegen fallen die Schwerpunkte der Ladungen wegen der unterschiedlich großen Durchmesser der beiden Atome nicht zusammen; das HCl-Molekül ist daher polar. Die Schwerpunkte, durch eine Gerade (Achse) verbunden, stellen einen elektrischen Dipol dar. Der Betrag des Dipolmomentes m_e ist das Produkt aus Größe der Ladungen und Länge der Achse (DIN 1324). In einem elektrischen Feld dreht der Dipol

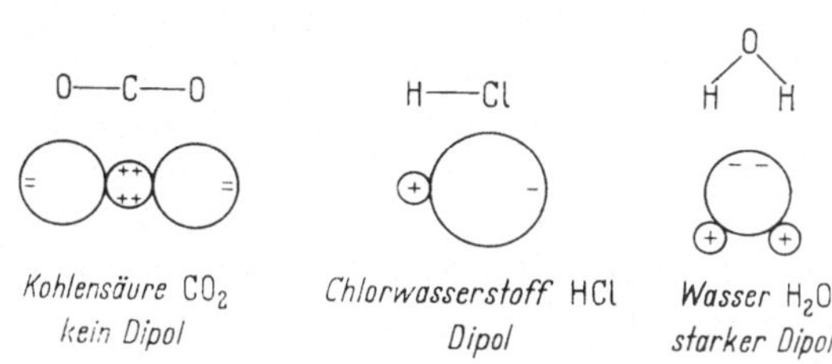

Abb. 7. Polare und nichtpolare Moleküle.

seine Achse in die Feldrichtung und erhöht dadurch zusätzlich die DK, z. B. ist der Zuwachs zur DK des Vakuums im HCl-Gas das Mehrfache desjenigen der Luft; das gleiche gilt für die verflüssigten Gase (Tab. 5).

Zur Atompolarisierbarkeit α_E tritt somit eine Orientierungspolarisierbarkeit

$$\alpha_{Or} = \frac{|m_e|^2}{3kT},$$

wobei T die absolute Temperatur und k die Boltzmann-Konstante bedeuten. Durch Multiplikation mit der Dichte ϱ und der Loschmidtschen Zahl $N_L = 6{,}023 \cdot 10^{23}$ mol⁻¹ ergibt sich die Polarisierbarkeit je Volumeneinheit

$$\psi = N_L \varrho \left(\alpha_E + \frac{|m_e|^2}{3kT} \right).$$

Zur Berechnung von ψ mit Hilfe der DK benutzt DEBYE [60, 302] die Gleichung von CLAUSIUS und MOSOTTI

$$\alpha = \frac{3\varepsilon_0}{N_L \varrho} \frac{\varepsilon - 1}{\varepsilon + 2}$$

und erhält

$$\psi = 3\varepsilon_0 \frac{\varepsilon - 1}{\varepsilon + 2} = N_L \varrho \left(\alpha_E + \frac{|m_e|^2}{3kT} \right). \tag{23}$$

Die Formel gilt genau für Gase und verdünnte Lösungen polarer Stoffe in unpolaren Lösungsmitteln, also dann, wenn die Dipole sich frei bewegen können, d. h. sich nicht gegenseitig durch ihr starkes Eigenfeld beeinflussen. Andernfalls, z. B. in rein polaren Flüssigkeiten, ist die DK kleiner als nach Gl. (23). F. H. MÜLLER [187] bringt eine Abschätzung der Zahl der in einem Feld von 300 V/cm ausgerichteten Dipole. Diese

Behinderung wirkt sich so aus, als ob sich nur jeder 10^5te Dipol genau in Feldrichtung stellte; aber auch bei sehr viel höherer Feldstärke, z.B. bei der Durchschlagfeldstärke der Flüssigkeit, wird kaum eine Annäherung an den vollkommen ausgerichteten Zustand erreicht.

Tab. 5 enthält eine Gruppe chlorierter Verbindungen, die aus Benzol oder Diphenyl durch Substituierung von Wasserstoffatomen durch Chloratome hergestellt werden. Diese Verbindungen haben in der Kondensatortechnik wegen ihrer hohen DK große Bedeutung als Tränkmittel erlangt, insbesondere das Trichlordiphenyl. Bei diesem sind 3 der 10 H-Atome durch Cl-Atome ersetzt; sie können sich an verschiedenen Stellen des Moleküls anlagern (Abb. 39, 40, 41). Diese „Isomeren" haben verschieden große Dipolmomente; der aus dem Gemisch sich ergebende Mittelwert der DK ist in Tab. 5 eingetragen. Bildet sich bei der Anlagerung des Chlors ein symmetrisches Molekül, wie beim Tetrachlorkohlenstoff CCl_4 oder beim 4,4'-Dichlordiphenyl, so tritt kein oder ein sehr kleines Dipolmoment auf, und die DK bleibt niedrig.

Die zweite große Gruppe der Tränkmittel für Kondensatoren, die Mineralöle, sind meist reine Kohlenwasserstoffe und weitgehend unpolar, sie haben daher eine niedrige DK. Das gilt ebenfalls für eine dritte Gruppe, die Wachse und Harze. Chloriert man sie jedoch, so steigt die DK von 2,2 auf 4···5 (Chlornaphthalin, „Nibrenwachs", Tab. 5). Diese bei Betriebstemperatur festen Tränkmittel haben für die Kondensatoren der Starkstromtechnik keine Bedeutung mehr; sie haben den Nachteil, daß ihr Volumen beim Erstarren schrumpft, dabei bilden sich Hohlräume, in denen Glimmentladungen auftreten, die das Dielektrikum zerstören.

In Gl. (23) steht die Temperatur T im Nenner; somit wird $\alpha_{Or} = \dfrac{|m_e|^2}{3\,kT}$ mit steigender Temperatur kleiner. Physikalisch bedeutet das, daß die Ausrichtung der Dipolmoleküle im elektrischen Feld durch die Wärmebewegung der Moleküle (Brownsche Bewegung) um so mehr gestört wird, je höher die Temperatur ist. So sinkt z.B. die DK des Wassers von 88 bei 0 °C auf 70,5 bei 50 °C (Tab. 5); das Wassermolekül ist ein besonders starker Dipol, seine Gestalt (Abb. 7) wurde von DEBYE auf Grund von Messungen des Dipolmomentes gefunden.

Tab. 5 zeigt weiter, daß die DK des Eises bei -70 °C und 300 Hz nur noch 3,1 beträgt. Bei dieser Temperatur verlieren die Dipole im Eis ihre Beweglichkeit, jedoch nicht bereits im Gefrierpunkt, wie Messungen von SMYTH und HITCHCOCK [*187*, Abb. 10, *254*] gezeigt haben. Somit ergibt sich, daß zwischen der Temperatur, bei der die Dipole ihre Beweglichkeit verlieren, und hohen Temperaturen, bei denen ihre Ausrichtung im Feld nennenswert gestört wird, ein Maximum der DK („Dispersionsmaximum") liegen muß. Seine Lage ist von der Frequenz abhängig, da für die Ausrichtung der Dipole im Feld Zeit („Relaxationszeit“) gebraucht wird. Bei hinreichend hoher Frequenz kann der Dipol dem Feld nicht mehr folgen, da seine Drehung in der Materie mit innerer Reibung verbunden ist. Deshalb sinkt die DK bei hohen Frequenzen auf

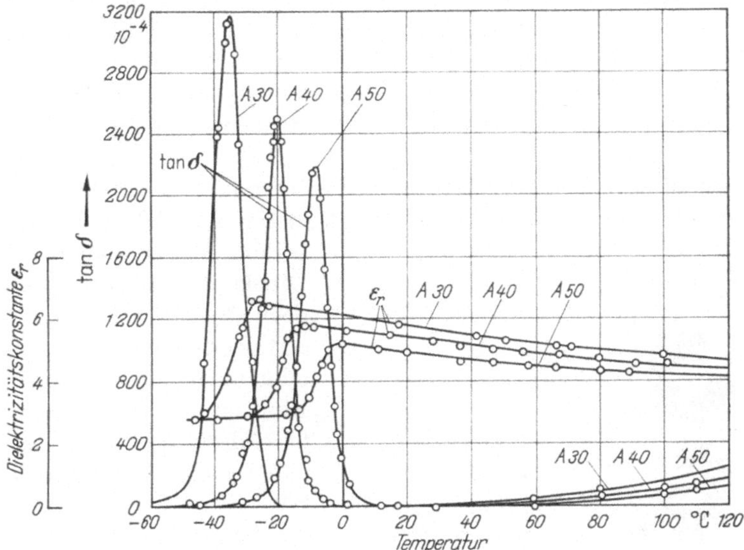

Abb. 8. Temperaturabhängigkeit des Verlustfaktors und der Dielektrizitätskonstante von Clophen A 30, A 40 und A 50.

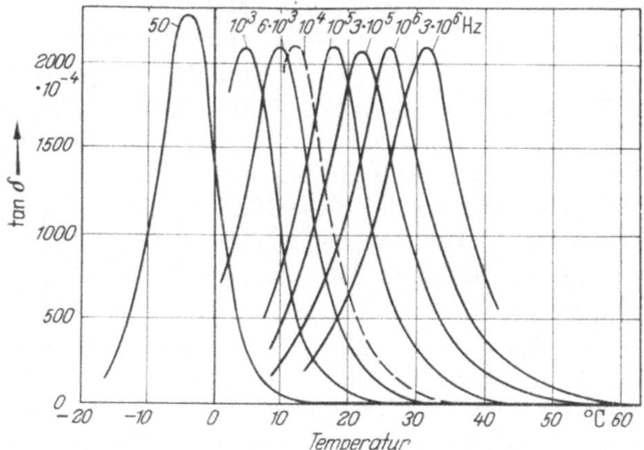

Abb. 9. Verlustfaktorkurven für Clophen A 50 in Abhängigkeit von Temperatur und Frequenz.

den allein durch die Atompolarisierbarkeit α_E bedingten Wert ab. Die innere Reibung führt zu Verlusten; sie sind ebenso wie die DK temperaturabhängig. Ein Beispiel für die Abhängigkeit von ε und $\tan\delta$ von der Temperatur und Frequenz zeigen die Abb. 8 [162] und 9 [187] für

die drei Chlordiphenyle Tri-, Tetra- und Pentachlordiphenyl (Handelsnamen Clophen A 30, A 40 und A 50). Der Verlustfaktor steigt bei sinkender Temperatur im Erstarrungsbereich steil bis zu einem Verlustmaximum an, um ebenso steil bis auf Null abzufallen, wenn die Flüssigkeit sich der vollständigen Erstarrung nähert. Im Verlustmaximum
durchläuft die Kurve für ε einen Wendepunkt. Bei höheren Temperaturen fällt ε infolge der Brownschen Bewegung der Moleküle stärker
ab, als es der Fall wäre, wenn allein die Wärmeausdehnung der Flüssigkeit wirksam wäre.

Nach diesem Verhalten sollte man erwarten, daß Dipole in *festen*
Isolierstoffen keinen Beitrag zur DK geben. Das Beispiel Eis hat jedoch
bereits gezeigt, daß die H_2O-
Dipole im Gefrierpunkt sich
noch drehen können und dies
erst bei tieferen Temperaturen
allmählich unmöglich wird.
Ein weiteres, in unserem Fall
besonders wichtiges Beispiel
dafür ist das Zellulosemolekül, der Elementarbaustein
der Papierfaser. Nach Tab. 5
hat sie eine DK von etwa 6.
Das Zellulosemolekül ist ein
Makromolekül; es besteht aus
einer Kette von mehreren
hundert bis mehreren tausend

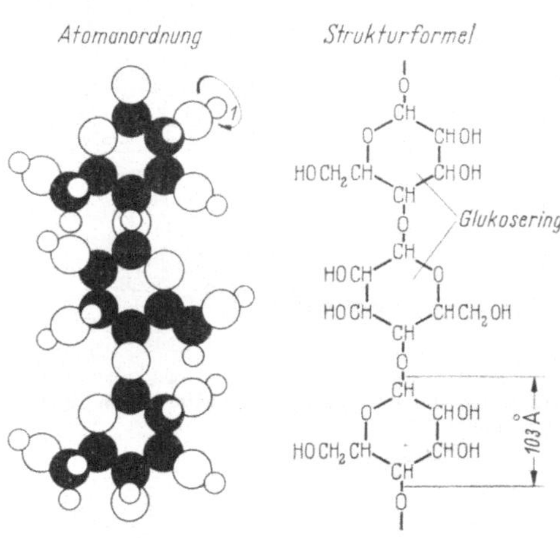

Abb. 10. Ausschnitt aus einer Zellulosehauptkette.

Glukosemolekülen; es hat eine
Länge von etwa 10^{-4} mm und

eine Breite von etwa 10 Å (s. Abb. 10). An jeden Glukosering sind 3 Dipol-
gruppen angelagert, die sich um diese Bindung bis zu einem gewissen
Grad drehen können, wie es der Pfeil andeutet. Diese OH-Gruppen bestimmen den Dipolcharakter der Papierfaser [*82, 106, 187*].

P. HENNINGER [*106*] hat Untersuchungen an der Papierfaser ausgeführt und den Temperatur- und Frequenzgang des Verlustfaktors
von Hadern-, Sulfit- und Natronzellulosepapieren bestimmt, die mit
einem Gemisch aus Clophen A 50 und 3 % Nitroanisol getränkt waren
(s. S. 50); dieses Gemisch hatte etwa die gleiche DK wie die Papierfaser.
Nach Abb. 11 steigt der Verlustfaktor des Papieres mit der Frequenz
stark an; bei 200 kHz und 20 °C wird jedoch das Dipolmaximum noch
nicht erreicht. Die Relaxationszeit der OH-Gruppen ist also sehr klein.
Wird die Zellulose mit Buttersäureester zu Zellulosetributyrat verestert
und treten dadurch an die Stelle der leicht beweglichen OH-Gruppen die
größeren und schwerer beweglichen Estergruppen, die eine größere Re-

laxationszeit haben, so wandert das Verlustmaximum nach niedrigeren Frequenzen hin (Abb. 12). Mit wachsender Temperatur wird entsprechend der leichteren Einstellbarkeit der Dipole das Maximum nach höheren Frequenzen hin verschoben. Aus diesem Grunde wird auch ein *Ansteigen* der DK mit der Temperatur gefunden, obwohl ein Absinken der DK infolge der thermischen Störung zu erwarten wäre.

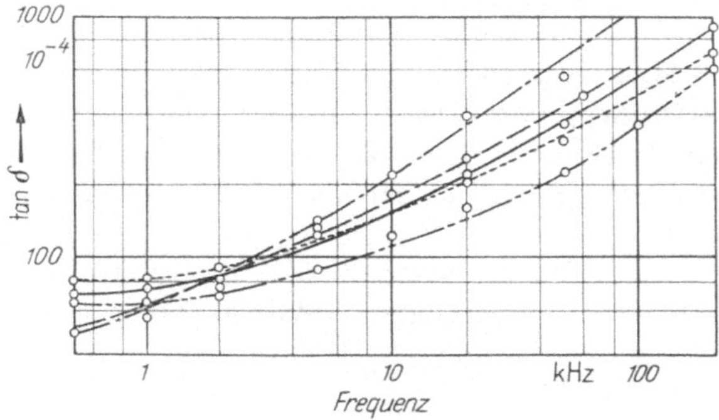

Abb. 11. Frequenzgang des Verlustfaktors der Papierfaser bei 20 °C [*106*].
– – – – – – – Haderneinstoffpapier; – · – · – · – · Haderneinstoffpapier anderer Ausgangsbasis; · – · – · – deutscher Sulfitzellstoff; · · · · · · deutscher Sulfatzellstoff; – · · – · · nordischer Sulfatzellstoff.

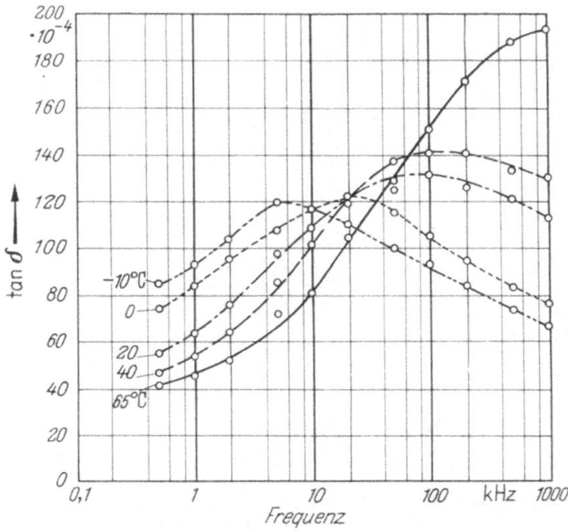

Abb. 12. Frequenzgang des Verlustfaktors einer Zellulosetributyratfolie [*106*].

P. HENNINGER und auch H. VEITH [*283*, Abb. 12a, b, c] bringen den wichtigen Hinweis, daß Wasser bis herauf zu mindestens 6% von der Zellulose offenbar in *molekularer* Form adsorbiert wird, daß also

H_2O-Dipole sich an die OH-Gruppen des Zellulosemoleküls anlagern, so daß eine Kristallisation (Eisbildung) beim Unterschreiten des Gefrierpunktes nicht möglich ist. HENNINGER hält es für unwahrscheinlich, daß es gelingt, Zellulose vollständig (unter 0,5%) von Wasser zu befreien, auch bei Anwendung hoher Temperatur und bei hohem Vakuum; bei Überschreitung gewisser Grenzen des Wasserentzuges zerfällt die Papierfaser [284]. Das durch Trocknung entfernbare Wasser befindet sich im wesentlichen in ihren amorphen Bereichen, nicht in den kristallinen, Abb. 17. Nach HENNINGER ist es in hohem Grade wahrscheinlich, daß einige der OH-Gruppen von H_2O-Molekülen umgeben sind und ein Fall von Dipolwechselwirkung vorliegt. Wieweit diese Wechselwirkung vielleicht an dem Verlustmaximum nach Abb. 13 beteiligt ist, muß noch geklärt werden.

Nach Messungen von H. RIMKUS tritt im Kondensatorpapier bei 50 Hz und − 80 °C ein ausgeprägtes Verlustmaximum auf (s. Abb. 13).

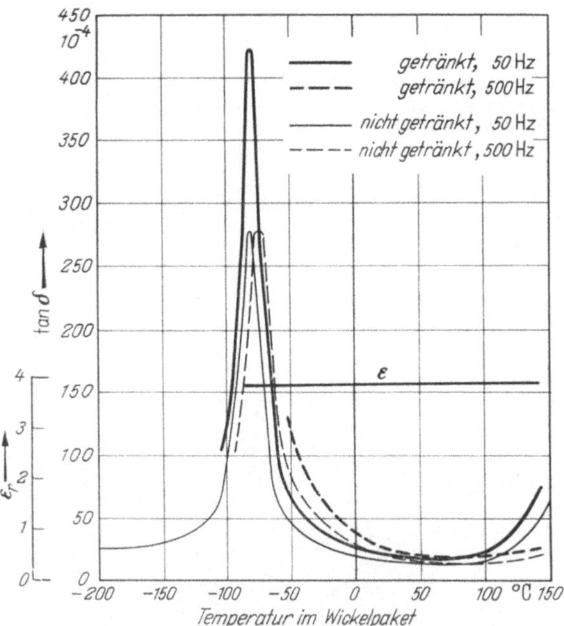

Abb. 13. Dielektrizitätskonstante und Verlustfaktor von nichtimprägnierten und mit Mineralöl imprägnierten Kondensatoren.

Es wurde an 2 Kondensatoren gemessen, deren Wickel aus Natronzellulosepapier sich in je einem dicht verschlossenen Blechbehälter befanden, beide gut unter Vakuum getrocknet, der eine ungetränkt, der zweite mit Mineralöl getränkt. Das Mineralöl ist eine unpolare Flüssigkeit; das Maximum tritt in beiden Kondensatoren bei der gleichen Temperatur von $-80\,°C$ auf. Es muß sich also um Dipolverluste in der Papierfaser handeln. Es verschiebt sich, wie die Theorie es verlangt, zu höherer Temperatur, wenn die Frequenz von 50 auf 500 Hz erhöht wird. Die Lage des Dipolmaximums der Zellulose wurde auch von anderen Autoren bei verschiedenen Frequenzen und Temperaturen bestimmt, wie z.B. von VEITH [283], KOLLMANN [142], TRAPP [277], PUNGS [217]. Trägt man nach H. MEYER die von den verschiedenen Verfassern gemessenen Frequenzen, bei denen das Dipolmaximum liegt [186], im logarithmischen Maßstab über $1/T$ auf, so ergibt sich eine Gerade im

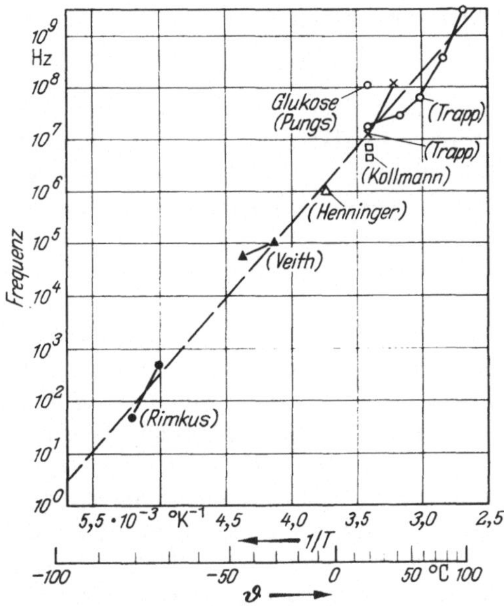

Abb. 14. Frequenzlage des Dipolmaximums der Zellulose in Abhängigkeit von der Temperatur.

Bereich von -100 bis $+100\,°C$ (Abb. 14). Die Streuung der Meßpunkte in diesem weiten Temperaturbereich zeigt, daß es offenbar nicht gut möglich ist, von den Ergebnissen eines einzelnen Autors in einem engen Temperaturbereich den gesamten Verlauf der Geraden zu extrapolieren. Überträgt man die von DEBYE ursprünglich für Flüssigkeiten mit einer inneren Viskosität η für rotierende Moleküle vom Radius a aufgestellte Gleichung $\tau = \dfrac{4\pi\eta a^3}{kT}$ auf die Zellulose, so kann man auch eine „innere Viskosität" der Zellulose definieren, die dann ein Maß für die Einstellungsbehinderung der OH-Gruppen im elektrischen Feld ist (s. hierzu [186, S. 220]).

Sehr hohe Dielektrizitätskonstanten (Tab. 5) können keramische Isolierstoffe erreichen, wie Bariumtitanat [231] und Seignettesalz [262]. Der Grund ist die regelmäßige Anordnung von Dipolen im Kristallgitter und infolgedessen die Ausbildung starker innerer Felder. Diese bewirken, daß bereits eine kleine äußere Spannung für die Ausrichtung *aller* Dipole genügt. Die mit der Ausrichtung verbundenen starken mechanischen Kräfte ändern die Abmessungen des Kristalls (Piezoeffekt im Quarzkristall) [176]. Der Effekt tritt meist nur in einem schmalen Temperaturbereich auf, [111]. Weiteres s. S. 259.

2. Die Leitfähigkeit der Isolierstoffe.
Theorien der dielektrischen Verluste von K. W. Wagner und P. Böning

2.1 Allgemeines

Ein Isolierstoff ist nicht allein durch seine Dielektrizitätskonstante, sondern auch durch seine Leitfähigkeit gekennzeichnet. Die DK ist eine Eigenschaft des Molekülbaues, die Leitfähigkeit jedoch wird nicht durch den Isolierstoff selbst bestimmt, sondern durch Ionen, die vornehmlich von Verunreinigungen, wie Wasser, Säuren, Basen, Salze herrühren. Es handelt sich dabei nicht um eine Elektronenleitfähigkeit wie bei den Metallen, in denen sich Elektronen frei zwischen den Atomen des Kristallgitters bewegen, sondern nach E. WARBURG und K. W. WAGNER [290, S. 48] um eine Leitfähigkeit elektrolytischer Natur. Die positiv oder negativ geladenen Ionen sind groß gegenüber den Elektronen und weit weniger beweglich als diese. Die Ionenleitfähigkeit ist u. a. auch aus diesem Grunde sehr viel kleiner als die Elektronenleitfähigkeit; sie beträgt z.B. bei einem festen Isolierstoff guter Beschaffenheit $10^{-14} \ldots 10^{-19} (\Omega\,\mathrm{cm})^{-1}$ (bei 20 °C, mit Gleichspannung gemessen) gegenüber $57 \cdot 10^{+4} (\Omega\,\mathrm{cm})^{-1}$ bei Kupfer. Ein weiterer charakteristischer Unterschied ist der, daß die Leitfähigkeit der Metalle mit wachsender Temperatur sinkt, diejenige der Isolierstoffe steigt.

Man unterscheidet gasförmige, flüssige und feste Isolierstoffe. Gase sind nahezu Nichtleiter, solange sie nicht ionisiert sind; sie lassen sich jedoch, da die freie Weglänge in Gasen groß ist, bei viel niedrigeren Spannungen isonisieren als flüssige und feste Isolierstoffe und können dann hochleitfähig werden. Auch in Flüssigkeiten kann – wir scheiden hier Glimmentladungen und Durchschlagerscheinungen im Dielektrikum aus – durch Ionisation erhöhte Leitfähigkeit erzeugt werden (Versuche von G. JAFFE, Bestrahlung der Flüssigkeit von außen [192, 290]), sie ist jedoch im allgemeinen gegenüber der elektrolytischen Leitfähigkeit so gering, daß sie nur an hochgereinigten Flüssigkeiten nachgewiesen werden kann. Die Leitfähigkeit der flüssigen Isolierstoffe hängt bei gegebener Verunreinigung, d.h. gegebener Zahl der Ionen je cm³ von deren Beweglichkeit und diese wieder von der Viskosität der Flüssigkeit ab; z.B. steigt die Leitfähigkeit von gut gereinigtem Trichlordiphenyl von $4 \cdot 10^{-14}$ $(\Omega\,\text{cm})^{-1}$ bei 20 °C auf $1 \cdot 10^{-12}$ $(\Omega\,\text{cm})^{-1}$ bei 100 °C, also auf das 25fache. Daß die Leitfähigkeit durch Verunreinigungen verursacht wird, läßt sich leicht dadurch nachweisen, daß sie sich durch Reinigung der Flüssigkeit weit herabsetzen läßt (Abb. 38) [192, S. 83]. Das gilt nicht nur für flüssige, sondern auch für feste Isolierstoffe. Ein gutes Beispiel ist das Kondensatorpapier, dessen Leitfähigkeit durch Entfernung des Wassers um Größenordnungen vermindert werden kann (Abb. 61). Das Papier wird ferner bereits bei seiner Herstellung durch Waschen mit gereinigtem Wasser von Verunreinigungen, die z.B. vom Kochen der Zellulose in Natronlauge herrühren, befreit, und dadurch werden seine Leitfähigkeit und seine dielektrischen Verluste beträchtlich gesenkt (s. S. 55).

Zusammenfassend ergibt sich also, daß die Leitfähigkeit der hier betrachteten festen und flüssigen Isolierstoffe im wesentlichen elektrolytischer Natur ist und von der Zahl und Beweglichkeit der positiven und negativen Ionen abhängt. Die von der Leitfähigkeit herrührenden Erscheinungen der Nachladung bei Gleichspannung und der dielektrischen Verluste bei Wechselspannung werden im folgenden beschrieben. Unabhängig davon verlaufen die von Dipolmolekülen herrührenden Erscheinungen.

2.2 Nachladung, Ladungsrückstand und Isolationswiderstand des Schichtkondensators

Bereits 1907 behandelte E. v. SCHWEIDLER [245] ausführlich die Nachladeerscheinungen. Seine Theorie wurde 1913 von K. W. WAGNER [290, 291, 292] weiter ausgebaut und durch experimentelle Untersuchungen an Gummi, Harzen, geschichteten Kondensatoren usw. gestützt [293]. Beide Autoren benutzen vor allem die Theorie der geschichteten Dielektrika von MAXWELL [168], nach welcher Nachladungen immer auftreten, wenn die Dielektrizitätskonstanten *und* Leitfähigkeiten der einzelnen Schichten verschieden groß sind. Bemerkenswert ist, daß sie bereits molekular-theoretische Vorstellungen gebrauchen und von Dipolmolekülen, dielektrischer Polarisation und Eigenschwingungen der Moleküle sprechen [245, S. 747, 291, S. 828/29], wobei sie diese Vorstellungen allerdings nur zur Stützung ihrer Nachwirkungstheorie und noch nicht im Sinne der Debyeschen Dipoltheorie verwenden.

Zur Beschreibung der Nachladeerscheinungen wird ein Leistungskondensator von 50 kvar, 250 µF benutzt (Abb. 15). Er wird über 100 Ω auf 100 V Gleichspannung aufgeladen. Der eigentliche Ladestrom sinkt von 1 A nach 0,5 sec, also 20 Zeitkonstanten RC, auf $2 \cdot 10^{-9}$ A. Tatsächlich wird aber noch nach 5 sec der weit größere Strom von $2{,}5 \cdot 10^{-5}$ A

gemessen, Kurve a. Dieser Strom wird Nachladestrom (I_n) genannt.
Die im Tränkmittel befindlichen positiven und negativen Ionen wandern
unter dem Einfluß der Spannung nach entgegengesetzten Richtungen,
bis sie durch eine Papierfaser an der Weiterbewegung gehindert werden;

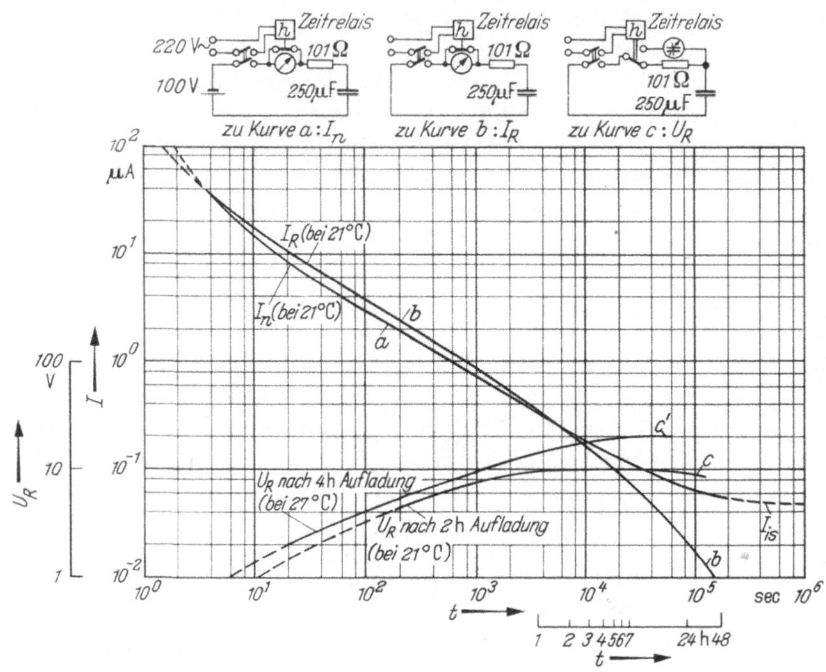

Abb. 15. Nachladestrom I_n, Rückstrom I_R und Rückspannung U_R eines 50-kvar-Leistungs-
kondensators für 800 V, getränkt mit Clophen A 30.

die im Papier, insbesondere auf der Oberfläche der Papierfaser sitzenden
Ionen bewegen sich ebenfalls in Richtung der Feldlinien, soweit die Lage
der Papierfaser eine solche Bewegung erlaubt. Nach 48 h ist die Nachladung im wesentlichen beendet. Ein geringer Teil der Ionen erreicht
die Belegungen; dieser Strom (I_{is} am Ende der Nachladung, Kurve a)
wird Isolationsstrom genannt. Wird der Kondensator nunmehr von der
Spannungsquelle abgeschaltet, so entlädt ihn der Isolationsstrom im
Laufe von vielen Tagen. Je besser das Dielektrikum und je niedriger die
Temperatur, um so kleiner sind Nachlade- und Isolationsstrom und um
so größer ist die für die Ladungsverschiebung und Entladung benötigte
Zeit.

Um den Kondensator vollständig zu entladen, muß man ihn so lange
kurzschließen, bis alle Ladungen zurückgewandert sind oder sich im
Dielektrikum wiedervereinigt haben. Die Kurve b in Abb. 15 zeigt den

Rückstrom I_R des über ein Galvanometer kurzgeschlossenen Kondensators; sie fällt in ihrem mittleren Bereich fast mit der Aufladekurve a zusammen und sinkt erst oberhalb 1000 sec stärker ab. Nach 96 h beträgt I_R noch $3 \cdot 10^{-9}$ A. Offenbar wird nahezu die gesamte Nachladung beim Kurzschluß zurückgewonnen. Die Differenz der Ladungen, die sich beim Planimetrieren der Kurven a und b ergeben, muß die durch den Isolationsstrom I_{is} abgeführte Ladung sein. I_{is} beträgt etwa $5 \cdot 10^{-8}$ A, wie Kurve a zeigt. Daraus errechnet sich ein Isolationswiderstand R_{is} $= 2 \cdot 10^9\ \Omega$. In der Praxis ist es allerdings üblich (VDE 0560, Teil 1 u. 13, § 37), den Isolationswiderstand R'_{is} einer Isolierung zu bestimmen, indem man bereits 1 min nach Anlegen der Gleichspannung den Strom mißt; dieser beträgt nach Abb. 15, Kurve a, $3{,}8 \cdot 10^{-6}$ A, woraus sich $R'_{is} = 2{,}6 \cdot 10^7\ \Omega$ errechnet. Der wahre Isolationswiderstand ist hier also um den Faktor $R_{is}/R'_{is} = 77$ größer. R'_{is} ist ein willkürlicher Wert. Die Messung des Stromes nach 1 min wurde nur gewählt, weil die Bestimmung des wahren Isolationswiderstandes meist zu lange Zeit erfordern würde. Häufig, insbesondere bei den Kondensatoren der Nachrichtentechnik, arbeitet man auch mit der Zeitkonstante $\tau_{is} = R'_{is} C$, wobei sich bei 20 °C Werte im Bereich von $10^3 \cdots 10^4$ sec ergeben.

Aus der Wickelfläche von 126,5 m² des Kondensators und der Dicke seines Dielektrikums von 52 µm errechnet sich ein spezifischer Widerstand von $4{,}9 \cdot 10^{15}\ \Omega$ cm, ein hoher Wert.

In einem weiteren Versuch wird der Kondensator nur 2 h lang mit 100 V erneut aufgeladen, dann von der Spannungsquelle abgeschaltet und über den Vorwiderstand R etwa 0,5 sec lang kurzgeschlossen, so daß die auf seinen Belegungen sitzende Ladung nahezu vollständig abgeführt wird und die Klemmenspannung Null ist. Danach mißt man mit einem elektrostatischem Voltmeter eine allmählich wiederkehrende Spannung U_R, die nach 2 h einen Endwert von etwa 10 V erreicht (Abb. 15, Kurve c). Die Ladung kann nur aus dem „Ladungsrückstand" im Dielektrikum stammen. Als treibende Kraft wirkt hierbei die innere Gegenspannung, die sich bei der Aufladung zwischen den positiven und negativen Ionenwolken bildet und die nunmehr den entladenen Kondensator so lange auflädt, bis ein neues Gleichgewicht zwischen der auf die Belegungen zurückgewanderten Ladung und der restlichen Ladung im Dielektrikum entstanden ist. Die Höhe von U_R ist von der Aufladezeit abhängig, wie die 2. Kurve c' zeigt, die gewonnen wurde, nachdem der Kondensator 4 h lang bei 27 °C aufgeladen worden war. Eine höhere Temperatur verschiebt die Rückspannungskurve wegen der höheren Ionengeschwindigkeit nach kürzeren Zeiten. Weitere Messungen s. Abb. 67.

Bei Gleichspannung klingt der Nachladestrom auf sehr kleine Werte ab und erzeugt keine merklichen Verluste. Ein mit reiner Gleichspannung betriebener Kondensator erwärmt sich daher bei den normalen

Umgebungstemperaturen nicht, einwandfreie Herstellung vorausgesetzt. Erst wenn bei hohen Temperaturen (>70 °C) und bei hohen Feldstärken (>70 V/μm) der Isolationsstrom unzulässig hoch ansteigt, kann es zu einer Erwärmung und zum Durchschlag kommen (Abb. 66).

2.3 Leitfähigkeit und dielektrische Verluste bei Wechselspannung

Auch hierfür hat K. W. WAGNER eine mathematische Formulierung gefunden und gezeigt, daß die Nachwirkungstheorie nicht nur die Erscheinungen im Zweischichtkondensator gut beschreibt, sondern auch für Isolierstoffe mit inhomogener Struktur und verschiedenen Verunreinigungen und Feuchtigkeit gilt [290, S. 10]. Im Wechselfeld ändert der Nachladestrom ständig seine Richtung, bei 50 Hz also 100mal in der Sekunde. Dabei fließt jedes Mal der Nachladeanfangsstrom I_{n_0} (s. S. 105). Dieser ist imstande, den Papierkondensator bei den üblichen Betriebsfeldstärken zu erwärmen. Die Messung von I_{n_0} und seine Trennung vom Ladestrom I_C des Kondensators ist im Fall unseres 50-kvar-Kondensators schwierig, da bei dem kleinen Verlustfaktor $\tan \delta = 33 \cdot 10^{-4}\, I_{n_0}$ sehr klein gegen I_C ist, nämlich $I_{n_0} < 33 \cdot 10^{-4}\, I_C$. Es kommt hinzu, daß die dielektrischen Verluste des Kondensators nicht allein durch im Feld wandernde Ionen verursacht werden. Die Wagnersche Theorie versucht, formal alle Erscheinungen der dielektrischen Verluste zu erfassen. Wenn das Dielektrikum Dipolmoleküle enthält, treten jedoch unabhängig von den Nachladeerscheinungen Dipolverluste auf, deren Mechanismus ganz anders ist. Es empfiehlt sich, diese beiden Verlustmechanismen getrennt zu betrachten. Ferner muß darauf hingewiesen werden, daß K. W. WAGNER die Leitfähigkeit der Isolierschichten in seine Rechnung als Größen einfügt, die nur von der Temperatur, aber nicht von der Spannung abhängig sein sollen. C. G. GARTON [85] und F. LIEBSCHER [158] haben jedoch gezeigt, daß die dielektrischen Verluste in den dünnen Tränkmittelschichten der Leistungskondensatoren stark spannungsabhängig sein können, so daß ihr Anteil gegenüber den dielektrischen Verlusten in der Papierfaser bei den üblichen Betriebsfeldstärken ($10 \cdots 20$ V/μm) gering wird (s. S. 109ff). Die dielektrischen Verluste der neuzeitlichen Leistungskondensatoren treten also vorwiegend im Papier auf. Wie schon angedeutet, ist es schwierig anzugeben, wie groß die Anteile der Leitfähigkeitsverluste einerseits und der Dipolverluste andererseits sind, insbesondere bei Netzfrequenz und normaler Betriebstemperatur (s. Abb. 70 u. 71).

2.4 Aufbau der technischen Isolierstoffe

Einen Einblick geben A. NIKURADSE [192, S. 122] und P. BÖNING [24, 25]. Als wesentlich sieht BÖNING den Aufbau der technischen Isolierstoffe aus „feindispersen" Teilchen an und erklärt ihr Verhalten im elektrischen Feld aus der Ionenadsorption an den großen inneren Grenzflächen.

Er betrachtet einen solchen Isolierstoff als ein mehr oder weniger durchlässiges Diaphragma, das von Kanälen durchsetzt ist, die dissoziierte Elektrolyte enthalten. Die Kanalwände adsorbieren die sogenannten „Grenzionen" oder „Haftionen", darüber lagern sich zur Neutralisation Ionen entgegengesetzter Polarität, die „Ergänzungsionen" oder auch „Gleitionen" genannt werden, es bildet sich also eine elektrische Doppelschicht. Die Gleitionen gleiten auf der Grenzionenschicht unter dem Einfluß des elektrischen Feldes, nach Überschreiten einer Mindestfeldstärke, und wandern nach der Elektrode entgegengesetzten Vorzeichens. Oberhalb einer gewissen Feldstärke reißen auch die Haftionen ab und wandern nach der anderen Elektrode. Durch die Verschiebung der positiven und negativen Ionen nach entgegengesetzten Richtungen wird die vorher vorhandene Neutralisierung der Ladungen aufgehoben; es entsteht eine innere Gegenspannung, die die Ladungsverschiebung bremst, schließlich zum Stillstand bringt und der Elektrodenspannung das Gleichgewicht hält, bis zu einem gewissen Umfang, soweit genügend Ionen vorhanden sind. Die Ladungsverschiebung nach den Elektroden hin hat zur Folge, daß die ursprünglich gleichmäßige Spannungsverteilung im Dielektrikum nach einiger Zeit ungleichmäßig wird und daß die Feldstärke in der Nähe der Elektroden ansteigt. Hierbei ergeben sich je nach Art des Isolierstoffes und der Ionen unterschiedliche Spannungsverteilungen häufig mit Unregelmäßigkeiten und Höckern. BÖNING hat sie an 10···20 mm dicken Isolierstoffscheiben gemessen, in die meist 5 Sonden eingegossen bzw. auf- oder eingewickelt und an welche Elektrometer angeschlossen waren; er bringt zahlreiche an Wachsen, Harzen, Mischungen von Asphalt und Kolophonium, Marmor usw. mit Gleichspannung gemessene Werte der Spannungsverteilung, über der Dicke des Dielektrikums aufgetragen und in Abhängigkeit von der Zeit nach Umpolung oder im Kurzschluß gemessen [*24*, S. 19–41, *25*, S. 72].

Die Geschwindigkeit der dispersen Teilchen und Ionen in Flüssigkeiten gibt BÖNING zu $10^{-4} \frac{\mathrm{cm/sec}}{\mathrm{V/cm}}$ an; sie kann jedoch nach Angaben anderer Verfasser [*158*] je nach Zähigkeit der Flüssigkeit um mehrere Größenordnungen kleiner sein.

Diese Messungen geben eine anschauliche Erklärung für die Ionenleitung in festen Isolierstoffen und dürften auch auf das Papier der Leistungskondensatoren anwendbar sein. Die Tatsache, daß die dielektrischen Verluste des Kondensatorpapieres in den letzten Jahren durch Waschen mit hochgereinigtem Wasser wesentlich gesenkt werden konnten, weist darauf hin, daß ein Teil dieser Verluste durch das vom Wechselfeld verursachte Gleiten von Ionen auf der Oberfläche der Papierfasern entsteht.

J. A. Kok [*141*] berichtet über das Verhalten der Ionen und Ionenwolken, insbesondere in Isolierölen, über die Größe suspergierter Teilchen, über die Bildung und Stabilität von Doppelschichten und über die zwischen den Teilchen wirksamen Kräfte durch van der Waalssche Anziehung einerseits und durch elektrostatische Abstoßung zwischen den Ionenwolken andererseits. Ladungsträger mit entgegengesetztem Vorzeichen bilden gern größere Komplexe, sie koagulieren und flocken leicht aus (s. S. 106); je größer die Flocken (50···500 Å), um so mehr verschlechtert sich die Isolierflüssigkeit und ihre Durchschlagsfestigkeit. Kok behandelt in diesem Zusammenhang auch die Wirksamkeit von kolloidchemischen Stabilisierungsmitteln für Isolieröle, den sogenannten Stabilisatoren oder Inhibitoren (hierzu s. auch S. 80).

II. Der Papierkondensator

A. Das Dielektrikum

1. Die Baustoffe

1.1 Das Papier

Das Papier ist der wichtigste Bestandteil des Papierkondensators; es stellt zusammen mit dem Tränkmittel und den Belegungen das aktive Material des Kondensators dar. Aus diesem Grunde wird im folgenden ausführlich auf die Technologie und die Eigenschaften des Kondensatorpapieres eingegangen.

1.11 Die Arten des Kondensatorpapieres. Man teilt die Papiere a) nach ihrem Rohstoff in Holzzellstoffpapiere und Hadernpapiere, b) nach ihrem Aufschlußverfahren in Sulfatpapiere[1] und Sulfitpapiere ein. Der chemische Aufschluß des Rohstoffes in einem Kochprozeß hat den Zweck, die Zellulosefaser von den anderen Bestandteilen des Holzes, insbesondere dem Lignin, zu befreien. Der bevorzugte Rohstoff ist das Holz der nordischen Fichte, dessen Fasern sich besonders zur Herstellung eines festen und feinen Papieres eignen. Der Holzreichtum der Länder Schweden, Finnland und Kanada hat dort zur Errichtung zahlreicher Zellstofffabriken geführt, die das Holz nach dem Natron-Sulfat-Verfahren unter Verwendung von Natronlauge und Natriumsulfat aufschließen. Der Natronzellstoff ergibt die festesten Papiere; die hohe Zugfestigkeit des Natronpapieres (daher auch „*Kraft*papier" genannt) ist der Grund für seine Verwendung für Säcke aller Art. Auch das Kondensatorpapier wird beim Herstellen der Wickel mechanisch stark beansprucht, so daß eine hohe Festigkeit gefordert werden muß. Sie beträgt in Längsrichtung

---

[1] Bisher häufig auch Natronzellulosepapiere oder kurz Natronpapiere genannt.

der Fasern 8···16 kp/mm² (geprüft an Papierstreifen von 180 mm Länge und 15 mm Breite, Abb. 25) und kommt damit schon in die Größenordnung der Festigkeit von Stahl St 37. Sulfitpapiere haben nach intensiver Trocknung eine geringere Festigkeit als Sulfatpapiere. Das Sulfitverfahren ist billiger und arbeitet mit einer bis zu 18 % größeren Ausbeute als das Natron-Sulfat-Verfahren.

Feine Papiere werden auch aus den Zellulosefasern der Baumwolle, des Flachses und Hanfes hergestellt, und zwar einerseits aus den Rohfasern dieser Pflanzen, mehr jedoch und billiger aus Hadern, d.h. aus Resten von Baumwollstoffen, Flachs- und Hanfseilen und Bindfäden. Dieses Hadernpapier hat bei Temperaturen bis zu 60 °C niedrigere dielektrische Verluste als das Papier aus Holzzellstoff, oberhalb 60 °C jedoch steigen sie steiler an, so daß die Wärmestabilität der Kondensatoren aus Hadernpapier geringer ist als die der Kondensatoren aus Sulfatpapier. Ein weiterer Nachteil ist, daß das Hadernpapier mehr leitende Einschlüsse enthält, die aus Verunreinigungen der Stoffreste herrühren und trotz sorgfältiger Auslese der Rohmaterialien nicht vollständig vermieden werden können. Heute wird praktisch nur noch Sulfatzellulosepapier für Kondensatoren verwendet [*82*, S. 112].

1.12 Die Herstellung des Kondensatorpapieres [*282*]

Die Sulfatzellulose. Zur Gewinnung der Zellulose aus Holz wird dieses weitgehend zerkleinert und durch Kochen (bei 170···180 °C und 7···10 at, 3···6 h lang) in Natronlauge „aufgeschlossen". Dabei werden 20···25 % des Holzgewichtes in Form von Lignin entfernt, etwa ebensoviel geht in Form von Hemizellulose, d.i. niedrigmolekulare Zellulose, ferner der Zellulose ähnliche Substanzen, Harz, Eiweiß usw. verloren. Der Rest ist der technische Zellstoff, der etwa 90 % reine α-Zellulose (98 % bei Hadern) und 10 % Hemizellulose enthält. Ein solcher Anteil von Hemizellulose verbleibt absichtlich im Zellstoff, er begünstigt die Blattbildung und erhöht die Festigkeit des Papieres [*136*].

Abb. 16 zeigt die gewonnene Zellstoffaser, etwa 1000fach vergrößert, ein Schlauch, der aus mehreren Schichten besteht, die ihrerseits wieder, wie durch die ungefähr parallelverlaufenden Linien angedeutet, aus vielen „Fibrillen" zusammengesetzt

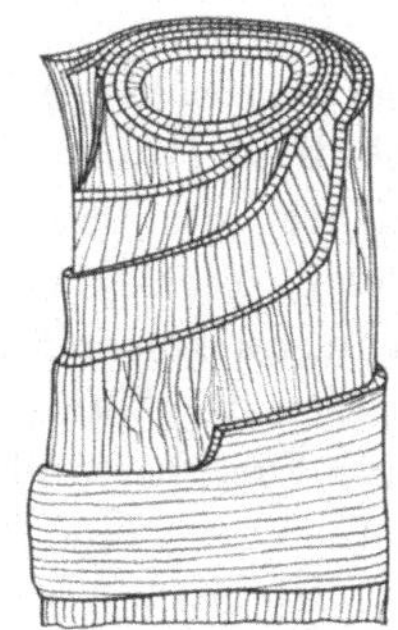

Abb. 16. Zellstoffaser.

sind. Eine Fibrille ist mit dem Lichtmikroskop noch erkennbar. Sie besteht ihrerseits aus „Micellen" von etwa 10^{-4} mm Länge und einem Durchmesser von etwa 100 Å. Jedes Micell setzt sich, wie in Abb. 17 angedeutet, wieder aus vielen Zellulosemolekülen zusammen. Diese fügen sich in gewissen Bereichen parallel aneinander und bilden an solchen Stellen fast kristalline Bereiche. Wegen der verschiedenen Länge der einzelnen Zellulosemoleküle sind die Enden der Micellen „ausgefranst"; mit den Fransen hängen die Micellen untereinander zusammen (O. KRATKY und Mitarbeiter [*82*]).

Die Mahlung des Zellstoffes. Die Faser wird durch die Mahlung im „Holländer" [*136*] mehr oder weniger in die Fibrillen zerlegt. Die Kunst des Papiermachers besteht darin, die Faser hierbei möglichst nicht zu zerschneiden, d.h. nicht zu verkürzen, vielmehr sie in der Länge aufzuspalten. Dies geschieht durch Quetschen unter den Messern des Holländers unter Verwendung von sehr viel Wasser. Dieses wirkt als Weichmacher und bringt die Faser zum Aufquellen; es wird unter dem Gewicht der Holländerwalze (bis zu 4 t) in die Faser gewissermaßen hineingeknetet; die im Querschnitt rechteckigen scharfkantigen Messer bestehen meist aus rostfreiem Stahl. Der Zellstoffbrei erwärmt sich bei der Mahlung durch Reibung bis auf 60 °C. Die Hemizellulose quillt besonders stark, geliert und bildet später ein Bindemittel zwischen den Fasern. Je nach ihrem Anteil und je nach Mahldauer kann man den Papierbrei „schmierig"

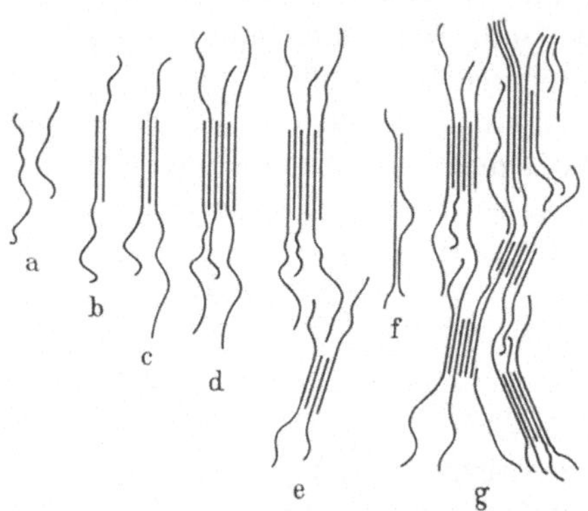

Abb. 17a–g. Übermolekularer Aufbau der Zellulose (nach R. PUMMERER, Chem. Textilfasern, Filme und Folien).
a) bis e) Entstehung eines micellaren Netzes aus Fadenmolekülen;   f) Kristallisationshemmung; g) Ausschnitt aus micellarem System.

oder „rösch" (d.h. rauh) mahlen; schmieriger Brei ergibt pergamentähnliche Papiere, röscher Brei im Extrem Löschpapiere. Vor allem aber richtet sich die Behandlung des Papierbreies sehr stark nach der Dicke des Papieres, das aus dem Brei entstehen soll, denn je dünner das Papier sein soll, um so feiner müssen seine Fasern sein. Abb. 18 zeigt den Unterschied der Mahlung der Fasern dreier Papiere, die in Wasser wieder in ihre Faserbestandteile zerlegt wurden. Die Fasern haben eine Länge von 0,5···5 mm, eine Breite bis zu etwa 70 µm und, infolge der Quetschung im Holländer, eine wesentlich kleinere Dicke. Die Fasern des 6-µm-Papieres sind viel feiner als die des 150-µm-Papieres.

Die Bildung des Papieres. Nach vielstündiger Mahlung (50 und mehr Stunden bei dünnen Kondensatorpapieren), nach Durchlauf durch Kegelstoffmühlen, Zentrifugen und Knotenfänger kommt der Papierbrei auf die Papiermaschine, und zwar in äußerst starker Verdünnung. Der Wasserverbrauch bei der Papierherstellung ist außerordentlich groß, für 1 kg Papier eine Menge bis zu 3 m³. Dadurch wird erreicht, daß die Fasern auf dem Sieb der Papiermaschine gleichmäßig verteilt werden und sich

ein gleichmäßig dickes Papier bildet. Das etwa 10 m lange Sieb bewegt
sich mit einer Geschwindigkeit von etwa 1···2 m/sec vorwärts und führt
dabei quer dazu eine Rüttelbewegung aus, damit sich die Fasern auch in
Querrichtung verfilzen. Am Ende des Siebes ist die Fasermasse so weit

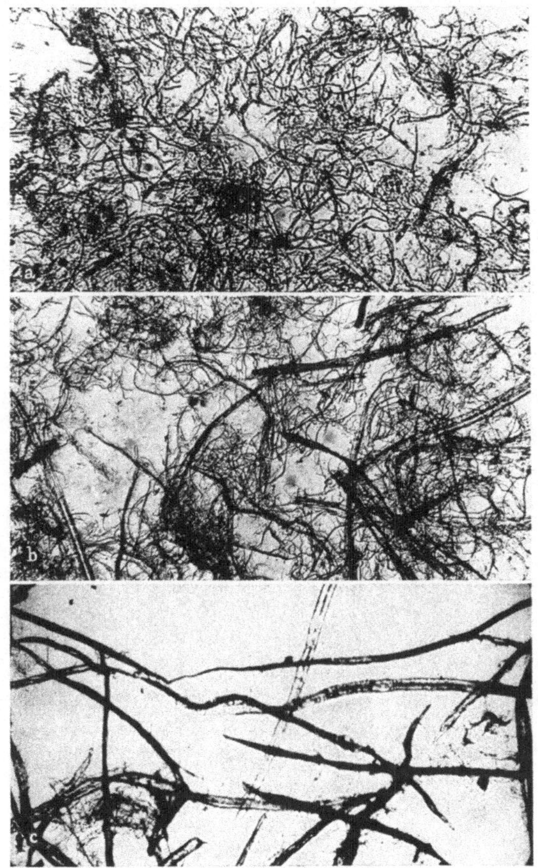

Abb. 18a–c. Fasern verschiedener Natronzellulosepapiere.
a) Kondensatorpapier, Papierdicke 6 μm; b) Kondensatorpapier, Papierdicke 14 μm; c) Kabelpapier, 150 μm (Vergrößerung etwa 60fach).

entwässert, daß sie als Papierblatt vom Sieb abgehoben und auf einen
Filz übergeleitet und dann zwischen zahlreichen heißen Walzen weiter-
getrocknet werden kann. Am Ende dieses Prozesses, bei dem es besonders
auf gleiche Geschwindigkeit aller Walzen ankommt, damit das Papier
nicht an irgendeiner Stelle reißt, wird das fertige „maschinenglatte"
Papier aufgerollt. Es ist verhältnismäßig locker und wird daher häufig
mehr oder weniger stark verdichtet, indem es, meist nach Anfeuchten

3*

mit Wasser (bis zu 25%), mehrmals zwischen den dampfbeheizten Walzen eines Kalanders unter hohem Druck (4000 kp auf etwa 1 m Länge) zusammengepreßt, „satiniert" wird. Die vorher stumpfe und matte Oberfläche wird dadurch glatt und glänzend. Die Dichte kann durch mehrmaliges Kalandrieren von 0,8 bis auf 1,35 g/cm³ gesteigert werden. Über den Zusammenhang zwischen den verschiedenen Papierdichten und den gebräuchlichen Satinagen *A*, *B*, *C*, *D*, maschinenglatt s. Abb. 24.

Abb. 19 gibt den Lackabdruck der Oberfläche eines maschinenglatten Papiers wieder[1]; die Faserbänder und Fibrillen sind weitgehend miteinander verfilzt [*169*].

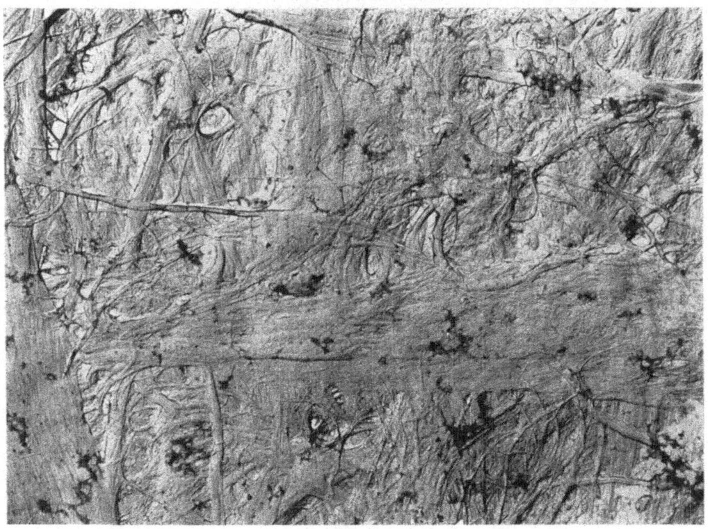

Abb. 19. Elektronenmikroskopische Aufnahme vom Oberflächenabdruck eines maschinenglatten Kondensatorpapiers nach JAYME und HUNGER, Institut für Zellulosechemie, Darmstadt (Vergrößerung 10800fach).

1.13 Die Eigenschaften des Kondensatorpapieres [*144*]

1.131 Physikalische und mechanische Eigenschaften. Die *Wasseraufnahme* des Papiers ist für seine Verarbeitung von großer Bedeutung. Das Wasser sitzt nicht außen auf den Faseroberflächen; die Wassermoleküle lagern sich vielmehr im nichtkristallinen Bereich der Zellulose an die Hydroxylgruppen des Zellulosemoleküls an, eine Folge von Dipolanziehung oder Wasserstoffbindung an den OH-Gruppen (s. S. 23). Die Wasseraufnahme des Papieres geht stark zurück, wenn man die Hydroxylgruppen mit anderen Molekülen absättigt, z.B. mit Alkyl- bzw.

---

[1] Werksaufnahme Papierfabrik Schoeller & Hoesch GmbH, Gernsbach in Baden.

Acylgruppen veräthert oder verestert (Äthylzellulose, acetyliertes Papier,
Triacetatfolie). Beim Eindringen des Wassers in die Faser quillt diese,
insbesondere quer zur Faserrichtung. Wenn auch die Dehnung in
Querrichtung bei Zunahme der relativen Feuchtigkeit von 20 auf 80%
nur 1% beträgt [242], so macht sich diese Breitenzunahme bei hart ge-
wickelten Papierrollen durch Faltenbildung bereits bemerkbar.

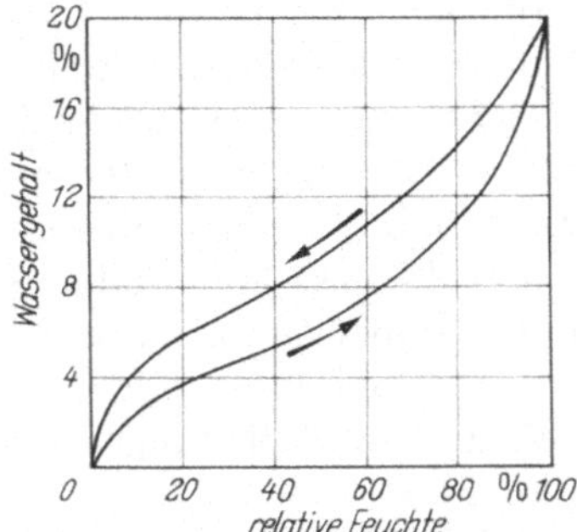

Abb. 20. Wassergehalt von Kabelpapier und
relative Feuchte [283].

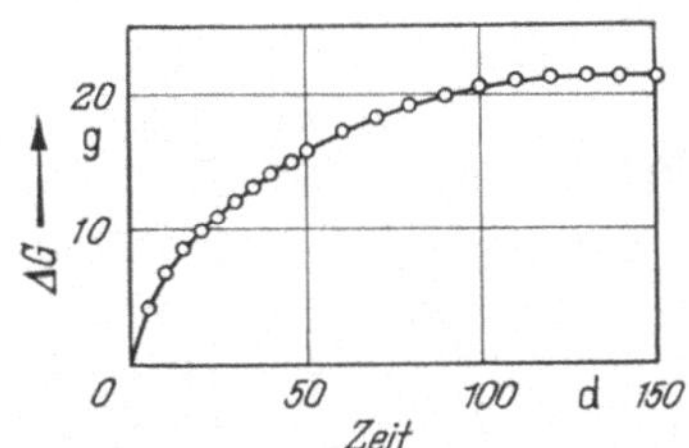

Abb. 21. Gewichtszunahme von Kondensatorwickeln (Papiergewicht 250 g) nach Trocknung im Vakuum bei Lagerung im Klima-
raum (65% Luftfeuchte, 23 °C).

Der Wassergehalt des Papieres ändert sich stark mit der Feuchtigkeit
der Umgebungsluft, und damit ändern sich auch die physikalischen und
mechanischen Eigenschaften, was bei der Papierprüfung beachtet werden
muß. Es wird ein höherer Wassergehalt erreicht, wenn das Papier aus dem
feuchteren in einen trockeneren Zustand gebracht wird als umgekehrt
(Hysterese, ,,Quellungisotherme'' nach VEITH [283], Abb. 20). Mit steigendem Mahlgrad nimmt der Feuchtigkeitsgehalt zu, weil die innere
Faseroberfläche größer wird. Es dauert viele Tage, bis der Gleichgewichtszustand erreicht ist, bei großen Papierrollen sogar Monate, eine Tatsache,
die beim Verarbeiten der Papiere zu Kondensatorwickeln beachtet werden muß. Nach Abb. 21 nahm das Gewicht im Laufe von 150 Tagen
um 22 g, d.h. um 8,8% zu.

Die Festigkeit des Papiers nimmt zunächst mit steigendem Wassergehalt zu, erreicht bei 30···40% relativer Luftfeuchte ihren Höchstwert
und fällt dann ab, besonders stark oberhalb 80%. Die Reißdehnung
nimmt stetig mit dem Wassergehalt zu, im allgemeinen auch die Falzzahl. Bei der Papierprüfung soll daher im Prüfraum ein konstantes
Klima, Normklima 20/65 nach DIN 50014, herrschen, d.h. eine relative
Luftfeuchte von 65% ± 3% und eine Raumtemperatur von 20 °C ± 2 °C
eingehalten werden; die Proben müssen vor der Prüfung 24 h in diesem
Klima gelagert werden.

Nur trockenes Papier ist ein guter Isolator. Abb. 22 zeigt die starke Zunahme des Verlustfaktors, Abb. 61 die starke Abnahme des Isolationswiderstandes von Kabelpapier in Abhängigkeit von Feuchtigkeit und Temperatur. Die für hochausgenutzte Kondensatoren notwendige Trocknung erfordert die Anwendung hoher Temperaturen und hohen Vakuums. Anschließend muß das Papier von der Außenluft abgeschlossen und imprägniert werden, mit Lack, Harz oder Wachs bei geringer elektrischer Beanspruchung, bei höherer Beanspruchung sind flüssige Tränkmittel erforderlich, weil diese die Poren des Papieres vollständig ausfüllen und im Betrieb flüssig bleiben, wogegen Harze und Wachse unterhalb bestimmter Temperaturen erstarren, wobei sich Hohlräume bilden, in denen elektrische Entladungen entstehen können.

Die *Saugfähigkeit* eines Papieres ist eine Folge der Kapillarwirkung des Fasergefüges. Sie wurde früher als ein Maß für das Eindringen des Tränkmittels in das Papier angesehen (VDE 0311/9.63). Die praktische Erfahrung hat jedoch gezeigt, daß auch Tränkmittel mit geringer Steighöhe, wie z.B. Clophen, das Papier vollständig durchdringen und alle Hohlräume ausfüllen.

Das *Flächengewicht* („Quadratmetergewicht") wird in g/m^2 gemessen (DIN 53111), von ihm geht der Papiermacher bei der Papierherstellung aus. Isolierpapiere für Maschinen, Transformatoren, Kabel haben ein Flächengewicht von 30···100 g/m^2, Kondensatorpapiere von 5···25 g/m^2. Diese Zahlenwerte geben gleichzeitig die Papierdicke in μm an, wenn die Papierdichte 1 g/cm^3 beträgt.

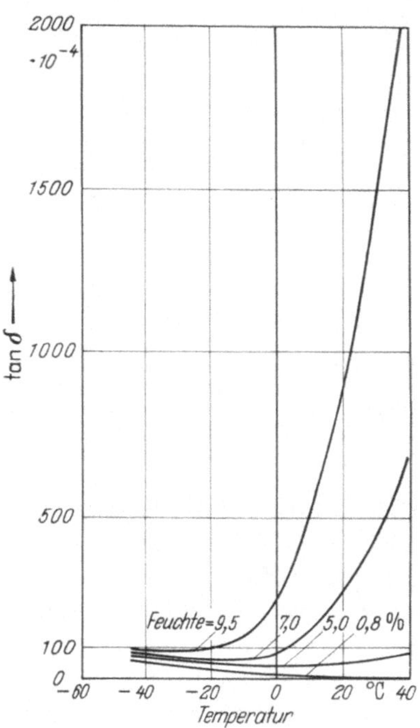

Abb. 22. Verlustfaktor von Kabelpapier abhängig von Feuchte und Temperatur [283].

Die *Papierdicke* ist für den Kondensatorhersteller eine besonders wichtige Größe. Von ihr hängt die Kapazität und damit die Leistung des Kondensators ab. Sie muß daher so genau wie möglich bestimmt werden. Ein Papierblatt ist uneben und zusammendrückbar. Es ist daher nicht üblich, die Dicke nur eines Papierblattes zu messen; man legt vielmehr 8 oder 10 Lagen übereinander, so daß sich die Unebenheiten zum großen Teil ausgleichen, und drückt dabei mit einem Druck von 0,5···2 kp/cm^2

Tabelle 6. *Dickenmessung von Kondensatorpapieren* [242]

	TAPPI[1] T 411 m	British Standard 698	AFNOR[2] NF Q 13-003	DIN 53111	VDE 0311/9.63
Meßdruck kp/cm²	0,53	1,53	1,0	1,0	2,0
Meßfläche Durchm. mm	14	14	11,3	16	8
Meßfläche mm²	154	154	100	200	50
Lagenzahl	10	8	10	10	10
Meß- instrument	Mikrometerschraube		Taster		Mikrometer- schraube

[1] Technical Association of the Pulp and Paper Industry.
[2] Französische Normen.

zusammen. (Mit einem ähnlich großen Druck werden auch flache Kondensatorwickel beim Herstellen des Wickelpaketes zusammengepreßt.)

Tab. 6 enthält Angaben über die Dickenmessung von Kondensatorpapieren.

In Deutschland hat sich die in der rechten Rubrik angegebene Messung seit langem bewährt. Dieser relativ einfachen Meßmethode gegenüber haben sich andere Methoden, z. B. auf optischer oder pneumatischer Grundlage, noch nicht durchsetzen können.

Abb. 23 zeigt die Messung der Dicke einiger Kondensatorpapiere in Abhängigkeit von der Lagenzahl und Satinage. Die Meßpunkte liegen zwar auf einer Geraden. Diese geht jedoch nicht durch den Nullpunkt; die auf der Ordinatenachse bei der Lagenzahl Null abgeschnittene Strecke wird „Nulldicke" genannt. Bei Messung einer einzigen Lage wird also zu dick gemessen, und zwar um so mehr, je rauher die Papieroberfläche ist, also insbesondere beim maschinenglatten Papier. Für die Übereinstimmung der Papierdicken-

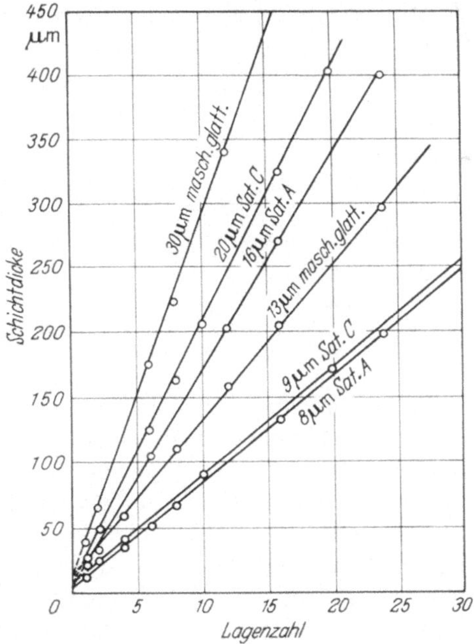

Abb. 23. Dickenmessungen an Kondensatorpapieren.

angaben zwischen verschiedenen Prüfstellen ist die Anwendung der gleichen Meßmethode und des gleichen Meßgerätes notwendig. Schwieriger ist die Bestimmung der wahren Schichtdicke zwischen den Belegungen des Kondensatorwickels und damit der Dielektrizitätskonstante des ungetränkten und getränkten Dielektrikums (s. S. 49).

Bei der Definition der *Dichte* unterscheidet DIN 1306 bei porösen, faserigen und körnigen Stoffen zwischen der „Reindichte" und der „Rohdichte". Die Reindichte wird auf das Volumen des Feststoffes, in unserem Fall der Papierfaser, die Rohdichte auf das Gesamtvolumen der Stoffmenge einschließlich der Zwischenräume (Poren) bezogen. Die Rohdichte kann wesentlich von der Vorbehandlung des Stoffes abhängen, beim Papier insbesondere vom Wassergehalt. Nach DIN 50014 soll das Papier vor der Messung bei 20 °C ± 2 °C und 65 % ± 3 % relativer Luftfeuchte lagern, bis der Gleichgewichtszustand (nach etwa 12 bis 24 h) eingetreten ist. In diesem Zustand wird das Papier als „lufttrocken" („airdry") bezeichnet. Nach dieser Vorbehandlung ergibt sich

$$\text{Rohdichte} = \frac{\text{Flächengewicht}\,[1]}{\text{Dicke}}$$

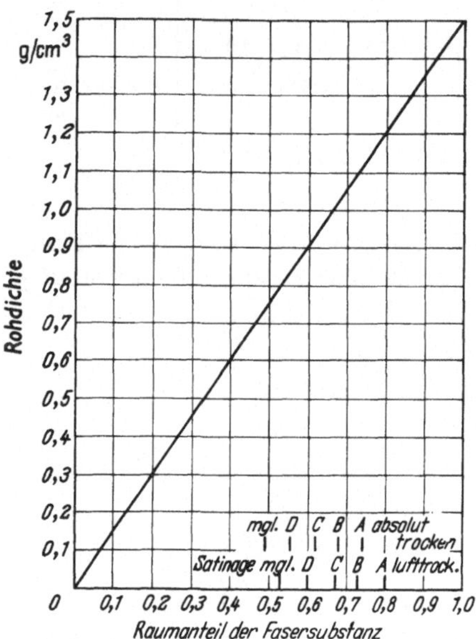

Abb. 24. Abhängigkeit der Rohdichte des Papiers vom Raumanteil der Fasersubstanz [*242*].

in g/cm³, wenn das Flächengewicht in g/m² und die Dicke in μm eingesetzt werden[2]. In den USA ist es üblich, das Papier vor der Messung zu trocknen, entweder im Trockenofen oder unter Vakuum („*ovendry*" oder „*bonedry*"), wodurch sich kleinere Meßwerte ergeben. Abb. 24 zeigt die Unterschiede. Sie zeigt weiter, daß die Rohdichte als Endwert die Reindichte von 1,5 g/cm³ erreichen würde, wenn es möglich wäre, die Fasersubstanz so zusammenzupressen, daß sie den Raum vollständig ausfüllt. Von den Verfassern wurde eine Reindichte von 1,516 als Mittelwert bei 20 °C für 2 Sulfatzellulosepapiere, 14 μm dick, Satinage *C* bestimmt. Andere Verfasser [*232*] geben Werte von 1,530 bis 1,537 an, je nach dem Restgehalt an Lignin und

---

[1] Das Wort „Gewicht" wird hier im Sinne eines Wägeergebnisses benutzt und ist als eine Größe von der Art einer Masse anzusehen, s. DIN 1305 und [*303*, S. 127].

[2] Der Papiermacher verwendet anstelle des Wortes „Rohdichte" häufig das Wort „Raumgewicht".

Pentosan. Es soll in den weiteren Betrachtungen mit einem Wert von 1,52 gerechnet werden.

Maximal wird heute bei höchstem Kalanderdruck eine Rohdichte von 1,35 erreicht. Bezeichnet v_P den Raumanteil der Papiersubstanz und ϱ_P die Rohdichte des Papieres, so beträgt der Raumanteil v_L der Luft (bzw. des Tränkmittels) im Papier:

$$v_L = 1 - v_P = 1 - \varrho_P/1{,}52. \tag{24}$$

v_L ist auf der Abszisse der Abb. 24 abzulesen; für maschinenglattes Papier ergibt sich z. B. der hohe Betrag von $1{,}0 - 0{,}53 = 0{,}47$, bei einem hochverdichteten Papier mit $\varrho_P = 1{,}35$ dagegen nur 0,11.

Die *Reißlänge* ist diejenige Länge eines Papierstreifens, bei der er, an einem Ende aufgehängt gedacht, infolge seines Eigengewichtes am Aufhängepunkt abreißen würde. Sie wird durch den Zugversuch nach DIN 53112 im Zugfestigkeitsprüfer [*144*] ermittelt und hat sich anstelle der Zugfestigkeit, die wegen der unvollkommenen Raumerfüllung des Papiergefüges und wegen der Unsicherheit der Querschnittsbestimmung nur in Ausnahmefällen angegeben wird (Abb. 25), eingeführt.

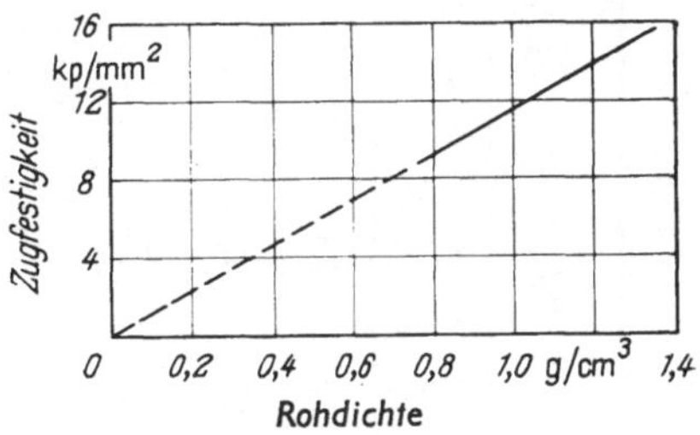

Abb. 25. Zugfestigkeit von Kondensatorpapier in Abhängigkeit von der Rohdichte.

Die *Reißdehnung* ergibt sich gleichzeitig beim Zugversuch. Die Tab. 7 zeigt Zahlenwerte verschiedener Kondensatorpapiere und zum Vergleich solche einiger anderer Papiere. Die Zugfestigkeit steigt mit wachsender Satinage an und ist in Längsrichtung des Papieres (die Richtung, in der sich das Papier mit dem Sieb der Papiermaschine fortbewegt) etwa doppelt so groß wie in Querrichtung: die Fasern sind also vorwiegend in Längsrichtung geordnet. Die Reißlänge aller Kondensatorpapiere jedoch ist annähernd gleich.

Die *Falzzahl* und die *Biegezahl* kennzeichnen den Widerstand des Papieres gegen Falzen, Biegen und Knittern. Sowohl im Falzer als auch im Wechselbiegeprüfer wird ein Papierstreifen unter einem Zug von 0,1 oder 0,5···1 kp so oft nach beiden Seiten hin- und hergebogen, bis er reißt; im Falzer beträgt der Biegewinkel 180°, im Biegeprüfer 90° (s. Tab. 7). Die Streuung ist groß; die Abhängigkeiten des Falz- und Biegewiderstandes von Flächengewicht, Streifenbreite und Dicke, von der Zugkraft usw. sind komplizierter Natur [*144*].

Der *Berstwiderstand* ist ein Maß für eine zweiachsige Beanspruchung eines Papieres; sie tritt bei gefüllten Papiersäcken oder Paketen auf. Auf die Mitte einer kreisförmig eingespannten Papierfläche von 10, 50 oder

Tabelle 7. *Mechanische Festigkeit verschiedener Papiere*

	Flächen-gewicht	Satinage	Dicke	Zugfestigkeit		Reißlänge		Dehnung beim Bruch		Zahl der Biegungen um 90°		Zahl der Doppelfal-zungen[1]	
				längs	quer	längs	quer	längs	quer	längs	quer	längs	quer
	g/m²		µm	kp/mm²		km		%		× 1000		× 1000	
	9,6		8	14,0	4,8	11,9	4,1	1,2	1,4	120	18	$>$10	1,5
	14,4	A	12	14,1	5,6	11,5	4,6	1,4	2,6	38	27	$>$10	3,5
	19,2		16	15,0	6,5	12,1	5,2	1,5	3,4	94	43		
	9,0		9	12,2	5,2	12,2	5,2	1,5	1,6	58	25	$>$10	0,6
Kondensatorpapier	10,0		10	12,0	5,0	12,0	5,0	1,5	1,9	28	14		
aus Sulfatzellulose	12,0	C	12	11,1	5,0	11,1	5,0	1,4	1,6	57	53	$>$10	0,8
	15,0		16	12,5	5,8	12,5	5,8	1,9	2,2	50	42		
	20,0		20	13,3	6,3	13,3	6,3	1,5	1,6	39	37	$>$10	6
	10,2		12	8,9	3,3	11,5	4,3	1,4	1,1	15	9	2	0,2
	17,0	M	20	9,1	4,7	11,4	5,9	1,5	1,6	23	18	7	3
	25,5		30	8,8	3,8	11,3	4,8	2,4	3,9	50	14	4,5	0,3
Isolierpapier	30			6,1	3,3	7,9	3,8	1,6	3,0	41	25	0,6	0,1
(Sulfatzellulose)	45			7,5	3,0	8,6	3,6	2,0	5,0	87	13	2,2	0,3
	100			5,5	2,8	8,3	4,2	2,3	5,2	87	39	4,4	5,5
Schreibmaschinen-papier, Durchschlag-papier (Sulfitpapier)	31		50	3,4	1,2	5,3	1,8	1,0	1,1	52	10		
gutes Schreibpapier (Sulfitpapier)	73		90	3,9	2,2	5,0	2,8	1,1	2,4	26	21		

[1] Bei 500 g Zugbeanspruchung.

100 cm² wird durch eine sich unter hydraulischem Druck (Glyzerin) kugelförmig wölbende Gummimembran ein Druck ausgeübt (s. DIN 53113). Der Druck, bei dem das Papier platzt, ist der Berstdruck (s. Abb. 26). Diese Prüfung hat sich bewährt; sie läßt sich einfach und schnell durchführen und erübrigt häufig die Bestimmung der Reißlänge.

Die *Luftdurchlässigkeit* ist ein Maß für die Porosität des Fasergefüges und hängt u.a. von der Mahlung ab. Filtrier- und Löschpapier haben eine um Größenordnungen höhere Porosität als z.B. Pergament. Bei den dünnen Kondensatorpapieren kommt es aber auch leicht vor, daß bei der Blattbildung auf dem Sieb der Papiermaschine stellenweise nicht genügend Fasern vorhanden sind. Dort erreicht dann das Papier nicht die gewünschte Dicke, oder es bilden sich sogar feine *Löcher*. Es haben sich daher zwei Prüfungen der Luftdurchlässigkeit eingeführt, die Prüfung der normalen Porosität nach DIN 53120 und die Prüfung auf das Vorhandensein von Löchern. Bei dieser streicht man eine Fläche vom Format DIN A 4 auf einer

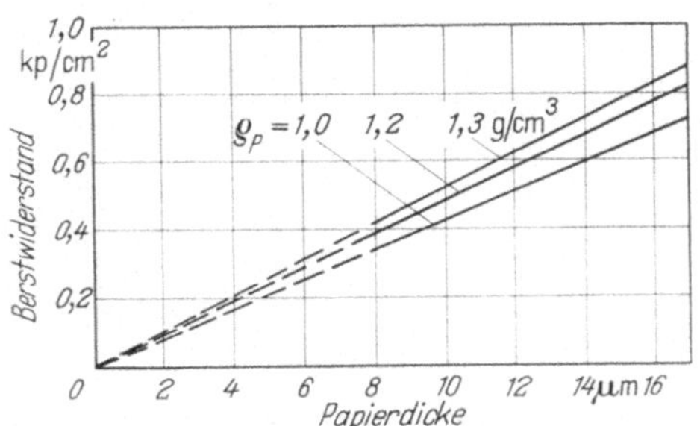

Abb. 26. Berstwiderstand von Kondensatorpapieren in Abhängigkeit von der Papierdicke.

Seite mit einer gesättigten alkoholischen Fuchsinlösung ein. Diese tritt durch die Löcher hindurch und wird als Punkt auf der Rückseite sichtbar. Die Löcherzahl soll die Werte der Tab. 8 nicht überschreiten:

Tabelle 8. *Höchstzulässige Löcherzahl, abhängig von der Papierdicke*

Papierdicke in μm	7···10	11···16	17···20	·20
Höchstzahl der Löcher	200	50	20	5

H. F. CHURCH und Z. KRASUCKI [53] haben Vertiefungen im Papier („Dünnstellen") nach mechanischen, licht- und elektronenoptischen Verfahren gemessen. Es ergab sich, daß die Papierdicke einer Probe mit einer Nenndicke von 10 μm zwischen einer Maximaldicke von 16 μm und einer Minimaldicke von 1 μm schwankte (vgl. Abb. 27). Zur Kontrolle der Kondensatorpapiere auf Fehlerstellen hat sich die Quecksilberbadprüfung besonders bewährt. Im Gegensatz zum Prüfverfahren mit Metallelektroden (s. S. 45) ergibt sich hierbei eine starke Spannungsabhängigkeit der Fehleranzeige. Kleine Löcher werden wegen der hohen Oberflächenspannung des Quecksilbers nicht erfaßt.

In die Dünnstellen wandern unter dem Einfluß des elektrischen Feldes Ionen. Das kann zu hohen örtlichen Feldstärken, etwa bis zum

10fachen der Feldstärke im homogen beanspruchten Dielektrikum und zu einer elektrochemischen Verschlechterung des Dielektrikums führen. Auch feste suspendierte Teilchen können sich dort ansammeln und die Feldstärke erhöhen. Je ausgeprägter diese Dünnstellen sind und je mehr sie sich in verschiedenen Papierlagen überlappen, um so rascher wird der Zerstörungsvorgang ablaufen und der Durchschlag eintreten. Church und Krasucki erklären so den großen Streubereich der Lebensdauer gleichartiger Kondensatoren, der in der Praxis beobachtet wird.

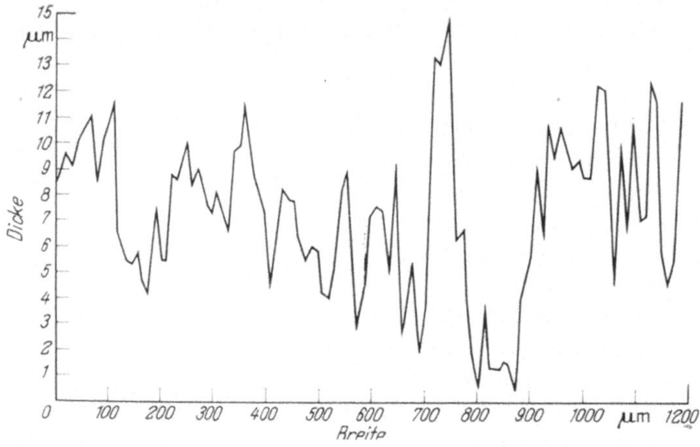

Abb. 27. Dickenänderung entlang einer Kondensatorpapierprobe [53].

1.132 Chemische Eigenschaften. Die Papierfaser ist organischer Natur und verbrennt daher zum weitaus größten Teil. Ein geringer anorganischer Rest, die *Asche*, bleibt jedoch bei der Veraschung bei 850 °C übrig. Die Pflanzenfasern enthalten geringe Mengen Kalk und Kieselsäure. Weiter verbleiben im Papier trotz intensiven Waschens noch Reste der Chemikalien von der Zellstoffaufbereitung her. Der größte Anteil der Asche der meisten Papiere rührt von *mineralischen Füllstoffen* wie Kaolin, Gips, Titanweiß usw. her, die vielen Papieren aus verschiedenen Gründen beigegeben werden, z.B. bis zu 20% bei Schreibpapier.

Kondensatorpapier hat den kleinsten Aschegehalt, er wurde neuerdings bis auf 0,15% gesenkt. Es ist eine Hauptaufgabe des Papiermachers, die Menge der Verunreinigungen im Kondensatorpapier so klein wie möglich zu machen. Das Waschen des Papierbreies ist hierbei ausschlaggebend. Daher wird in den letzten Jahren in allen Fabriken für Kondensatorpapier das Wasser in besonderen Anlagen hochgradig gereinigt, da die früheren Methoden nicht mehr ausreichen.

Für die Reinheit des Papieres sind neben dem Aschegehalt auch der *pH-Wert* [143] und die Leitfähigkeit des *wässerigen Auszuges* kennzeichnende Größen. Zum Nachweis wird eine geringe Menge des Papieres in destilliertem Wasser ausgekocht und filtriert. Neben dem pH-Wert wird der Gehalt an Chlorionen und Sulfationen durch Titration, Färbung, Trübung bestimmt. Der pH-Wert soll etwa 7 betragen, d. h., die Flüssigkeit soll chemisch neutral sein: allerdings kommen heute auch pH-Werte von 5···6 vor, wenn die Zellulose einem Ionenaustauschprozeß zur Befreiung von Metallionen unterworfen wird. Über die Bestimmung des Gehaltes an Metallionen mittels eines Flammenphotometers s. S. 59. Über eine empfindliche Methode zur Extraktion des Papiers s. S. 86.

Das Papier muß außerdem frei von grob sichtbaren Verunreinigungen und Flecken, wie Harz, Leim, verholzten Fasern, Holzschliff und frei von Substanzen sein, die vom Tränkmittel, insbesondere Mineralöl oder Chlordiphenylen, gelöst werden und dessen Leitfähigkeit erhöhen.

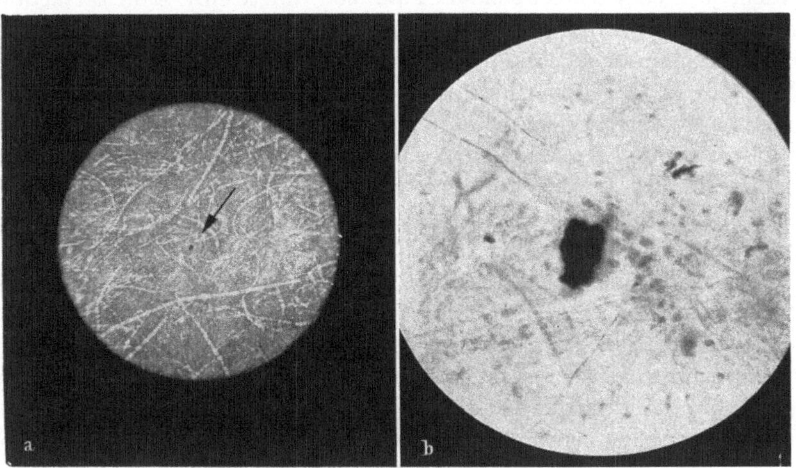

Abb. 28a u. b. Leitende Teilchen im Kondensatorpapier.
a) Hadernpapier, Vergrößerung 50fach; b) Natronzellulosepapier, Vergrößerung 300fach; Größe des Teilchens etwa 0,02 × 0,04 mm.

1.133 Elektrische Eigenschaften. Zu den Verunreinigungen des Kondensatorpapieres zählen auch die *leitenden Einschlüsse.* Sie wirken sich in elektrischer Hinsicht wesentlich nachteiliger aus als die Löcher. Diese werden bei der Tränkung mit einem Isolierstoff, dem Tränkmittel, ausgefüllt; ein leitendes Teilchen jedoch überbrückt einen Teil des Dielektrikums, verzerrt das elektrische Feld und erhöht die elektrische Feldstärke u. U. in unzulässiger Weise. Abb. 28 zeigt besonders große leitende Teilchen in starker Vergrößerung. Meist sind die Teilchen mikroskopisch klein und nur auf elektrischem Wege festzustellen. Dazu wird das Papier, auf einer Metallfolie liegend, mit einer Metallrolle abgetastet, wobei zwischen Metallfolie und -rolle über einen hohen Widerstand und ein Relais mit Zählwerk eine Gleichspannung gelegt wird und so die Teilchen gezählt werden. Bei einem bestimmten Druck der Rolle (nach VDE 0311/9.63, § 19) und einer Feldstärke von 10 V/μm werden z.B. Höchstwerte nach Tab. 9 vorgeschrieben:

Tabelle 9. *Zahl der leitenden Einschlüsse je Quadratmeter bei verschiedener Papierdicke und verschiedener Rohdichte*

Papierdicke μm	7···9	10···12	13···16	17···20
0,8···1,0 g/cm³	30	20	10	5
1,2···1,3 g/cm³	50	30	20	10

Die Zahl der leitenden Einschlüsse wächst mit dünner werdendem Papier an. Zum Teil liegt das daran, daß sie um so weniger bemerkt werden, je dicker das Papier ist, zum Teil dürfte ihre Zahl tatsächlich um so größer sein, je dünner das Papier ist, weil für die Herstellung der dünnen Papiere die Zellulose besonders lang und fein gemahlen werden muß, denn ein Teil der Einschlüsse stammt vom Abrieb der Holländermesser. Ein weiterer Teil gerät schon in der Zellstoffabrik in Form von Metall-, Ruß- und Kohleteilchen und auf dem Transport in den Rohstoff hinein und wird bei der Mahlung stark zerkleinert. Der Papierbrei wird vor dem Auflaufen auf die Papiermaschine zentrifugiert und dadurch von einem großen Teil der schwereren Teilchen befreit.

Man kann sehr viele Teilchen feststellen, wenn man das Papier mit Ferrocyankali anfärbt. Dieses ergibt in salzsaurer Lösung mit Eisen einen Niederschlag von Berliner Blau (Ferri-Ferro-Cyanid-Komplex). Die Anfärbung zeigt, daß zwischen feinstverteiltem Eisen kleine Eisensplitterchen liegen, die durch ihre tiefblaue Färbung auffallen. Nur die größten dieser Splitterchen reichen durch das Papier hindurch und werden von der Zählvorrichtung angezeigt. (Wie intensiv diese Anfärbemethode Eisen anzeigt, erkennt man, wenn man mit einem Eisennagel das mit Ferrocyankali angefeuchtete Papier bestreicht, wobei blaue Spuren entstehen.)

Weiter kann man durch Betrachtung des Papieres im Dunkelraum unter dem gefilterten ultravioletten Licht einer Quecksilberdampfquarzlampe viele Teilchen aufblitzen sehen.

Auch durch Verlustfaktormessung kann man feststellen, daß das Papier halbleitende Stellen enthalten muß. Tastet man das Papier unter Öl mit einer etwa 1 cm² großen Elektrode ab, so kann man große Schwankungen des Verlustfaktors dieser kleinen Fläche messen; das dünne Dielektrikum ist also keineswegs überall homogen.

Da jede Papierlage leitende Einschlüsse enthält, ist ein Kondensatordielektrikum mit nur einer Lage oft von vornherein kurzgeschlossen, oder es schlägt bei niedriger Spannung durch. Der Papierfolienkondensator muß daher mindestens 2 Lagen haben. Ein einlagiges Dielektrikum ist dagegen beim MP-Kondensator möglich, bei dem Einschlüsse durch

„Selbstheilung" ausgebrannt werden (s. S. 224).

Auch ein mehrlagiges Dielektrikum kann durchschlagen, wenn mehrere leitende oder halbleitende Teilchen in verschiedenen Lagen sich zufällig an einer Stelle überlappen. Auf S. 132 ff. wird die Wahrscheinlichkeit, wann dies eintritt, berechnet.

Schließlich zeigen Durchschlagmessungen mit Gleichspannung am trockenen Papier, daß das Papier leitende und halbleitende Teilchen enthalten muß (Abb. 29). 1 bis 10 Lagen getrocknetes Kondensatorpapier wurden unmittelbar nach der Entnahme aus dem Trockenofen durchgeschlagen, in einer Anordnung, wie sie Abb. 31 zeigt. Beim Durchschlag einer Lage kommen Nullwerte an solchen Stellen vor, an denen sich leitende Teilchen befinden; aber auch Werte nur wenig über Null kommen vor an Stellen, wo kleine leitende oder halbleitende Teilchen sitzen. Die Verbindungslinie durch die Mittelwerte der Punkthaufen geht nicht durch den Nullpunkt des Koordinatensystems. Sie ist auch keine Gerade, sondern leicht nach oben gekrümmt. Nach Abb. 30 tritt die Krümmung nur bei den 2 oberen Kurven, also bei dünnen Papieren auf, die eine

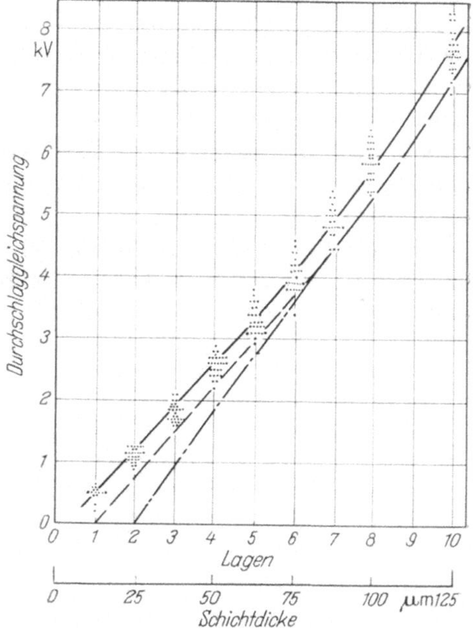

Abb. 29. Durchschlaggleichspannung von trockenem Kondensatorpapier (12,6 µm, Satinage C).

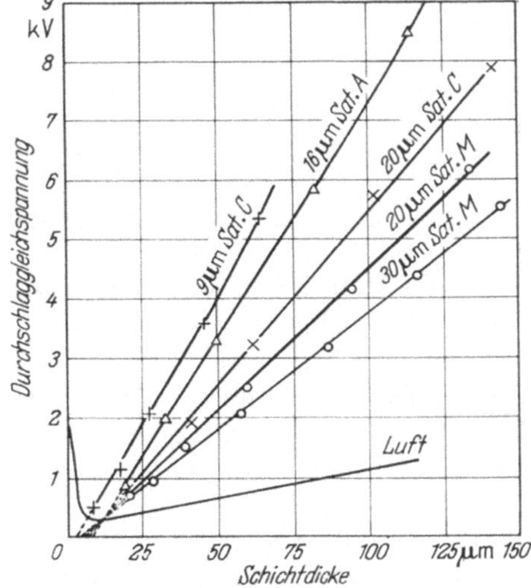

Abb. 30. Durchschlaggleichspannung von trockenem Kondensatorpapier. Jeder Punkt ist ein Mittelwert aus 10 Messungen.

große Zahl von leitenden Teilchen haben. Wir verbinden nunmehr die Tiefstwerte der Punkthaufen durch eine gestrichelte Linie. Sie beginnt auf der Abszisse beim Werte 1. Dies zeigt, weshalb für das die Spannung tragende Dielektrikum stets nur $n-1$ Lagen für die Berechnung berücksichtigt werden. Man dürfte sogar mit nur $n-2$ Lagen rechnen, wenn die Zahl der leitenden Teilchen groß ist und daher in Abb. 29 die strichpunktierte Tangente an den oberen Teil der Kurve die Abszisse etwa beim Wert 2 schneidet. Diese Abschnitte auf der Abszisse sind ein Maß für den Einfluß der Verunreinigungen im Papier auf die Durchschlagspannung.

Die *Durchschlagspannung* der Kondensatorpapiere ist je nach Dicke und Dichte verschieden (s. Abb. 30). Zum Vergleich ist die Durchschlagspannung der Luft eingezeichnet [226]; der Durchschlag erfolgt nicht

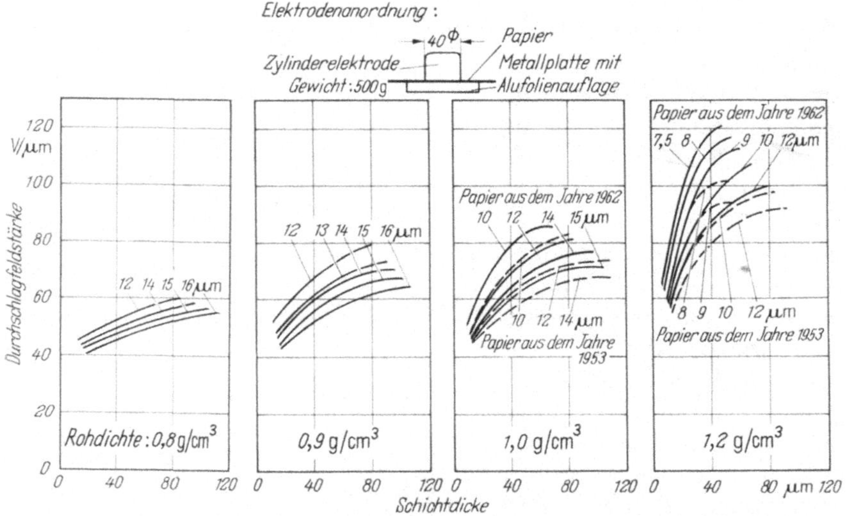

Abb. 31. Durchschlagfeldstärke von trockenem Kondensatorpapier bei Gleichspannung.

im festen Material, in der Faser, sondern in den Poren. Je kleiner die Poren sind, je dichter das Papier ist, um so mehr verlängert und verengt sich der Durchschlagweg und um so mehr tragen die Porenwände zur Entionisierung des Durchschlagkanals bei, was die Durchschlagspannung erhöht. In Abb. 31 wurde aus Durchschlagspannung und Schichtdicke die Durchschlagfeldstärke errechnet und über der Schichtdicke aufgetragen. Sie ist um so höher, je dünner das Papier ist, je stärker also die Fasern zerlegt sind.

Der Vergleich zwischen den gestrichelten Kurven aus dem Jahre 1953 mit den stark ausgezogenen Kurven aus 1962 zeigt den Fortschritt, den die Papierhersteller in den letzten Jahren gemacht haben. Diese Kurven sind ein Mittel, den Mahlungsgrad des Papieres zu kontrollieren. Scheidet man den Einfluß der Verunreinigungen im Papier aus, indem man bei der Berechnung der Durchschlagfeldstärke die auf der Abszisse in Abb. 30 abgeschnittene Strecke von $2 \cdots 8$ µm von der Schichtdicke abzieht, dann verlaufen die Kurven in Abb. 31 annähernd geradlinig parallel zur Abszissenachse. Sie stellen die bei mehreren Lagen erreichbaren Höchstwerte dar.

Die Dielektrizitätskonstante der Papierfaser. Die Bestimmung der DK eines Papierkondensators nach Gl. (2) erscheint einfach. Die Kapazität C und die Fläche A der Belegungen lassen sich genau messen; für die Dicke d jedoch gilt das nicht, wie oben bereits für einzelne Papierlagen gezeigt wurde. Will man darüber hinaus die DK der Papier*faser* messen, so muß man berücksichtigen, daß das Dielektrikum ein „Mischkörper" aus Papierfaser und Tränkmittel (bzw. Luft) ist [*44, 157*]. Diese Komponenten haben im allgemeinen verschiedene DK. Von ihnen hängen der Verlauf des elektrischen Feldes und die „Misch-DK" ab. Auch die Form und Gestalt der Teilchen, aus denen sich der feste Isolierstoff zusammensetzt, ist von Einfluß auf den Feldverlauf. Abb. 18 und 19 zeigen, daß die Fasern im Kondensatorpapier vorwiegend lange dünne Bänder (also keine Röhren, Quader oder gar Kugeln) darstellen, die sich hauptsächlich in der Papierebene, also senkrecht zu den elektrischen Feldlinien, erstrecken. Hinzu kommt, daß zwischen 2 Belegungen sich stets mehrere Papierlagen befinden und damit die Reihenschaltung und den Schichtungseffekt („Barrieren-Effekt") verbessern. Infolgedessen kann man annehmen, daß im Papierkondensator vorwiegend eine Reihenschaltung von Faser und Tränkmittel vorliegt, eine Parallelschaltung dagegen nur zu einem vernachlässigbar kleinen Teil. Die Untersuchungen bestätigen diese Annahme weitgehend [*44*]. Kritische Betrachtungen hierzu bringt MEDWEDJEW [*170, 171*] (s. S. 55 u. 160). Man darf sich vorstellen, daß die Papierfasern, den Raum vollständig ausfüllend, zur Dicke d_P zusammengepreßt sind und die Kapazität C_P bilden; der Rest wird vom Tränkmittel ausgefüllt und stellt die Kapazität C_T dar (Abb. 4).

Nach S. 15 gilt

$$C = \varepsilon \, \frac{A}{d} = A \, \frac{\varepsilon_P \varepsilon_T}{\varepsilon_P d_T + \varepsilon_T d_P} \,, \tag{25}$$

$$\varepsilon = \frac{\varepsilon_P \varepsilon_T}{\varepsilon_P \dfrac{d_T}{d} + \varepsilon_T \dfrac{d_P}{d}} = \frac{\varepsilon_P \varepsilon_T}{\varepsilon_P v_T + \varepsilon_T v_P} \,, \tag{26}$$

wobei $d_T/d = v_T$ und $d_P/d = v_P$ die Dickenanteile und damit auch die Volumenanteile v_T und v_P des Tränkmittels bzw. der Papierfaser sind und $v_T + v_P = 1$ ist. In dieser Gleichung sind ε_P und v_P unbekannt, ε_T wird durch eine gesonderte Messung bestimmt. Um ε_P und v_P zu ermitteln, gibt es verschiedene Möglichkeiten. Zum Beispiel benutzt man einen Plattenkondensator, bei dem A und d genau meßbar sind, außerdem eine Tränkflüssigkeit, deren DK durch Zusätze und durch Änderung der Temperatur gleich ε_P gemacht werden kann, so daß das Dielektrikum homogen wird. Mit wachsender Temperatur dehnen sich Flüssigkeiten aus, die Zahl der Moleküle je Raumeinheit sinkt und somit auch ihre DK, wohingegen die DK der Zellulose mit der Temperatur ansteigt (S. 23). Somit ergibt sich bei geeigneter Einstellung ein Schnittpunkt $\varepsilon_T = \varepsilon_P$ bei einer bestimmten Temperatur, und man erhält $\varepsilon = \varepsilon_P$ unmittelbar durch die

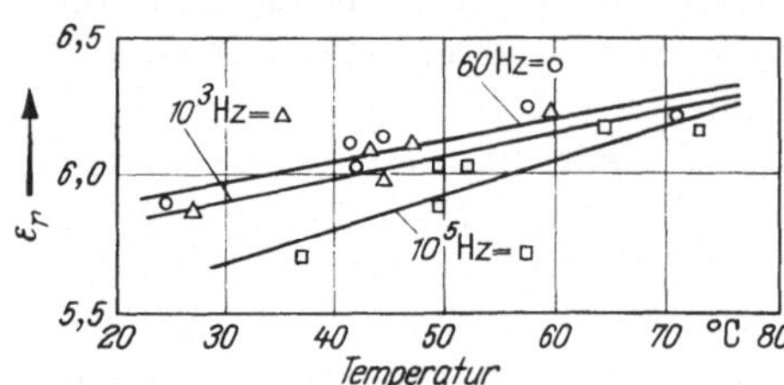

Abb. 32. Dielektrizitätskonstante der Papierfasern eines Sulfatzellulosepapiers [58].

Messung. P. Henninger [106] verwendete Schicht- oder Zylinderkondensatoren von 100 bis 1000 pF und als Tränkflüssigkeit Pentachlordiphenyl (Clophen A 50) mit einem Zusatz von einigen Prozent Nitroanisol; damit kann ihre DK von 4,7 bis 8 geändert werden. In ähnlicher Weise geht T. W. Dakin [58] vor. Er verwendet Pentachlordiphenyl mit einem Zusatz von Xylyltolylsulfon. Das Ergebnis einer Reihe seiner Messungen ist in Abb. 32 dargestellt. In ähnlicher Weise wird die DK der Papierfaser von Sakomoto u. a. [232] bestimmt.

Einen interessanten ,,Beitrag zur Ermittlung der Dielektrizitätskonstanten von Mischkörpern" liefern R. Vieweg und Th. Gast [288]. Anstelle einer Tränkflüssigkeit verwenden sie ein Gas und benutzen die durch Änderung des Druckes bis 15 at bewirkte, sehr geringe Kapazitätsänderung zur Bestimmung.

Eine andere Möglichkeit, ε_P nach Gl. (26) zu bestimmen, bietet der Wickelkondensator selbst, indem man C mißt, d aus den Abmessungen des Wickelpaketes und Windungszahlen der Wickel unter Abzug der Leerwindungen, Wickeldorne und Dicke der Belegungen und A als Fläche der Aluminiumfolien bestimmt. Die Dicken- bzw. Volumenanteile v_P und $v_T = 1 - v_P$ ermittelt Bäumlein [242] aus Abb. 24 nach Messung der Dichte des Papieres, wobei allerdings die dünnen Spalte zwischen den Papierlagen eines Kondensatorwickels nicht mit erfaßt werden.

Um auch diesen Einfluß mit einzubeziehen, wenden die Verfasser eine dritte Methode an. Sie gehen ebenfalls vom Kondensatorwickel aus, verwenden aber zur Bestimmung von v_P und v_T den Tränkfaktor f, d.i. der Quotient der Kapazitäten des getränkten und des getrockneten, nichtimprägnierten Kondensators. Der Kondensatorhersteller bestimmt f als Durchschnittswert aus Messungen an vielen Kondensatoren jeweils für ein bestimmtes Papier und Tränkmittel (er braucht diesen Wert bei der

Fertigung zur Vorausbestimmung der endgültigen Kapazität nach der Tränkung). Für f erhält man somit ziemlich sichere Werte.

Führt man noch $v_P/v_T = v$ und die relative DK $\varepsilon_r = \varepsilon/\varepsilon_0$ ein, dann ergibt sich aus Gl. (26):

$$\varepsilon_r = \frac{(1 + v)\,\varepsilon_{rT}}{1 + v\,\dfrac{\varepsilon_{rT}}{\varepsilon_{rP}}} \tag{27}$$

für den getränkten Kondensator. Für den trockenen Kondensator gilt wegen $\varepsilon_{rT} = 1$ (Luft)

$$\varepsilon_r' = \frac{1 + v}{1 + v\,\dfrac{1}{\varepsilon_{rP}}} . \tag{28}$$

Aus Gln. (27) und (28) errechnet sich der Tränkfaktor f zu

$$f = \frac{\varepsilon_r}{\varepsilon_r'} = \frac{\varepsilon_{rT}\left(1 + v\,\dfrac{1}{\varepsilon_{rP}}\right)}{1 + v\,\dfrac{\varepsilon_{rT}}{\varepsilon_{rP}}} . \tag{29}$$

Tabelle 10. *Bestimmung der DK ε_{rP} der Papierfaser aus Messungen an Flachwickelkondensatoren*

Rohdichte der Papiere g cm³	etwa 1,2	etwa 1,05	etwa 0,9
Tränkfaktor f bei Tränkung mit			
Mineralöl, $\varepsilon_{rT} = 2,2$	1,40	1,58	1,74
Clophen A 50, $\varepsilon_{rT} = 5,0$ bei 20 °C	1,8	2,2	2,7
Clophen A 30, $\varepsilon_{rT} = 5,3$ bei 20 °C	1,9	2,3	2,8
DK ε_r der getränkten Kondensatoren			
bei Mineralöl	4,3	3,9	3,4
bei Clophen A 50	5,5	5,4	5,3
nach Gl. (30) und (31) errechnet sich			
bei Mineralöl v	4,85	2,65	1,58
$v_P = \dfrac{v}{1 + v}$	0,83	0,72	0,61
ε_{rP}	5,4	5,5	5,6
bei Clophen A 50 v	4,50	2,60	1,50
$v_P = \dfrac{v}{1 + v}$	0,82	0,72	0,60
ε_{rP}	5,6	5,6	5,6
bei Clophen A 30 v	4,2	2,6	1,58
$v_P = \dfrac{v}{1 + v}$	0,81	0,72	0,61
ε_{rP}	5,6	5,6	5,6

Schließlich erhält man aus Gl. (29):

$$\varepsilon_{rP} = v\,\frac{f-1}{1-f\,\dfrac{1}{\varepsilon_{rT}}} \tag{30}$$

und aus Gl. (27) und (30)

$$v = \varepsilon_r\,\frac{1-\dfrac{1}{\varepsilon_{rT}}}{f-1} - 1\,. \tag{31}$$

Tab. 10 und Abb. 33 zeigen die Ergebnisse einer Versuchsreihe mit zahlreichen Kondensatoren. Die Bestimmung von $\varepsilon_{rP} = 5{,}6$ aus den Messungen an den Clophenkondensatoren dürfte wegen der geradlinigen

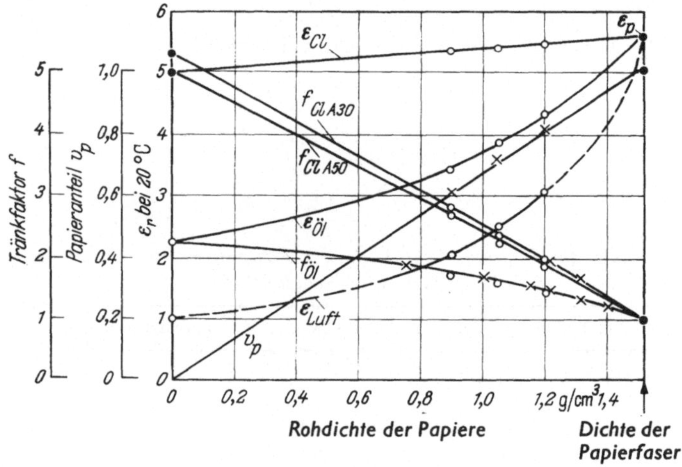

Abb. 33. Bestimmung der DK der Papierfaser ε_p aus Messungen an normalen Papierkondensatoren.

ε_{Cl} DK der mit Clophen A 50 getränkten Kondensatoren;

$\varepsilon_{Öl}$ DK der mit Mineralöl getränkten Kondensatoren;

ε_{Luft} DK der trockenen, noch nicht getränkten Kondensatoren;

f_{Cl} Tränkfaktor der mit Clophen A 50 getränkten Kondensatoren

$f_{Öl}$ Tränkfaktor der mit Mineralöl getränkten Kondensatoren

gemessene Werte: ○
berechnet nach Gl. (29): ×

v_p Papieranteil.

Extrapolation der Meßwerte recht sicher sein, bei den Ölkondensatoren weniger. Die gemessenen Punkte (○) der Tränkfaktorkurven stimmen gut mit den nach Gl. (29) berechneten (×) überein.

In Tab. 11 sind die von verschiedenen Verfassern bei Netzfrequenz und Raumtemperatur ermittelten Werte ε_{rP} zusammengestellt.

Es ist noch nicht sicher, wie weit die unterschiedlichen Werte auf Meßungenauigkeiten einerseits und auf tatsächliche Unterschiede der DK der verschiedenen Papierfasern andererseits zurückzuführen sind. Die

Tabelle 11. *DK der Zellulosefaser*

Verfasser	Papiersorte	DK bei Raumtemperatur
Henninger [106]	Hadern	5,53···5,87
Dakin [58]	Kraftpapier (Sulfatzellulose)	5,9
Sakamoto u. a. [232]	Zellulose aus Rotfichte	5,77···6,08
Büchner [44]	Hadern	5,17···5,30
	Sulfatzellulose	5,64···5,67
	Sulfitzellulose	5,82
Liebscher	Sulfatzellulose	5,6
Bäumlein [242]	Sulfatzellulose	6,25
de Luca u. a. [61]		6,24
Endicot [74]	Sulfatzellulose	6,6
Stoops [265] }	Zellophan	7,7
Dakin [58] }		6,55

Einstellfähigkeit der Dipole des Zellulosemoleküls ist von der Nachbarschaft anderer Moleküle abhängig, im kristallinen Bereich wird sie geringer, im amorphen größer sein (Abb. 17); Struktur, Mahlungsgrad und der Gehalt an kristalliner α-Zellulose spielen eine Rolle, wie Dakin [58] nachweist. Nach den Messungen von A. Büchner hat Hadernpapier eine niedrigere DK als Sulfat- und Sulfitzellulose. Stoops [265] findet für das amorphe Zellophan sogar den Wert 7,7: nach intensiver Trocknung jedoch mißt Dakin den Wert 6,55. Der von Bäumlein angegebene Wert von 6,25 müßte wegen der Nichtberücksichtigung der Spalte zwischen den Papierlagen sogar noch zu klein sein. Zusammenfassend ergibt sich, daß die DK der Faser des Sulfatzellulosepapieres bei 20 °C je nach dem Gehalt an α-Zellulose zwischen den Werten 5,6 und 6,2 liegen dürfte; wir wollen daher bei den weiteren Betrachtungen mit einem mittleren Wert $\varepsilon_{rP} = 6{,}0$ rechnen, wenn keine Angaben über den α-Zellulosegehalt vorliegen (s. hierzu Abb. 81).

Der *Temperaturkoeffizient* der DK der Papierfaser ist positiv, weil mit wachsender Temperatur die Fähigkeit der Dipole des Zellulosemoleküls, sich in Richtung des elektrischen Feldes einzustellen, zunimmt. Aus Abb. 32 ergibt sich für den Temperaturkoeffizienten β_P ein Wert von

$$\beta_P = \frac{\Delta\varepsilon}{\varepsilon\,\Delta\vartheta} = 1{,}2 \cdot 10^{-3} \text{ je grd bei 60 Hz.}$$

Aus den Messungen von Sakamoto u. a. [232, Abb. 3] errechnet sich $0{,}8 \cdot 10^{-3}$ je grd bei 50 Hz. Die Verfasser erhalten aus zahlreichen Messungen den zuverlässigen Wert von $0{,}7 \cdot 10^{-3}$ je grd bei 50 Hz. Diese Messungen wurden an Kondensatoren ausgeführt, deren Papier das Raumgewicht von 1,2 g/cm³ hatte und die mit Trichlordiphenyl getränkt waren, dessen DK bei 20···40 °C etwa gleich der DK der Papierfaser ist. Die Kapazität dieser Kondensatoren ändert sich mit der Temperatur im Bereich von -10 bis $+90\,°\mathrm{C}$ praktisch nicht, woraus hervorgeht, daß die Senkung der DK der Tränkflüssigkeit bei Temperaturerhöhung durch eine entsprechende Steigerung der DK des Papieres gerade ausgeglichen wird, woraus sich der Wert von $0,7 \cdot 10^{-3}$ je Grad nach Gl. (30) und (31) errechnen läßt, s. hierzu G. Gutmann und H. Langner [97]. Bei höheren Frequenzen ist der Temperaturkoeffizient größer als bei Netzfrequenz. Dakin mißt $\beta_P = 2,1 \cdot 10^{-3}$ bei 10^5 Hz (Abb. 32), Henninger [106] findet $1,8 \cdot 10^{-3}$ je grd bei 5 kHz. Dabei liegt ε_P tiefer als bei Netzfrequenz. Beides läßt sich damit erklären, daß die Zeit, die den Dipolen zur Einstellung in die Feldrichtung zur Verfügung steht, mit wachsender Frequenz geringer wird.

Verlustfaktor der Papierfaser. Die dielektrischen Verluste in der Papierfaser sind die maßgebenden Verluste des Leistungskondensators für Wechselspannung. Sie (und die für die Wärmeabfuhr verantwortlichen Wärmeleitwerte) bestimmen seine Erwärmung und damit wesentlich seine Ausnutzung und seinen Preis. Daher sind insbesondere im letzten Jahrzehnt bei den Papiermachern und bei den Kondensatorherstellern umfangreiche Entwicklungsarbeiten zur Senkung der dielektrischen Verluste des Papieres durchgeführt worden.

Die Gesamtverluste eines Kondensators sind

$$P = Q \tan\delta = U^2\, \omega C \, \tan\delta \tag{32}$$

$$P = P_P + P_T = U_P^2\, \omega\, C_P \tan\delta_P + U_T^2\, \omega\, C_T \tan\delta_T \tag{33}$$

(die meist geringen ohmschen Verluste in den Belegungen, Zuleitungen und Klemmen sollen hier nicht betrachtet werden).

Mit

$$U = U_P + U_T, \qquad \frac{U_P}{U_T} = \frac{C_T}{C_P}, \qquad C = \frac{C_P C_T}{C_P + C_T}$$

wird

$$P = U^2\, \omega\, C \left(\frac{C_T}{C_P + C_T} \tan\delta_P + \frac{C_P}{C_P + C_T} \tan\delta_T \right). \tag{34}$$

Mit $\dfrac{C_P}{C_T} = \dfrac{\varepsilon_{rP}\, d_T}{\varepsilon_{rT}\, d_P}$ folgt aus Gl. (32) und (34)

$$\tan\delta = \frac{\varepsilon_{rT}\, d_P}{\varepsilon_{rT}\, d_P + \varepsilon_{rP}\, d_T}\, \tan d_P + \frac{\varepsilon_{rP}\, d_T}{\varepsilon_{rT}\, d_P + \varepsilon_{rP}\, d_T}\, \tan\delta_T. \tag{35}$$

Bei nicht gealtertem Mineralöl oder Clophen und insbesondere bei Raumtemperatur kann $\tan\delta_T \approx 0$ gesetzt werden, so daß

$$\tan\delta_P = \frac{\varepsilon_{rT}\, d_P + \varepsilon_{rP}\, d_T}{\varepsilon_{rT}\, d_P}\, \tan\delta = \frac{\varepsilon_{rT}\, v + \varepsilon_{rP}}{\varepsilon_{rT}\, v}\, \tan\delta, \tag{36}$$

s. Abb. 82.

Setzt man in Gl. (36) die Zahlenwerte der Tab. 10 und für $\tan\delta$ die aus vielen Messungen an guten Papieren gewonnenen Werte der Tab. 12 ein, so ergibt sich übereinstimmend aus den 9 Werten der oberen 3 Zeilen in Tab. 12 als Verlustfaktor der Sulfatzellulosefaser bei 50 Hz und 60 °C

Tabelle 12. *Verlustfaktoren verschiedener Sulfatzellulosepapiere bei 60 °C*

Rohdichte der Papiere (g/cm³)		etwa 1,2	etwa 1,05	etwa 0,9
Papier trocken		16	12	8
Papier getränkt mit Mineralöl	$\tan\delta \cdot 10^4$	23	18	14
Papier getränkt mit Clophen A 50		31	27	23
Papiere des Jahres 1962, getränkt mit Clophen A 30 ($\varepsilon_{,T} = 5{,}3$ bei 60° C)		26	23	18

$\tan\delta_p = 35\cdots40 \cdot 10^{-4}$. Es zeigt sich also, wie schon bei der Bestimmung der DK der Papierfaser, daß die Annahme einer Reihenschaltung von Faser und Tränkmittel weitgehend richtig sein muß. Führt man eine gleiche Rechnung für eine Parallelschaltung von C_P und C_T aus, so ergeben sich $\tan\delta_p$-Werte zwischen 13 und $31 \cdot 10^{-4}$, was nicht richtig sein kann: auch auf Grund der einfachen Anschauung muß man die Parallelschaltung als unrichtig verwerfen. Einschränkend muß bemerkt werden, daß die Vorstellung einer Reihenschaltung von Papierfaser und Tränkmittel nur für die dielektrischen Verluste gilt. Erhöht man die Spannung bis zur Ionisierungs- oder gar bis zur Durchschlagsspannung, wo Ionenlawinen durch die Poren des Papieres hindurch auftreten, werden diese Vorgänge durch eine Parallelschaltung von Papierfaser und Tränkmittel besser beschrieben [171].

A. Büchner [44] nennt als Verlustfaktor der Hadernfaser den Wert $25 \cdot 10^{-4}$ bei 50 Hz bzw. $50\cdots60 \cdot 10^{-4}$ bei 800 Hz, für die Natronzellulosefaser $40\cdots50 \cdot 10^{-4}$ bei 50 Hz bzw. $60\cdots70 \cdot 10^{-4}$ bei 800 Hz. Diese Werte stammen aus dem Jahre 1938, dagegen die 9 oberen Werte der Tab. 12 aus der Zeit von 1950 bis 1955; s. auch Abb. 11.

In den letzten 15 Jahren ist das Papier wesentlich verbessert und durch intensiveres Waschen mit hochgereinigtem Wasser verlustärmer gemacht worden (s. Abb. 117 [263]). In Tab. 12 unten sind 1962 erreichte Werte angegeben; aus ihnen errechnet sich für die Papierfaser $\tan\delta_p = 30\cdots33 \cdot 10^{-4}$ (s. auch Abb. 34).

Der Verlustfaktor der Papierfaser ist also keine der Faser eigene Konstante; dies gilt nur bis zu einem gewissen Grad hinsichtlich ihrer Dipolverluste. Diejenigen dielektrischen Verluste hingegen, die durch Ionenleitung entstehen, lassen sich verringern. Die folgenden Ausführungen sollen Anhaltspunkte für den Mechanismus der Ionenleitungsverluste im Papier geben.

MILLER und HOPKINS [*179*] untersuchten den Zusammenhang zwischen der chemischen Zusammensetzung der Sulfat- und Hadernzellulose und den elektrischen Eigenschaften des Kondensatorpapieres, insbesondere den Verlustfaktor. Sie geben die Zusammensetzung verschiedener Nadelhölzer und des Kondensatorpapieres an. Um den Einfluß

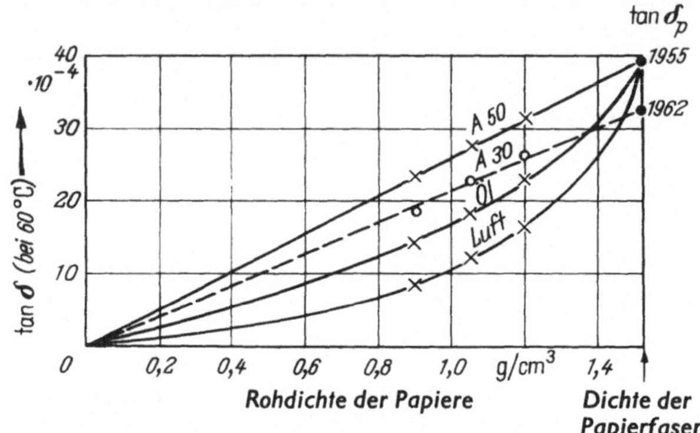

Abb. 34. Bestimmung des Verlustfaktors der Papierfaser aus Messungen an normalen Papierkondensatoren.

tan $\delta_{Cl\,A\,50}$ Verlustfaktor der mit Clophen A 50 getränkten Kondensatoren;
tan $\delta_{Cl\,A\,30}$ Verlustfaktor der mit Clophen A 30 getränkten Kondensatoren;
tan $\delta_{Öl}$ Verlustfaktor der mit Mineralöl getränkten Kondensatoren;
tan δ_{Luft} Verlustfaktor der trockenen, noch nicht getränkten Kondensatoren.

der einzelnen Bestandteile auf den Verlustfaktor kennenzulernen, wurden diese in der in Tab. 13 angegebenen Reihenfolge in 15 Stufen nacheinander entfernt, aus dem jeweiligen Papierbrei („Pulpe") Blätter von gleicher Dichte erzeugt, getrocknet und ihr Verlustfaktor bei 40 °C gemessen.

In Abb. 35 sind die Meßwerte der Tab. 13 aufgetragen. Die Entfernung von A und D bringt keine, von B und C eine merkliche Erniedrigung des Verlustfaktors. Auffällig stark abhängig ist der Verlauf vom Gehalt an Hemizellulose; ausgehend von ursprünglich 17,3 % Hemizellulosegehalt wird der Verlustfaktor, nach Durchlaufen eines Minimums bei 35 % der entfernbaren Nichtzellulose- und eines Teiles der Hemizellulosekomponenten, bei reiner Zellulose höher als der des Ausgangsstoffes. Ein gewisser Gehalt an Hemizellulose ist also günstig, nicht nur für die Blattbildung und die Festigkeit des Papieres, sondern auch hinsichtlich der

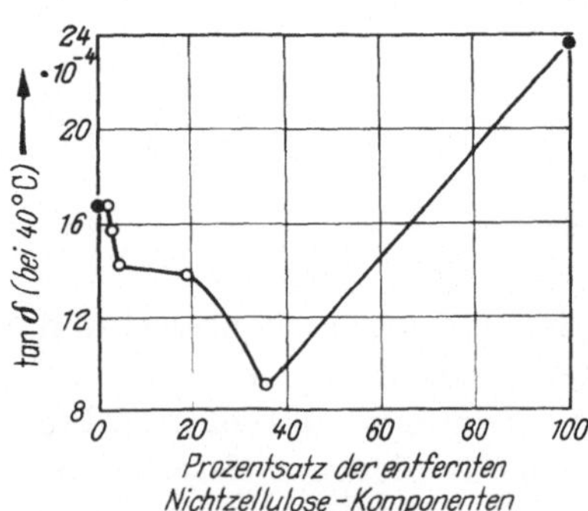

Abb. 35. Verlauf des Verlustfaktors bei stufenweiser Entfernung der Zellulosebeimengungen.

Tabelle 13. *Verlustfaktor in Abhängigkeit von der Zusammensetzung der Pulpe*
(nach MILLER und HOPKINS)

Stufe	Entfernte Komponenten		Verlustfaktor $\times 10^{-4}$
1	A		16,7
2	A + B		15,7
3	A + B + C		14,3
4	A + B + C + D		13,7
5		+ 8,7 % E	12,3
6			11,9
7			10,2
8			8,9
9			9,3
10	A + B + C + D		9,7
11			11,4
12			12,1
13			12,9
14			18,0
15		+ 100 % E	23,8

A: durch Lösungsmittel extrahierte Anteile
B: säurelösliche Aschebestandteile
C: Tannin (Gerbsäure)
D: Lignin
E: Hemizellulose

dielektrischen Verluste[1]. Nach diesem Ergebnis scheint der steile Anstieg des Verlustfaktors des Hadernpapieres oberhalb 60 °C zum Teil auf dessen hohen α-Zellulosegehalt (96 %) zurückzuführen zu sein. Es ist also möglich, ein Papier mit wesentlich niedrigeren Verlusten herzustellen und somit die Temperatur der Kondensatoren entsprechend zu senken oder ihre Leistung zu erhöhen. RENNE, KALJASINA und MOROZOWA [*219*] bestätigen diese Ergebnisse; ein geringer Ligninrestgehalt scheint nützlich zu sein, da Lignin die Wärmebeständigkeit des Papieres erhöht.

Nach Tab. 13 und Abb. 35 senkt die Entfernung der säurelöslichen Bestandteile der Asche die Verluste. Hierbei handelt es sich um mineralische Stoffe, die bei der Veraschung (850 °C) übrigbleiben, wie Kieselsäure, Tonerde, Kalzium-, Magnesium- und andere Metalloxyde, Chloride und Sulfate. Diese Stoffe können im Papier dissoziiert sein und verursachen dann eine mit wachsender Temperatur ansteigende Ionenleitung. CHURCH [*51*] hat gefunden, daß die Kationen *einwertiger* Metalle, z.B. Lithium-, Natrium- und Kaliumionen, die Leitfähigkeit der Zellulose beträchtlich erhöhen, zweiwertige Ionen wie Magnesium, Kalzium, Barium dagegen fast nicht; beim Austausch von zweiwertigen gegen einwertige Metallionen erhöhte sich die Leitfähigkeit bis zum 7fachen. Die Versuche von CHURCH wurden von RENNE und MORO-

---

[1] USA-Patent Nr. 2505545 vom 25. 4. 1950.

ZOWA [*220*] wiederholt. Dabei dehnten sie die Untersuchung auf den Zusammenhang zwischen Ionengehalt und Verlustfaktor des Papieres aus. Durch zweistündiges Eintauchen des Papieres in 0,01-n-Salzsäure und anschließendes 100stündiges Waschen im Soxhlet-Apparat wurden die mineralischen Substanzen weitgehend entfernt, so daß der Aschegehalt nur noch 0,03···0,05% betrug; das Papier wurde also auf diese Weise „entascht". Diese Papierproben wurden anschließend mit einer bestimmten Art Metallionen gesättigt (s. Abb. 36). Die Gewichtszunahme der Asche, verursacht durch die Anlagerung von Ionen an die Zellulose, war annähernd dem Atomgewicht des Metalls proportional. Dadurch ist die Feststellung von CHURCH bestätigt, daß sich beim Ionenaustausch die gleiche Anzahl von Ionen, unabhängig von ihrer Wertigkeit, an die Zellulose anlagert. CHURCH macht auch einige Angaben über den Mechanismus des Ionenaustausches an den OH-Gruppen der Zellulosekette. Er findet weiter, daß eine Lösung von Kalziumsulfat für den Ionenaustausch besonders geeignet ist. RENNE, KALJASINA und MOROZOWA [*219*] stellen fest, daß der Verlustfaktor des Papieres umso mehr mit der Temperatur ansteigt, je kleiner der Ionenradius ist (anscheinend analog den Verhältnissen in Gläsern), s. Abb. 36, und

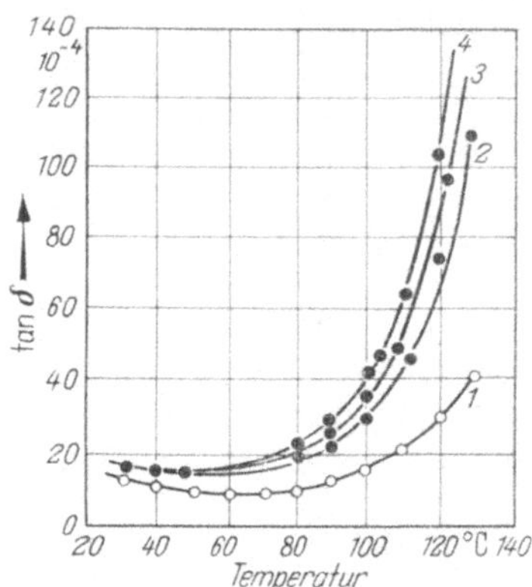

Abb. 36. Einfluß der Kationen auf den Verlustfaktor des Papiers (50 Hz).

1 Entaschte Probe; mit dieser Kennlinie deckten sich die Kurven für Proben, gesättigt mit zweiwertigen Kationen des Ba^{++}, Ca^{++} und Mg^{++}; *2* Proben, gesättigt mit K^+; *3* Proben, gesättigt mit Na^+; *4* Proben, gesättigt mit Li^+.

führen diese Erscheinung auf die mit kleiner werdendem Ionenradius wachsende Beweglichkeit der Ionen zurück. Im Bereich tiefer Temperaturen jedoch ergab die Messung umgekehrt einen *Anstieg*. Da der Verlauf ein ausgeprägtes Maximum aufweist, muß es sich hier um *Dipolverluste* handeln, bei den Temperaturen oberhalb 60 °C dagegen liegen Ionenleitungsverluste vor. CHURCH hebt hervor, daß die Verbesserung des Papieres durch Ionenaustausch nur gelingt, wenn elektrolytische Beimengungen hygroskopischer Natur mit Hilfe von destilliertem Wasser vorher herausgewaschen werden. Das Wasser muß also weitestgehend gereinigt werden. Nach RENNE wurde dies durch Elektrodialyse[1] erreicht. Angaben über den Aufbau und die Wirkungsweise von Ionen-

---

[1] Elektrodialyse ist ein elektroosmotischer Prozeß, bei dem das zu behandelnde Gut sich zwischen Diaphragmen befindet und unter dem Einfluß einer Gleichspannung entionisiert wird; die Ionen werden an den mit Wasser umspülten Elektroden abgeführt.

austauschanlagen s. [63]. Über „physikalisch-chemische Probleme bei der Entsalzung von Isolierpapieren" s. [259].

Der Gehalt eines Papieres an Metallionen läßt sich relativ schnell mittels eines Flammenphotometers bestimmen. Die Asche des Papieres wird in einer Säure aufgelöst und diese Lösung in eine Flamme gesprüht. Dabei werden die Metallatome angeregt und senden das Licht der für sie charakteristischen Wellenlänge aus.

Weitere Angaben über Verbesserungen des Kondensatorpapieres durch Änderung des Gehaltes an Hemizellulose und an Lignin und durch Ionenaustausch machen SAKAMOTO u. a. [232].

Ein anderes Mittel, den Anstieg der Verluste mit wachsender Temperatur klein zu halten, ist die Beimengung von Aluminiumoxydpulver (Al_2O_3, Menge 1···5%) zum Papier. Dieses adsorbiert Ionen und hält den Verlustfaktor bis zu Temperaturen von 100 °C und mehr nahezu konstant (Näheres s. S. 120 und [280]).

Das seit langem allgemein angewendete Mittel, die Verluste herabzusetzen, ist die Verkleinerung der Papierdichte (s. S. 197). Jedoch setzen dem die sinkende Durchschlagfestigkeit und auch die mechanische Festigkeit des Papieres bei einer Rohdichte von etwa 0,7 g/cm³ eine Grenze.

Es sei noch kurz auf die Anwendbarkeit acetylierten Papiers (s. S. 36) für Kondensatoren eingegangen. Kondensatoren müssen auf jeden Fall unter Vakuum gut getrocknet und getränkt werden und sind vollständig von der Außenluft abgeschlossen, es wird also von dem Vorteil des acetylierten Papieres, weniger Wasser aufzunehmen, kein Gebrauch gemacht. Weiterhin beträgt seine DK nur 4,7 gegenüber der DK von 6 der normalen Papierfaser. Schließlich ist dieses Papier heute noch nicht genügend dünn herzustellen und außerdem teuer. Vorteilhafter ist es, durch Cyanoäthylierung Akrylnitrilgruppen an die Hydroxylgruppen anzulagern. Diese erhöhen infolge ihres großen Dipolmomentes die DK auf 12,5 [123]. Es entstehen durchsichtige Folien (Handelsname „Cyanocel"). Ihr Verlustfaktor hat allerdings den relativ hohen Wert von 0,01 bis 0,025, also das 4- bis 10fache des Verlustfaktors des normalen Kondensatorpapieres. Für kleine Kondensatoren, bei denen die Abfuhr der Verlustwärme keine Schwierigkeiten bereitet, wie z. B. Leuchtstofflampenkondensatoren, setzt die General Electric Comp. diese Folien bereits ein. Für große Leistungskondensatoren ist dies noch nicht möglich. Immerhin zeigen sich Möglichkeiten, das Zellulosemolekül auch für Kondensatoren vorteilhaft zu ändern.

1.14 Die Prüfung der Kondensatorpapiere. Die hohe Reinheit und Verlustarmut der Kondensatorpapiere haben es in den letzten Jahren ermöglicht, die Ausnutzung der Leistungskondensatoren zu erhöhen. Damit wird es für den Kondensatorhersteller zunehmend wichtiger, nicht hinreichend reine Papiere vor ihrer Verarbeitung auszuscheiden.

Die Verfasser haben bei mehrjährigen Messungen gefunden, daß die Verlustfaktoren der getrockneten und der imprägnierten Papiere ungefähr proportional verlaufen; jedoch stellte es sich immer wieder bei einzelnen Lieferungen heraus, daß die Papiere nach der Tränkung mit Clophen A 30 erheblich schlechter waren, als die Trockenmessung ergeben hatte. Eine Erklärung hierfür könnte sein, daß das Clophen Verunreinigungen an den Faseroberflächen zu lösen und zu dissoziieren vermag, die am trockenen Papier noch keine Verluste erzeugen. So wurde z. B. an einigen der abweichenden Papiere ein besonders hoher Gehalt an Na-Ionen gemessen. Von ähnlichen Erfahrungen berichtet F. VIALE [55, S. 18]. Auch ENDICOT [74], der das Verfahren und die Meßapparatur für Trockenmessungen eingehend beschrieben hat, führt ein Beispiel einer Verlustfaktorüberschreitung an, die durch eine unbeabsichtigte Änderung in der Wasseraufbereitung verursacht

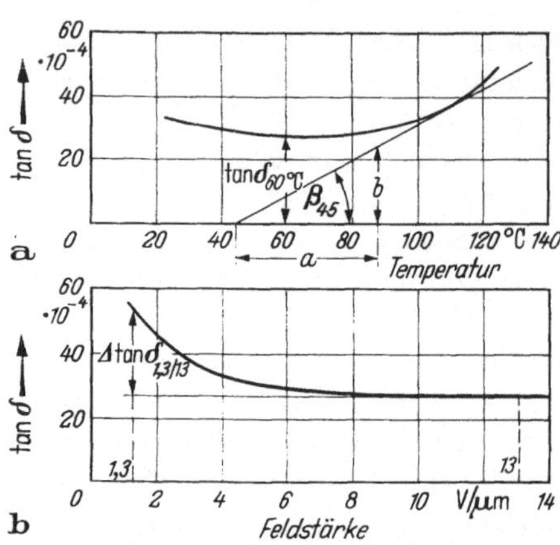

Abb. 37a u. b. Beurteilung von Kondensatorpapieren durch 3 Kenngrößen.
a) Messung bei 13 V/μm; b) Messung bei 60 °C.

wurde. Als sichere Methode zur Bestimmung der Papierverluste hat sich bisher nur die Messung an getränkten Probekondensatoren erwiesen.

SAKAMOTO u. a. benutzen eine Meßapparatur [232, Abb. 2] ähnlich derjenigen von ENDICOT, in der die Papiere auch im getränkten Zustand gemessen werden können, so daß also unmittelbar im Anschluß an die Trockenmessung der Einfluß der Tränkmittel auf den Verlustfaktor bestimmt werden kann. Dieses Verfahren erfordert eine sorgfältige Reinigung der Apparatur von allen Resten des Tränkmittels vor Prüfung der nächsten Papierprobe. Die Apparatur ist als Schutzringkondensator so gebaut, daß die DK und der Verlustfaktor des Papieres mittels der Innenelektrode, die DK und der Verlustfaktor des Tränkmittels mittels der Außenelektrode gleichzeitig gemessen werden können.

Zur Beurteilung der Brauchbarkeit der Kondensatorpapiere für große Leistungskondensatoren eignen sich am besten folgende 3 Kenngrößen (s. Abb. 37):

1. Verlustfaktor bei 60 °C,

2. Kippfaktor β_{45},

3. Differenz $\Delta \tan\delta_{1,3/13}$ der bei 1,3 und 13 V/μm gemessenen Verlustfaktoren.

Die Messung wird an Probekondensatoren abhängig von der Temperatur bei $13\cdots15$ V/μm und abhängig von der Feldstärke bei 60 °C ausgeführt. Der Kippfaktor β_{45} wird gefunden, wenn vom 45-°C-Punkt[1] der Abszisse an die tan δ-Kurve eine Tangente gelegt wird; es gilt dann $\beta_{45} = a/b$. Der Kippfaktor ist proportional der Kippleistung des aus dem geprüften Papier gefertigten Kondensators (s. S. 175). Die 3. Kenngröße, $\varDelta \tan \delta_{1,3/13}$ ist ein Maß dafür, ob das Papier und andere Bestandteile des Kondensators Ionen an das Tränkmittel abgeben. Diese 3 Kenngrößen haben sich in der Praxis bewährt, alle 3 zusammen ermöglichen ein gutes Urteil über die Güte des Papieres. Je niedriger und flacher die Kurven verlaufen, um so kleiner und leichter können die mit diesem Papier gebauten Kondensatoren sein.

Einen ähnlichen Weg zur Beurteilung der Papiere beschreitet M. PIERSON [212]. Als Gütezahl für den Kondensator bzw. für das Papier führt er einen Stabilitätsindex I_{pr} ein, der im wesentlichen dem obengenannten Kippfaktor entspricht. Die Verfasser sind jedoch der Meinung, daß die obengenannten weiteren 2 Kenngrößen für die Kennzeichnung eines Kondensatorpapieres unerläßlich sind.

1.2 Das Tränkmittel

1.21 Die Arten des Tränkmittels und Gesichtspunkte für ihre Auswahl. Noch um 1925 wurden Wechselspannungskondensatoren zum großen Teil mit Paraffin, Wachs oder dickflüssigem Harz getränkt. Ein Tränkmittel, das im Betrieb fest ist, erfordert kein flüssigkeitsdichtes Gehäuse, das insbesondere die kleinen Kondensatoren der Nachrichtentechnik beträchtlich verteuert. Bedenkt man weiter, daß die Durchschlagfestigkeit eines festen Isolators größenordnungsmäßig 2000 kV/cm, eines flüssigen 200 kV/cm und eines gasförmigen nur 20 kV/cm (bei 1 at und 1 cm Schlagweite) beträgt, dann sollte man erwarten, daß ein im Betrieb festes Tränkmittel vorteilhaft sein müßte. Die Praxis hat jedoch erwiesen, daß dieser Vorteil sich im Kondensator nicht ausnutzen läßt. Jeder Körper schrumpft beim Erstarren, so daß sich im Anschluß an die Tränkung beim Erstarren des Tränkmittels im Dielektrikum vereinzelt Hohlräume bilden; in diesen können bereits bei Betriebsspannung und darunter Glimmentladungen auftreten, die nach einiger Zeit zum Durchschlag des Kondensators führen [233]. Das Tränkmittel aller hochbeanspruchten Papierkondensatoren, insbesondere der Wechselspannungskondensatoren, muß also flüssig sein auch bei den tiefstmöglichen Betriebstemperaturen, z. B. bei Freiluftkondensatoren im Winter, eine Erkenntnis, die um 1950 in den USA und in Europa an Konden-

---

[1] 45 °C ist nach VDE 0560 die Umgebungstemperatur für die Prüfung von Leistungskondensatoren auf Wärmegleichgewicht.

satoren, die mit Pentachlordiphenyl (Clophen A 50) getränkt waren, erneut bestätigt wurde und zum Übergang auf das dünnflüssige Trichlordiphenyl (Clophen A 30) führte, das erst unterhalb −35 °C fest wird. Däs bis dahin verwendete Pentachlordiphenyl beginnt bereits unterhalb −5 bis −10 °C fest zu werden, also bei Temperaturen, die in den gemäßigten Zonen im Winter häufig vorkommen (s. S. 68).

Die schädliche Wirkung von Gaseinschlüssen bei Kondensatoren mit festem Tränkmittel versuchte man vor Jahrzehnten mit einer zweiten Evakuierung und Nachtränkung mit Öl zu bekämpfen. Später baute man auch Kondensatoren mit druckfestem Gehäuse und setzte das Dielektrikum unter einen Überdruck von 3···15 atü, wodurch die Durchschlagfestigkeit der Gaseinschlüsse erhöht und Glimmentladungen unterdrückt wurden. Die druckfesten Gehäuse sind jedoch teuer, so daß diese Bauart sich nicht allgemein einbürgern konnte. Neuzeitliche Leistungskondensatoren enthalten keine schädlichen Gaseinschlüsse. Die verbesserten Methoden der Trocknung und Evakuierung der Kondensatoren und des Tränkmittels sorgen für ein weitgehend gasfreies Dielektrikum. Die heutigen Tränkmittel sind dünnflüssig und füllen alle Poren und Zwischenräume vollständig aus; sie lösen sogar evtl. noch vorhandene, adsorbierte Gasreste in molekularer, also unschädlicher Form.

Die Eigenschaft der Tränkflüssigkeit, Gasreste molekular zu lösen, ist von besonderer Bedeutung, wenn Leistungskondensatoren im Netz Überspannungen ausgesetzt sind, und dabei ihre Glimmeinsatzspannung überschritten und Gas erzeugt wird. Geringe Mengen dieses Gases werden im allgemeinen vom Tränkmittel gelöst. Die übrigen Zersetzungsprodukte werden durch die Tränkflüssigkeit durch Diffusion und Wärmebewegung allmählich auf einen größeren Raum verteilt. Somit sorgt ein leichtflüssiges Tränkmittel dafür, daß ein überbeanspruchtes Dielektrikum sich „erholt" und in seinen ursprünglichen Zustand zurückkehrt. Auch diese Erkenntnis hat dazu geführt, daß überwiegend *dünn*flüssige Tränkmittel für Leistungskondensatoren, im wesentlichen also Mineralöle und Trichlordiphenyl, verwendet werden.

Die Kondensatoren der Nachrichtentechnik, insbesondere Post- und Rundfunkkondensatoren, liegen meist an Gleichspannung oder so niedrigen Wechselspannungen, daß keine Ionisation möglich ist; sie dürfen daher mit festen Tränkmassen imprägniert werden. Natürliche Wachse wie Bienenwachs und Paraffin werden, vor allem wegen ihrer kleinen DK von 2,2, nicht mehr verwendet. Statt dessen benutzt man Wachse auf der Basis von chloriertem Naphthalin mit einer DK von 3···5 oder polymerisierbare oder durch Polyaddition härtbare Stoffe, z. B. Polyvinylcarbazol, Polyester, Epoxydharze. Bei Kondensatoren für höhere Ansprüche, z. B. für die Tropen oder für Meßzwecke, geht man auf Vaseline und Mineralöl über. Bei den Motor- oder Leuchtstofflampenkondensatoren, bei denen es sich bereits um kleine Leistungskondensatoren mit hohen Betriebsfeldstärken handelt, werden Chlordiphenyle angewendet, es sei denn, sie sind als Metallpapierkondensatoren (MP-Kondensatoren) gebaut; in diesem Fall müssen sie mit Mineralöl getränkt werden (s. S. 222). Eine Zusammenstellung der wichtigsten Imprägniermittel bringt P. BOYER [39].

Etwa 1930 wurde das Pentachlordiphenyl in den USA in die Kondensatorfertigung eingeführt, wenige Jahre später auch in Deutschland. In den letzten 2 Jahrzehnten ist es gelungen, dieses Tränkmittel durch Verbesserung der Aufbereitungsverfahren, z.B. der Destillation und Filterung, immer reiner herzustellen. Aus Abb. 38 ist die Erhöhung des

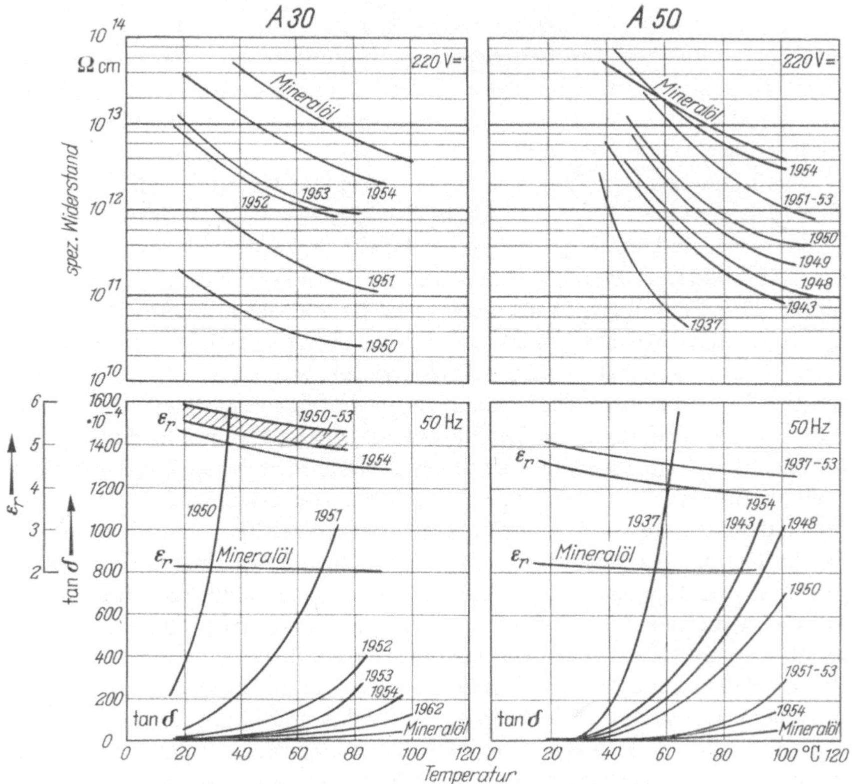

Abb. 38. Verbesserung des Clophens.

Isolationswiderstandes um 2 Größenordnungen und eine ähnlich große Senkung des Verlustfaktors ersichtlich; das gleiche gilt seit 1950 auch für Clophen A 40 und A 30 und ebenfalls für das für Transformatoren verwendete dünnflüssige Clophen T 64 (s. Tab. 14, [55]). Heute ist der

Durchgangswiderstand des Mineralöles fast erreicht. Ferner ist es gelungen, auch die gesamte Fertigung der Kondensatoren so zu verbessern, daß die Eigenschaft dieser Stoffe, in höherem Maße Verunreinigungen zu lösen, sich nicht mehr schädlich auswirkt.

Der wesentliche Anreiz für die Verwendung des Chlordiphenyls liegt in seiner hohen DK von $5\cdots6$; die DK des Mineralöles beträgt nur $2{,}2\cdots2{,}5$. Daraus ergibt sich gegenüber Mineralöl eine Kapazitäts- und Leistungserhöhung auf das 1,3fache bei einer Dichte des Papieres von $\varrho = 1{,}2$ oder auf das 1,4fache bei $\varrho = 1{,}0$ und auf das 1,6fache bei $\varrho = 0{,}9\,\text{g/cm}^3$ (Tab. 10). Daher sind seit 1950 immer mehr Hersteller vom Mineralöl auf Chlordiphenyl übergegangen. Wenn heute trotzdem noch ein gewisser Anteil der Leistungskondensatoren mit Mineralöl getränkt wird, so liegen hierfür Sonderbedingungen vor, z. B. bei den MP-Kondensatoren und bei großen japanischen Leistungskondensatoren, oder auch dann, wenn besondere Anforderungen an die Kapazitätskonstanz auch bei tiefsten Außentemperaturen (kapazitive Spannungswandler für Höchstspannungen) gestellt werden.

Die hohe DK der Chlordiphenyle hat einen weiteren nennenswerten Vorteil gegenüber Mineralöl. Mit $5\cdots6$ ist sie etwa gleich derjenigen der Papierfaser, und somit ist das Mischdielektrikum dielektrisch homogen, d. h., die Feldstärken im Clophen und in der Faser sind etwa gleich (s. hierzu Abb. 81 und 83). Wird der gleiche Kondensator statt mit Clophen mit Mineralöl getränkt, so ist, da sich die Feldstärken in den einzelnen Schichten umgekehrt wie ihre Dielektrizitätskonstanten verhalten, die Feldstärke im Öl wesentlich höher als in der Faser, nämlich das $6/2{,}3 = 2{,}6$fache. Das Dielektrikum des Ölkondensators ist also ungleichmäßig beansprucht, es kann an Stellen, an denen die Ölschicht gegenüber der Papierschicht dünn ist, maximal das 2,6fache der Durchschnittsfeldstärke des Mischdielektrikums auftreten (s. S. 30 und [55, S. 7]). Dementsprechend ist die Gefahr des Einsetzens von Glimmentladungen im Ölkondensator größer als im Clophenkondensator. Allerdings sind für das Glimmen im Kondensator noch andere Einflüsse maßgebend: ein möglicher Restgehalt an Wasser und Gas [146], die Inhomogenität des Feldes infolge leitender Einschlüsse und scharfer Elektrodenkanten, die Viskosität des Tränkmittels usw. (s. S. 138). HOPKINS, WALTERS und SCOVILLE [119] messen anfänglich eine gegenüber den Pentachlordiphenylkondensatoren höhere Glimmeinsatzspannung des Ölkondensators, aber bereits nach einer Woche Betrieb mit 1,5facher Nennspannung fiel sie auf $12\cdots50\%$ des Anfangswertes, wohingegen die Glimmeinsatzspannung des Pentachlordiphenylkondensators sich auch nach einem Jahr Betrieb nicht geändert hatte.

Ein weiterer Vorteil des Chlordiphenyls gegenüber dem Mineralöl ist nach den Erfahrungen der Verfasser sein günstigeres Verhalten für den

Fall, daß Glimmentladungen bereits zu einer Zersetzung des Tränkmittels geführt haben. Während diese Zersetzung beim Mineralöl im wesentlichen zur Bildung von Wasserstoffgas und X-Wachs führt, das immer noch ein relativ guter Isolator ist, führt sie beim Chlordiphenyl zur Bildung von HCl-Gas und hochkondensierten kohlenstoffähnlichen Substanzen. Diese Zersetzungsprodukte erhöhen örtlich die Leitfähigkeit, die, ähnlich wie bei dem bekannten Glimmschutz an den Nutausgängen der Isolation von Hochspannungsmaschinen, zu einer Absenkung der Glimmintensität oder sogar, wenn die Glimmeinsatzspannung nur *wenig* und *kurzzeitig* überschritten wurde, zu einer Unterbrechung der Glimmentladung führen kann. Glimmentladungen in Mineralölkondensatoren hingegen führen zu einem stetigen Anwachsen des Zerstörungsvorganges, wenn sich das Dielektrikum nicht rechtzeitig im abgeschalteten Zustand erholen kann. Eine Erscheinung ähnlich der X-Wachs-Bildung ist bei den mit Chlordiphenyl getränkten Kondensatoren unbekannt. Stärkere Zersetzungen führen auch beim Clophenkondensator zum Ausfall (s. auch S. 94).

Weitere Vorteile des Chlordiphenyls gegenüber Mineralöl sind seine chemische Beständigkeit, insbesondere gegenüber Sauerstoff, und ferner seine Flammwidrigkeit (s. S. 72). Allerdings spielt die letztere bei den Leistungskondensatoren nicht die große Rolle wie bei Transformatoren, da die Menge des Tränkmittels in den Leistungskondensatoren klein ist, kann aber doch je nach Aufstellungsort und Verwendung der Kondensatoren von beträchtlicher Bedeutung sein, z.B. bei Leuchtstofflampenkondensatoren in Warenhäusern.

Ein Nachteil der Chlordiphenyle gegenüber Mineralöl ist der höhere Preis, der bei Clophen A 30 etwa das 4,2fache des Mineralöles (1963), bezogen auf die *Raum*einheit, beträgt. Dieser führte bereits vor 25 Jahren dazu, den Aufwand an Clophen auf das unumgänglich notwendige Maß zu beschränken, indem das Gehäuse dicht an das Wickelpaket anliegend gebaut wurde, eine Maßnahme, die auch zur Abfuhr der Verlustwärme auf dem kürzesten Weg aus dem Wickelpaket an die Außenwand notwendig ist.

Von einem chlorierten Kohlenwasserstoff, der den Chlordiphenylen technisch gleichwertig sein soll, berichten WARNER [*30*] und PERESELENZEW, PROSKURNIN und MEDVEDEWA [*209*]. Diese Flüssigkeit, Dichlortrimethyl-1-phenylindan (Handelsname IN 420), wird aus einem Nebenprodukt der Phenol- und Acetonfabrikation gewonnen. In Deutschland wird sie jedoch teurer als Chlordiphenyl, da das Ausgangsprodukt nicht so billig gewonnen werden kann, wie das anscheinend in Rußland der Fall ist. Die Flüssigkeit wird daher in Deutschland nicht hergestellt, unseres Wissens auch nicht in den USA. Sie entspricht hinsichtlich ihrer DK und ihrer sonstigen Eigenschaften etwa dem Pentachlordiphenyl und nach Mischung mit Tetrachloräthylbenzol im Verhältnis 1:1

etwa dem Trichlordiphenyl. Nach Messungen von WARNER, die auch im Hause der Verfasser bestätigt wurden, ist ihr Isolationswiderstand bei Temperaturen oberhalb 40 °C höher als der des Pentachlordiphenyls, so daß IN 420 sich insbesondere in Gleichspannungskondensatoren bei höheren Temperaturen günstiger verhält als Pentachlordiphenyl.

1.22 Die Eigenschaften der Chlordiphenyle. Zur Herstellung des Diphenyls wird Benzoldampf durch auf 800 °C erhitzte Rohre (Cu-Legierung) geleitet. Dabei entsteht Diphenyl unter Abspaltung von Wasserstoff, s. Abb. 39. Nach einer Destillation wird bei 80···120 °C Chlorgas in

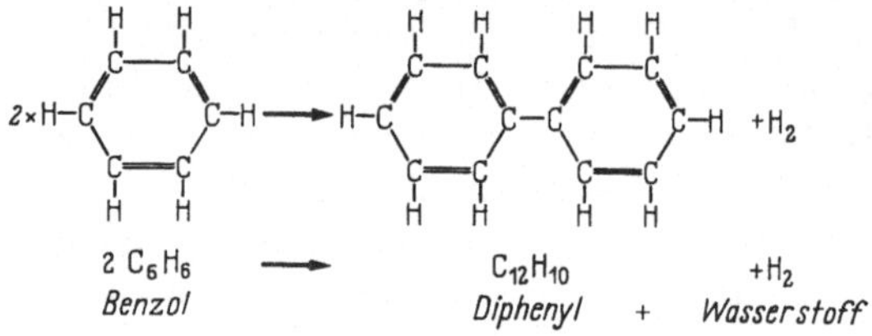

Abb. 39. Herstellung von Diphenyl aus Benzol.

das Diphenyl geleitet, unter Verwendung von Eisenchlorid ($FeCl_3$) und Antimonchlorid ($SbCl_3$) als Katalysatoren. Die Menge des Chlorgases richtet sich nach dem gewünschten Grad der Chlorierung (Clophen A 30, A 40, oder A 50), vgl. Abb. 40. Unter Abspaltung von HCl-Gas entstehen die

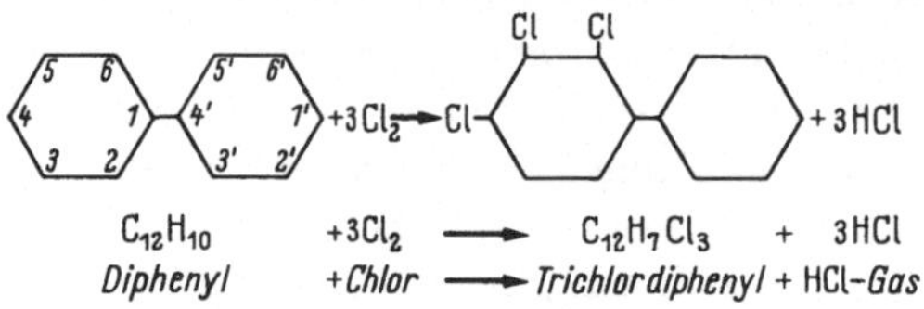

Abb. 40. Herstellung von Chlordiphenyl.
In der gegenüber Abb. 39 vereinfachten Darstellung des Benzolringes und des Diphenyls ist die Stellung der 2×6 C-Atome mit den Ziffern 1 bis 6 und 1′ bis 6′ bezeichnet.

verschiedenen Isomere, d. h., die Chloratome lagern sich an verschiedenen Stellen des Diphenylmoleküls an, wie Abb. 41 zeigt. Dementsprechend haben die Isomere auch ein unterschiedliches Dipolmoment und verschiedene DK, wie bereits auf S. 20 erwähnt wurde. Bei der Herstellung eines gewünschten Chlordiphenyls entstehen neben diesem auch (bis zu je 10 %) Chlordiphenyle des nächsthöheren und nächstniedrigeren Chlorierungsgrades, so daß z. B. Clophen A 30 auch geringe Mengen Clophen A 40 und A 20 enthält. Aus Abb. 41 ist auch ersichtlich, daß manche Isomere bei Raumtemperatur fest sind. Das Mischen der verschiedenen Isomeren jedoch erniedrigt den Schmelzpunkt, so daß das Isomerengemisch bei Raumtemperatur und darunter flüssig ist; die Mischung sorgt auch für einen allmählichen Übergang aus dem flüssigen in den

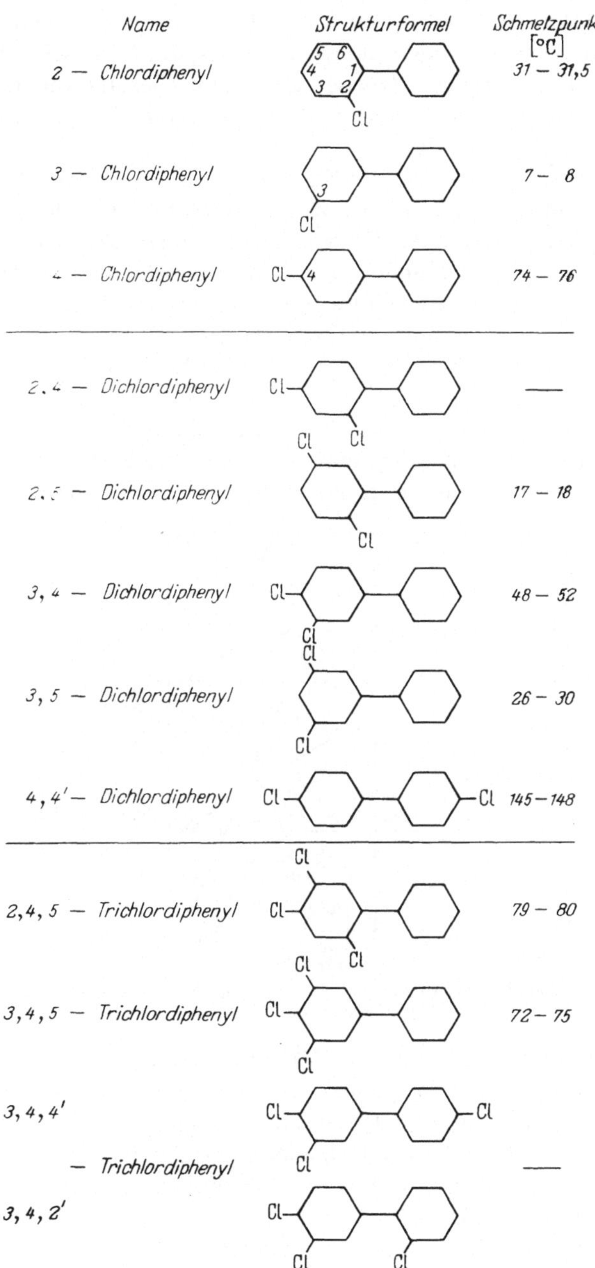

Abb. 41. Einige Isomere des Chlordiphenyls.

festen Zustand. Das symmetrische 4,4′-Dichlordiphenyl, bei dem die Cl-Atome in Parastellung stehen und infolgedessen kein Dipolmoment erzeugen, hat einen besonders hohen Schmelzpunkt, ist schlecht löslich und fällt als kristallisierter Körper aus; diese Verbindung bildet sich leicht bei niedrigen Chlorierungsgraden, und daher ist die Herstellung von Clophen A 20 schwierig.

Der Chlorgehalt bestimmt die Eigenschaften des Chlordiphenyls, wie aus Tab. 14 und aus Abb. 42 bis 45 hervorgeht. Sammelname für die Chlordiphenyle ist „Askarel". Die verschiedenen Hersteller benutzen die Handelsnamen Aroclor, Clophen, Pyralene. Verschiedene Kondensatorhersteller führen eigene Bezeichnungen, wie Pyranol, Inerteen, Napolin, Sowol. Die letzten zwei Ziffern in der Aroclor-Bezeichnung geben den berechneten Chlorgehalt an; z.B. soll Aroclor 1254 54% seines Gewichtes Chlor enthalten.

Die flüssigen Chlordiphenyle sind wasserklar und fast farblos, und ihre Zähigkeit nimmt mit steigendem Chlorgehalt zu. Octachlordiphenyl ist ein sprödes Harz, Nona- und Decachlordiphenyl (69 und 71% Chlor-

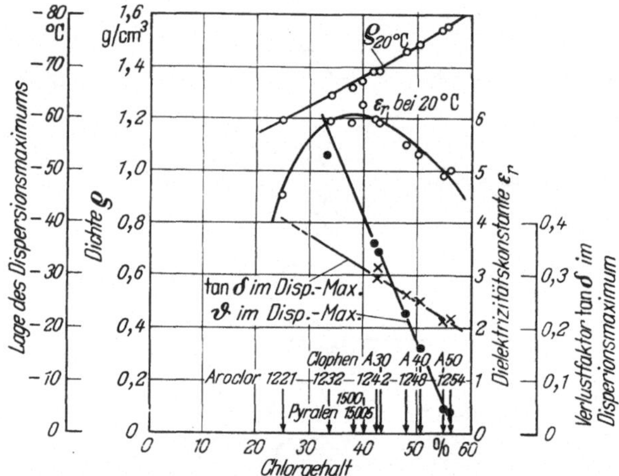

Abb. 42. Eigenschaften amerikanischer, deutscher und französischer Chlordiphenyle in Abhängigkeit vom Chlorgehalt.

gehalt) sind kristalline Pulver. Die Wärmeausdehnung von 0° auf 100 °C beträgt 7%. Der Gehalt an Asche, ungebundenem Chlor, an wasserlöslichen Säuren ist Null. Die Durchschlagfestigkeit ist 200···250 kV/cm im Bereich von 20···100 °C und bei Schichtdicken von einigen Millimetern. Wasser schwimmt auf dem Chlordiphenyl, wohingegen es im Mineralöl zu Boden sinkt.

Den Verlauf der DK und des Verlustfaktors zeigt Abb. 8. Die Verluste oberhalb 60 °C werden durch Spuren von Verunreinigungen hervorgerufen. Daß es sich um Ionenleitungs- und nicht um Dipolverluste handelt, kann leicht durch eine Messung des Isolationswiderstandes mit Gleichstrom nachgewiesen werden. Verunreinigungen bewirken naturgemäß in den dünnflüssigeren Tränkmitteln wegen der größeren Beweglichkeit der Ionen einen größeren Anstieg, weshalb noch vor 10 Jahren das zähflüssige Pentachlordiphenyl bevorzugt wurde. Der Übergang auf die dünnflüssigen Chlordiphenyle war jedoch nötig, weil sie bei den tiefen Temperaturen, denen Freiluftkondensatoren im Winter ausgesetzt sein können, noch nicht vollkommen erstarrt sind; Hohlräume bilden sich erfahrungsgemäß bei Trichlordiphenyl erst unterhalb des Dipolmaximums von $-35\,°\text{C}$. Das Dispersionsmaximum des Transformatoren-Clophens T 64 liegt bei $-50\,°\text{C}$. Der Verlauf der ε_r- und $\tan\delta$-Kurven nach Abb. 8 kehrt in den an Kondensatoren aufgenommenen Kurven in einem dem Tränkmittelanteil entsprechend verringerten Maße wieder (s. Abb. 70).

Abb. 42 zeigt die wichtigsten Eigenschaften in Abhängigkeit vom Chlorgehalt. Der Abfall von ε_r beim Monochlordiphenyl ist vermutlich auch auf einen wachsenden Anteil an nicht chloriertem und daher unpolarem Diphenyl zurückzuführen. Die Viskosität der Chlordiphenyle und einiger Mineralöle ist in Abb. 43 im Viskositäts-Temperatur-Blatt

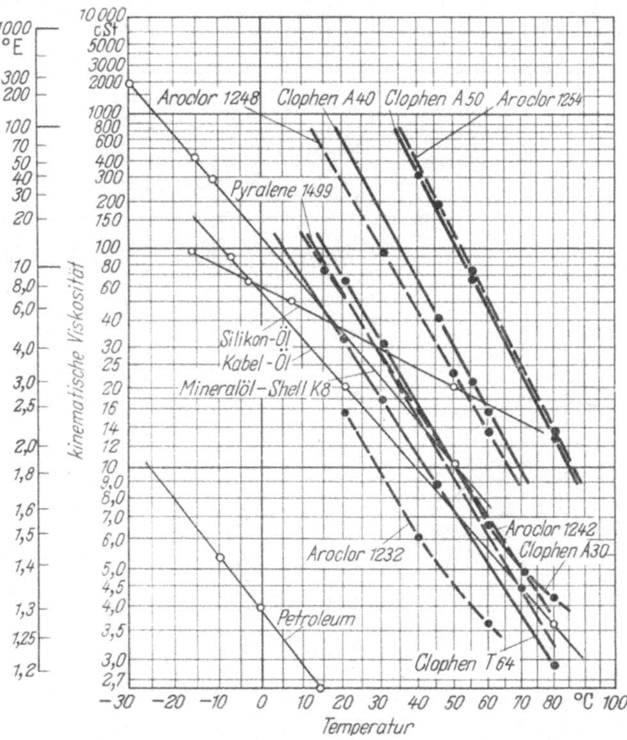

Abb. 43. Viskosität einiger Chlordiphenyle, Mineral- und Siliconöle (nach UBBELOHDE [281]).

Tabelle 14. *Eigenschaften der Chlordiphenyle*

1			Aroclor 1221	Aroclor 1232	Pyralen 1500 S	Pyralen 1500	Aroclor 1242	Clophen A 30
2	…-Chlordiphenyl		Mono-	Di-	Mischung Di-, Tri-, Tetra-		Tri-	Tri-
3	Summenformel		$C_{12}H_9Cl$	$C_{12}H_8Cl_2$	—		$C_{12}H_7Cl_3$	
4	Chlorgehalt berechnet gemessen	Gewichts-prozent	19 25,1	32 34,3	— 38,9	40,2	41,5 42,6	43,0
5	Dichte bei 20 °C	g/cm³	1,20	1,23	1,345	1,36	1,38	1,40
6	Stockpunkt	°C	0	-36	-26	-25	-19	-18
7	Temperatur bei der Viskosität 10 cSt	°C	—	—	43	44	48	51
8	Siedebereich	°C	280···315	292···315	—	—	315···325	315···333
9	Verdampfungsverlust 2 h 125 °C	Gewichts-prozent	—	—	0,39	0,50	0,12	0,21
10	Wärmeleitfähigkeit bei 40 °C	$\frac{kcal}{m \cdot h \cdot grd}$	—	—	—	—	0,095	0,095
11	Säurezahl	mgKOH/g	0,006	0,008	0,005	0,005	0,004	0,007
12	spezifischer Durchgangswiderstand bei 220 V und 60 °C	$\Omega \cdot cm$	$9 \cdot 10^{10}$	$7 \cdot 10^{10}$	$2 \cdot 10^{12}$	$2 \cdot 10^{12}$	$2 \cdot 10^{11}$	$3 \cdot 10^{12}$
13	Dielektrizitätskonstante ε_r bei 50 Hz und 20°C		4,5	6,0	5,9	6,3	6,0	5,9
14	Lage des Dispersionsmaximums bei 50 Hz	bei °C	—	-54	-44	-42	-36	-35
15	$\tan\delta \cdot 10^4$ bei 50 Hz und 60 °C		2350	5100	60	100	825	50

Tabelle 14 (Fortsetzung)

1			Aroclor 1248	Clophen A 40	Aroclor 1254	Clophen A 50	Clophen T 64
2	… -Chlordiphenyl		Tetra-	Tetra-	Penta-	Penta-	Hexa- + T[1]
3	Summenformel		$C_{12}H_6Cl_4$		$C_{12}H_5Cl_5$		$C_{12}H_4Cl_6 + C_6H_3Cl_3$
4	Chlorgehalt berechnet gemessen	Gewichts- prozent	48 48,0	50,5	54 55,7	55,2	— 56,7
5	Dichte bei 20 °C	g/cm^3	1,46	1,48	1,55	1,55	1,54
6	Stockpunkt	°C	− 6	− 4	+ 12	+ 11	− 34
7	Temperatur bei der Viskosität 10 cSt	°C	67	70	86	84	27 bei 20 cSt
8	Siedebereich	°C	327…331	331…343	350…358	350…358	214…220 (T)[1]
9	Verdampfungsverlust 2 h 125 °C	Gewichts- prozent	0,07	0,07	0,03	0,03	> 1
10	Wärmeleitfähigkeit bei 40 °C	$\frac{kcal}{m \cdot h \cdot grd}$	0,090	0,091	0,087	0,087	0,083
11	Säurezahl	mgKOH/g	0,003	0,007	0,003	0,006	0,02
12	spezifischer Durchgangswiderstand bei 220 V und 60 °C	$\Omega \cdot cm$	$6 \cdot 10^{11}$	$2,5 \cdot 10^{12}$	$6 \cdot 10^{12}$	$4,5 \cdot 10^{12}$	$2 \cdot 10^{12}$
13	Dielektrizitätskonstante ε_r bei 50 Hz und 20°C		5,5	5,4	5,0	5,0	4,6
14	Lage des Dispersionsmaximums bei 50 Hz	bei °C	− 23	− 17	− 4	− 6	− 49
15	$\tan\delta \cdot 10^4$ bei 50 Hz und 60 °C		440	120	30	70	140

[1] T bedeutet Trichlorbenzol ($C_6H_3Cl_3$).

nach UBBELOHDE [281] angegeben, zum Vergleich auch die Viskosität eines Siliconöles. Wasser hat bekanntlich die Viskosität von 1 cSt bei 20 °C. Die Zähigkeit des Clophens A 30 ist bei 20 °C etwa gleich derjenigen der Mineralöle, ändert sich jedoch stärker mit der Temperatur. Mit steigendem Chlorgehalt nimmt die Viskosität stark zu; trägt man über dem Chlorgehalt diejenigen Temperaturen auf, bei denen die verschiedenen Chlordiphenyle gleiche Viskosität haben, erhält man eine Gerade. In Abb. 44 ist die spezifische Wärme verschiedener Chlordiphenyle angegeben [184]. Abb. 45 gibt die Dampfdrücke der Clophene A 30, A 40

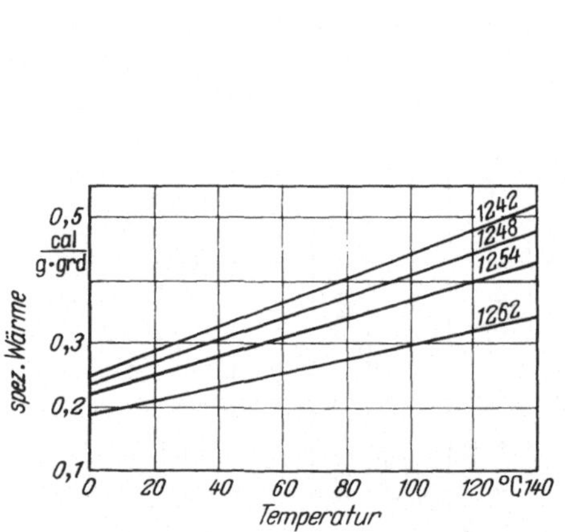

Abb. 44. Spezifische Wärme der Aroclor-Sorten 1242, 1248, 1254 und 1262 (Monsanto).

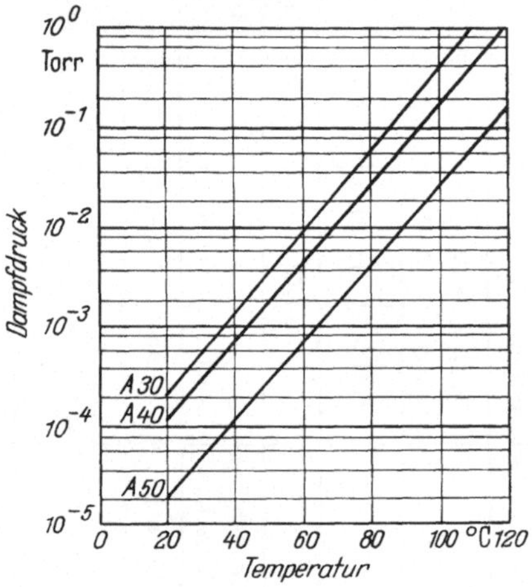

Abb. 45. Dampfdruck von Clophen A 30, A 40, A 50 in Abhängigkeit von der Temperatur (Bayer, Leverkusen).

und A 50 an [12]. Wenn diese Werte im Tränkkessel unterschritten oder die Tränkmitteltemperaturen bei der Vakuumimprägnierung überschritten werden, wird das Tränkmittel aus dem Tränkkessel abdestillieren. Um das zu verhindern, muß entweder der Kessel beim Tränken abgesperrt oder die Tränktemperatur gesenkt werden.

Die chemische Beständigkeit der Chlordiphenyle ist groß. Eine Oxydation, auch bei hohen Drücken und Temperaturen von 140 °C, und eine Schlammbildung, wie sie bei Mineralöl bekannt ist, findet nicht statt, ebenfalls nicht eine Zersetzung unterhalb 175 °C. Der bei Temperaturen bis zum Siedepunkt entstehende Clophendampf unterhält die Verbrennung nach Entfernung der Zündquelle nicht, Clophen verhält sich also *flammwidrig* und hat feuerlöschende Eigenschaften. Bei noch höheren Temperaturen und im elektrischen Lichtbogen entstehen hochkondensierte Ringsysteme, Chlorwasserstoffgas und Spuren von CO und CO_2, jedoch praktisch nicht Chlor, Wasserstoff, Kohlenwasserstoffe, vor allem kein elementares Chlor oder Phosgen, wie in einem Gutachten „Über das

Verhalten von Clophenen bei thermischer und elektrischer Behandlung"
der Chemisch-Technischen Reichsanstalt vom 21. Mai 1940 nachgewiesen worden ist.

Im Mineralöl entstehen vorwiegend Wasserstoff und gesättigte und
ungesättigte Kohlenwasserstoffe. Diese Zersetzungsprodukte sind brennbar. Die Verfasser studierten das Verhalten von Kondensatoren, die mit
Mineralöl, Clophen A 30 oder A 50 getränkt und in denen einige der
parallelgeschalteten Wickel durchgeschlagen worden waren, so daß sie
die speisende Maschine kurzschlossen. Die im Inneren im Kurzschlußlichtbogen entstehenden Gase machten den Kondensator undicht und
entzündeten sich an der Austrittsstelle. Bei dem Clophenkondensator
erlosch die Flamme nach dem Ansprechen der Abschalteinrichtung, bei
den Ölkondensatoren brannte sie selbständig weiter. Auslaufendes Mineralöl brannte weiter, Clophen nicht. Dieses günstige Verhalten der Clophenkondensatoren ermöglicht ihre Installation auch in bewohnten Gebäuden, Theatern usw. [*55*, S. 10 u. 21].

Das große Lösevermögen der Chlordiphenyle macht es erforderlich,
bei der Fertigung der Kondensatoren alle Verunreinigungen, die von
Clophen gelöst werden, von den Konstruktionsteilen der Kondensatoren
und der Fertigungsanlagen fernzuhalten. Metalle werden durch Chlordiphenyle nicht angegriffen. Umgekehrt wurde jedoch vereinzelt beobachtet, daß Kupfer Schwärzungen des Clophens in hohen elektrischen
Feldern durch elektrolytische oder metallorganische Reaktionen verursachte, und zwar bereits im Bereich der Betriebstemperatur der Kondensatoren, allerdings erst im Laufe jahrelanger Betriebszeit.

1.23 Die Eigenschaften der Mineralöle. Das für Isolierungen verwendete Öl wird aus dem Erdöl gewonnen. Es ist im wesentlichen ein je nach
dem Fundort unterschiedliches Gemisch von Kohlenwasserstoffen. Durch
fraktionierte Destillation werden die einzelnen Bestandteile voneinander
getrennt, zunächst die bei mäßigen Temperaturen siedenden, das Benzin,
danach das Petroleum. Die nächste Fraktion (250$\cdots$300 °C) ist das Mineral-Rohöl, der Rohstoff für das Transformatoren-, Kabel- und Kondensatorenöl. Das Molekulargewicht dieser Fraktion beträgt 200$\cdots$300 mit
15$\cdots$25 Kohlenstoffatomen je Molekül (bei dünnflüssigen Isolierölen).
Anschließend folgt die Fraktion des Schmieröles und schließlich nacheinander Vaselin, Erdwachs (Ozokerit), Asphalt und Teer.

Nach der Destillation folgt die Raffination des Mineral-Rohöles, wobei die reineren, gut isolierenden Bestandteile von den alterungsempfindlichen, oxydierbaren und polaren Bestandteilen getrennt werden, was
meist mittels Schwefelsäure geschieht; je nach Schwefelsäuremenge,
Raffinationszeit und -temperatur lassen sich die Eigenschaften der Raffinate in weiten Grenzen variieren. Den Abschluß bildet eine Filterung
mit Hilfe eines Adsorptionsmittels, z. B. Bleicherde.

Dieses Isolieröl hat keine einheitliche Struktur, es ist vielmehr ein Gemisch verschieden gebauter Moleküle; es sind Kettenmoleküle gesättigter Kohlenwasserstoffe C_nH_{2n+2} (Paraffine), die auch Verzweigungen haben können, gesättigte, ringförmige Kohlenwasserstoffe (Naphthene) und aromatische Kohlenwasserstoffe (Benzol- und Naphthalinderivate),

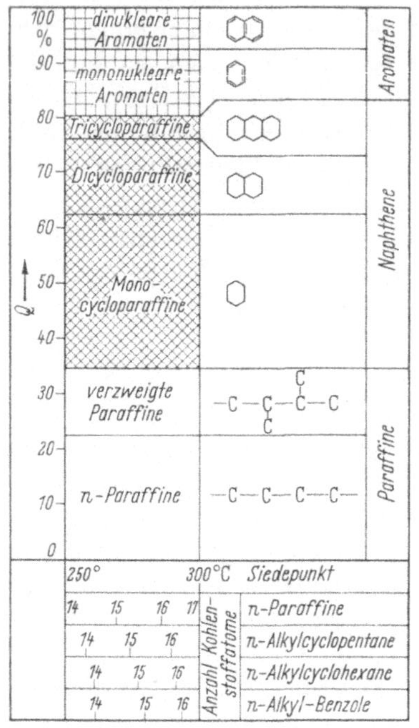

Abb. 46. Anteile der verschiedenen Kohlenwasserstofftypen in einer Mineralölfraktion vom Siedebereich 250 bis 300 °C [222].

Abb. 46. Hinzu kommt noch ein Rest von Olefinen $R-CH_2-CH=CH-R$, die sich leicht aufspalten und das Öl anfällig gegen Alterung machen, ferner ein geringer, sehr unerwünschter Rest polarer Verbindungen, wie z. B.

$$\diagdown C = O \qquad \diagdown C - O - $$

$$\diagdown C - S - \quad \text{und} \quad \diagup C - N \diagdown $$

Wegen der großen Bedeutung des Mineralöles insbesondere für die Transformatoren- und Kabeltechnik wurden an vielen Stellen zahlreiche Untersuchungen durchgeführt mit dem Ziel, die Zusammensetzung zu messen, die Öle zu verbessern und das Verhalten der verschiedenen Öle im Betrieb durch geeignete Prüfmethoden vorauszusagen. Neuere Arbeiten mit vielen Literaturangaben veröffentlichten E. REY und L. ERHART [222], ferner P. STOLL und R. SCHMID [264] und R. MÜLLER und TH. WÖRNER [189]; eine ältere ausführliche Darstellung theoretischer und praktischer Isolierölfragen bringt ein von der Rhenania-Ossag herausgegebenes Buch [6].

Die Zusammensetzung des Öles versucht man mit Hilfe der „n-d-M-Analyse" aufzuklären (n ist der Brechungsindex, d die Dichte, M das Molekulargewicht), ferner mittels der Infrarotspektrographie [264], und schließlich hat sich die Dünnschichtchromatographie neuerdings als eine fruchtbare und einfache Methode erwiesen, die auch den Fortgang der Ölalterung und das Verhalten der Inhibitoren nachzuweisen gestattet [222].

Für die Verbesserung und Weiterentwicklung der Isolieröle sind zwei Hauptanwendungen richtungweisend, die Anwendung für Transformatoren sowie für Kabel und Kondensatoren. Sie unterscheiden sich dadurch, daß die Öle in Transformatoren auch heute noch meist über das Ölausdehnungsgefäß mit der Umgebungsluft in Verbindung stehen und somit allmählich Sauerstoff und Luftfeuchtigkeit aufnehmen können, wohingegen die Kabel und Kondensatoren vollständig von der Atmosphäre abgeschlossen sind und somit keiner Alterung durch den Luftsauerstoff unterworfen sind. Andererseits sind die Öle in Kabeln und Kondensatoren durch das elektrische Feld um mehr als eine Größenordnung höher beansprucht als die Öle in Transformatoren und damit der Gefahr der Zersetzung durch Glimmentladungen entsprechend stärker ausgesetzt. Die dabei u. U. entstehenden Gase sollen vom Mineralöl absorbiert werden; das Öl für Kabel und Kondensatoren soll also ein *gasaufnehmendes* Öl sein. Die Transformatorenöle hingegen müssen in erster Linie *oxydationsbeständig* und erst in zweiter Linie gasaufnehmend sein. Reine gesättigte Kohlenwasserstoffe, Paraffine und Naphthene, sind chemisch besonders beständig: deswegen sucht man diese Anteile beim Transformatorenöl groß zu machen. Die substituierten aromatischen Kohlenwasserstoffe andererseits sind zwar weniger alterungsbeständig, dafür aber imstande, Gas aufzunehmen, insbesondere den in einer Glimmentladung von Ölmolekülen abgespaltenen atomaren Wasserstoff wieder zu absorbieren. Deswegen empfiehlt es sich, ihren Anteil bei den Kabel- und Kondensatorölen, falls sie vollkommen vom Luftsauerstoff abgeschlossen sind, größer zu halten.

An dieser Stelle sei darauf hingewiesen, daß die chemische Industrie bereits seit mehr als $2^1/_2$ Jahrzehnten den Mineralölen ähnliche synthetische Öle herstellt, z. B. die BASF unter dem Handelsnamen Oppanol B oder die Amoco Chemical Corp. unter dem Namen Indopol. Diese Öle sind polymere Butene, also aliphatische Kohlenwasserstoffe [Bruttoformel $(C_4H_8)n$] und je nach Molekulargewicht dünnflüssig bis kautschukartig. Die dünnflüssigen Sorten haben den Mineralölen ähnliche Eigenschaften und können als Tränkmittel verwendet werden. Wenn auch der Rohstoff als Abfallprodukt aus der Petrochemie billig ist, so ist Polybuten heute noch teurer als Mineralöl. Es wird daher bevorzugt nur dort verwendet, wo besondere Eigenschaften erzielt werden sollen, z. B. als Zusatz zu Wachs, Asphalt, Gummi, als Klebstoff, Dichtungs- und Auskleidungsmittel.

Methoden und Geräte zur Prüfung der Mineralöle werden in den „Vorschriften für Transformatoren-, Wandler- und Schalteröle", VDE 0370/9.61, beschrieben. Dort sind in Tafel 1 übersichtlich die zu prüfenden Eigenschaften wie Dichte, Viskosität, Brechungsindex, Flammpunkt, Asche, Schwefelgehalt, Neutralisationszahl (N_Z), Verseifungszahl (V_Z), Verhalten gegen konzentrierte Schwefelsäure (SK-Zahl). Durchschlagspannung, Verlustfaktor, Durchgangswiderstand, Alterungsneigung, ferner die Mindestwerte der genannten Eigenschaften angegeben, außerdem weist die Vorschrift auf die zahlreichen anzuwendenden DIN-Blätter hin.

Diese Angaben sind weitgehend auch auf Kabel- und Kondensatorenöle anwendbar. Hinsichtlich der Messung der Gasaufnahme s. [*222*, *306*,

Tabelle 15. *Eigenschaften von Isolierölen* (Qualitätsstand 1961)

Öl Nr.:		1	2	3	4	5	6	7
Farbe in 15 mm Schicht	Ölfarbskala	1	1	0/1	0/1	0/1	0/1	0/1
Dichte bei 20 °C	g/cm³	0,870	0,870	0,868	0,858	0,856	0,860	0,858
Brechungsindex bei 20 °C		1,4758	1,4760	1,4760	1,4733	1,4720	1,4747	1,4742
Viskosität bei − 30 °C	cSt	1135	1195	1705	630	575	720	600
Flammpunkt	°C	145	147	155	150	149	151	153
Aromatengehalt	% C_A	5,5	5,5	5	6,5	7	8	9
N_z/V_z	mg KOH/g Öl	0/0,03	0/0	0/0	0/0,03	0/0	0/0	0/0
Verlustfaktor bei 90 °C	10^{-3}	2,0	1,1	1,8	0,3	0,3	1,0	0,6
DK bei 90 °C		2,17	2,14	2,15	2,15	2,13	2,15	2,15
Verhalten im elektrischen Feld	Gasaufnahme + Gasabspaltung −	0/+	−	−	+	+	+	−

Alterungsneigung nach BAADER

V_z Cu 3 T. Altg. 28 T. Altg.	mg KOH/g Öl	0,11 0,28	0,11 0,25	0,11 0,25	0,08 0,42	0,17 0,42	0,08 0,28	0,17 0,53
tanδ bei 90 °C 3 T. Altg. 28 T. Altg.	10^{-3}	43 110	30 73	34 70	60 130	26 120	20 100	19 160

307]. Bei der Gasabspaltung im elektrischen Feld entsteht in erster Linie Wasserstoff. Deswegen wird das Verhalten der Kabelöle vorwiegend in einer Wasserstoffatmosphäre geprüft. Die Transformatorenöle dagegen werden auch in einer Luftatmosphäre untersucht, da der Luftsauerstoff über das Ölausdehnungsgefäß Zutritt in das Transformatorinnere hat und das Öl oxydiert.

In Tab. 15 sind die wichtigsten Eigenschaften und Zahlenwerte einiger Isolieröle zusammengestellt (ähnliche Tabellen s. [*222*] und [*264*]). Es handelt sich um hochraffinierte, also alterungsbeständige Öle. Sie sind nach ihrem Aromatengehalt geordnet, C_A ist der prozentuale Gehalt der im mittleren Molekül aromatisch gebundenen C-Atome. Die Öle 1 bis 3 unterscheiden sich von den Ölen 4 bis 7; sie haben einen kleineren Gehalt an Aromaten und sind nicht oder kaum gasfest, haben aber eine geringere Alterungsneigung nach BAADER. Auffälligerweise ist Öl 7 trotz des höchsten Aromatengehaltes gasabspaltend. Bemerkenswert ist weiter, daß die Öle 1 bis 3 eine höhere Viskosität als die Öle 4 bis 7 haben. Die Abhängigkeit der Viskosität von der Temperatur zeigt Abb. 43. Aus Abb. 38 ist die Abhängigkeit von ε und $\tan\delta$ von der Temperatur ersichtlich.

1.24 Einfluß des Gas- und Wassergehaltes auf das dielektrische Verhalten der Tränkmittel. A. KETNATH [*138*] beschäftigte sich mit der Entfernung von gelöstem Gas und Wasser aus Transformatorenöl. Er stellte Angaben von RODMANN und MANDE [*224*] über die Löslichkeit von Gasen in Transformatorenölen zusammen (s. Tab. 16).

Tabelle 16. *Bei 760 mm Hg gelöstes Gasvolumen, bezogen auf das Ölvolumen*

Temperatur °C	Löslichkeit						Ölsorte
	N_2	O_2	H_2	CO_2	CH_4	CO	
25	0,0925	0,1705	0,056	1,083	0,416	0,204	Pennsylvania-Trafoöl $\varrho = 0,840$ bei 25 °C
50				0,916			
80	0,1185	0,1925	0,089	0,732	0,212	0,198	„Wemco A"

Weitere Angaben und Messungen über die Löslichkeit von Gasen in Mineralölen bringen H. H. BUCHHOLZ [*43*] sowie LUTHER und RÖTTGER [*164*].

Nach dem Henryschen Gesetz [*264*] ist die Konzentration des im Öl gelösten Gases seinem Partialdruck in der Gasphase proportional; nach Tab. 16 löst 1 cm³ pennsylvanisches Trafoöl bei 25 °C und 760 mm Hg eine Gasmenge von $0{,}0925 \cdot 0{,}79$ cm³ N_2 und $0{,}1705 \cdot 0{,}21$ cm³ O_2. Trafoöl löst also in atmosphärischer Luft rund 11 % Gas; Clophen A 50 löst nach Messungen der Verfasser 6$\cdots$7 % Gas.

Gasfeste Öle sind imstande, wesentlich größere Gasmengen als die in Tab. 16 angegebenen zu absorbieren, nach Messungen im Hause der Verfasser bis zum Mehrfachen des Ölvolumens, wenn es sich um in einer Glimmentladung entstehende Gase handelt, insbesondere um atomaren Wasserstoff, der sich vorzugsweise an aromatische Molekülteile anlagert. Immerhin sind die absorbierbaren Gasmengen begrenzt, so daß diese günstige Eigenschaft der gasfesten Öle nicht dazu verleiten darf, etwa betriebsmäßig Glimmentladungen zuzulassen. Diese müssen vielmehr eine Ausnahmeerscheinung bleiben, die nur kurzzeitig und selten oberhalb des 1,5- bis 2fachen der Betriebsspannung auftreten darf, wenn das Dielektrikum nicht auf die Dauer geschädigt und seine Lebensdauer verkürzt werden soll. Die Luft geht durch Diffusion von der Öloberfläche her innerhalb von Stunden in einem entgasten Öl molekular in Lösung [164]. Diese Zeit kann sehr verkürzt werden; R. STRIGEL und H. WINKELNKEMPER [269] geben an, daß durch heftiges Schütteln eines Prüfgefäßes von 7 l Inhalt die Absättigungszeit eines Transformatorenöles von 40 h auf 2 h herabgesetzt wurde. Umgekehrt kann man durch kräftiges Schütteln unter *vermindertem* Druck ein mit Gas und Wasserdampf übersättigtes Öl besonders gut und schnell entgasen und entwässern [138].

Die Frage, ob und in welcher Weise gelöste Gase auf das dielektrische Verhalten der Tränkmittel von Einfluß sind, wurde von vielen Autoren, in letzter Zeit von G. BÜTTNER [47], H. H. BUCHHOLZ [43], H. LUTHER und H. RÖTTGER [164] sowie von R. STRIGEL und H. WINKELNKEMPER [269] untersucht. H. H. BUCHHOLZ hat an dick- und dünnflüssigen Ölen, die entgast oder mit Luft, Sauerstoff, Stickstoff oder Wasserstoff gesättigt waren, die 50-Hz-Durchschlagspannung gemessen und bei den hier interessierenden dünnflüssigen Ölen keinen Einfluß gelöster Gase auf die Durchschlagspannung gefunden. Erst wenn geringe Mengen organischer Fasern dem Öl beigegeben wurden, trat eine Erniedrigung der Durchschlagspannung, z. B. auf ein Drittel des ursprünglichen Wertes, ein, weil an der Oberfläche der Fasern bevorzugt Bläschen des gelösten Gases im Elektrodenzwischenraum unter dem Einfluß des elektrischen Feldes entstehen. Setzt man das mit Gas gesättigte Öl unter einen Druck von weniger als 550 Torr, so bilden sich an den Elektroden bei einer Mindestfeldstärke Gasblasen, und zwar immer von neuem bei weiterer Steigerung der Spannung. Von insgesamt 12 Volumenprozent gelöster Luft wurden dabei bis zu 5 Volumenprozent abgeschieden. In Hochspannungsgeräten mit gasgesättigtem Öl kann es durch rasche Abkühlung zu einer Übersättigung des Öles und somit zur Abscheidung von Gasblasen kommen [269].

G. BÜTTNER [47] betrachtet die Gleichgewichtsbedingung einer Gasblase in einer Flüssigkeit. Gleichgewicht herrscht, wenn die Expansions- und Kompressionskräfte einander gleich sind. Bei sehr kleinem Bläschendurchmesser überwiegt die durch die Oberflächenspannung hervorgerufene Kompressionskraft (Kapillardruck), ein sehr kleines Bläschen löst sich daher in der Flüssigkeit auf. Umgekehrt muß beim Entstehen einer Blase der hohe Kapillardruck überwunden werden. Die Bildung von Bläschen wird an Grenzflächen (Elektrode/Flüssigkeit, insbesondere an Spitzen) erleichtert, ganz besonders durch ein elektrisches Feld bei gashaltigem Öl, und zwar schon weit unterhalb der Durchschlagfeldstärke.

Es ergibt sich also, daß Gase, die im Tränkmittel der Kondensatoren gelöst sind, sich schädlich auswirken können, wenn ihre Menge so groß ist, daß, z. B. bei Abkühlung, eine Übersättigung und Bläschenbildung an Stellen hoher Feldstärke auftreten. Aus diesem Grunde verläßt man mehr und mehr, beginnend bereits vor 30 Jahren, die Bauweise mit Ölausdehnungsgefäß oder Luftpolster und verwendet von der Außenluft abgeschlossene und vollständig mit entgastem Tränkmittel gefüllte, geschweißte Blechkästen mit elastischen Wänden, die imstande sind, die Änderung des mit der Temperatur schwankenden Kondensatorvolumens ohne schädliche Über- oder Unterdrücke aufzunehmen.

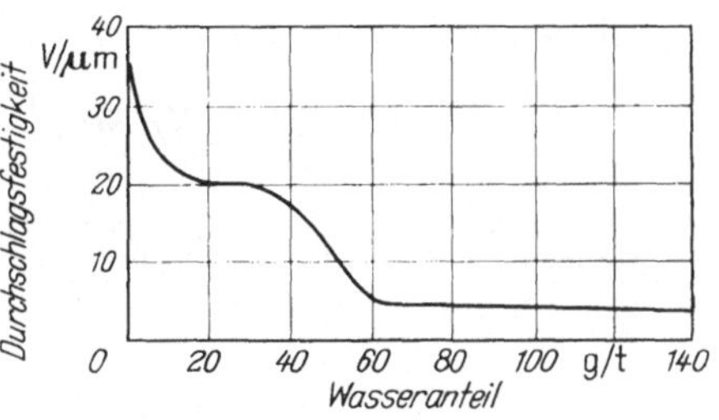

Abb. 47. Durchschlagfestigkeit E_d eines Mineralöls als Funktion des Wasseranteils [264].

Vereinzelt wendet man bei Druckkondensatoren mit Gaspolster Drücke von 3 bis 15 at an, um Blasenbildung und Glimmentladungen zu verhindern (s. S. 147). H. H. RACE [218] hat Lebensdauerversuche an kurzen Kabelstücken mit ölgetränktem Papier ausgeführt. Die erste Gruppe wurde mit einem Gasdruck von 14 at, die zweite mit 1 at geprüft, und beide Sorten waren dabei mit einer diesen Drücken jeweils entsprechenden

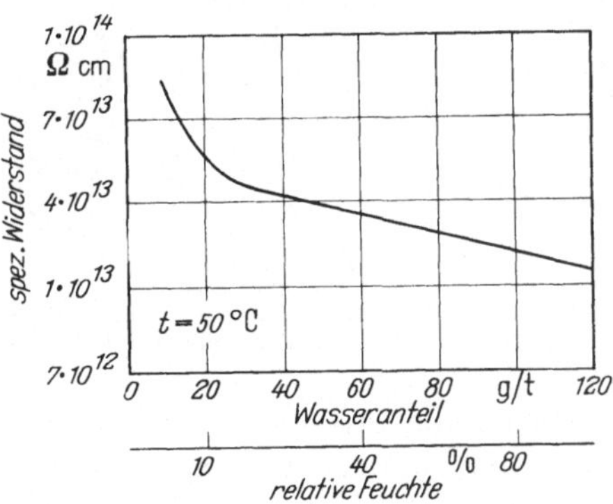

Abb. 48. Abhängigkeit des spezifischen Widerstandes ϱ als Funktion des Wasseranteils [264].

Gasmenge (CO_2 und N_2) abgesättigt. Die dritte Gruppe bestand aus *gasfreien*, von der Außenluft abgeschlossenen Prüflingen, die bei 1 at geprüft wurden. Diese hatte die höchste Lebensdauer.

Die Durchschlagfestigkeit des Dielektrikums wird nicht nur durch Gasbläschen, sondern mehr noch durch gelöstes Wasser herabgesetzt [192]. Abb. 47 und 48 zeigen, daß bereits sehr kleine Wassermengen, nämlich 10 g Wasser in 1 t Öl, die Durchschlagfestigkeit und den Widerstand des Mineralöles beträchtlich vermindern. In Abb. 49 und 50 ist die Löslichkeit des Wassers in Öl in Abhängigkeit von der Temperatur und der relativen Feuchtigkeit dargestellt. KETNATH [138] berichtet, daß Öl das gelöste Gas und Wasser selbst unter Vakuum und bei erhöhter Temperatur wegen eines dem Siedeverzug ähnlichen Effektes nicht restlos abgibt; dieser wird jedoch durch heftiges Schütteln oder Zerstäuben des Öles im Vakuum aufgehoben. Auf diese Weise wird eine Durchschlagfestigkeit von 600 bzw. 470 kV/ cm (Scheitelwert bei 1 bzw. 3 mm Elektrodenabstand in der VDE-Funkenstrecke, nach Zerstäuben des Öles mit 2,5 bzw. 1,25 ata in ein Vakuum von 2···4 Torr) erreicht. Eine neuzeitliche Ölaufbereitungsanlage wird von P. STOLL und R. SCHMID [264] beschrieben.

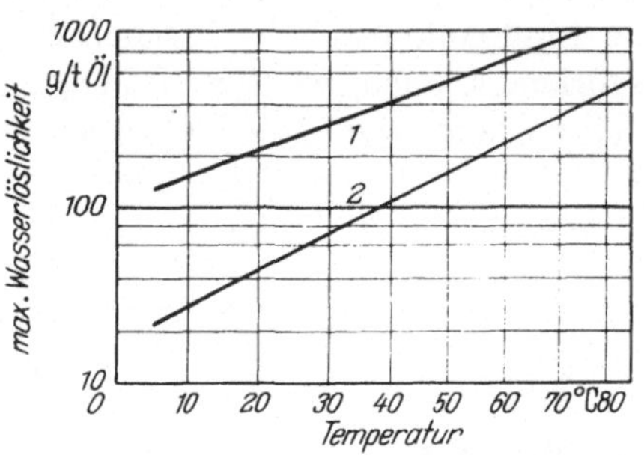

Abb. 49. Max. Wasserlöslichkeit in g/t Öl in Abhängigkeit von der Temperatur [264].

1 Aromathaltiges Öl; 2 Transformatorenöl.

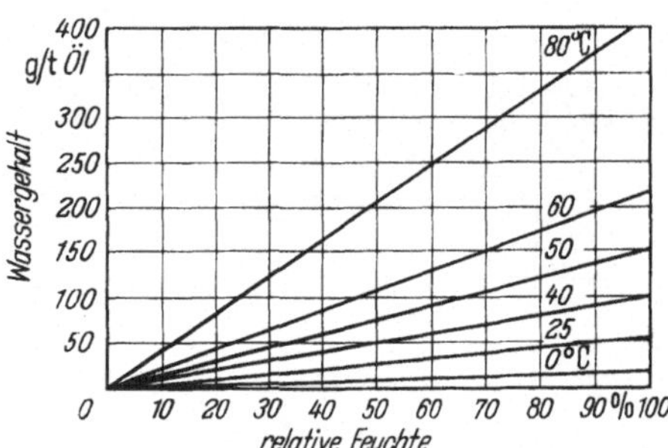

Abb. 50. Wassergehalt von Transformatorenöl als Funktion der % rel. Feuchtigkeit [264].

1.25 Alterung der Tränkmittel; Inhibitoren und Stabilisatoren. Unter Alterung soll hier jede Verschlechterung gegenüber dem Neuzustand verstanden werden (s. auch S. 131). Man kann unterscheiden zwischen Alterung

1. durch Lösen von Verunreinigungen,

2. durch chemische oder elektrochemische Prozesse bei der Herstellung der Kondensatoren und vor allem im Betrieb, z.B. verursacht durch:

a) Gasaufnahme, vor allem Sauerstoffaufnahme und Oxydation des Tränkmittels,

b) Aufnahme oder Bildung von Wasser bei der Zersetzung des Dielektrikums, insbesondere des Papieres,

c) Elektrochemische Reaktionen im elektrischen Feld, insbesondere mit dem Metall der Elektroden,

d) Elektrische Entladungen im Dielektrikum.

Früher hat die Verschlechterung der Tränkmittel durch Verunreinigungen zu mancherlei Fehlschlägen geführt. Damals enthielten die im

Kondensator verwendeten Isolierstoffe, besondere der Preßspan, zeitweise unzulässig große Mengen an Leim, Harzen und sonstigen leicht dissoziierbaren Verunreinigungen, die vom Tränkmittel im Laufe der Zeit herausgelöst wurden und seine Leitfähigkeit erhöhten (s. Abb. 77 und [158, Bild 16 und 20]). Eine weitere Quelle von Tränkmittelverschlechterungen können verschmutzte Blechwände des Gehäuses und andere Konstruktionsteile sein. Die Ansprüche an die Reinheit aller Bestandteile des Kondensators müssen in dem Maße wachsen, wie die Ausnützung der Kondensatoren gesteigert wird (vgl. S. 85 und [146]).

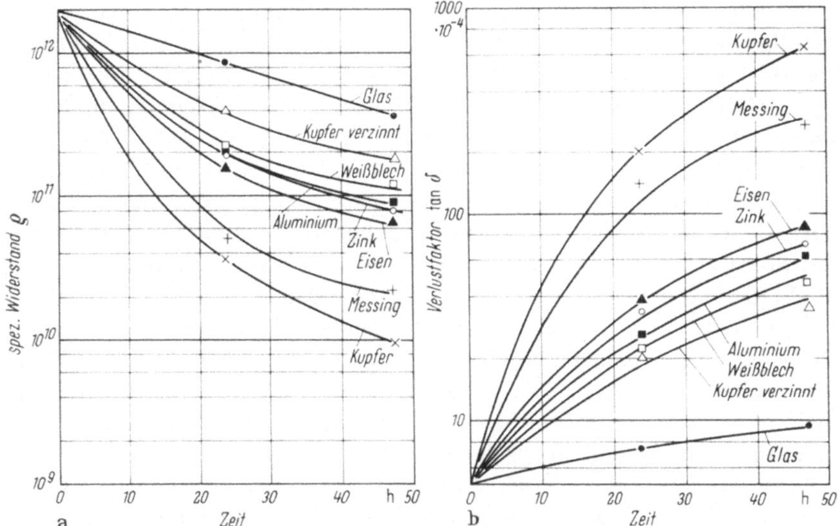

Abb. 51 a u. b. Alterung von Mineralöl in Gegenwart von Metallen.
a) Spezifischer Widerstand bei 70 °C; b) Verlustfaktor bei 1 kHz und 80 °C.

In einer Arbeit von VEITH und GRIGGO wird der katalytische Einfluß von Metallen auf die Alterung von Mineralöl in Anwesenheit von Luftsauerstoff untersucht. Das Öl wurde bei einer Schichthöhe von 5 mm in Schalen aus Glas oder Metall bei 120 °C atmosphärischer Luft ausgesetzt. Die verwendeten Metalle und ihr Einfluß auf die Erhöhung der Leitfähigkeit und des Verlustfaktors des Öles sind in Abb. 51 aufgeführt. Auch H. H. RACE [218] hat bei seinen Dauerversuchen an Kabelprüflingen eine nennenswerte Erhöhung des Verlustfaktors in den mit Öl getränkten Papierlagen festgestellt, die am Kupferleiter und am Bleimantel lagen. Dort war das Öl unter dem Einfluß der Metalle Blei und Kupfer stärker oxydiert.

Die Möglichkeit einer Alterung der Kondensatoren durch Gasaufnahme ist bei weitem geringer als früher wegen der verbesserten Ent-

gasung und Trocknung und wegen des hermetischen Abschlusses von der
Außenluft. Ganz besonders gilt das für die Kondensatoren ohne Gaspolster und hier wiederum für die mit Clophen getränkten Kondensatoren.

Die unter 2b, c und d genannten Alterungsprozesse der Tränkmittel
sind von den Alterungsprozessen im gesamten Kondensatordielektrikum
schwer zu trennen und werden auf S. 138 ff. behandelt.

Das Problem der Vermeidung der Tränkmittelalterung ist alt und
insbesondere für den Transformatorenbau von großer wirtschaftlicher
Bedeutung, da es sich dort um wesentlich größere Ölmengen als im Kondensator handelt und da die Ölalterung im Transformator wegen der
nicht vollständig verhinderten Berührung des Öles mit der Atmosphäre
im allgemeinen größer ist als im Kondensator. Deswegen haben die
Transformatorenbauer versucht, die Alterung des Öles nicht nur durch
die richtige Auswahl der Ölsorte und durch die richtige Raffination,
sondern auch durch den Zusatz geringer Mengen (meist 0,1···0,5%) von
Schutzstoffen (Additive, Inhibitoren, Stabilisatoren oder Antioxydan-
tien genannt) zu unterbinden oder wenigstens zu verlangsamen. Guten
Einblick in den Stand dieses Problems geben die Arbeiten von STOLL
und SCHMID [264] und REY und ERHART [222]. Die ersteren erläutern
an Hand zahlreicher Infrarotspektrogramme den Fortgang der Alterung
und die Wirkung der Inhibitoren; sie fanden „Topanol" als besonders
wirksam, weisen jedoch darauf hin, daß der Inhibitor sich allmählich
verbraucht, und bringen ein Beispiel einer besonders raschen Ölalterung
nach Verbrauch des Inhibitors und erklären damit die Zurückhaltung,
Inhibitoren allgemein einzusetzen. REY und ERHART führen als gute
Inhibitoren Chinone, Phenole und aromatische Stickstoff- und Schwefel-
verbindungen an, ferner für spezielle Fälle Dibenzanthrazen, Benzpyren
und Perylen. Sie weisen auf die Dünnschichtchromatographie als einfache und empfindliche Methode zur Untersuchung der Inhibitoren hin
und empfehlen, in Zukunft nur noch inhibierte Öle für Transformatoren
zu verwenden.

Sie machen jedoch auch darauf aufmerksam, daß gasaufnehmende
Öle schlechte Alterungseigenschaften haben. Nun sollen Kabel- und
Kondensatoröle, wie früher erwähnt, in erster Linie ein hohes Gasauf-
nahmevermögen haben; ihre Alterung durch Oxydation dagegen ist
wegen des vollkommenen Luftabschlusses gering. Damit ist auch der
Anreiz, Inhibitoren anzuwenden, klein. Den Verfassern ist kein Hersteller von Kondensatoren bekannt, der heute bei Leistungskondensatoren für *Wechselspannung* Inhibitoren oder Stabilisatoren dem Tränkmittel zusetzt. Das gilt nicht nur für die mit Chlordiphenylen getränkten, sondern auch, wie die Verfasser durch Umfrage feststellen konnten,
für die mit Mineralöl getränkten Kondensatoren, wie z.B. für Metallpapierkondensatoren oder für die in Japan gebauten großen Leistungs-

kondensatoren. Bei Dauerversuchen an MP-Kondensatoren wurde ebenfalls festgestellt, daß sich die Inhibitoren allmählich erschöpfen und danach der Verlustfaktor ansteigt.

Einen nennenswerten Vorteil brachten Stabilisatoren dagegen bei Kondensatoren für *Gleichspannung*, weil bei Gleichspannung elektrolytische Zersetzungen in höherem Maße möglich sind als bei Wechselspannung. L. J. BERBERICH und R. FRIEDMANN [17] machten eingehende Dauerversuche an mehreren hundert Versuchskondensatoren, getränkt mit Pentachlordiphenyl. Das Aroclor war mit zahlreichen verschiedenen Stabilisatoren versehen. Als die besten erwiesen sich Azobenzol, Azoxybenzol, Anthrachinon, Benzil, Dinitrobenzil, O-Nitro-Diphenyl, Dinitrotoluol und Schwefel. Abb. 52 zeigt ein wesentliches Ergebnis: die Lebensdauer der Kondensatoren steigt durch die Verwendung der Stabilisatoren um eine bis zwei Größenordnungen. Die Wirkungsweise eines Stabilisators erklären BERBERICH und FRIEDMANN etwa so: im Chlordiphenyl sind Spuren von Chlorwasserstoff (HCl) vorhanden. Diese bilden an der Aluminiumfolie Aluminiumchlorid ($AlCl_3$), das als Katalysator die Bildung von weiterem HCl aus dem Chlordiphenyl bewirkt. Das Fortschreiten dieses die Leitfähigkeit erhöhenden Vorganges wird durch Hinzufügen eines Stabilisators unterbrochen,

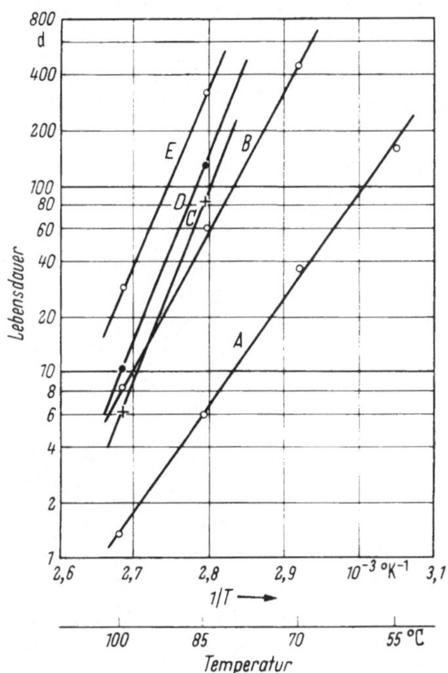

Abb. 52. Änderung der Lebensdauer von Chlordiphenylpapierkondensatoren mit der Temperatur bei 40 V/μm Gleichfeldstärke.

A Keine Additive; *B* 0,5% Azobenzol; *C* 0,5% Benzil; *D* 0,5% Antrachinon; *E* 5,0% Azobenzol [17].

indem dieser das Aluminiumchlorid inaktiviert, wie durch Leitfähigkeitsmessungen in einer Pyrexzelle gezeigt wird. EGERTON, McLEAN und SAUER [67, 68] führen die Wirkung des Stabilisators auf die Bildung eines Schutzfilmes auf der Oberfläche der Metallfolie zurück. Die Art des Metalles der Folie, Aluminium oder Blei-Zinn-Legierung, spielt bei den elektrochemischen Vorgängen eine Rolle. CHURCH [52] hält beide Erklärungen für unbefriedigend. Er weist mittels Platinelektroden nach, daß der wesentliche Teil der Elektrolyse an derjenigen Aluminiumfolie stattfindet, die Kathode ist, und meint, daß die Bildung von Wasserstoffionen an dieser Elektrode den schädlichen Effekt darstellt; der Wasserstoff wird durch den Stabilisator gebunden, z. B. entsteht durch Aufnahme von 2 Wasserstoffatomen aus Azobenzol Hydrobenzol oder aus Anthrachinon Oxanthranol. CHURCH weist Oxanthranol (wenige Sekunden nach dem Abwickeln der Kondensatoren) durch dessen charakteristische grüne Fluoreszenz im ultravioletten Licht nach.

Wenn auch die Lebensdauer der Kondensatoren durch Stabilisatoren bei Gleichspannung beträchtlich gesteigert werden kann, so ist sie nach Abb. 52 für einen Dauerbetrieb bei 40 V/µm und 85 oder gar 100 °C noch nicht hoch genug. In der Praxis jedoch liegen die Betriebstemperaturen der Gleichspannungskondensatoren meist in der Nähe der Umgebungstemperatur. Da sich die Lebensdauer der nicht stabilisierten Kondensatoren nach Kurve A bei Erniedrigung der Temperatur um je 6 °C verdoppelt, beträgt sie bei 20 °C bereits etwa 20 Jahre. Darüber hinaus ist zu sagen, daß die Versuche bereits in den Jahren 1941 bis 1948 durchgeführt wurden und daß heute das Kondensatorpapier und das Chlordiphenyl wesentlich reiner hergestellt werden als damals. Somit dürfte heute eine beträchtlich höhere Lebensdauer erreicht werden.

Auch P. BOYER [*39*] mißt an Versuchskondensatoren mit stabilisiertem Chlordiphenyl bei Gleichfeldstärken von 25···95 V/µm und 70 °C eine höhere Lebensdauer als bei Kondensatoren mit normalem Chlordiphenyl, allerdings bei weitem nicht die 10- bis 100fache und keine höhere als bei Kondensatoren mit Mineralöl. Wie schon die vorgenannten Autoren betont auch er die Notwendigkeit, Stabilisatoren von höchster Reinheit zu verwenden, damit sie nicht die Leitfähigkeit und den Verlustfaktor des Dielektrikums erhöhen.

Im Laboratorium der Verfasser wurde die Wirksamkeit der Stabilisatoren, wie Anthrachinon und Azobenzol bei Netzfrequenz untersucht. Bei kurzzeitigen Überlastungsversuchen (60 sec) bis zur 5fachen Nennspannung (wobei Ionisierung im Dielektrikum auftrat) verschlechterten sich die Kondensatoren mit Anthrachinonzusatz sogar stärker als diejenigen ohne Zusatz. Es wurde also nicht gefunden, wenigstens für Anthrachinon, daß dieser bei Gleichspannung bewährte Stabilisator die bei der Ionisierung gebildeten Zersetzungsprodukte bindet. Anthrachinon kann nur kathodisch auftretenden Wasserstoff binden. Bei 50-Hz-Dauerversuchen bei 60 °C und Nennspannung erhöhten sich im Laufe von 114 Tagen der Verlustfaktor und die Tränkmittelleitfähigkeit bei den Kondensatoren mit Stabilisatorzusatz, bei den Kondensatoren ohne Zusatz dagegen nicht.

1.3 Die übrigen Baustoffe

1.31 Die Belegungen, Leitungen und Durchführungen des Leistungskondensators. Als Belegungen werden heute praktisch ausnahmslos Alu-

miniumfolien verwendet; die Dicke beträgt meist 6···8 μm, in Sonderfällen auch 16 μm, wenn geringere Stromwärmeverluste, ein größeres
Wärmeleitvermögen oder höhere mechanische Festigkeit erforderlich
sind. Aluminium läßt sich wegen seiner Weichheit gut zu dünnen Folien
auswalzen und ist relativ gut korrosionsfest. Beim Walzprozeß werden
Walzöle als Gleitmittel verwendet, die von der Oberfläche der Folie entfernt werden müssen, damit sie die Güte des Dielektrikums nicht beein-
trächtigen. Der Kondensatorhersteller verlangt daher vom Lieferanten
eine möglichst fettfreie Aluminiumfolie, die entsprechend lange Zeit oder
mehrmals bei 400 °C geglüht worden ist.

Im allgemeinen wird bei Leistungskondensatoren für Netzfrequenz
der Strom von der Mitte jeder Belegung mit einem dünnen Ableitungsstreifen aus verzinntem Kupfer oder aus Aluminium abgeleitet. Bei höheren Frequenzen und größeren Strömen werden auch mehrere Ableitungen längs der Belegung verteilt, oder man läßt die Belegungen auf
je einer Stirnseite überstehen und nimmt dort den Strom ab, wodurch die
Stromwärmeverluste den kleinstmöglichen Wert erreichen. Die Ableitungen werden direkt oder über angelötete Kupferlitzen mit den Sam-
melschienen und diese mit den Durchführungen des Kondensators verbunden.

Für diese Durchführungen wird meist Porzellan verwendet, in dessen
Glasur oben und am Flansch eine dünne Schicht, z. B. aus Platin, eingebrannt wird, so daß oben mit Hilfe einer verzinnten Kupferkappe eine
vakuumdichte Lötverbindung zwischen dem Porzellan und dem Durch-
führungsbolzen und am Flansch mittels eines flexiblen Lötringes eine
vakuumdichte Verbindung zwischen Porzellan und Gehäuse hergestellt
werden kann.

Beim Löten dieser metallischen Verbindungen werden Flußmittel wie
Kolophonium oder Lötfett verwendet. Dringt dieses in das Dielektrikum
ein, so ist an den Eindringstellen mit Durchschlägen zu rechnen; mindestens aber löst das Mineralöl oder Clophen im Laufe der Zeit Flußmittel, und es erhöht sich der Verlustfaktor des Kondensators. Daher
muß die Menge des Flußmittels so klein wie möglich gehalten werden,
und Reste müssen nach dem Löten entfernt werden. Am besten ist
die Verwendung eines Flußmittels, das vom Tränkmittel nicht gelöst
wird. Umfangreiche Messungen über die Schädlichkeit der Flußmittel
und anderer Verunreinigungen veröffentlichte CHURCH [52].

**1.32 Die Isolierung zwischen Wickelpaket und Gehäuse; sonstige Iso-
lierstoffe.** Das Gehäuse des Leistungskondensators ist im allgemeinen
vom Wickelpaket isoliert und wird im Betrieb geerdet. Wenn durch
Reihenschaltung mehrerer Einheiten höhere Nennspannungen als 10 bis
20 kV erreicht werden sollen, dann wird der Kondensator auf Stützer
isoliert aufgestellt. Das Wickelpaket muß demnach gegen das Gehäuse

für Nennspannungen auch nur bis 20 kV isoliert werden. Als Isolierstoff dient Preßspan oder dickes Isolierpapier. Seine Dichte und Lagenzahl muß der jeweiligen Prüfspannung angepaßt werden. Der Isolierstoff muß um so dünner und seine Biegefähigkeit um so größer sein, je schärfer die Kanten und Ecken sind, um die er, ohne zu brechen, gebogen werden muß. Sehr wichtig ist, daß er frei von Bestandteilen ist, die vom Tränkmittel gelöst werden und dessen Leitfähigkeit erhöhen. Das gilt besonders für Preßspanplatten, die lediglich als Trennwände oder Füllstücke in das Wickelpaket eingebaut werden und daher nicht elektrisch hochwertig zu sein brauchen und möglichst billig sein sollen. Örtliche Verlustfaktorerhöhungen in den Wickeln wurden früher auch durch Klebepapier verursacht, das nach Verbrauch einer Papierrolle und Beginn einer neuen Rolle zum Zusammenkleben der Papierlagen verwendet wird; der Klebstoff muß säurefrei, verlustarm und thermisch stabil sein.

1.33 Das Gehäuse und sonstige Bestandteile. Für die Gehäuse der normalen Leistungskondensatoren wird Stahlblech von 1···2,5 mm Dicke, je nach Größe, verwendet. Die Blechoberfläche wird durch Fette und Gleitmittel, die für den Kaltwalzprozeß benötigt werden, aber auch später bei der Verarbeitung verunreinigt. Sie muß durch Waschen mit geeigneten Reinigungsmitteln, z.B. Trichloräthylen, sorgfältig gereinigt werden.

Auch die anderen Werkstoffe, wie z. B. Holz, das ähnlich wie im Transformatorenbau, gern zur Halterung von Leitungen verwendet wird, müssen auf den Gehalt an löslichem Harz und Verunreinigungen geprüft werden, ferner auch in das Kondensatorinnere eingebaute Entladewiderstände, die als hochohmige Massewiderstände lösliche Substanzen enthalten können.

1.34 Die Prüfung der Baustoffe auf Verunreinigungen. Eine Prüfmethode, die dem praktischen Zweck am nächsten kommt, ist das Eintauchen der zu prüfenden Stoffe in das Kondensatortränkmittel und die Extraktion bei hoher Temperatur. Eine 2. Probe des Tränkmittels ohne Baustoff („Blindprobe") wird in der gleichen Zeit der gleichen Behandlung unterworfen. Danach werden der Isolationswiderstand oder der Verlustfaktor beider Proben miteinander verglichen. Welche Verschlechterung der Extraktionsprobe gegenüber der Blindprobe zulässig ist, muß aus Messungen an Probekondensatoren ermittelt werden.

Nach KRASUCKI, CHURCH und GARTON [146] ist eine Extraktion mit Trichloräthylen, das hochrein sein muß, wesentlich empfindlicher, z.B.

30fach gegenüber Benzol,
100fach gegenüber Kohlenstofftetrachlorid,
3700fach gegenüber Mineralöl,
10000fach gegenüber Clophen.

Einzelheiten der Meßmethode und Angaben über die Meßzelle sind im British Standard 2689, Anhang 1, enthalten. Die Autoren nennen Zahlenwerte der Leitfähigkeit von schlechtem Preßspan, entnommen aus Kondensatoren von sehr kurzer Lebensdauer $\left(1\cdots3\cdot10^{-8}\,\dfrac{1}{\Omega\,\mathrm{cm}}\right)$, und von sehr gutem Preßspan aus Sulfatzellulose $\left(\cdot\cdot20\cdot10^{-12}\,\dfrac{1}{\Omega\,\mathrm{cm}}\right)$; sie empfehlen als maximal zulässige Leitfähigkeit den Wert von $10^{-10}\,\dfrac{1}{\Omega\,\mathrm{cm}}$.

Eine dritte Prüfmethode ist die Messung der elektrischen Leitfähigkeit des wäßrigen Auszuges nach VDE 0311/9.63 § 15. Diese Leitsätze enthalten zahlreiche weitere Angaben zur Prüfung von Papier und Preßspan; Angaben zur Messung des Verlustfaktors sind in Vorbereitung.

Eine einfache Methode, nachträglich am fertigen Kondensator die Güte der Gehäuseisolation und ihre Änderung mit Spannung, Temperatur und Betriebszeit zu bestimmen, ist die Messung des Verlustfaktors, indem man Spannung zwischen die miteinander verbundenen Klemmen und das Gehäuse anlegt.

2. Grundsätzliches zur Bemessung des Dielektrikums

Die großen Kapazitäten der Leistungskondensatoren erfordern nach Gl. (2) große Flächen A und kleine Schichtdicken d. A beträgt z. B. bei einem Clophenkondensator für 50 kvar und 380 V 400$\cdots$600 m², d ist 20$\cdots$30 µm. Schon aus Fertigungsgründen unterteilt man eine so große Fläche auf eine größere Anzahl von Kondensatorwickeln von jeweils einigen m² auf. Ein weiterer Grund für eine Aufteilung ist die Verkleinerung des Ausschusses, da Fehler in der dünnen Schicht d leicht auftreten können. Abb. 53 zeigt einen 380-V-Wickel aus 3 Lagen 9-µm-Papier und 2 Aluminiumfolien von 8 µm Dicke. Das Papier

Abb. 53. Kondensatorwickel ohne und mit Sicherungen.

ragt auf beiden Stirnseiten um einige mm über die Aluminiumfolien hinaus (Papierüberstand), um diese gegeneinander und gegen die Umgebung zu isolieren. 2 dünne Ableitungsstreifen leiten den Strom aus dem Wickel ab. Sie sind mit einem Niet am Wickeldorn befestigt. Der Strom fließt über 2 Wickelsicherungen aus Silberdraht, die ebenfalls am Wickeldorn befestigt sind; sie sollen den Wickel bei einem

Durchschlag abschalten. Diese Sicherungen werden meist nur bei Niederspannungskondensatoren angewendet.

Die Leistung eines Wickels ist im allgemeinen 0,5···3 kvar. Eine der Kondensatorleistung entsprechende Zahl aufeinandergestapelter Wickel bildet das Wickelpaket. Bei Kondensatornennspannungen oberhalb 1000···2000 V schaltet man Wickel in Reihe. Man baut also Kondensatoren anders als Kabel oder elektrische Maschinen, deren Leiter für die volle Nennspannung isoliert werden. Den Grund zeigt Abb. 99 [*160, 100*]. Die Glimmeinsatzspannung U_G steigt nicht proportional mit der Schichtdicke, sondern langsamer, d.h., die Grenzfeldstärke U_G/d ist um so größer, je kleiner d ist. Deswegen verwendet man im Kondensatorbau möglichst dünne Schichten, meist 20···100 μm. Diese Schichtdicken gewährleisten eine hohe Sicherheit gegen Glimmentladungen, insbesondere beim Prüfen und beim Auftreten von Überspannungen, und lassen eine hohe Betriebsfeldstärke E_B zu. Das Verhältnis E_G/E_B ist ein Maß für die Sicherheit gegen Glimmen und Zersetzung des Tränkmittels. In den Jahren 1930 bis etwa 1955 wurde bei der Bemessung der Kondensatoren als guter Erfahrungswert eine Betriebsfeldstärke von etwa 13 V/μm zugrunde gelegt, ein Wert, der im Vergleich mit den üblichen Betriebsfeldstärken bei Ölkabeln (etwa 10 V/μm), Hochspannungsmassekabeln (etwa 4 V/μm), der Nutisolation elektrischer Maschinen (etwa 2 V/μm) hoch ist. Bei 220 V erreicht man nur 9···11 V/μm, da ein dünneres Dielektrikum als 20···24 μm sehr teuer ist. In den letzten Jahren jedoch wurden die Kondensatorpapiere und die Tränkmittel, ferner auch die Fertigung der Kondensatoren, insbesondere die Trocknung und Entgasung, wesentlich verbessert, so daß die Betriebsfeldstärke auf 16···20 V/μm erhöht werden konnte, je nach Aufbau und Dicke des Dielektrikums. Damit ergibt sich eine beträchtliche Leistungssteigerung und Gewichtsverminderung.

Die Sicherheit gegen Glimmentladungen und die zulässige Betriebsfeldstärke hängen vor allem von 2 Faktoren ab, nämlich

a) von der Stärke des elektrischen Feldes an den scharfkantigen Rändern der Aluminiumfolie,

b) von der Güte des Dielektrikums, d.h. vor allem von der Vermeidung von Gas- und Wasserresten, leitenden Teilchen und sonstigen Verunreinigungen im Papier- und Tränkmittel und damit von der Vermeidung örtlich inhomogener Felder im Inneren des Dielektrikums, in denen Entladungen und elektrochemische Alterungsprozesse entstehen könnten.

Weiterhin hängt die zulässige Betriebsfeldstärke auch von thermischen Faktoren ab (s. S. 162).

2.1 Das elektrische Feld am Rande der Belegungen

Betrachtet man die Schnittkanten einer dünnen Aluminiumfolie unter dem Mikroskop, so kommt man zu einer Schätzung ihrer Krümmungsradien $r \approx 0{,}5\cdots1$ µm; man muß stellenweise mit noch kleineren Radien rechnen. In unmittelbarer Nähe derartig scharfer Kanten ist die elektrische Feldstärke sehr hoch. Die Inhomogenität des Feldes wächst mit dem Elektrodenabstand d. Das Verhältnis d/r ist die für die folgenden Betrachtungen maßgebende Größe. Einfach berechenbare Elektrodenanordnungen der Kugel- und Zylinderkondensatoren dienen dabei zur Annäherung an unseren Fall. Man kann diesen zwischen berechenbare Anordnungen einschließen und somit eine obere und untere Grenze für die Randfeldstärke angeben (s. Tab. 17).

Die möglichen Lagen der Folienränder in Kondensatorwickeln sind in Abb. 54 dargestellt. Zunächst erwartet man die Lage b. Beim Wickeln wird es jedoch vorkommen, daß eine Folie über die benachbarte hinausragt, was in c schematisch dargestellt ist; diese Elektrodenanordnung ist eine Gleitanordnung. Den Fall mit der höchsten Feldkonzentration zeigt a. Bedenkt man, daß $d < 0{,}1$ mm ist und daß mit einem Verlaufen der Folien um mindestens 1 mm gerechnet werden muß, so ist a die bei unseren Betrachtungen zu berücksichtigende Lage der Belegungen. An einer derartigen Elektrodenanordnung bildet sich ein *ebenes* Feld aus, das in der Nähe der mittleren Elektrode dem

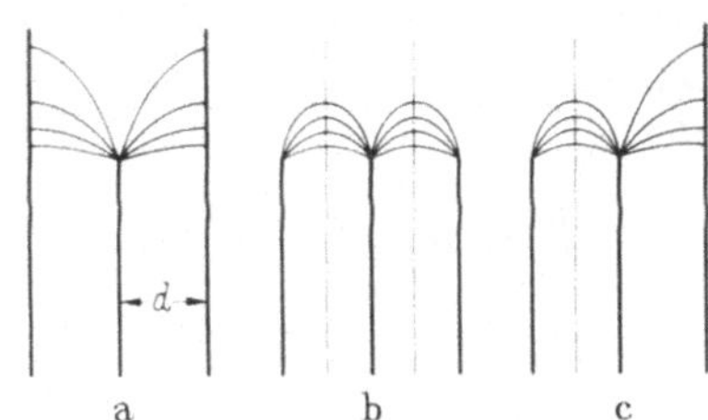

Abb. 54a–c. Folienanordnungen in Kondensatorwickeln (schematisch).

Feld zwischen Zylinder und Platte oder dem Feld zwischen konzentrischen Zylindern (Tab. 17, Reihe 5, 4 und 3) ähnelt; dabei wird der Durchmesser eines Halbzylinders, d. h. eine scharfe Kante der Alufolie von 0,5 bis 1 µm angenommen. Die Folienlage b nähert sich der Anordnung paralleler Zylinder (Tab. 17, Reihe 6 und 7). *Räumliche* Felder, wie sie bei konzentrischen Kugeln, in der Kugelfunkenstrecke oder in der Anordnung Spitze–Platte auftreten, entstehen im Inneren des Kondensatorwickels an Punkten, wo leitende Teilchen sitzen.

Die Feldstärke E_{max} am Elektrodenrand ist um den „Formfaktor" $y = f(d/r)$ größer als die Feldstärke $E_0 = U/d$ im Wickel. Aus Tab. 17 sind die Formfaktoren y für verschiedene Verhältnisse r_2/r_1 bzw. d/r zu entnehmen. Bei Schichtdicken d der Kondensatorwickel von 20 bis 100 µm und Krümmungsradien r von $0{,}5\cdots1$ µm ergibt sich d/r zu $20\cdots200$. Damit ergeben sich nach Zeile 3 oder 4 y-Werte von $5\cdots15$ und mit $E_0 = 15$ V/µm Randfeldstärken von $75\cdots250$ V/µm bei Niederspannungskondensatoren, bei den größeren Schichtdicken der Hochspannungskondensatoren y-Werte von $10\cdots35$ und Randfeldstärken von 150 bis 500 V/µm. Ähnliche Werte wurden auch bei Messungen im elektrolytischen Trog gefunden [243]. Diese hohen Randfeldstärken begründen

Tabelle 17. *Der Formfaktor y in Abhängigkeit von r_2/r_1 bzw. d/r zur Abschätzung der maximalen Feldstärke einiger Elektrodenanordnungen*
(F. OLLENDORFF [203], A. ROTH [228])

Elektrodenanordnung	$\dfrac{r_2}{r_1} =$ bzw. $\dfrac{d}{r} =$				
	1000	100	50	10	
1 Konzentrische Kugeln $d = r_2 - r_1$ $\quad y = \dfrac{r_2}{r_1} =$	1000	100	50	10	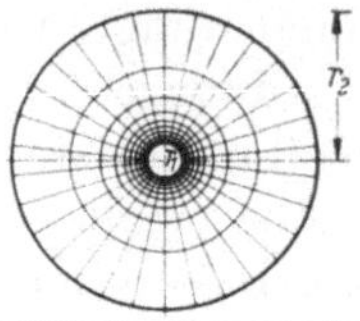
2 Kugelfunkenstrecke s. [228, S. 27] $\quad y =$	500,5	50,5	25,5	5,27	
3 Konzentrische Zylinder $d = r_2 - r_1$ $\quad y = \left(\dfrac{r_2}{r_1} - 1\right) \dfrac{1}{\ln\dfrac{r_2}{r_1}} =$	143,5	21,5	12,5	3,50	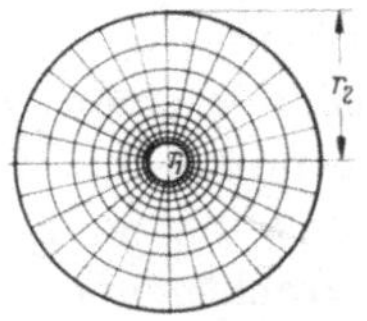
4 Zylinder–Platte $\quad y = \dfrac{d}{r} \dfrac{1}{\ln\dfrac{2d}{r}} =$	145,0	18,9	10,7	3,34	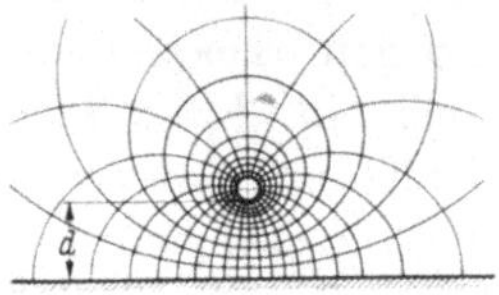
5 Kondensatorwickel, Nachbarfolien überstehend nach Abb. 54a $\quad y$ etwa (ähnlich Reihe 3 und 4)	145	20	12	3,5	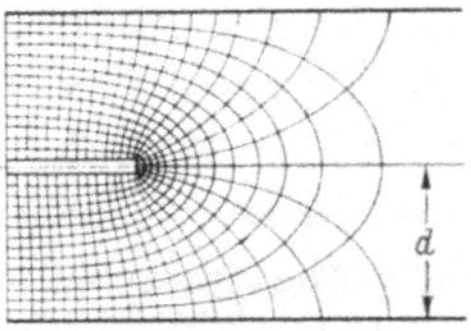
6 Parallele Zylinder $\quad y = 0,5 \dfrac{d}{r} \dfrac{1}{\ln\dfrac{d}{r}} =$	71,6	10,8	6,4	2,17	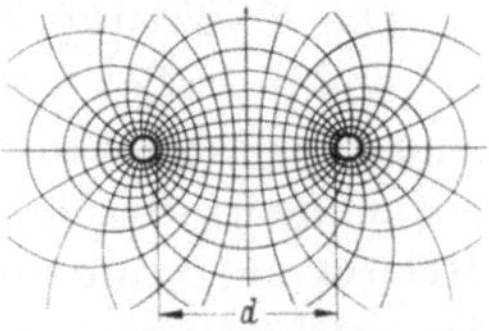
7 Kondensatorwickel, Folienränder nach Abb. 54b $\quad y$ etwa (ähnlich Reihe 6)	70	10	6	2	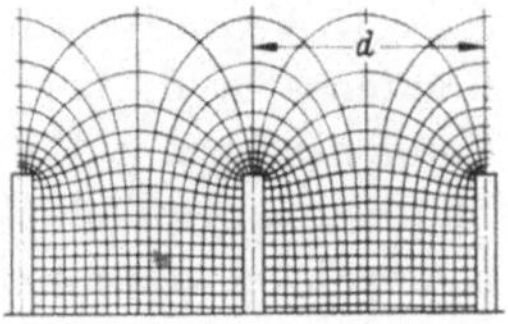

nochmals, warum das Kondensatordielektrikum so dünn wie möglich gemacht werden muß.

2.2 Das elektrische Feld im Wickelinneren

Auch im Wickelinneren ist das Feld nicht überall homogen. Leitende oder halbleitende Einschlüsse, wie Metallsplitterchen, Verunreinigungen, Spuren von Wasser, können das Feld an einzelnen Stellen stark verzerren, ganz besonders dann, wenn Einschlüsse in mehreren Papierlagen zufällig übereinander liegen. Ein Wickel sollte an einer solchen Fehlerstelle bei der Prüfung in der Fabrik durchschlagen und ausgeschieden werden. Es kommt jedoch vor, daß er bei der Prüfung gerade noch nicht durchschlägt, dafür aber im Betrieb Alterungsprozesse den Wickel an dieser Stelle allmählich bis zum Durchschlag zerstören (s. S. 131). Zur Abschätzung der dabei auftretenden Feldstärke wird ein leitendes Teil

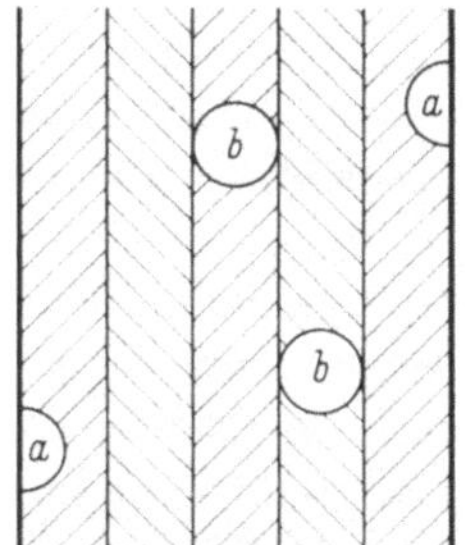

Abb. 55. Leitende Teilchen im Dielektrikum (schematisch).

a Äußere Lage: metallische Halbkugel im Kontakt mit Al-Folie; *b* innere Lage: metallische Vollkugel völlig im Dielektrikum.

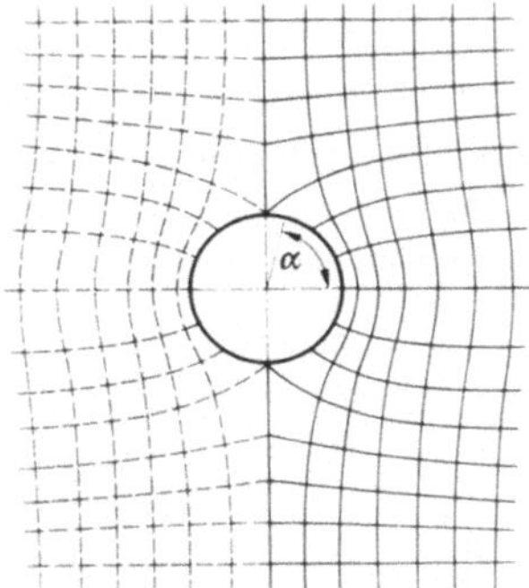

Abb. 56. Metallische, ungeladene Kugel im homogenen elektrischen Feld.

chen als Kugel oder Halbkugel (Abb. 55) aufgefaßt. Nach KÜPFMÜLLER [*148*] beträgt die Feldstärke $E_{\max}$ an der Oberfläche der Kugel (Abb. 56) $E_{\max} = 3\,|E_0|\cos\alpha$, wenn die Kugel ungeladen in ein vorher homogenes Feld gebracht wird und klein gegenüber der Ausdehnung des gesamten Feldes ist. An der Kugel tritt also, unabhängig vom Kugelradius, maximal die 3fache Feldstärke des homogenen Feldes auf. Besser werden die geometrischen Verhältnisse durch ein längs des Feldes gestrecktes Rotationsellipsoid angenähert, insbesondere wenn leitende Einschlüsse mehrerer Papierlagen übereinander liegen. Nach OLLENDORF [*203*, S. 319] errechnet sich der Formfaktor y angenähert zu

$$y \approx \frac{l^2}{r_0^2}\,\frac{1}{\ln\dfrac{2l}{r_0} - 1},$$

wobei r_0 der Äquatorialradius ist und die Exzentrizität l der halben

Länge des Ellipsoids gleichgesetzt wird; der dabei gemachte Fehler wird um so kleiner, je größer l/r_0 ist (s. Tab. 18).

Tabelle 18. *Formfaktor y zur Abschätzung der Feldverzerrung durch einen leitenden Einschluß, dargestellt durch ein Rotationsellipsoid*

$l/r_0 =$	2	3	4	6	8	12	16
$y =$	10	11	14	24	36	66	104

Die Formfaktoren y haben demnach etwa die gleiche Größe wie die in Tab. 17. In Wirklichkeit haben die leitenden Teilchen eine unregelmäßige Gestalt, und an Spitzen und Kanten kann y noch höhere Werte erreichen. Man muß daher im Inneren des Dielektrikums, allerdings in sehr kleinen Bereichen, ebenfalls mit Feldstärken von weit über 100 V/μm rechnen.

2.3 Wirkungen der hohen Feldstärken

Diese bereits bei Betriebsspannung hohen Feldstärken an den Folienrändern und an einzelnen Stellen im Wickelinneren lassen Glimmentladungen und eine allmähliche Zerstörung des Dielektrikums an diesen Stellen im Betrieb erwarten. Andererseits aber steht fest, daß Leistungskondensatoren eine Lebensdauer von Jahrzehnten erreichen und daß der jährliche Ausfall neuzeitlicher Kondensatoren nach neueren Statistiken weniger als 0,25 % der installierten Kondensatorleistung beträgt [163]. Demnach treten Zerstörungen und Defekte nur in besonderen Fällen auf.

Die hohen Feldstärken am Folienrand verursachen erhöhte dielektrische Verluste. Zur Messung dieser Verluste wurde ein Kondensator mit 21 Wickeln (ähnlich Abb. 53) mit 315 mm breitem Papier gebaut; die Aluminiumfolien waren jedoch verschieden breit, nämlich 15, 30, 50, 75, 100, 150, 300 mm. Die Länge der Aluminiumfolien betrug bei allen Wickeln etwa 3 m; das Papier war stets das gleiche, 3 Lagen 10 μm, $\varrho = 1{,}0$ g/

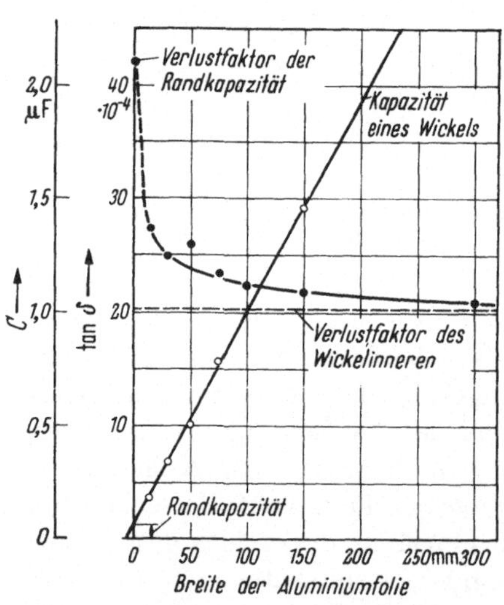

Abb. 57. Ermittlung der Randkapazität von Kondensatorwickeln und der dielektrischen Verluste am Folienrand.

cm³. Alle Wickel befanden sich in demselben Gehäuse, sie wurden wie üblich getrocknet und mit Clophen A 30 getränkt. Die Meßergebnisse sind in Abb. 57 dargestellt. Der Verlustfaktor steigt mit abnehmender

Folien breite an und erreicht bei Folienbreite Null etwa den doppelten Wert des Verlustfaktors bei Folienbreite 300 mm. Die Kapazität hat bei Folienbreite Null noch den Wert von 0,06 µF, eine Folge des Randfeldes; die Verlängerung der Kapazitätsgeraden schneidet die Abszissenachse etwa bei − 6 mm, was bedeutet, daß das Randfeld so wirkt, als sei die Aluminiumfolie auf jeder Seite um etwa 3 mm breiter. Die dielektrischen Verluste der Wickel, über der Folienbreite für verschiedene Feldstärken aufgetragen, ergeben Geraden, der Schnittpunkt jeder Geraden mit der Ordinatenachse ergibt die jeweiligen Verluste am Folienrand; bei 13V/µm betragen sie $P_{vr} = 12$ mW. Mit Hilfe dieses Wertes und der Randkapazität $C_r = 0,06$ µF errechnet sich der Verlustfaktor $\tan \delta_r$ aus $P_{vr} = U^2 \omega C_r \tan \delta_r$ mit $U = 13$ [V/µm] · 30 [µm] $= 390$ V zu $\tan \delta_r = 42 \cdot 10^{-4}$.

Dieser Wert wurde als Extrapolationspunkt in Abb. 57 eingetragen. Die Verluste P_{vr} treten sicherlich nicht gleichmäßig in einer Breite von 3 mm am Folienrand verteilt, sondern überwiegend unmittelbar am Folienrand am Ort der höchsten Feldstärke in einem kleinen Bereich auf, und daher sind die Verluste je Raumeinheit an dieser Stelle ein Vielfaches der im homogenen Feld des Wickelinneren auftretenden Verluste. Nimmt man beispielsweise einen Bereich in der Größenordnung der Dicke des Dielektrikums an, so ergibt eine Schätzung eine Verlustdichte am Folienrand, die bei 13 V/µm mehr als 100-fach größer ist als die Verlustdichte im homogen beanspruchten Dielektrikum. Wahrscheinlich muß jedoch der Bereich noch kleiner angenommen werden; die Verluste dürften weniger im Papier, sondern vorwiegend in dem 8 µm dicken Clophenspalt an den Folienrändern auftreten. In diesem Spalt kommt es infolge der hohen Randfeldstärke zu einer intensiven Bewegung der Flüssigkeit vorwiegend

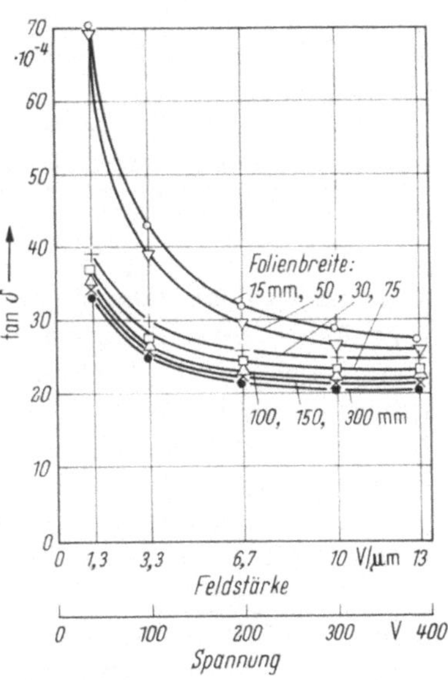

Abb. 58. Verluste von Kondensatorwikkeln durch Ionenleitung am Folienrand bei 64 °C.

in Feldrichtung [*192*, S. 56]. Man kann eine solche Bewegung am Folienrand von Kondensatorwickeln, die in Glasbehälter eingebaut sind, beobachten, wenn sich Fasern und Gasbläschen im Tränkmittel mitbewegen; sie ist ähnlich dem bekannten „Wallen" an der Grenzschicht Öl–Luft in inhomogenen Feldern. Das inhomogene Feld übt sowohl auf die Dipole des Clophens wie auch auf Ionen, die selbst in gut gereinigten Flüssigkeiten stets vorhanden sind, Kräfte aus, die teils proportional der Feldstärke E, teils proportional E^2 sind und die Teilchen nach dem Ort der höchsten Feldstärke hin bewegen [141]. Anscheinend baut diese heftige Teilchenbewegung das extrem hohe Feld an den Folienkanten ab und verhindert somit eine Ionisierung bei Betriebsspannung. Sie bewirkt auch, daß eventuell vorhandene feine Gasbläschen fortbewegt werden. Überdies ist zur Ionisierung eines Bläschens von 1 μm Durchmesser die hohe Feldstärke von 200 V/μm notwendig, wie Abb. 59 zeigt (s. auch S. 78 u. 79).

Kommt es aber anfangs (trotz sicherlich sehr kleiner freier Weglänge) dennoch zum Glimmen, so sorgen die Zersetzungsprodukte so lange für eine Erhöhung der Leitfähigkeit, bis die Entladung erlischt (s. S. 65 und Abb. 101). Wären die Randverluste vorzugsweise Ionisierungsverluste, so müßten sie mehr als quadratisch mit der Spannung zunehmen; sie wachsen jedoch sogar weniger als quadratisch, wie sich zeigt, wenn

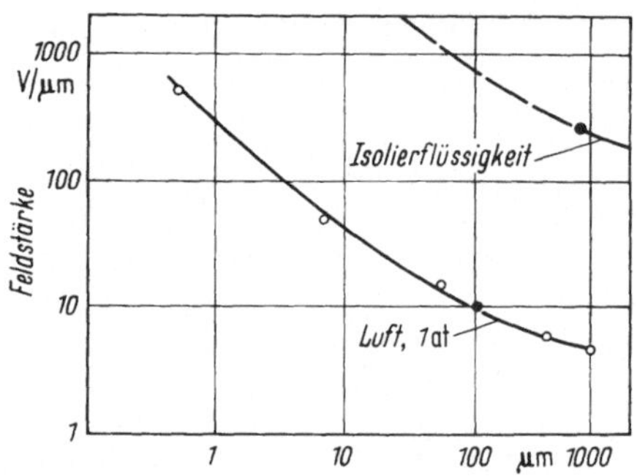

Abb. 59. Durchschlagfeldstärke von Luft und Isolierflüssigkeit, Platte gegen Platte, nach GRONIER (○) und SCHUHMANN (●).

man die Ordinatenabschnitte P_{vr} über der Feldstärke aufträgt. Demgegenüber wachsen, wie zu erwarten ist, die Verluste in den Wickeln quadratisch mit E. Auch nach Abb. 58 kann es sich nicht um Ionisierungsverluste handeln, da mit wachsender Feldstärke $\tan\delta$ sinkt, ein Verlauf, der stets auf Ionen*leitung* zurückzuführen ist[1] (s. S. 110).

Der Mechanismus und die Höhe der Verluste am Folienrand hängen nicht nur von der Randfeldstärke, sondern auch von der Art und Reinheit des Tränkmittels (Mineralöl oder Chlordiphenyl) und von dem am Rand zur Verfügung stehenden Tränkmittelspalt, d. h. von der Dicke der Aluminiumfolie ab, s. Abb. 102. Insbesondere sei bei dieser Abbildung auf einen wesentlichen Unterschied im Verlauf der Glimmintensität hingewiesen. Während bei Wickeln mit Aluminiumfolie die Glimmeinsatzspannung höher als die Löschspannung liegt und die Glimmintensität beim Wiedersenken der Spannung größer ist als beim Steigern der Spannung (Abb. 102a), kann es beim Metallpapierwickel mit 40fach

---

[1] Der Grund für die vertauschte Lage der Kurven der Wickel mit 30 und 50 mm breiter Folie ist wahrscheinlich auf eine Verunreinigung der Aluminiumfolie beim Wickeln zurückzuführen. Diese Unregelmäßigkeit dürfte jedoch die getroffenen Schlußfolgerungen nicht beeinflussen.

dünnerer Belegung sogar umgekehrt sein (Abb. 102b). Die auf das Papier aufgedampfte Belegung des MP-Wickels ist nur 0,1…0,2 µm stark. Die Feldstärke am Rand ist demnach höher als bei Wickeln mit 8 µm starker Folie. Dafür ist aber der Tränkmittelspalt am Rand vernachlässigbar klein. Ionenbewegungen, Entladungen am Rand und die Bildung von Gasbläschen sind stark behindert; Entladungen bilden u. E. daher anscheinend sehr bald eine halbleitende Zone am Folienrand, so daß sie nach einigen Minuten erlöschen, wie Abb. 60 zeigt. In einem MP-Kondensatorwickel wurden mit Gleichspannung 3 Durchschläge erzeugt und anschließend 380 V Wechselspannung angelegt. Die anfänglich hohe Glimmintensität ist bereits nach 30 min weit abgeklungen, teils weil die beim Durchschlag gebildeten Gase vom Öl gelöst werden, teils weil sich eine halbleitende Zone am Elektrodenrand der ausgebrannten Durchschlagstelle bildet. Die Erklärung von H. MAYLANDT [266, Aussprache], wonach der andersartige Kurvenverlauf in Abb. 102 allein auf das schnelle Lösen der sehr feinen Gasbläschen im Öl zurückzuführen sei, ist nicht hinreichend. Hierdurch wird allenfalls der

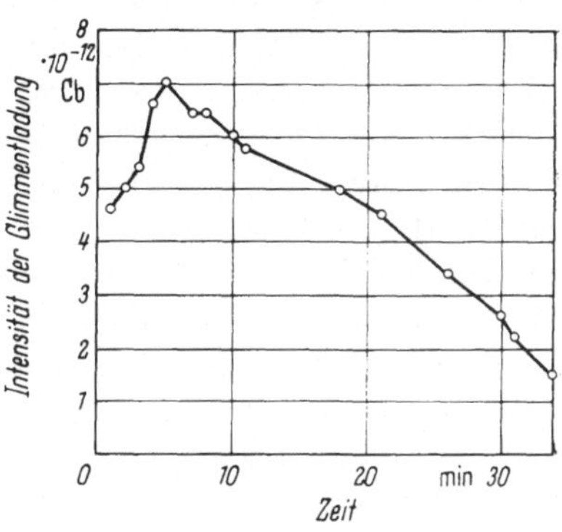

Abb. 60. Intensität der Glimmentladungen in einem Metallpapierwickel nach Durchschlägen [267].

ursprüngliche Zustand wiederhergestellt; eine Verschiebung der Abwärtskurve nach rechts ist wohl nur durch die Bildung des erwähnten Glimmschutzbelages am Folienrand zu erklären.

2.4 Abhilfemaßnahmen

Es wurde versucht, die Randfeldstärken durch Halbierung der Schichtdicke d herabzusetzen, indem zwischen die Papierlagen eine Alu-Zwischenfolie eingelegt wurde, so daß also z. B. ein Dielektrikum aus 4 Lagen Papier in 2 · 2 Lagen unterteilt wurde. Der erreichte Vorteil wurde jedoch bei weitem dadurch aufgewogen, daß aus dem 4lagigen Dielektrikum nunmehr ein 2lagiges mit sehr viel kleinerer Durchschlagsicherheit wurde. Das gilt auch noch für ein 6lagiges Dielektrikum mit Zwischenfolie. Erst bei einem Dielektrikum mit sehr dickem Papier, z. B. 6 · 60 µm, wie es in Japan verwendet wird (s. S. 201), könnte sich ein Vorteil ergeben, weil die Sicherheit gegen Durchschlag mit der Dicke des Papieres wächst und andererseits die Notwendigkeit, d herabzusetzen, besonders groß wird. Die Zwischenfolie wirkt weniger ungünstig, wenn sie nicht in voller Breite des Wickels eingelegt wird, sondern in

Form schmaler Streifen am Wickelrand, wie es in ähnlicher Weise bei Kondensatordurchführungen üblich ist. Das Einhalten der richtigen Lage dieser Streifen ist jedoch nicht einfach; das Aufdampfen der Zwischenfoliestreifen auf eine Papierlage (nach dem MP-Prinzip) würde auch diese Schwierigkeit beseitigen, ist aber teuer. Unseres Wissens werden Zwischenfolien oder Streifen bisher nicht verwendet.

Als ein anderes Mittel, die hohen Randstärken zu verkleinern, wurde früher das Anbringen einer halbleitenden Schicht, anschließend an den Folienrand, angesehen, ein Mittel, das bei der Nutisolierung rotierender Hochspannungsmaschinen an den Nutausgängen (zur Verhinderung von Gleitfunkenüberschlägen bei der Prüfung der Wicklung) in Form eines Halbleiteranstriches laufend angewendet wird. Die Schicht müßte jedoch bei Kondensatorwickeln relativ schmal und sehr hochohmig sein und ihre Herstellung auf dem Kondensatorpapier würde noch teurer werden als die Bedampfung mit Aluminium. Wie oben geschildert, bildet sich eine solche Schicht unter dem Einfluß von schwachen Entladungen und unter günstigen Bedingungen von selbst.

Somit bleiben als wesentliche und auch praktisch durchgeführte Maßnahmen zur Verkleinerung der inhomogenen Felder übrig:

1. Anwendung kleiner Schichtdicken unter Verwendung möglichst vieler Papierlagen, wobei eine Mindestpapierdicke (z.B. 8 μm) nicht unterschritten werden sollte, da bei den ganz dünnen Papieren die Fehlerzahl stark ansteigt.

2. Verwendung sauberer Isolierstoffe, vor allem möglichst verlustarmer Papiere ohne leitende Einschlüsse oder Löcher.

Die Bemessung des Kondensatordielektrikums hängt nicht allein von der Betriebsfeldstärke ab, sondern auch von den im Betrieb auftretenden Überbeanspruchungen und den Prüfbedingungen. Diese so festzulegen, daß einerseits der Kondensator nicht unnötig verteuert, andererseits eine genügende Betriebssicherheit und Lebensdauer erreicht wird, erfordert Erfahrung und gute Kenntnis der Betriebsverhältnisse.

3. Die elektrischen Vorgänge bei Gleich- und Wechselspannung und bei Stoßbeanspruchung

Die elektrischen, thermischen und chemischen Vorgänge im Dielektrikum des Papierkondensators sind außerordentlich mannigfaltig. Sie hängen nicht nur von Feldstärke, Frequenz, Temperatur und Druck ab, sondern auch von den unterschiedlichen Eigenschaften der 2 Komponenten des Dielektrikums, des Papieres und des Tränkmittels, insbesondere von deren Dielektrizitätskonstante, Dipoleigenschaft, Ionenleitfähigkeit und Durchschlagfestigkeit. Besonders unübersichtlich werden die Vorgänge, wenn Verunreinigungen im Spiele sind, wie Spuren von Harzen, Salzen, Säuren und Basen, ferner Wasser- und Luftreste, leitende Einschlüsse, Dünnstellen und Löcher im Papier, die das Dielektrikum an einzelnen Punkten verschlechtern. Die Erscheinungen werden nach der Art der Spannungsbeanspruchung (Gleich-, Wechsel- oder Stoßspannung) beschrieben, weil diese Unterteilung den praktisch wichtigen Anwendungsgebieten der Kondensatoren entspricht und weil sich die dielektrischen Vorgänge bei diesen 3 Beanspruchungsarten wesentlich voneinander unterscheiden. Bei Betrieb mit Wechselspannung erwärmt sich der Kondensator, bei Betrieb mit Gleichspannung im allgemeinen nicht (ausgenommen bei hohen Temperaturen und Feldstärken). Dieser Unterschied drückt sich u.a. in den Betriebs- und Durchschlagfeldstärken aus: sie betragen bei einem Dielektrikum von 50···100 μm Dicke und 4···6 Lagen Papier (bei Raumtemperatur):

	E_{Betrieb} V/μm	$E_{\text{Durchschlag}}$ nach etwa 1 min V/μm
bei Gleichspannung	50···100	200···300
bei Wechselspannung 50 Hz (Effektivwert)	10···20	100···130

Stoßkondensatoren werden nicht nur durch die Ladegleichspannung, sondern in entscheidendem Maße durch rasch verlaufende Stoßvorgänge belastet; sie werden daher auf S. 124 gesondert behandelt.

Die Lebensdauer des Dielektrikums wird durch Alterungsprozesse begrenzt (s. S. 131). Eine fortschreitende Alterung kann bereits bei Betriebsspannung nach längerer Betriebszeit zum Durchschlag, dem „Langzeitdurchschlag" führen. Demgegenüber erfolgt der „Kurzzeitdurchschlag", d.i. der Durchschlag bei Stoßspannung oder stetiger Spannungssteigerung nach etwa 1 min, bei wesentlich höheren Spannungen (s. S. 156).

3.1 Die Vorgänge im Dielektrikum bei Gleichspannung

3.11 Der Gleichstromwiderstand des trockenen und getränkten Papieres in Abhängigkeit von Wassergehalt, Temperatur und Feldstärke. H. VEITH [283] hat hierzu eingehende Messungen bei einem Wassergehalt des Papieres von 0,8 bis etwa 12% im Temperaturbereich von −50 bis +50 °C und im Frequenzbereich von 0,3 bis 100 kHz gemacht (s. S. 23 und 37). Der spezifische Isolationswiderstand ϱ eines völlig trockenen Papier-Luft-Dielektrikums sinkt bei einer Wasseraufnahme von 12% des Papiergewichtes um 7 Größenordnungen (Abb. 61). Es gilt

$$\varrho = \varrho_0 e^{-\beta w}, \tag{37}$$

worin ϱ_0 den auf den Feuchtigkeitsgehalt Null extrapolierten Widerstandswert, w den Wassergehalt und β die Neigung der Geraden darstellen. Die Gerade gilt für Raumtemperatur; sie verschiebt sich bei anderen Temperaturen parallel nach Werten, die aus Abb. 62 entnommen werden können. Auch in Abhängigkeit von der Temperatur verläuft der Isolationswiderstand angenähert exponentiell (s. Abb. 62).

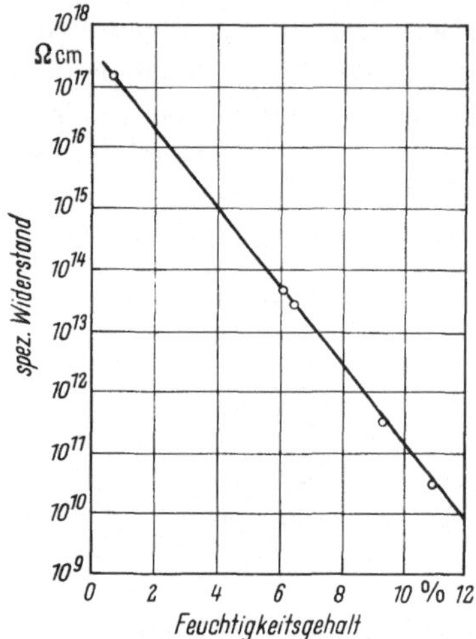

Abb. 61. Abhängigkeit des Isolationswiderstandes von Papier vom Feuchtigkeitsgehalt bei Raumtemperatur [283].

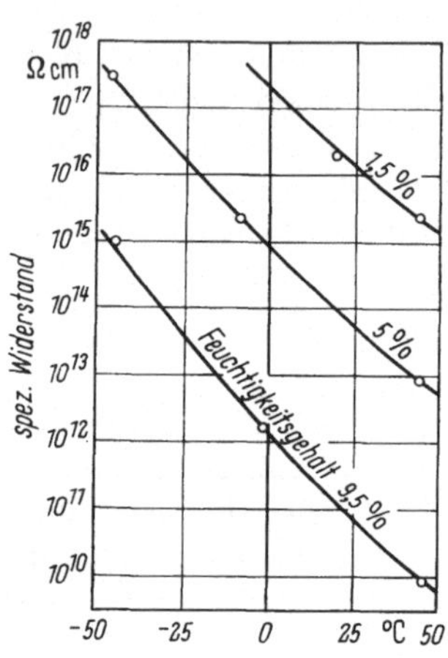

Abb. 62. Temperatureinfluß auf den Isolationswiderstand ϱ von Papier mit verschiedenem Feuchtigkeitsgehalt [283].

Eigene Messungen sind in Abb. 63 dargestellt. Die Widerstandsgeraden für die trockenen und getränkten Wickel haben die gleiche Neigung α, was darauf hinweist, daß das Papier den Isolationswiderstand bestimmt. Für die Geraden $1\cdots4$ gilt:

$$\varrho(\vartheta) = \varrho_{\vartheta_0}\, e^{-\alpha(\vartheta - \vartheta_0)}, \tag{38}$$

wo ϱ_{ϑ_0} der bei der Temperatur ϑ_0 gemessene spezifische Widerstand ist. Bezieht man der Einfachheit halber auf $\vartheta_0 = 0\ °\mathrm{C}$, so kann man mit VEITH Gl. (37) und (38) zusammenfassen zu

$$\varrho(\vartheta) = \varrho_{00}\, e^{-\beta w - \alpha \vartheta}, \tag{39}$$

wobei ϱ_{00} den spezifischen Widerstand bei $w = 0$ und $\vartheta = 0\ °\mathrm{C}$ darstellt.

Die Geraden 2, 3 und 4 liegen tiefer als Gerade 1, ebenso auch die beiden Meßpunkte bei 50 °C, die an den Wickeln der Geraden 1 nach Tränkung mit Clophen A 40 gewonnen wurden. Diese Erniedrigung des Isolationswiderstandes ist auf die Leitfähigkeit der flüssigen Tränkmittel zurückzuführen. Für das „Tränkmittel" Luft kann eine unendlich kleine

Leitfähigkeit angenommen werden. Daher ergibt sich für das trockne Papier der hohe Wert $\varrho = 10^{16}\ \Omega$ cm (bei 50 °C, Gerade *1*). Clophen A 50 hat nach Abb. 38 bei 50 °C den sehr viel niedrigeren Wert von $4 \cdot 10^{13}\ \Omega$ cm.

Die Zahl der Papierlagen ist ebenfalls von Einfluß auf ϱ, wie der Vergleich der Geraden *2* (4 Lagen) und *3* (3 Lagen) oder der Meßpunkte der Wickel mit 4 und 6 Lagen bei 50 °C zeigt. Weiterhin ergaben Untersuchungen mit sehr kleinen Meßflächen (1 und 12 cm²), daß die Leitfähigkeit des Tränkmittels den Widerstand um so stärker absinken läßt, je kleiner die Wickelfläche und der Papierüberstand sind, weil die Querleitfähigkeit der Tränkmittelspalte am Wickelrand bemerkbar wird (vgl. Abb. 57).

Man kann den Restwassergehalt getrockneter Papiere mit Hilfe der Abb. 61 abschätzen: dazu entnimmt man z. B. aus Abb. 63, Gerade *1*, den Isolationswiderstand für 20 °C und liest den zu diesem Wert gehörigen Wassergehalt aus Abb. 61, nämlich etwa 1 % des Papiergewichtes ab: dabei wird angenommen, daß sich bei gleichem Wassergehalt und bei gleicher Temperatur auch etwa gleich große Isolationswiderstände einstellen. Dieser Betrag von 1 % erscheint für gut getrocknete Wickel zunächst unerwartet hoch (s. hierzu S. 23 und [*284*]).

Nunmehr wird nach der Abhängigkeit des Isolationswiderstandes und des Isolationsstromes von der Feldstärke E gefragt. Wäre ϱ unabhängig von E, dann stiege der Isolationsstrom I_{is} proportional mit E. Bei niedrigen Feldstärken (< 1 V/µm) ist dies mehrfach gefunden worden, wie aus einer Übersicht von J. B. WHITEHEAD und R. H. MARVIN [*304*] hervorgeht. Bei hohen Feldstärken bis zum Durchschlag jedoch fand MÜNDEL [*190*] Proportionalität mit dem Quadrat der Feldstärke; auch TEDESCHI [*274*] hat einen steileren Anstieg von I_{is} bei hohem E gefunden. Im Laboratorium der Verfasser wurde 1943 der Isolationsstrom zahlreicher Kondensatorwickel bei hohen Feldstärken und hohen Temperaturen nach Abklingen des Nachladestromes gemessen. Um die Isolationsströme der unterschied-

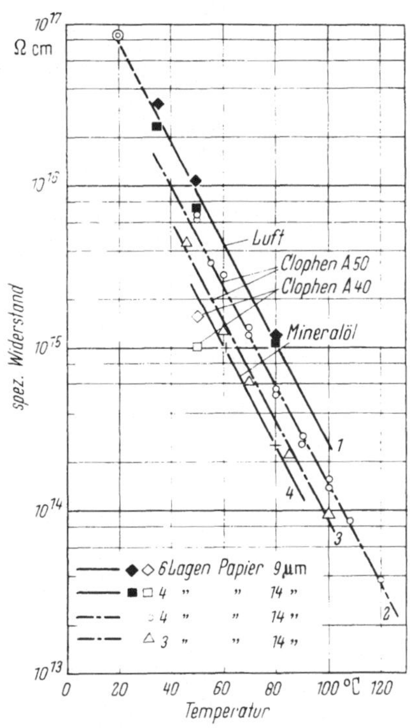

Abb. 63. Isolationswiderstand trockener und getränkter Kondensatorwickel.

lichen Wickeldielektrika vergleichen zu können, werden die Meßwerte je m² Belagfläche in mA/m² angegeben (s. Abb. 64 bis 66). Wie Abb. 64a zeigt, ergeben sich Geraden mit der Neigung c, die mit der Temperatur etwas zunimmt; sie werden dargestellt durch

$$\frac{I_{\text{is}}}{I_{\text{is} E_1}} = \left(\frac{E}{E_1}\right)^c f(\vartheta), \tag{40}$$

wo $I_{\text{is} E_1}$ der bei einer hohen Feldstärke E_1 gemessene Isolationsstrom ist. Gl. (40) gilt für den Bereich hoher Feldstärken. Im Bereich kleiner

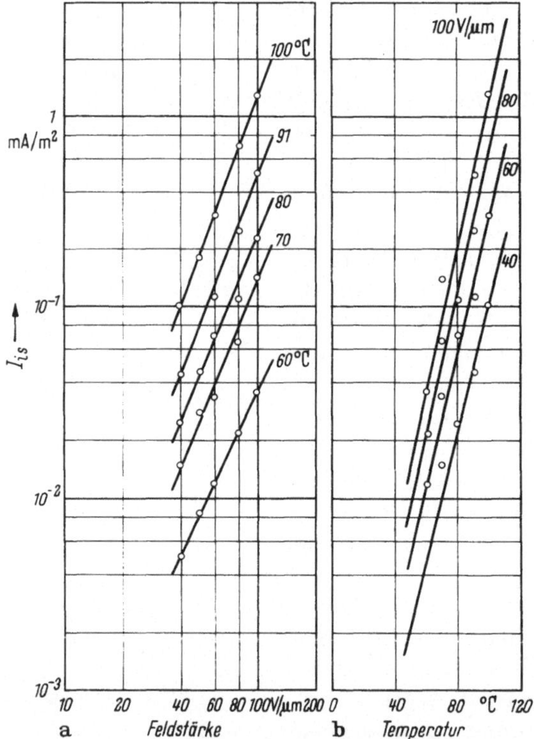

Abb. 64a u. b. Isolationsstrom bei Kondensatorwickeln.
4 Lagen Natronzellulosepapier 16 μm dick, $\varrho = 1{,}0$ g/cm³, getränkt mit Clophen A 50.

Feldstärken ändern sich die Vorgänge (Abb. 69). Werden die Meßwerte in Abb. 64a über der Temperatur aufgetragen, dann ergeben sich Exponentialkurven, Abb. 64b.

Verlauf und Größe des Isolationsstromes anderer, einerseits mit Mineralöl, andererseits mit Clophen A 50 getränkter, sonst aber gleicher Kondensatorwickel waren bemerkenswert gleich.

A. Nikuradse [*192*, S. 83] unterscheidet, allerdings bei Isolierflüssigkeiten, 3 Gebiete der Strom-Spannungs-Charakteristik: Das 1. Gebiet, in dem Proportionalität zwischen Strom und Spannung herrscht (etwa 0,1 V/μm), im 2. Gebiet, dem Sättigungsgebiet, ändert sich der Strom mit der Spannung nicht; im 3. Gebiet (z. B. >10 V/μm) steigt der Isolationsstrom mit der Spannung exponentiell an.

Die Kurven in Abb. 64 werden mit zunehmender Temperatur und Feldstärke steiler. Eine Temperatursteigerung von etwa 7 grd bringt bei 100 V/μm eine Verdopplung des Isolationsstromes. Vielleicht ist dieses Ergebnis ein anderer Ausdruck für das von Montsinger empirisch gefundene Gesetz, wonach sich die Lebensdauer eines Isolierstoffes verdoppelt, wenn seine Temperatur jeweils um einen bestimmten Betrag zwischen 3 und 10 grd gesenkt wird.

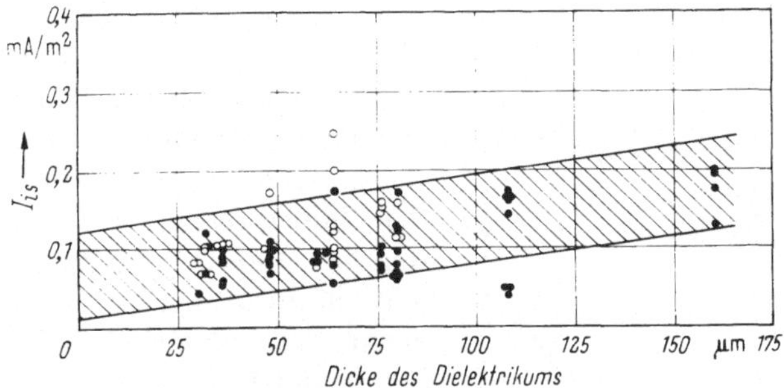

Abb. 65. Isolationsstrom bei Kondensatorwickeln mit verschiedener Dielektrikumsdicke bei 80 °C und 80 V/μm gemessen.
Dichte der Papiere: 0,85 ··· 1,2 g/cm³; Dicke der Papiere: 7,5 ··· 40 μm; Clophen A 50 mit tan δ ≈ 0,1 (●) und tan δ ≈ 0,2 (○).

Abb. 65 zeigt einige Ergebnisse von Isolationsstrommessungen an 4lagigen Wickeln, abhängig von der Dicke des Dielektrikums. Es wurde erwartet, daß die Unterschiede der Papierdichte sichtbar werden würden; sie gehen jedoch in der Streuung unter. Diese ist z. T. auf Ungenauigkeiten der Temperaturmessung, die wegen der exponentiellen Abhängigkeit von I_{is} stark eingeht, zum größeren Teil jedoch auf folgende Erscheinung zurückzuführen: Die Größe der Tränkmittelspalte zwischen den Papierlagen ist von großem Einfluß. Preßt man Wickel senkrecht zu ihrer Wickelfläche zusammen, dann ergeben sich Stromanstiege bis zum Dreifachen des ursprünglichen Wertes, dagegen ein nur geringer Zuwachs des Verlustfaktors. Das Tränkmittel wird dabei aus den Spalten herausgepreßt, und die Papierlagen und Folien kommen in engere Berührung. Dieser Kontakt beeinflußt offensichtlich den Stromübergang von Papierlage zu Papierlage stärker als die Unterschiede der Dichte und der sonstigen Eigenschaften der Papiere.

Der schraffierte Bereich in Abb. 65 umfaßt die Mehrzahl der Meßpunkte; er schneidet die Ordinate *oberhalb* des Nullpunktes und steigt
mit wachsender Dicke des Dielektrikums an. Dieser Verlauf erlaubt den
Schluß, daß bereits bei sehr dünnem Dielektrikum ein Strom fließen
würde, daß sich also Ionen an den Elektrodenflächen, an den Aluminiumfolien, bilden und daß weitere Ionen bei zunehmender Dicke des Dielektrikums in dessen Volumen gebildet werden. A. NIKURADSE [*192*, S. 95]
weist auf diese zwei Effekte hin, der erste wird „Flächenionisation“,
der zweite „Volumenionisation“ genannt. Es ist bekannt, daß die Alterung des Dielektrikums von elektrochemischen Vorgängen an den Alufolien ihren Ausgang nehmen kann, z.B. wenn die Folienoberfläche verunreinigt ist.

**3.12 Erwärmung, Durchschlag, elektrochemische Alterung und Lebens-
dauer bei Gleichspannung.** Der Isolationsstrom nimmt mit der Temperatur und Feldstärke so stark zu, daß
die durch ihn verursachten Verluste
sogar größer werden können als die
dielektrischen Verluste bei Netzfrequenz und Betriebsfeldstärke. Nach
den Zahlenwerten von Abb. 64 werden bei 100 °C und 100 V/µm etwa
8 W/m² durch den Isolationsstrom erzeugt, die dielektrischen Verluste bei
50 Hz und 13 V/µm betragen dagegen
nur 1,5 W je m² Wickelfläche. Eine
solche Gleichspannungsbelastung muß
zur Aufheizung und zum Durchschlag
führen. Zuerst wurde Wickel 5 belastet,
s. Abb. 66, Kurven *a* und *5*. Bei Fort-
dauer der Belastung wäre der Wickel
durchgeschlagen, er wurde daher abgeschaltet. Anschließend erfolgte
nacheinander in kurzen Abständen
von wenigen Minuten die Belastung
der Wickel *4*, *3*, *2* und *1*. Infolge
der fortschreitenden Temperaturerhöhung beginnt der Strom bei immer
höheren Werten und steigt immer
schneller an.

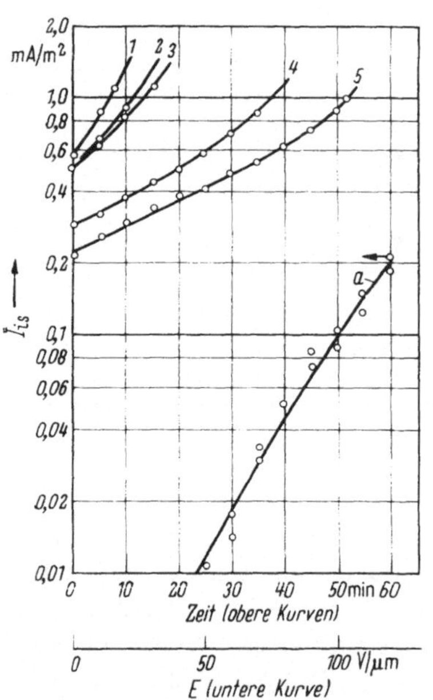

Abb. 66. Isolationsgleichstrom bei Kondensatorwickeln in Abhängigkeit von der Zeit.
4 Lagen Papier, $\varrho = 1{,}0$ g/cm³, mit Mineralöl getränkt; Dicke des Dielektrikums
73 µm; $E = 120$ V/µm, $\vartheta = 70$ °C.

Gleichartige Messungen wurden bis zum Durchschlag ausgeführt.
Dabei wurden zwischen aufeinanderfolgenden Belastungen eines Wik-
kels Pausen, z.T. von mehreren Tagen, eingelegt, so daß der Wickel seine
Anfangstemperatur von 70 °C zu Beginn der nächsten Belastung an-

genommen hatte. Trotzdem lag die nächste Kurve stets höher als die vorhergehende. Dies zeigt, daß die Zahl der Ladungsträger im Dielektrikum sich vermehrt haben muß; wahrscheinlich findet die Vermehrung auf elektrolytischem Wege vorwiegend an den Aluminiumfolien statt. Es ist ferner anzunehmen, daß der Ionenstrom stellenweise das Gefüge des Papieres lockert und einen Abbau der Zellulose an den Oberflächen der Fasern verursacht (S. 31).

Bei Dauerversuchen mit weiteren Wickeln des gleichen Kondensators bei nur 50 V/μm und 85 °C wurde ein immer weiter ansteigender Strom gemessen, bis nach 7 Wochen bei allen Wickeln der Durchschlag eintrat. Die Ursache für diese Durchschläge kann nicht in einer Temperatursteigerung allein liegen, sondern es muß eine allmähliche elektrochemische Zerstörung des Dielektrikums hinzukommen. Hier sei auf die umfangreichen Lebensdauerversuche von L. J. BERBERICH und K. FRIEDMANN und die Erklärungen verschiedener Autoren hingewiesen, die zeigen, daß die Reaktionen durch den Zusatz von Stabilisatoren weitgehend abgeschwächt werden können. Ausreichende Lebensdauer wird jedoch am sichersten dadurch erreicht, daß Gleichspannungskondensatoren bei möglichst niedrigen Temperaturen betrieben werden (s. S. 83 und Abb. 52).

3.13 Die Abhängigkeit der Nachladung, des Nachladestromes, des Rückstromes und der Rückspannung von Aufladezeit und Temperatur. Die seit

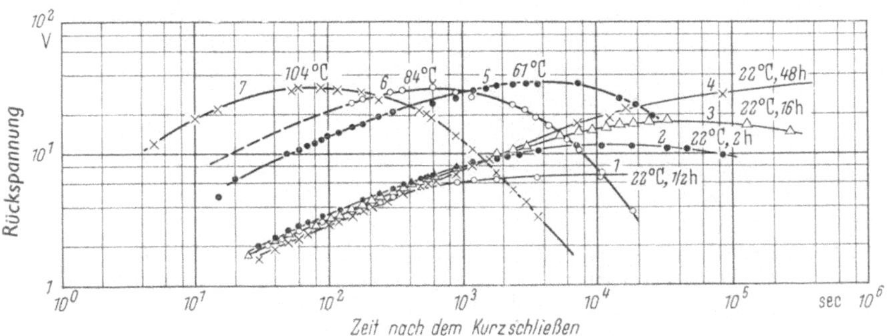

Abb. 67. Rückspannung eines 50-kvar-Leistungskondensators in Abhängigkeit von der Zeit nach dem Kurzschließen bei verschiedener Aufladezeit und Temperatur. Ladegleichspannung: 100 V (U_N = 800 V, C = 250 μF. Dielektrikum: 5 Lagen Papier mit ϱ = 1,2 g/cm³).

langem bekannten Erscheinungen der Nachladung wurden auf S. 27ff. beschrieben. An dem dort benutzten Kondensator wurde der Einfluß der Aufladezeit und der Temperatur auf die Nachladevorgänge gemessen. Die Rückspannung steigt mit wachsender Aufladezeit bis auf 32 V an, also etwa auf ein Drittel der Ladespannung (s. Abb. 67). Das Maximum wird nach einer Zeit erreicht, innerhalb welcher der Kondensator vorher aufgeladen worden war (s. Abb. 68). 48 h ist die Zeit, nach welcher der Nachladestrom I_n fast auf Null abgesunken ist, nach dieser Zeit ist also die Ladungsverschiebung beendet und das Maximum der inneren Gegenspannung erreicht. Diese erzeugt im Kurzschluß den Rückstrom oder im Leerlauf die Rückspannung. Im Leerlauf sinkt die innere Gegenspannung und steigt die Rückspannung an den Belegungen so lange, bis Gleichgewicht zwischen beiden erreicht worden ist, wie der ansteigende Teil der Kurven *4, 5, 6, 7* zeigt. Dieser Zustand bliebe erhalten, wenn sich der

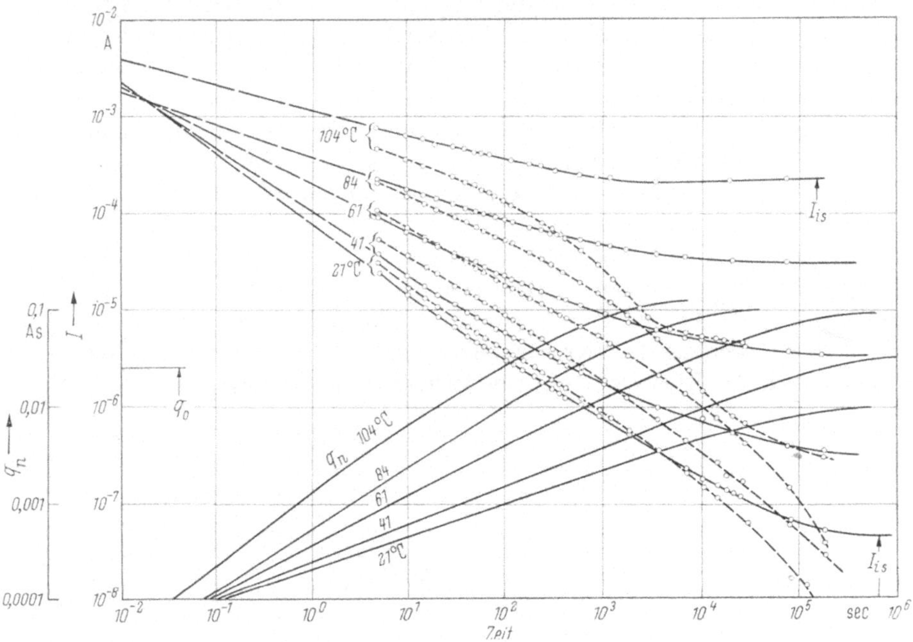

Abb. 68. Ladung q_0, Nachladung q_n, Nachladestrom I_n, Isolationsstrom I_{is} bei dem Leistungskondensator nach Abb. 67 bei verschiedenen Temperaturen. Ladegleichspannung: 100 V.
——— $I_n + I_{is}$, − − − − − I_R.

Kondensator nicht selbst entlüde, d.h. wenn kein Isolationsstrom flösse und nicht eine allmähliche Wiedervereinigung der positiven und negativen Ladungsträger stattfände. Der abfallende Teil der Rückspannungskurven *5, 6* und *7* zeigt die Selbstentladung. Auch bei den höheren Temperaturen wird im vorliegenden Fall eine maximale Rückspannung von etwa 32 V erreicht, und zwar in um so kürzerer Zeit, je höher die Temperatur und damit die Beweglichkeit der Ionen ist; um so schneller fällt auch die Rückspannung wieder ab.

Die zu den Kurven *4, 5, 6* und *7* gehörigen Kurven des Nachladestromes I_n und des Rückstromes I_R enthält Abb. 68. Für den annähernd geradlinig abfallenden Teil dieser Kurven hat bereits E. v. SCHWEIDLER

[*245*] die Funktion

$$I_n = B\,t^{-m} \tag{41}$$

angegeben, worin B und $m < 1$ Konstante sind.

Ferner fand er

$$I_R = -\,I_n, \tag{42}$$

wenn die Nachladedauer sehr lang ist, was Abb. 68 im wesentlichen bestätigt. Die Kurven I_R zeigen bei den höheren Temperaturen nach längerer Entladung einen auffälligen Verlauf. Vermutlich ist dieser auf unterschiedliche Geschwindigkeiten der positiven und negativen Ladungsträger zurückzuführen, wodurch Stufen in der Potentialverteilung innerhalb des Dielektrikums entstehen [*24*].

Die Neigung der I_n-Kurven wird mit wachsender Temperatur kleiner; die Kurven laufen beinahe in einem Punkt zusammen, wenn sie geradlinig bis 10^{-2} sec verlängert werden. Diese Extrapolation ist nach den Messungen von R. R. Benedict [*16*] erlaubt; er hat, wie schon vor ihm Whitehead und Marvin [*304*], den Nachladestrom an kleinen Kondensatoren bis zu 0,5 msec herab nach dem Einschalten gemessen. Den Nachladestrom zur Zeit 10^{-2} sec nennt K. W. Wagner den Nachlade-*anfangs*strom I_{n_0}: er fließt in jeder Halbwelle der 50-Hz-Wechselspannung und soll die dielektrischen Verluste erzeugen, wobei hinzugefügt werden muß, daß es sich dabei nur um Verluste durch Ionenleitung und nicht um Dipolverluste handelt. Um diese Aussage zu prüfen, führen wir folgenden Vergleich aus: Aus Abb. 68 wird bei 10^{-2} sec I_{n_0} zu $2\cdots4$ mA entnommen. Andererseits errechnet sich aus Abb. 67 für 100 V bei 50 Hz ein Verluststrom $I_V = U\,\omega C \tan\delta = 26$ mA. Dieser Wert muß höher als I_{n_0} sein, denn er enthält auch die Dipolverluste in der Papierfaser und im Clophen. Diese dürften mehr als die Hälfte der gesamten dielektrischen Verluste betragen, da der Kondensator gut ausgewaschenes Papier enthielt. I_{n_0} muß demnach kleiner als 13 mA sein. Somit ergibt der Vergleich in erster Annäherung eine hinreichende Übereinstimmung. Sie wird besser, wenn berücksichtigt wird, daß I_{n_0} mit der Feldstärke steigt, s. Abb. 64 und 69.

F. Tank [*273*] findet eine genauere Übereinstimmung. Er mißt einerseits mit Hilfe des Helmholtzschen Pendels den Nachladestrom nach sehr kurzen Zeiten (msec), benötigte also keine Extrapolation, und berechnete mit Hilfe der Wagnerschen Formeln die dielektrischen Verluste bei Wechselspannung. Andererseits maß er die Wechselstromverluste bei 50 Hz mittels eines Elektrodynamometers. Die Abweichungen betrugen nur wenige Prozent, insbesondere bei Papierkondensatoren.

Die Ladung des Kondensators nach Abb. 68 beträgt bei $U = 100$ V und $C = 250$ μF $q_0 = 0{,}025$ Coulomb. Die Größe der Nachladung q_n läßt sich aus den I_n-Kurven nach Abzug von I_{is} durch abschnittweise Integration bestimmen; sie ist in Abb. 68 eingezeichnet. Mit wachsender Temperatur und Ionenbeweglichkeit stellt sich ein Endwert von $q_n \approx 0{,}1$ Coulomb ein, also $q_{n\,max} \approx 4\,q_0$. q_n ist ein Maß für den Ionengehalt des Dielektrikums; er steht in keiner Beziehung zu q_0. Es wäre wünschenswert, ihn für verschiedene Dielektrika zu bestimmen, insbesondere auch für

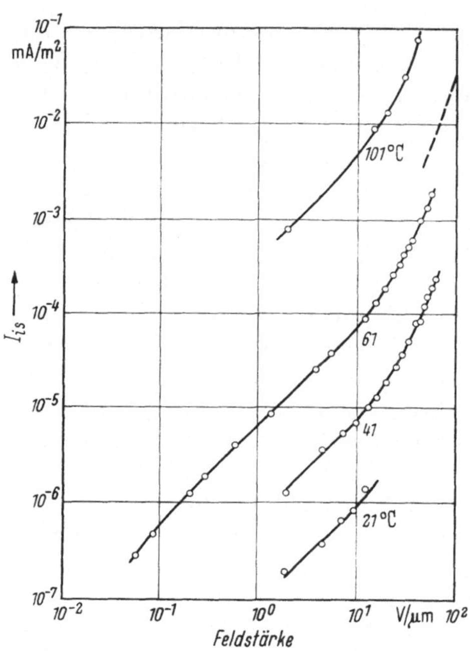

Abb. 69. Isolationsstromdichte bei dem Leistungskondensator nach Abb. 84 in Abhängigkeit von der Feldstärke bei Gleichspannung.

gealterte; vielleicht ist er zur Bestimmung des Alterungsgrades geeigneter als der Verlustfaktor.

Zur Ergänzung der Angaben auf S. 99 zeigt Abb. 69 den Isolationsstrom bei niedrigen Feldstärken. Im Bereich von $0{,}3 \cdots 5$ V/µm verlaufen die Kurven geradlinig und unter einem Winkel von $45°$, was bedeutet, daß der Exponent c in Gl. (40) gleich 1 ist und I_{is} proportional zu E verläuft. Oberhalb 5 V/µm gehen die Kurven allmählich in eine Potenzfunktion entsprechend Gl. (40) über. Die gestrichelte Linie parallel zur $61°$-Kurve ist die aus Abb. 64a entnommene Gerade für 60 °C. Die Neigungen der beiden Linien sind nur wenig verschieden, die Werte der Linie aus Abb. 64a liegen höher; der zugehörige Kondensator stammt aus dem Jahre 1943, sein Papier war sicherlich weniger gut ausgewaschen als das des hier untersuchten Kondensators aus dem Jahre 1962 und enthielt daher eine größere Zahl Ionen. Unterhalb 0,3 V/µm nimmt I_{is} immer rascher ab; sehr kleine Feldstärken reichen nicht mehr aus, alle vorhandenen positiven und negativen Ionen voneinander zu trennen, sie koagulieren zu größeren Komplexen (s. S. 32). Bei Feldstärken $< 0{,}01$ V/µm nehmen nur die durch die thermische (Brownsche) Bewegung der Moleküle gebildeten Ionen am Strom teil. Analoge Feststellungen bei Wechselspannung s. Abb. 75. Über Nachlademessungen an der Nutisolation elektrischer Hochspannungsmaschinen s. H. Meyer [177, S. 167].

3.2 Die Vorgänge im Dielektrikum bei Wechselspannung

3.21 Die Vorgänge in Abhängigkeit von der Temperatur. Einen Überblick über die dielektrischen Vorgänge in Papierkondensatoren vermittelt Abb. 70. Im üblichen Betriebsbereich zwischen 20 und 80 °C durchläuft der Verlustfaktor ein Minimum, jenseits dieser Temperaturen jedoch steigt er stark an. Der Anstieg oberhalb 100 °C wird überwiegend durch Ionenleitverluste, der Anstieg unterhalb 20 °C fast ausschließlich durch Dipolverluste im Clophen und Papier verursacht. Die Ionenleitverluste nehmen mit sinkender Temperatur exponentiell ab (Abb. 64) und werden, wie Abb. 8 zeigt, bei etwa 20 °C vernachlässigbar klein. Wenn man die Kurven oberhalb 100 °C nach tieferen

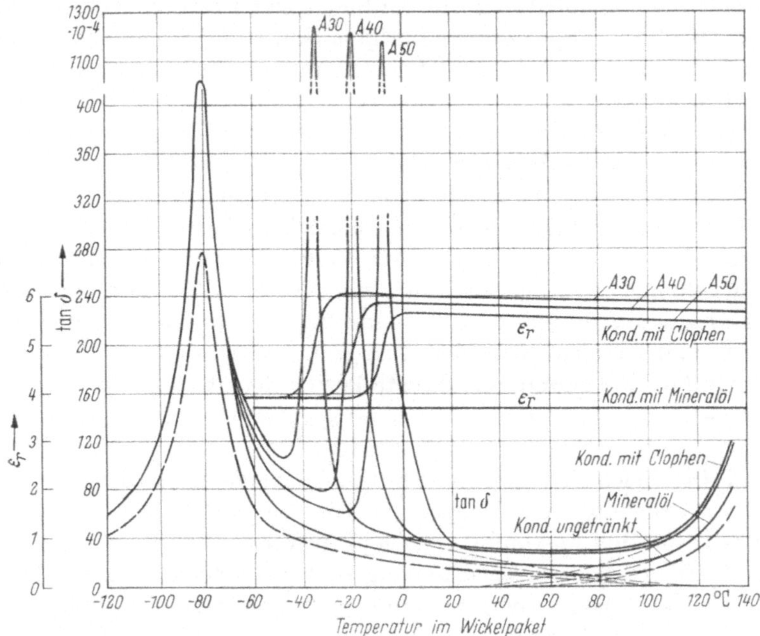

Abb. 70. Temperaturabhängigkeit von tan δ und DK bei Kondensatoren, getränkt mit Clophen A 30, A 40, A 50 und Mineralöl.

Temperaturen durch Exponentialkurven (punktierte Linien in Abb. 70) verlängert, erhält man die Ionenleitverluste im normalen Betriebsbereich. Andererseits nehmen die Dipolverluste mit wachsender Temperatur asymptotisch ab, die der Clophene schnell, wie in Abb. 8 zu sehen ist, die der Zellulosefaser langsamer, wie die gestrichelte Kurve des ungetränkten Kondensators in Abb. 70 zeigt. Dieser Kurve sind die 3 anderen punktierten Linien angepaßt. Im Bereich 20 bis 100 °C treten also beide Verlustarten auf. Bei den heutigen verlustarmen Papieren ist der Anteil der Ionenleitverluste kleiner, als Abb. 70 angibt.

Daß es sich bei den Verlusten oberhalb 100 °C um Ionenleitverluste handelt, haben u. a. E. Bormann und A. Gemant [28] durch den Vergleich von Wechsel- und Gleichstrommessungen an Harzen und Ölen nachgewiesen. Der Gleichstromleitwert ergab nach Division durch ωC den äquivalenten Verlustfaktor, der mit dem durch die Wechselstrommessungen gewonnenen Verlustfaktor nahezu übereinstimmte; der Gleichstromwert hätte kleiner sein müssen, wenn Dipolverluste vorhanden gewesen wären.

Daß es sich andererseits bei den Verlusten unterhalb 20 °C vorwiegend um Dipolverluste handelt, ergibt sich aus Abb. 64b und 63; sie zeigen, daß die Ionenleitfähigkeit bei tiefen Temperaturen so klein wird, daß praktisch nur Dipolverluste übrigbleiben. Um die heutigen verlustarmen Papiere im Bereich der Betriebstemperaturen von 20···80 °C noch wesentlich verlustärmer zu machen, müßten auch die Dipolverluste gesenkt werden. Das würde aber einen Eingriff in die Gestalt des Zellulosemoleküls erfordern (s. hierzu S. 59).

Die Änderungen von ε und $\tan\delta$ der mit Clophen getränkten Kondensatoren in den jeweiligen Erstarrungsbereichen sind kleiner als die der Flüssigkeiten allein, Abb. 8, weil der Volumenanteil des Clophens am Gesamtvolumen des Dielektrikums nur 20···50% beträgt. Immerhin fällt ε und damit die Leistung des eingefrorenen Kondensators je nach Clophen- und Papiersorte auf 65···75% seiner Leistung bei 20 °C.

Mineralöl ist dagegen eine dipolfreie Flüssigkeit; das zeigt der Verlauf von ε und $\tan\delta$ des mit Mineralöl getränkten Kondensators in Abb. 70.

3.22 Die dielektrischen Vorgänge in Abhängigkeit von der Frequenz. Bei einer Erhöhung der Temperatur von -8 auf $+27$ °C verschiebt sich das Dispersionsmaximum von Clophen A 50 von 50 Hz nach 10^6 Hz, s. Abb. 9. Für die gleiche Verschiebung ist bei der Zellulose nach Abb. 14 der doppelte Temperaturbereich, nämlich etwa 73 grd (-80 °C bis -7 °C) nötig. In der Regel werden Leistungskondensatoren oberhalb der Dispersionsmaxima der Zellulose und des Clophens betrieben. In diesem Bereich steigt bei konstanter Temperatur der durch Dipolverluste verursachte Anteil des Verlustfaktors mit steigender Frequenz, umgekehrt ist es beim Betrieb unterhalb eines Dispersionsmaximums (Abb. 11 und 13).

Der durch Ionenleitverluste verursachte Anteil des Verlustfaktors hingegen sinkt mit steigender Frequenz, wie aus Abb. 13 bei Temperaturen oberhalb 100 °C zu entnehmen ist. Wendet man für den hier vorliegenden Verlustmechanismus das Ersatzschaltbild nach Abb. 3b und Gl. (15), $\tan\delta = \dfrac{1}{R\omega C}$, an, so müßte, falls R konstant, d. h. unabhängig von der Frequenz wäre, $\tan\delta$ ebenfalls auf das 0,1fache sinken. Da die Messung jedoch einen geringeren Abfall ergibt, muß R größer geworden sein; bei der 10fachen Frequenz könnten die Dipolverluste noch merklich sein, vor allem aber wird der auf Ionenleitverluste zurückzuführende Anteil von R zunehmen. Man erkennt an diesem Beispiel, daß die Veranschaulichung der Vorgänge an Hand der einfachen Ersatzschaltbilder der Abb. 3 nur grob gelingt. Das wird auch bei Betrachtungen des komplizierten Verlaufs des Verlustfaktors in Abb. 13 verständlich. Zwar kann meist entschieden werden, welches der beiden Ersatzschaltbilder für einen bestimmten Verlustmechanismus zutreffender ist, eine zahlenmäßige Wiedergabe jedoch erfordert die Kenntnis von r, R, ihrer Kombination und ihrer Änderung mit Frequenz und Temperatur, wozu wiederum die Kenntnis der Anteile der Dipol- und Ionenleitverluste erforderlich ist.

3.23 Die dielektrischen Vorgänge in Abhängigkeit von der Feldstärke. Da die Leistung eines Kondensators quadratisch mit der Feldstärke wächst, versucht der Kondensatorbauer, diese zu steigern. Andererseits bestimmt die Feldstärke, neben der Temperatur, die Lebensdauer des Kondensators ausschlaggebend.

Im Wechselfeld werden Atome polarisiert, es drehen sich Dipolmoleküle, und es wandern Ionen in Feldrichtung. Wie werden die verschiedenen Vorgänge von der Feldstärke beeinflußt?

3.231 Polarisierte Atome und Dipolmoleküle. Wie auf S. 18 ausgeführt, ist die Deformation der Atome durch die Polarisation sehr klein und proportional der Feldstärke bis zu den praktisch vorkommenden Durchschlagfeldstärken. Verluste werden dabei nicht erzeugt.

Die Ausrichtung der Dipolmoleküle im Wechselfeld ist ebenfalls der Feldstärke proportional. Bei Nennfeldstärke sind längst nicht alle Dipolmoleküle ausgerichtet, auch bei Durchschlagfeldstärke tritt noch keine Sättigung ein (s. S. 20). Infolgedessen bleibt der von der Dipoldrehung abhängige Anteil des Verlustfaktors bei sich ändernder Feldstärke konstant.

3.232 Ionenwanderung im Papier und Tränkmittel. Die von restlichen Verunreinigungen herrührenden Ionen, z. B. H-, Cl-, Na-Ionen (s. S. 57), haben verschiedene Größe und Beweglichkeit. Von Bedeutung ist vor allem, ob sie sich im Tränkmittel oder auf und in der Papierfaser bewegen. Die Ionengeschwindigkeit in den festen Isolierstoffen ist sehr viel kleiner als in flüssigen, was man bei diesen an der starken Abnahme der Ionengeschwindigkeit und damit der Leitfähigkeit bei Senkung der Temperatur und beim Übergang vom flüssigen in den festen Zustand erkennt; auch die lange Dauer der Nachladevorgänge (Abb. 68) weist darauf hin. Das führt auch zu einem unterschiedlichen Verlauf der auf die Ionenwanderung im Papier einerseits und im Tränkmittel andererseits zurückzuführenden Anteile des Verlustfaktors.

Ionenwanderung im Papier. Nach P. Böning (S. 31) gleiten die Ionen auf der Oberfläche der Papierfaser im Wechselfeld hin und her. Man kann sich die Faser als hochohmigen Widerstand vorstellen, der weit über die üblichen Betriebsfeldstärken hinaus konstant ist. Somit ist

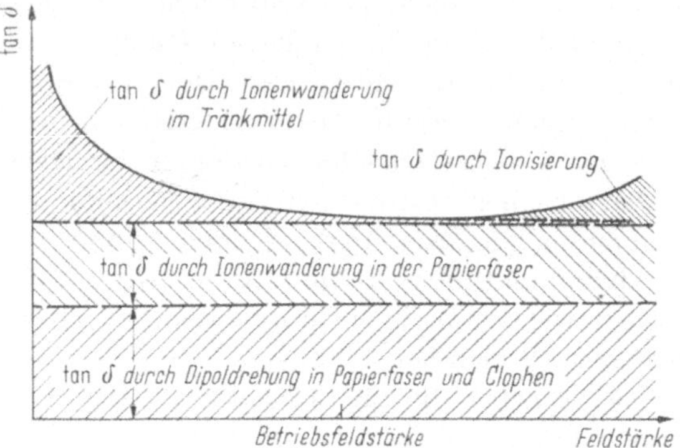

Abb. 71. Trennung der dielektrischen Verluste (bei 20 °C).

auch dieser Anteil des Verlustfaktors weitgehend von der Feldstärke unabhängig, wie in Abb. 71 gezeichnet. (Näheres s. auch S. 122). Ein Anstieg des Verlustfaktors dürfte erst eintreten, wenn die Feldstärke sich der Durchschlagfeldstärke nähert, wobei sich Gleit- und Haftionen von der Papierfaser lösen (Ionisierung).

Ionenwanderung im Tränkmittel. Das Oszillographieren dielektrischer Ströme. Abb. 71 zeigt, daß der Anteil $\tan\delta_{\mathrm{tr}}$ des Verlustfaktors, der auf die Ionenwanderung im Tränkmittel zurückzuführen ist, mit wachsender Feldstärke etwa umgekehrt proportional zur Feldstärke sinkt, d. h.

$$\tan\delta_{\mathrm{tr}} \approx \frac{i_{v,\,\mathrm{tr}}}{U\,\omega\,C} = \frac{\mathrm{const}}{U} . \qquad (43)$$

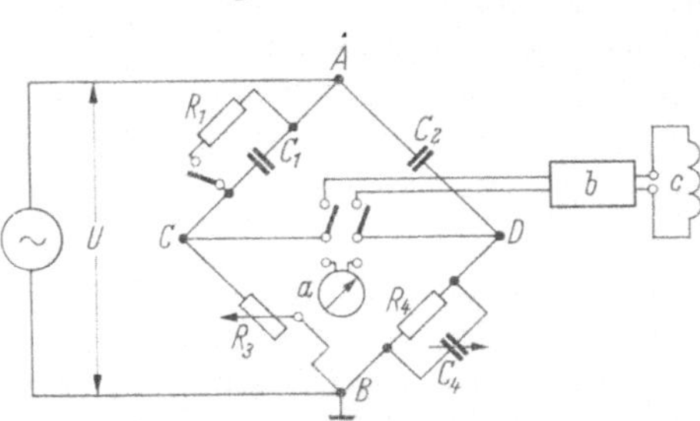

Abb. 72. Brückenschaltung (Schering-Brücke) zum Oszillographieren von dielektrischen Strömen. Es sind: C_1 der zu untersuchende Kondensator mit dem Verlustwiderstand R_1, C_2 ein verlustloser Vergleichskondensator, R_3 und R_4 rein ohmsche Widerstände und C_4 ein Kurbelkondensator zum Abgleichen der Brücke; *a* das Vibrationsgalvanometer, *b* ein Röhrenverstärker, *c* der Oszillograph [158].

Daraus folgt, daß der Verluststrom $i_{v,\,\mathrm{tr}}$ konstant und die Zahl der Ionen im Tränkmittel begrenzt ist. Weg und Geschwindigkeit der Ionen zwischen den Papierlagen und in den Poren des Papieres nehmen jedoch mit wachsender Feldstärke zu; sie werden schließlich bei genügend hoher Feldstärke im Laufe einer Halbwelle an den Papierfasern gebremst und erzeugen, zum Stillstand gekommen, keine Verluste mehr. $i_{v,\,\mathrm{tr}}$ kann dann nicht mehr sinusförmig sein. Diese Überlegungen führten 1933 F. Liebscher [*158, 159*] dazu, den Verluststrom zu oszillographieren. Dieser ist dem etwa tausendfach größeren Kapazitätsstrom I_C überlagert und wird nach einem Vorschlag von A. Gemant [*87*] in der Schering-Brücke von I_C getrennt und verstärkt (s. Abb. 72).

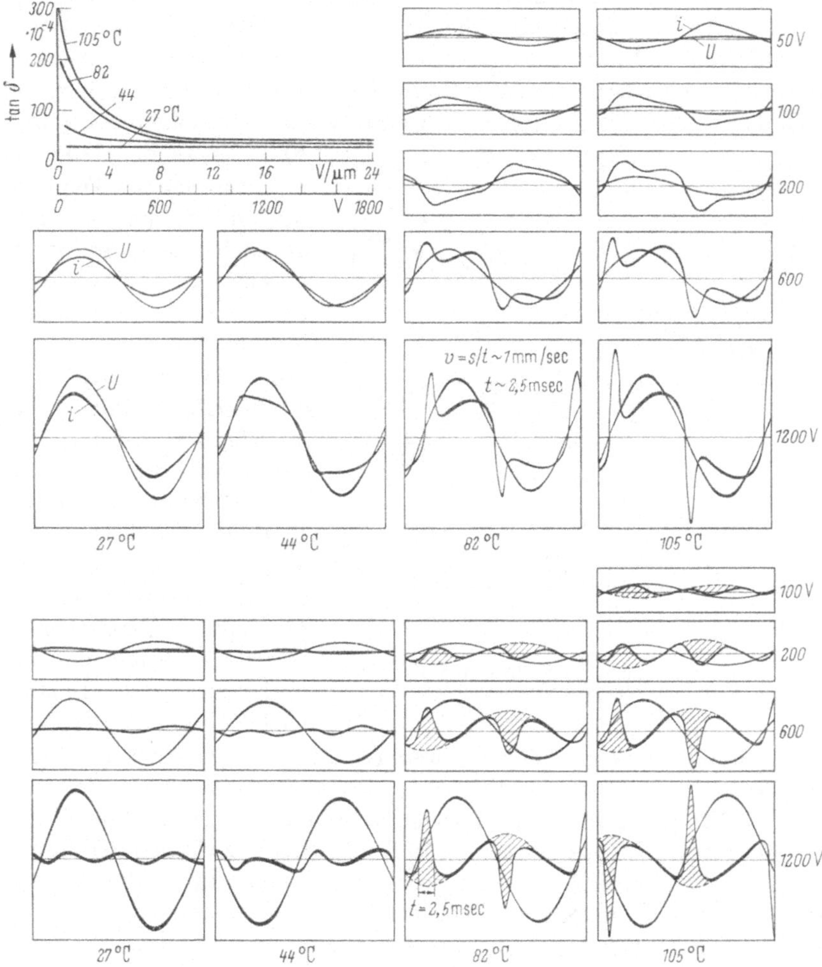

Abb. 73. Zusammenhang zwischen Verlustfaktor und dielektrischem Strom (i-Kurven, oben) und dielektrischem Oberwellenstrom (i_h-Kurven, unten) in Papierkondensatoren mit Clophen A 40 [*158*].

Dabei werden an der Brückendiagonale CD zweierlei Restspannungen abgenommen, das eine Mal die Restspannung bei vollkommen abgeglichener Brücke, das andere Mal die Restspannung nach Abschalten von C_4; sie stellen gleichzeitig die Restströme dar, da Verstärker und

Oszillograph den Kreis rein ohmisch belasten. Die sinusförmige Spannung des Kondensatorwickels ist stets mit aufgezeichnet, um die Phasenlage kenntlich zu machen; alle Maßstäbe für U und i blieben konstant (Abb. 73). Die unteren Kurven zeigen den Oberwellenstrom i_h; er enthält den gesuchten Ionenstrom $i_{v,\,tr}$ (schraffiert) und eine sinusförmige Komponente (teilweise gestrichelt vervollständigt), die sich mit dem schraffierten Teil zu Null ergänzt und für den vollkommenen Abgleich der Brücke erforderlich ist. Wird nun C_4 abgeschaltet, dann addiert sich noch der Verluststrom i_v (obere Kurven); (weitere Einzelheiten s. [158]).

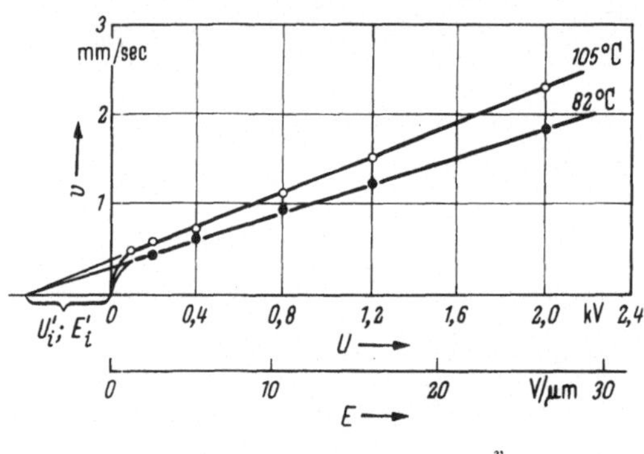

$$\text{Spaltbreite } s = 3\ \mu\text{m} \qquad k = \frac{v}{(E + E_i)}$$

ϑ °C	105	82
$k\ \dfrac{\text{cm}}{\text{sec}}$ je $\dfrac{\text{V}}{\text{cm}}$	$7 \cdot 10^{-7}$	$6 \cdot 10^{-7}$

Abb. 74. Geschwindigkeit v und Beweglichkeit k der Ionen in Clophen A 40.

Abb. 73 zeigt, daß sich mit wachsender Temperatur und Spannung immer deutlicher eine Spitze des Ionenstromes $i_{v,\,tr}$ ausprägt und zum Anfang der Spannungshalbwelle vorrückt; infolgedessen wird die durch $i_{v,\,tr}$ bedingte Verlustleistung kleiner und damit auch $\tan\delta_{tr}$. Denkt man sich in den oberen Kurven die Ionenstromspitze entfernt, so bleibt der den Verlusten im Papier entsprechende, sinusförmige Verluststrom übrig (außerdem eine 3. Oberwelle, die auf die Bewegung der Aluminiumfolien zurückzuführen ist, die von der Anziehungskraft des Wechselfeldes verursacht wird; sie ist im unteren Oszillogramm 1200 V/27 °C gut sichtbar). Die Oszillogramme bestätigen die Vorstellung, daß die Ionen im Tränkmittel bei 50 Hz die Spalte zwischen den Papierlagen durchlaufen und bei genügend hoher Temperatur und Feldstärke am Papier zur Ruhe kommen. Die Größe der Spalte hängt von der Zahl und dem Preßdruck der Wickel ab. Im Fall der Abb. 74 wurde ein Mittelwert von $s \approx 3\ \mu$m bestimmt. Entnimmt man aus den Oszillogrammen die Laufzeit t der Ionen (Basis der Ionenstromspitze, wie aus Oszillogramm 1200 V/82 °C ersichtlich), so kann die Ionengeschwindigkeit $v = s/t$ überschlägig bestimmt werden. Die Geraden schneiden die Abszisse im negativen Gebiet. Die abgeschnittene Strecke entspricht einer inneren Gegenspannung $-U'_i$ oder Feldstärke $-E'_i$, die von den Ionenladungen (s. S. 103) erzeugt wird. Diese Gegenspannung bremst die Ionen; der Abfall des Verlustfaktors wird also nicht allein durch das Anstoßen der

Tränkmittelionen an die Papierfasern verursacht, er kann auch auftreten, wenn keine Barrieren in Form von festem Isolierstoff vorhanden [85] oder wenn die Spalte sehr groß sind [158, Bild 19]. Wenn in der nächsten Halbwelle die Wechselspannung U ihre Richtung umkehrt, addiert sich U_i' und trägt zur Erhöhung der Ionengeschwindigkeit bei. Die Neigung der Geraden ergibt die Ionenbeweglichkeit $k = \dfrac{v}{E + E_i'}$, Tab. 19 bringt weitere Zahlenwerte.

Bei verschieden breiten ausgeprägten Spalten ergeben sich mehrere Ionenstromspitzen, ferner Polaritätseffekte (s. [158]). Eine weitere Reihe von Oszillogrammen, die an einem Kondensatorwickel aufgenommen wurden, dessen Mineralöl sich im Betrieb stark verschlechtert hatte, zeigt Abb. 77.

Bei niedrigen Feldstärken und hohen Temperaturen steigt nach Abb. 73 der Verlustfaktor steil an. Die Frage nach seinem weiteren Verlauf, wenn die Feldstärke gegen Null geht, veranlaßte weitere Messungen

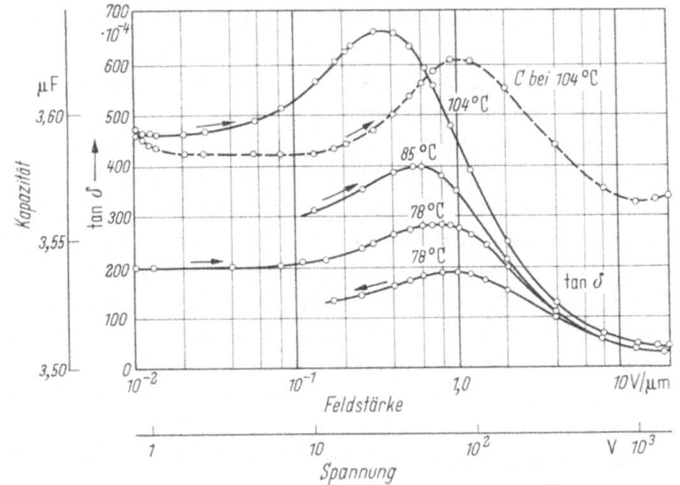

Abb. 75. Ionenbewegung in dünnen Flüssigkeitsschichten.
Verlustfaktor und Kapazität bei einem Kondensatorwickel mit 4 Lagen Papier von je 19 µm Dicke und $\varrho = 0{,}85$ g/cm³, getränkt mit Clophen A 50.

(s. Abb. 75). Der Verlustfaktor durchläuft bei Feldstärken zwischen 0,3 und 1 V/µm ein Maximum. Unterhalb 0,1 V/µm ändert er sich nur noch wenig. Die im Wechselfeld pulsierenden Ionenladungen erhöhen die Kapazität um 1,57%, ein bemerkenswerter Betrag, der, ebenso wie der beträchtliche Verlustfaktoranstieg, auf die 1940 relativ große Leitfähigkeit des Clophens A 50 (Abb. 38), auf die geringe Dichte des Papieres und auf relativ dicke Spalte[1] zwischen den Papierlagen zurückzuführen ist. Der Verlauf der Verlustfaktor- und Kapazitätskurven und die Ionenstromoszillogramme führen zu folgenden Vorstellungen:

Im spannungslosen Zustand und im Bereich $< 0{,}01$ V/μm sind Ionen nur infolge der Brownschen Bewegung der Moleküle vorhanden (thermische Dissoziation). Im Bereich $0{,}03\cdots0{,}1$ V/μm beginnt die Aufspaltung[2] weiterer noch nicht dissoziierter Moleküle in positive und negative Ionen, ein Vorgang, wie er bereits in Abb. 69 bei Gleichspannung im gleichen Feldstärkebereich zu sehen ist. Damit vergrößern sich Ionenstrom und Verlustfaktor. Im Verlustfaktormaximum durchlaufen die Ionen (im Mittel) gerade die Spalte, ohne an den Papierfasern anzustoßen. Bei weiterer Steigerung der Feldstärke stoßen sie an, und damit sinkt der Verlustfaktor, wie oben beschrieben. Das Maximum der Verlustfaktorkurven rückt mit sinkender Temperatur nach höheren Feldstärken, da wegen der steigenden Zähigkeit des Clophens größere Kräfte zur Bewegung der Ionen benötigt werden. Die Richtungspfeile zeigen, daß die Kurven meist bei steigender Spannung aufgenommen wurden; auffällig ist nun, daß die bei sinkender Spannung aufgenommene 78-°C-Kurve beträchtlich tiefer liegt als die bei steigender Spannung aufgenommene 78-°C-Kurve. Die Ursache ist eine Adsorption von Ionen an den Papierfasern, auf die auf S. 119 eingegangen wird.

Das Maximum der im Wechselfeld pulsierenden Ionenladung wird erst im Maximum der Kapazitätskurve (bei 1 V/μm, 104 °C) erreicht; die Vergrößerung der Kapazität durch die Ionenladung wird oberhalb 1 V/μm allmählich geringer, bei 13 V/μm tritt die Ionenladung fast nur noch als Ionenstromspitze auf (Abb. 73, Oszillogramm 1200 V/105 °C; noch deutlicher ist [158, Bild. 19, Oszill. 149]). Während dieser Abfall der Kapazität in erster Linie auf die Bewegung der Ionenladungen in den Spalten zwischen den Papierlagen zurückzuführen ist, hat der kleine Kapazitätsabfall im Bereich von $0{,}01\cdots0{,}02$ V/μm möglicherweise seine Ursache in der Ladungsbewegung in den viel kleineren Poren des Papieres.

Der Verlauf der Kapazitäts- und $\tan\delta$-Kurven (bei 104 °C) im Bereich von $0{,}1\cdots1$ V/μm regt zu einem Vergleich mit dem ähnlichen Verlauf der ε- und $\tan\delta$-Kurven im Bereich der Dispersionsmaxima in Abb. 8 und Abb. 70 an; bei dem letzteren handelt es sich um die drehende Bewegung von Ladungen im Wechselfeld (in Abhängigkeit von der Temperatur), im jetzigen Fall um eine geradlinige Bewegung von Ladungen in Richtung des Wechselfeldes (in Abhängigkeit von der Feldstärke).

---

[1] Darauf weist auch der Anstieg der Kapazität im Bereich von $13\cdots20$ V/μm hin, in dem die elektrostatische Anziehung der Aluminiumfolien wirksam wird, wobei das Tränkmittel aus den Spalten hinausgedrückt wird, s. [158, Bild 4 und 6].

[2] C. G. GARTON deutet den Vorgang anders, s. S. 115. Wahrscheinlich sind beide Effekte vorhanden.

C. G. GARTON [85] hat die Vorgänge im Tränkmittel theoretisch und experimentell untersucht. Er geht vom Gleichgewicht zwischen den durch thermische Dissoziation erzeugten und den durch Wiedervereinigung verlorengehenden Ionen aus. Durch Anlegen eines Wechselfeldes trennen sich positive und negative Ionen, ihre Rekombination ist nur in der Zeit des Feldwechsels möglich, während der sich beide Ionenwolken durchdringen. Diese Zeit wird mit wachsender Feldstärke kleiner, und daher nimmt die Zahl der Ionen zu (Abb. 76, Kurve 2). GARTON stellt die Glei-

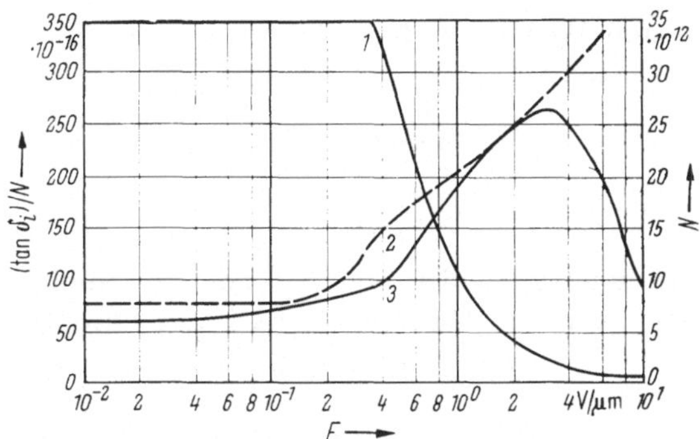

Abb. 76. Verlustfaktor $\tan\delta_i$ je Ion und Ionenzahl N, abhängig von der Feldstärke E in einem Kondensatorwickel.

1 $(\tan\delta_i)/N = f(E)$; 2 $N = f(E)$ rechnerisch nach GARTON ermittelt, vorausgesetzt ist, daß Ionen von den Papierfasern nicht festgehalten werden; 3 $N = f(E)$ für $\vartheta = 104\,°C$ aus den Meßwerten der Abb. 75 berechnet.

chung für die Bewegung der Ionenwolken im Flüssigkeitsspalt auf und berechnet daraus den Verlauf des Verlustfaktors in Abhängigkeit der Feldstärke, die Zahl, Größe und Beweglichkeit der Ionen (s. Tab. 19); andererseits mißt er den Verlustfaktorverlauf an einem kleinen Plattenkondensator mit blanken und isolierten Elektroden in Trichlorbenzol bei Spaltdicken von 30···40 µm. Er findet eine bemerkenswerte Übereinstimmung der Rechnung mit dem Experiment, ausgenommen bei sehr kleinen Feldstärken.

Aufbauend auf diese Arbeit stellen W. HELD und K. WENZEL [102] die Bewegungsgleichung für 1 Ion auf und vergleichen ebenfalls die Ergebnisse ihrer Rechnung mit den Meßergebnissen von C. G. GARTON und F. LIEBSCHER. Bewegt sich ein Ion mit der Masse m im elektrischen Feld mit der Geschwindigkeit v, so gilt

$$m\frac{dv}{dt} = F(t) - F_r. \tag{44}$$

Hier ist $F(t)$ die treibende Kraft des elektrischen Feldes

$$F(t) = n\,e\,\hat{E}\sin\omega t \tag{45}$$

mit n der Wertigkeit des Ions, e der Elementarladung und F_r der Bremskraft nach dem Stokesschen Gesetz, das mit guter Näherung auch noch für Ionen in Flüssigkeiten (außer Wasser) gilt:

$$F_r = 6\,\pi\,\eta\,R\,v \tag{46}$$

mit η der dynamischen Zähigkeit des Tränkmittels und R dem Ionenradius.

Die Lösung der Differentialgleichung (44) führt mit den Anfangsbedingungen $x = 0$, $v = 0$ für $t = 0$ zu den gesuchten Funktionen für Geschwindigkeit v und Weg x des Ions, nachdem zulässige Vernachlässigungen ausgeführt sind:

$$v(t) = \frac{n\,e\,\hat{E}}{6\,\pi\,\eta\,R}\sin \omega t, \tag{47}$$

$$x(t) = \frac{n\,e\,\hat{E}}{6\,\pi\,\eta\,R\,\omega}(1 - \cos \omega t). \tag{48}$$

Aus Gl. (48) folgt diejenige Feldstärke $\hat{E}'$, bei der das Ion innerhalb einer Halbwelle gerade den Flüssigkeitsspalt der Dicke d durchläuft

$$\hat{E}' = \frac{3\,\pi\,\eta\,R\,\omega\,d}{n\,e}. \tag{49}$$

Die vom elektrischen Feld je Ionen*paar* geleistete Arbeit bei der Bewegung durch den Flüssigkeitsspalt ist

$$W = 2 \int\limits_0^d F\,d\,x. \tag{50}$$

Daraus [*102*, Gln. (15) bis (32)] folgt, solange das Ion während der Zeit $T/2$ einer Halbwelle nicht anstößt oder höchstens gerade den Flüssigkeitsspalt durchlaufen hat, also für $\hat{E} \leq \hat{E}'$, der Verlustfaktor durch Ionenleitung je Ionenpaar, wobei N die Zahl der Ionenpaare je Volumeneinheit bedeutet,

$$\frac{\tan \delta i}{N} = \frac{n\,e\,d}{\varepsilon_r\,\varepsilon_0}\,\frac{1}{\hat{E}'} \sim \frac{1}{R\,\eta\,\omega} \tag{51}$$

und für wesentlich größere Feldstärken, $\hat{E} \gg \hat{E}'$, also z. B. im Bereich der Nennfeldstärke, wo das Ion den Spalt in einer Zeit $\tau \ll T/2$ durchläuft,

$$\frac{\tan \delta_i}{N} \sim (R\,\omega\,\eta)^{1/2}\,d^{3/2}\,E^{-3/2}. \tag{52}$$

Die Gln. (51) und (52) geben den Verlauf des durch Ionen im Tränkmittel verursachten Beitrages $\tan \delta_i$ zum Verlustfaktor richtig wieder, wenn man, vgl. auch GARTON [*85*, Bild 5], zusätzlich noch berücksichtigt, daß die Zahl der freien Ionen mit der Feldstärke zunimmt (Abb. 76).

Die Gln. (49, 51, 52) ermöglichen die nachstehenden Schlußfolgerungen:

1. Für den Nennbetrieb getränkter Kondensatoren gilt Gl. (52). Da η im Zähler steht, müssen sich dünnflüssige Tränkmittel günstiger als

zähflüssige verhalten, gleichen Verunreinigungsgrad (gleiche Zahl N) vorausgesetzt.

2. $\tan \delta_i$ wird bei hoher Feldstärke wegen $E^{-3/2}$ vernachlässigbar klein und nimmt auch mit steigender Temperatur, d. h. sinkender Zähigkeit ab, da η im Zähler steht.

3. Bei hohen Frequenzen (z. B. 500···10000 Hz) haben die Ionen auch bei Nennfeldstärke nicht genügend Zeit, die Spalte zu durchlaufen. Es gilt also Gl. (51). Da ω im Nenner steht, wird $\tan \delta_i$ mit wachsender Frequenz kleiner und gegenüber den Verlusten im Papier meist vernachlässigbar klein.

4. Verlustfaktormessungen an Tränkmitteln werden in Meßgefäßen mit relativ großem Elektrodenabstand (1···2 mm) und bei kleiner Feldstärke (1 V/μm) ausgeführt. Es gilt daher Gl. (51). Schlüsse auf die Tränkmittelverluste im Kondensator können nur bedingt gezogen werden, da hier Gl. (52) gilt und der Ionenradius im Zähler steht, in Gl. (51) dagegen im Nenner. Der Einfluß der Ionengröße wirkt sich daher im falschen Sinne aus, die Messung im Meßgefäß täuscht zu kleine Verluste im Kondensator vor.

W. HELD und K. WENZEL stellen eine qualitativ gute Übereinstimmung der Berechnung der Ionenstromspitze mit den von F. LIEBSCHER oszillographierten Werten fest: Wenn $\hat{E} \gg \hat{E}'$, wenn also das Ion in einer Zeit $\tau \ll T/2$ den Spalt durchläuft, ist der Ionenstrom nicht mehr sinusförmig. Für den Maximalwert $i_{v\,\text{max}}$ der Ionenstromspitze gilt dann

$$i_{v\,\text{max}} \sim N \left(\frac{d}{R\,\omega\,\eta} \right)^{1/2} E^{1/2} . \tag{53}$$

Übereinstimmung der Theorie mit der Messung ergibt sich auch hinsichtlich des Zusammenhanges zwischen der Zähigkeit des Tränkmittels, des Verlustfaktormaximums und der zugehörigen Feldstärke. Aus Abb. 75 entnimmt man zunächst $\tan \delta_{\text{max}}$ und die zugehörigen Feldstärken E', Tab. 19. Um den Verlustfaktor $\tan \delta_{i\,\text{max}}$ zu erhalten, der die Verluste durch Ionenwanderung im Tränkmittel angibt, muß man von $\tan \delta_{\text{max}}$ den konstanten Verlustfaktoranteil der Papierverluste und der Dipolverluste im Clophen abziehen, den man den Kurven beim Abszissenwert 20 V/μm entnimmt.

Tabelle 19. *Zusammenhang zwischen Zähigkeit η, dem Verlustfaktormaximum $\tan \delta_{i\,\text{max}}$ des Ionenstromes im Tränkmittel und der zu $\tan \delta_{i\,\text{max}}$ zugehörigen Feldstärke E'*

Temperatur °C	$\tan \delta_{\text{max}}$	$\tan \delta_{i\,\text{max}}$	E' V/μm	η cP	η/E' cP·μm/V	$\eta \cdot \tan \delta_{i\,\text{max}}$ cP
104	0,067	0,062	0,35	5,5	15,7	0,34
85	0,040	0,036	0,60	9,6	16,0	0,35
78	0,029	0,026	0,75	12,0	16,0	0,31

Die vorletzte Spalte zeigt, daß die Feldstärke E', bei der die Ionen gerade anstoßen, der Viskosität η proportional ist, in Übereinstimmung mit Gl. (49). Aus der letzten Spalte ergibt sich, daß $\tan\delta_{i\,max}$ der Zähigkeit umgekehrt proportional ist, wie es Gl. (51) verlangt. Daraus folgt auch, daß die Temperatur die Vorgänge nur insofern beeinflußt, als sie die Zähigkeit η und damit die Beweglichkeit der Ionen ändert, nicht aber die Zahl der Ionen.

Die Zahl der Ionen wird jedoch mit steigender Feldstärke immer größer, wie z. B. auch aus Abb. 69 zu ersehen ist. Sie läßt sich für den Kondensator der Abb. 75 aus Gl. (51) näherungsweise zu $N = 1\cdots 2 \cdot 10^{13}$ cm^{-3} berechnen, wobei der Ionenradius R aus Gl. (49) unter der Annahme daß $E' = 0{,}35$ V/µm (Kurve für 104 °C), und die Spaltdicke $d = 2{,}5\cdots 5$ µm beträgt, zu $9{,}5\cdots 19$ Å errechnet wird. Dieser große Wert für R weist darauf hin, daß H-, OH-, Na-Ionen oder andere Verunreinigungen aus dem Papier, z. B. Harzsäuren, an ein Clophenmolekül angelagert sind. Da 1 cm^3 Clophen A 50 etwa $2{,}8 \cdot 10^{21}$ Moleküle enthält, entfällt somit 1 Ion auf etwa 10^8 Clophenmoleküle, bei gut gereinigtem Clophen auf $10^9\cdots 10^{10}$ Moleküle. Einen Vergleich der aus Rechnung und Messung gewonnenen Ionenzahlen zeigt Abb. 76, wobei die 104-°C-Kurve der Abb. 75 zugrunde gelegt wurde. Kurve 1 zeigt den nach Gl. (51) und (52) berechneten Verlauf von $\tan\delta_i/N$. Rechnet man nun den Verlustfaktor der 104-°C-Kurve unter Berücksichtigung der Reihenschaltung von Papierfasern und

Tabelle 20. *Geschwindigkeit v, Beweglichkeit k, Radius R und Zahl N der Ionen in Isolierflüssigkeiten*

Autor	Literatur	Isolierflüssigkeit	Temperatur °C	v bei 15 V/µm cm/sec	k cm/sec je V/cm $\times 10^{-6}$	R $\times 10^{-8}$ cm	N je cm^3 $\times 10^{10}$
A. Nikuradse	[192, S. 110] [193]	Transformatorenöl	20	—	92	—	—
		Trichlorbenzol	20		155	2,4	
C. G. Garton	[85]	Pentachlordiphenyl	77	—	0,59	10,2	30
F. Liebscher	[158]	Pentachlordiphenyl	82	0,12	0,4		
W. Held und K. Wenzel	[102]	Pentachlordiphenyl	82	0,17 bis 0,18	0,6	9,5 bis 19	10 bis 1000[1]

[1] Je nach Menge der Verunreinigungen.

Tränkmittel um und dividiert durch die Ordinatenwerte der Kurve *1*, so erhält man Kurve *3*. Kurve *2* wurde nach GARTON [*85*, Bild 5] berechnet; sie stimmt mit Kurve *3* bis 3 V/µm recht gut überein. Bei höheren Feldstärken sinkt Kurve *3*, weil ein großer Teil der Ionen im Papier festgehalten wird, wie es die bei sinkender Spannung gemessene 78-°C-Kurve der Abb. 75 zeigt. Diesen Einfluß berücksichtigt die Gartonsche Theorie nicht. Anscheinend werden die Ionen von den Hydroxylgruppen der Zellulosemoleküle adsorbiert und bleiben es im Dauerbetrieb. Erst wenn der Kondensator einige Tage außer Betrieb ist, lösen sich die Ionen und wandern wieder ins Tränkmittel, wie die praktische Erfahrung zeigt. Es wird dann wieder der ursprüngliche hohe Verlustfaktor gemessen. Die Verschiebung von $\tan\delta_{i\,max}$ zu höherer Feldstärke E' bei der 78-°C-Abwärtskurve deutet darauf hin, daß die kleineren Ionen tiefer in das Papier eindringen und besser festgehalten werden als die größeren.

In Tab. 20 sind einige Zahlenwerte aus den obengenannten Arbeiten nebeneinandergestellt.

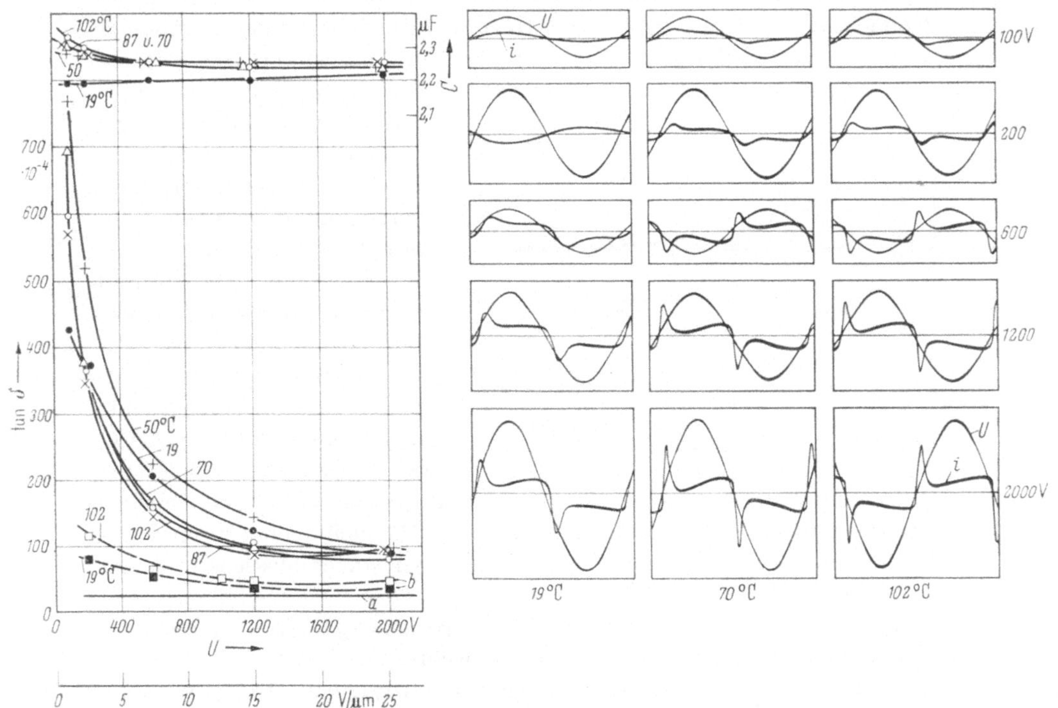

Abb. 77. Kondensatorwickel mit stark gealtertem Mineralöl. Kapazitäts- und Verlustfaktorabfall und Ausbildung einer Ionenstromspitze.

Kurve *a*: tan δ des neuen Kondensators; Kurve *b*: Wickel, der nicht in Betrieb war.

3.233 Verminderung der Zahl der Ionen und Verhinderung der Ionenwanderung.

a) Einfluß der Reinheit der Isolierstoffe. Im vorigen Abschnitt wurde gezeigt, daß die dielektrischen Verluste durch Ionenwanderung im Tränkmittel bei Betriebsfeldstärke und Netzfrequenz im allgemeinen vernachlässigbar klein sind. Trotzdem sollte die Zahl der Ionen so klein wie möglich gehalten werden, weil die Gefahr ihrer weiteren Vermehrung im Laufe des Betriebs und damit einer Alterung besteht. Ein drastisches Beispiel lieferte 1934 ein mit Mineralöl getränkter Leistungskondensator, der nach zweijährigem Betrieb infolge einer Netzstörung tagelang mit der $\sqrt{3}$fachen Spannung, d.h. mit der 3fachen Leistung und mit einer Innentemperatur von 70⋯80 °C betrieben worden war. Abb. 77 zeigt den Verlustfaktor und die Kapazität eines Wickels dieses Kondensators und die zugehörigen Ionenstromoszillogramme [*158*, Bild 16]. Der Verlustfaktor des Mineralöles hatte sich durch Lösung von Verunreinigungen, Leim und Harzen aus dem Papier und insbesondere aus dem unreinen Isolierpreßspan beträchtlich erhöht. Dadurch war der Verlustfaktor des Kondensators nicht nur bei niedrigen Feldstärken, sondern nunmehr auch bei Betriebsfeldstärke auf den 3fachen Anfangswert angestiegen. Diese Zunahme konnte nicht allein vom Ionenstrom im Tränkmittel herrühren, denn dessen stark ausgeprägte Ionenstrompitze lag dicht am Spannungsnulldurchgang (bereits bei 19 °C, wegen der Dünnflüssigkeit des Mineralöls). Das Öl muß vielmehr auch die Oberflächenleitfähigkeit der Papierfasern vergrößert haben. Es ist auch in einen nichtangeschlossenen Reservewikkel hineindiffundiert (Kurven *b*) und hat dessen Verlustfaktor erhöht, jedoch wesentlich weniger, woraus man schließen kann, daß nicht das Öl allein, sondern auch die Betriebsbeanspruchung den Verlustfaktor der angeschlossenen Wickel vergrößert haben muß.

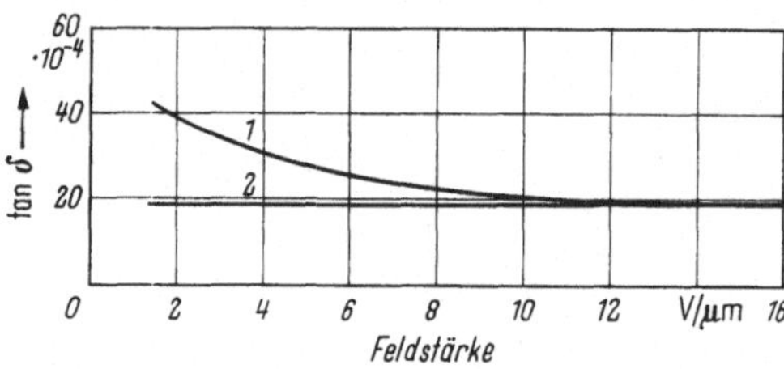

Abb. 78. Ionenadsorption durch Aluminiumoxyd. Maschinenglatte Papiere von 1964, getränkt mit Clophen A 30, bei 65 °C.
Kurve *1*: normales Natronzellulosepapier;
Kurve *2*: Papier mit 5 % Aluminiumoxyd.

b) Adsorption der Ionen durch Aluminiumoxyd. Die Spannungsabhängigkeit verschwindet sogar ganz, wenn dem Papier 3⋯5 % seines Gewichts Aluminiumoxyd Al_2O_3 beigemengt wird, Abb. 78. Dieses Pulver adsorbiert Ionen. F. LIEBSCHER und H. RIMKUS gaben bereits 1939, als Isolierstoffe der heutigen Reinheit noch nicht erhältlich waren, mit gutem Erfolg geringe Mengen Kalk (CaO) oder Natriumhydroxyd (NaOH) in das Papier oder Tränkmittel. Andere Stoffe, wie Bleicherde, Aktivkohle, Aluminiumoxyd Al_2O_3, wurden schon länger zur Filterung und Reinigung von Isolierflüssigkeiten benutzt. R. MIKSITS, Tervakoski/ Finnland, erhielt für die Verwendung von Aluminiumoxyd für Kondensatorpapier das Britische Patent No. 874981 vom 16. Januar 1959. M. TUURI, B. ANTHONI und P. VALKEILA [280] berichten über die Untersuchung zweier Kondensatorpapiere, die sie aus der gleichen Zellulose unter gleichen Fertigungsbedingungen herstellten, wobei sie dem einen Papier 5% Aluminiumoxydpulver beimengten. Die Verlustfaktorkurven des Oxydpapiers (s. Abb. 79), stimmen bei 1 und 10 V/μm überein, die Kurve des normalen Papiers liegt bei 1 V/μm höher als bei 10 V/μm. Wichtig ist, daß Kurve *2* auch bei hohen Temperaturen tiefer liegt als Kurve *1*. Somit vermindert Al_2O_3 nicht nur die Zahl der Ionen im Tränkmittel, sondern setzt auch die Ionenleitverluste im Papier bei hohen Tempera-

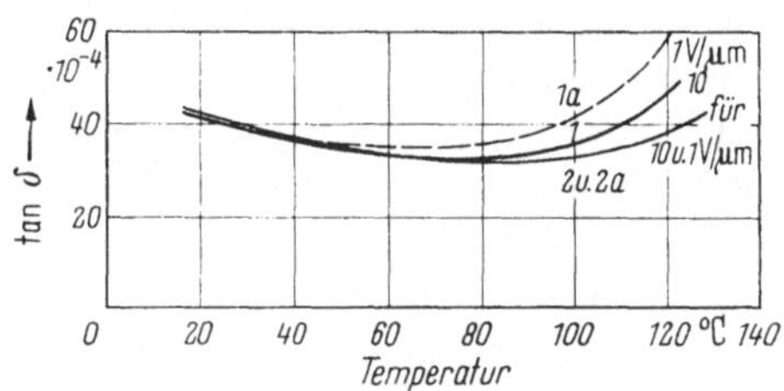

Abb. 79. Ionenadsorption durch Aluminiumoxyd.
Kurve *1* und *1a*: normales Papier; Kurve *2* und *2a*: Papier mit 5% Aluminiumoxyd.

turen herab, indem es einen Teil der auf den Fasern sitzenden Ionen festhält. Damit wird der Kippfaktor β größer (Abb. 117). Dauerversuche mit kleinen Wickeln, getränkt mit Clophen A 50, betrieben mit 16 V/μm, 50 Hz, bei 120···130 °C über 200···300 h, ergaben eine höhere Lebensdauer der Wickel mit Oxydpapier. Das Aluminiumoxyd verbessert auch den Isolationswiderstand der Wickel und vermindert den Verlustfaktor der Gehäuseisolation.

Das Al_2O_3-Pulver muß Korngrößen < 0,5 μm haben und in feinster Verteilung gleichmäßig ins Papier gebracht werden; Zusammenballungen lassen sich leider nicht vollständig vermeiden, wodurch die Durchschlagfestigkeit herabgesetzt werden kann. Das Pulver kann nur eine begrenzte Menge Verunreinigungen binden. Der Papierbrei muß daher nach wie vor weitgehend gereinigt und das Aluminiumoxyd darf nicht dazu benutzt werden, eine mangelhafte Reinigung zu verdecken.

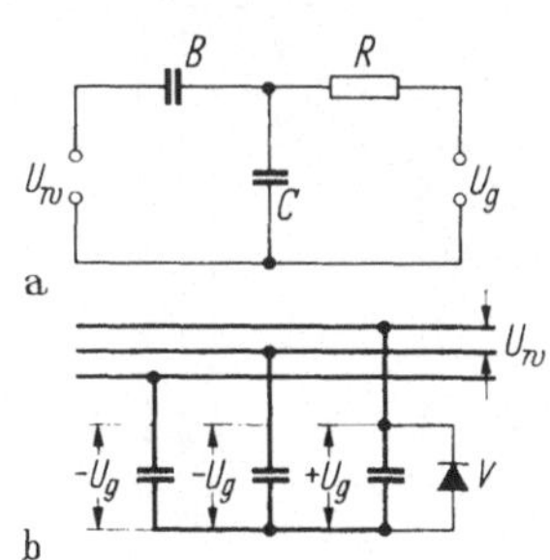

Abb. 80a u. b. Überlagerung einer Gleichspannung U_g über die Wechselspannung U_w eines Kondensators C.
B Blockkondensator; *R* Widerstand.

c) Stillegung der Ionen durch Überlagerung einer Gleichspannung. Der Verlustmechanismus im Papier. Die Wanderung der Ionen im Tränkmittel kann durch Überlagerung einer Gleichspannung U_g über die Wechselspannung U_w unterbunden werden (Abb. 80a), wobei $U_g > \hat{U}_w$

sein sollte. Der Kondensator B und Widerstand R trennen die Gleich- und die Wechselspannungsquelle elektrisch voneinander. Sehr einfach läßt sich die überlagerte Gleichspannung U_g mit Hilfe der Netzspannung U_w durch ein einziges Gleichrichterventil V erzeugen, wie Abb. 80b zeigt.

Bei überlagerter Gleichspannung sinkt der Verlustfaktor um einen Betrag, der den Verlusten im Tränkmittel entspricht (Abb. 71). Das bedeutet, daß die überlagerte Gleichspannung zwar das Wandern der Ionen im Tränkmittel verhindert, nicht aber das Wandern der Ionen auf den Papierfasern oder die Drehung der Dipolmoleküle, auch wenn $U_g \gg U_w$. Um diesen Unterschied zu verstehen, betrachten wir zunächst nur die Dipolmoleküle. Ist der Kondensator spannungslos, dann zeigen die Achsen der Dipole infolge der thermischen Bewegung der Moleküle regellos in alle Richtungen. Wird eine Gleichspannung angelegt, so werden sie in Feldrichtung gedreht. Dem Anstoßen der Tränkmittelionen an den Papierfasern würde hier eine vollständige Einstellung der Dipole in Feldrichtung entsprechen. Die hierzu nötige, der Feldstärke $\hat{E}'$ (s. S. 116) entsprechende Feldstärke ist jedoch unerreichbar hoch. „Dipolstromspitzen", analog den Ionenstromspitzen, sind also nicht möglich. Das Gleichfeld verursacht, abgesehen von der Einstellung der Dipole beim Einschalten, keine weiteren Drehungen und damit auch keine Verluste. Wird eine Wechselspannung überlagert, so dreht das Wechselfeld die Dipole im Takte der Frequenz, unbeeinflußt vom Gleichfeld. Die Dipolverluste ändern sich also durch Überlagerung einer Gleichspannung nicht.

Die Beweglichkeit der Ionen auf den Papierfasern ist sehr viel kleiner als die der Tränkmittelionen. Ihre Mehrzahl erreicht deshalb innerhalb einer 50-Hz-Halbwelle nicht das Ende ihres Weges.

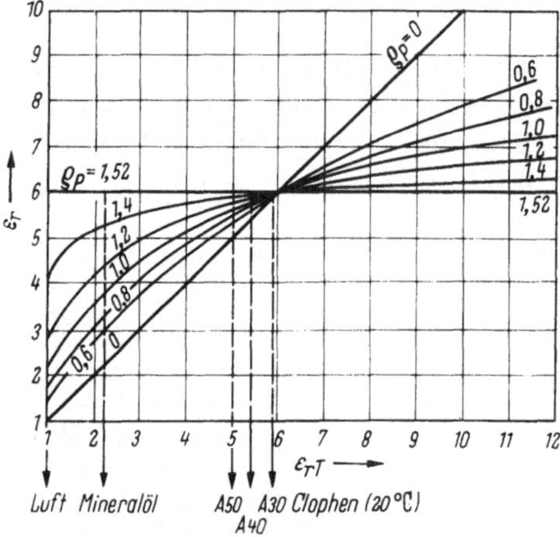

Abb. 81. DK eines Papierkondensators ε in Abhängigkeit von der DK des Tränkmittels ε_T bei verschieden großer Rohdichte ϱ_P des Papiers.

DK der Papierfaser: 6,0; Reindichte der Papierfaser: 1,52 g/cm³.

Auch hier ist also ein „Anstoßeffekt" und damit eine „Stromspitze der Papierionen" nicht möglich, die hierfür nötige Feldstärke ist ebenfalls unerreichbar hoch. Der Verlustfaktoranteil, verursacht durch Ionenleitung im Papier, kann somit auch bei hohen Feldstärken nicht sinken. Wird nunmehr eine Gleichspannung überlagert, so erzeugt sie einen

Nachladestrom, entsprechend Abb. 68. Wartet man das Ende dieser langdauernden Ionenwanderung ab, so mißt man auch bei $U_g \gg U_w$ keinen niedrigeren Verlustfaktor als bei $U_g = 0$. Daraus folgt, daß die Papierionen sich weiter bewegen können, wohingegen die Tränkmittelionen zur Ruhe kommen. Während diese in dünnen Schichten auf der Oberfläche der Papierlagen sitzen, die die Spaltgrenzen darstellen, verteilen sich die Papierionen nach wie vor relativ gleichmäßig über alle Papierfasern, da sie ihre Faser im allgemeinen nicht verlassen können. Anscheinend bilden sich auf jeder Faser Ionenwolken mit einem starken inneren Feld aus, das dem Gleichfeld entgegenwirkt und die Mehrzahl der Ionen daran hindert, das Ende ihres Weges zu erreichen. Innerhalb der Ionenwolke kann sich das einzelne Ion unter dem Einfluß der Wechselspannungskomponente weiter hin- und herbewegen und Verluste erzeugen.

3.234 Ionisation im Dielektrikum. Über die Vorgänge bei *hohen* Feldstärken und den Verlustfaktor durch Ionisierung (s. Abb. 71 und S. 138).

3.24 DK und Verlustfaktor in Abhängigkeit von Tränkmittel-DK und Papierdichte. Feldstärke in der Papierfaser

a) ε_r errechnet sich mit Gl. (27) zu:

$$\varepsilon_r = \frac{\varepsilon_{rT}\left(1 + \dfrac{\varrho_P}{1{,}52 - \varrho_P}\right)}{1 + \dfrac{\varepsilon_{rT}}{6{,}0}\cdot\dfrac{\varrho_P}{1{,}52 - \varrho_P}}, \quad (54)$$

s. Abb. 81. Die Rohdichte ϱ_P ist hierbei der am trockenen Papierblatt gemessene Wert, vermindert um einen von der Fabrikationsmethode abhängigen Bruchteil von wenigen Prozent, der die unvermeidlichen Spalte zwischen den Papierlagen berücksichtigt, deren Größe durch den Tränkfaktor f ermittelt werden kann (s. S. 50 und Tab. 10).

b) Der Verlustfaktor $\tan\delta$ und $\dfrac{\tan\delta}{\tan\delta_P}$ werden aus Gl. (36) errech-

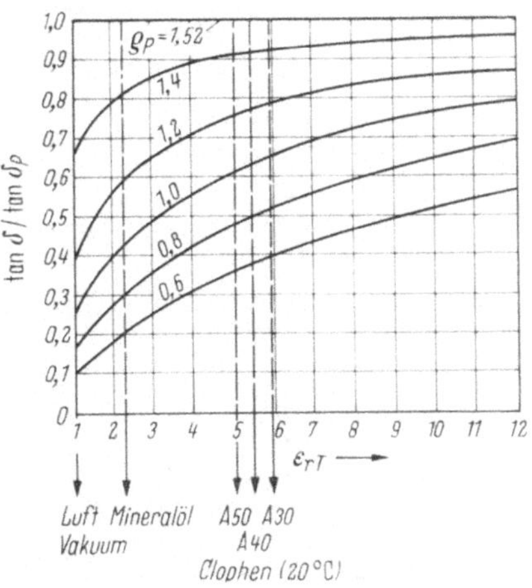

Abb. 82. Verhältnis des Verlustfaktors $\tan\delta$ eines Papierkondensators zum Verlustfaktor $\tan\delta_P$ der Papierfaser in Abhängigkeit von der DK ε_T des Tränkmittels bei verschiedener Dichte ϱ_P des Papiers.

net. Dabei wird vorausgesetzt, daß die dielektrischen Verluste im Tränkmittel vernachlässigt werden können, also $\tan\delta_T = 0$.

$$\frac{\tan\delta}{\tan\delta_P} = \frac{1}{1 + \dfrac{6{,}0}{\varepsilon_{rT}}\dfrac{1{,}52 - \varrho_P}{\varrho_P}}. \quad (55)$$

Aus Abb. 82 ergibt sich der jeweilige Zahlenwert $\tan\delta$ durch Multiplikation mit $\tan \delta_P = (35 \cdots 40) \cdot 10^{-4}$ (S. 55), wobei der kleinere Wert für gute Papiere aus dem Jahre 1962 gilt.

c) Die Feldstärke E_P in der Papierfaser errechnet sich mit Gl. (18) zu

$$\frac{E_P}{E} = \frac{1}{\dfrac{\varrho_P}{1{,}52} + \dfrac{6{,}0}{\varepsilon_{rT}} \dfrac{1{,}52 - \varrho_P}{1{,}52}} \,. \tag{56}$$

Abb. 83 zeigt, daß das Clophen dielektrisch weniger beansprucht wird als das Mineralöl, ein Vorteil des Clophenkondensators, da flüssige Isolierstoffe stets weniger durchschlagfest und weniger alterungsbeständig sind als feste Isolierstoffe. Man könnte meinen, daß dieser Vorteil dadurch wieder aufgehoben wird, daß der Clophenkondensator wegen der größeren Feldstärke E_P höhere dielektrische Verluste hat und wärmer wird als der Mineralölkondensator und aus *diesem* Grunde stärker altern müßte. Dies trifft jedoch wegen der hohen Alterungsbeständigkeit des Clophens nicht zu, wie die praktische Erfahrung beweist.

3.3 Die Vorgänge im Kondensator bei stoßartiger Beanspruchung

Große Kondensatoren für Gleich- und Stoßspannung werden in prinzipiell gleicher Weise gebaut wie normale Leistungskondensatoren für 50 Hz. Vorwiegend für die technisch-physikalische Forschung gewinnt darüber hinaus eine Sonderform zunehmend an Bedeutung, der Stoßstromkondensator, der mit Gleichspannung aufgeladen und stoßartig, meist schwach gedämpft schwingend, entladen wird, wobei Stromamplituden bis zu 150 kA je Kondensatoreinheit auftreten. Die Gesamtheit dieser stoßartig beanspruchten Kondensatoren wird auch „Impulskondensatoren“, im englischen Schrifttum „energy storage capacitors“ genannt.

Bei vielen Anwendungsfällen in Physik und Technik (vgl. S. 303) wird eine Batterie parallelgeschalteter Kondensatoren relativ langsam

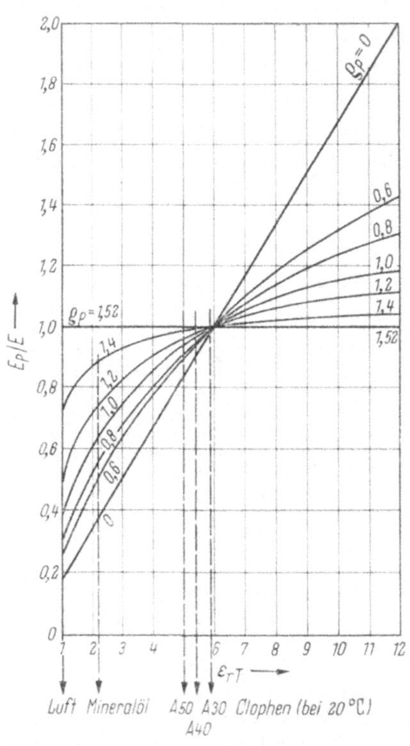

Abb. 83. Verhältnis der Feldstärke E_P in der Papierfaser zur Gesamtfeldstärke E in Abhängigkeit von der DK ε_T des Tränkmittels bei verschieden großer Dichte ϱ_P des Papiers.

aufgeladen und sehr schnell über Funkenstrecken oder Ignitrons auf eine Last entladen. Die Entladekurve kann jede Form zwischen dem aperiodischen Verlauf und einer schwach gedämpften Schwingung annehmen.

Der Entladevorgang kann einmalig sein oder periodisch wiederholt werden, wobei die Stoßfolge zwischen wenigen Entladungen je min und mehreren hundert Entladungen je sec liegen kann. Die Entladedauer beträgt in der Regel einige μsec bis mehrere msec. Bei der schwach gedämpften schwingenden Entladung treten in besonderen Fällen außerordentlich hohe Stoßströme auf. Abb. 84 zeigt die Spannungs- und

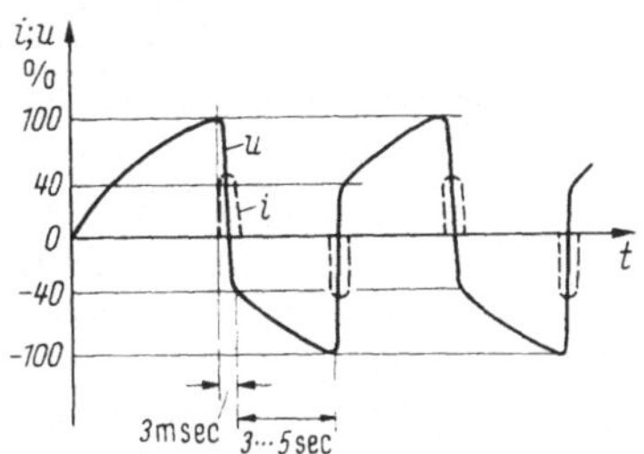

Abb. 84. Kondensatorspannung und -strom bei Impulsbetrieb von Ablenkmagneten.

Stromkurven für einen speziellen Anwendungsfall in der kernphysikalischen Forschung, wo Kondensatoren in Verbindung mit Magnetspulen zur Ablenkung beschleunigter Teilchen eingesetzt werden.

Anders ist die Beanspruchung der Kondensatoren in Stoßspannungsanlagen (S. 306). In Stoßkreisen, die im Prinzip gemäß Abb. 85 auf-

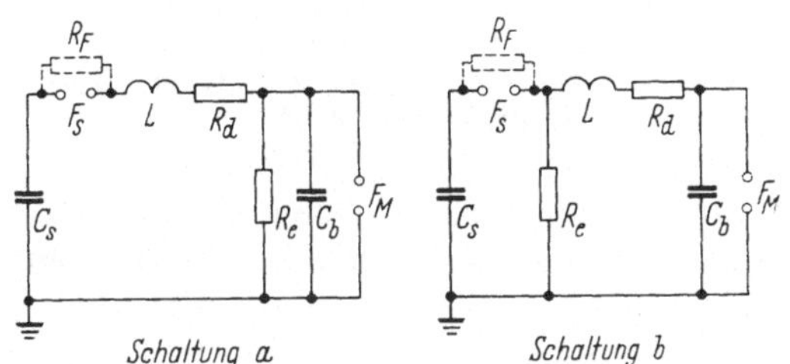

Abb. 85. Vereinfachte Ersatzschaltbilder eines Stoßkreises.

C_s Stoßkapizität; R_d Dämpfungswiderstand; C_b Belastungskapazität; R_e Entladewiderstand; F_s Schaltfunkenstrecke; R_F Funkenwiderstand; L Anlageninduktivität; F_M Spannungsmeßgerät.

gebaut sind, wird eine Stoßkapazität C_s innerhalb einiger Sekunden aufgeladen. Nach dem Ansprechen der Funkenstrecke steigt die Spannung an der Belastungskapazität C_b schwingungsfrei so weit an, bis C_b und C_s nahezu gleiche Spannung haben. Beide Kondensatoren entladen sich über den Widerstand R_e.

Abb. 86 zeigt den Verlauf und die Kenngrößen einer Stoßspannungswelle nach VDE 0433 ($T_S = 1{,}2$ μsec; $T_R = 5$; 50; 200 μsec). Die Kondensatorströme erreichen auch hier nur Werte von einigen kA. A. VON DENBUSCH [289] gibt Verfahren zur Berechnung von Stoßkreisen an. Die

Erzeugung und Anwendung von Kondensatorentladungen behandelt
F. Früngel [83].

Während des Aufladevorganges, der bis zu mehreren Minuten dauern
kann, aber auch bei der aperiodischen Entladung, wird das Dielektrikum
ähnlich wie bei Gleichspannungskondensatoren beansprucht (s. S. 97).
Bei der schwingenden Entladung, besonders bei schwacher Dämpfung,
wird das Dielektrikum kurzzeitig ähnlich beansprucht wie beim Betrieb
mit Wechselspannung, wobei die Amplitude jedoch exponentiell abklingt. So entstehen auch im Impulskondensator dielektrische Verluste,

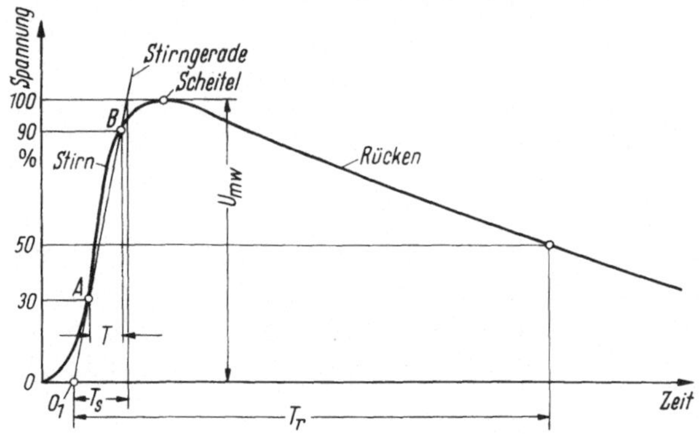

Abb. 86. Kenngrößen einer Stoßspannungswelle.
O_1 Beginn der Stoßspannung; T_s Stirnzeit; U_{mw} Wirklicher Scheitelwert;
T_r Rückenhalbwertzeit.

die von Temperatur, Frequenz, Feldstärke und der Art des Tränkmittels
abhängig sind und den Kondensator auch bei relativ kleiner Impulsfolge
erwärmen können. Zusätzlich spielen bei großen Stoßströmen und hoher
Frequenz der Entladeschwingung die Stromwärmeverluste eine wesentliche Rolle. Diese können von gleicher Größenordnung wie die dielektrischen Verluste oder sogar noch größer sein.

Aus wirtschaftlichen und häufig auch aus technischen Gründen wird
angestrebt, je Volumeneinheit aktiven Dielektrikums entsprechend
Gl. (6) eine möglichst große Ladeenergie oder auch Kapazität bei gegebener Spannung unterzubringen.

Die Forderung, ε möglichst groß zu machen, läuft genau wie beim
Leistungskondensator darauf hinaus, im Normalfall *Papier* als festes
Dielektrikum und ein Tränkmittel hoher DK zu benutzen. Damit kommt
Mineralöl nur bei MP-Kondensatoren in Betracht, da der Selbstheil-
effekt bei Clophen nicht funktioniert (s. S. 226).

Bei Papier-Folien-Kondensatoren wird daher Clophen eingesetzt, besonders bei Stoßkondensatoren mit nicht allzu hoher Feldstärke, die in
rascher Folge entladen werden. Bei sehr hohen Feldstärken empfiehlt sich

die Tränkung mit Rizinusöl; dessen DK liegt über 4,5, so daß die Misch-DK mit 5,5···6 nahezu gleich groß ist wie die des Clophenkondensators. Die Verluste des Rizinusöls sind zwar größer als die von Clophen, dafür hat es aber den Vorteil, daß die Kondensatoren weniger empfindlich gegen Glimmentladungen sind (vgl. Abb. 89).

Die Bemessung von Stoßstromkondensatoren hängt von der Form der Entladekurve, der Impulsfolge und der geforderten Lebensdauer ab. Bei Kondensatoren für große Stoßfolge (>10 je min) wird die Höhe der Feldstärke in erster Linie durch die Erwärmung des Dielektrikums begrenzt; bei extrem hoher Impulsfolge muß die aus elektrischen Gründen an sich zulässige Feldstärke, z.B. die Glimmeinsatzfeldstärke, beträchtlich unterschritten werden. Wird der Belastungsverlauf nach FOURIER analysiert, so können die dielektrischen Verluste nach der Formel

$$P = \sum_{\nu=1}^{\infty} U_\nu^2\, \omega_\nu C \tan \delta_\nu$$

berechnet werden. Hinzu kommen noch die Stromwärmeverluste in den Belagfolien und den inneren Schaltverbindungen, die gesondert zu ermitteln sind. Derartige Kondensatoren müssen also ähnlich wie Leistungskondensatoren bemessen werden, d.h., es werden verlustarme, schwächer satinierte Papiere und als Tränkmittel Clophen eingesetzt. Die Verwendung verlustarmer Kunststoffolien bleibt aus wirtschaftlichen Gründen auf Sonderfälle beschränkt.

Andere Grenzen und Bemessungsmerkmale ergeben sich bei hochausgenutzten Kondensatoren für wenige Entladungen je min. Hier wird im allgemeinen nur eine begrenzte Entladezahl bis zum Ausfall des Kondensators gefordert (durch Wickeldurchschlag beim Folienkondensator oder erhebliche

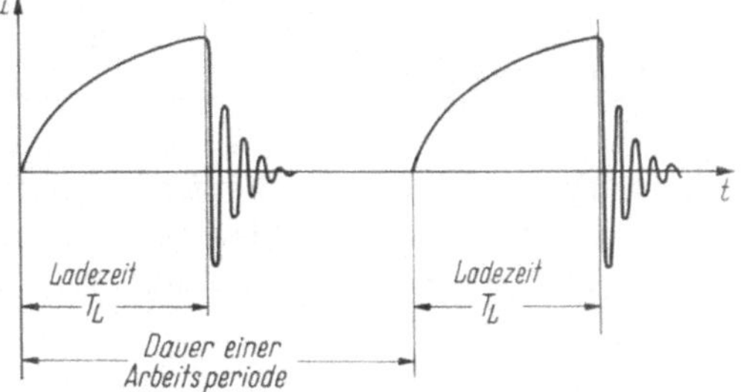

Abb. 87. Verlauf der Kondensatorspannung während der Aufladung und bei schwach gedämpft schwingender Entladung.

Verminderung der Kapazität infolge von Selbstheildurchschlägen bei MP-Kondensatoren). Die Entladezahl beträgt bei Kondensatoren für geringe Stoßfolge $10^3···10^6$. Dabei spielen sowohl wirtschaftliche Überlegungen als auch technische Forderungen (große Energiekonzentration bei kleiner Induktivität) eine Rolle. Das führt zu hohen Feldstärken, die häufig weit über der Glimmeinsatzfeldstärke liegen, so daß in einer oder mehreren Halbwellen der Entladeschwingung Glimmentladungen auftreten. In diesen Fällen liegen die einzelnen Stöße zeitlich so weit auseinander (Minuten oder Stunden), daß keine nennenswerte Erwärmung eintritt und demzufolge spannungsfeste (d.h. hochsatinierte) Papiere verwendet werden können und nicht ein Tränkmittel mit geringen dielektrischen Verlusten verwendet werden muß. Die Form einer Lade- und Entladekurve zeigt Abb. 87. Zerstörungsursachen sind vor allem Glimmentladungen am Folienrand.

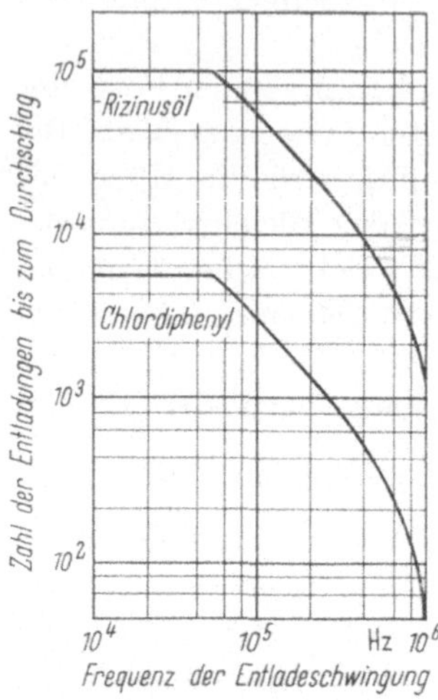

Abb. 88. Lebenserwartung von Stoßstromkondensatoren als Funktion der Frequenz der Entladeschwingung bei konstanter Ladespannung (nach Druckschrift von Cornell-Dubilier).

Ist die Frequenz sehr hoch, so reicht die Zeit zwischen den positiven und negativen Spannungsmaxima nicht zur Entionisierung aus. Wenn außerdem die Dämpfung klein ist, können stärkere Zerstörungserscheinungen auftreten als bei niedriger Frequenz der Entladeschwingung. Bisherige Untersuchungen der Verfasser ließen allerdings keinen großen Einfluß der Frequenz auf die Zahl der erreichbaren Entladungen erkennen. Im Gegensatz dazu wurde von amerikanischen Herstellern eine starke Frequenzabhängigkeit ermittelt, vgl. z. B. Druckschriften von General Electric und Cornell Dubilier (Abb. 88). Möglicherweise sind hier die Wirkungen des mit der Frequenz zunehmenden Entladestromes an der Abnahme der Lebensdauer beteiligt. Näheres über Stromschäden vgl. S. 216.

Im clophengetränkten Kondensator erzeugen Glimmentladungen Spuren von Chlorwasserstoff, der das Papier angreift und meist in der Nähe des Folienrandes den Durchschlag herbeiführt. In Abb. 89 ist für Clophenkondensatoren (Kreise) die Zahl der Entladungen bis zum Durch-

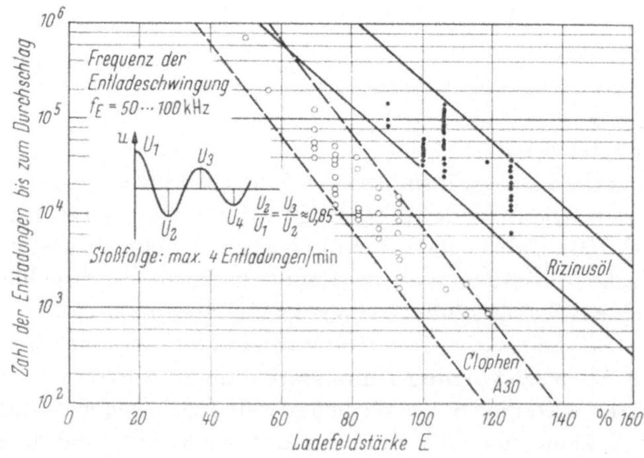

Abb. 89. Lebenserwartung von Stoßstromkondensatoren bei schwingender Entladung.

schlag über der Feldstärke aufgetragen. Höhere Feldstärken bei gleicher Lebenserwartung ergeben sich bei Verwendung eines besonders ausgewählten und vorbehandelten Rizinusöles (Punkte). Amerikanische Firmen geben ebenfalls für Stoßstromkondensatoren mit Rizinusöl bei gleicher Feldstärke eine um den Faktor 10···20 höhere Lebensdauer an. Der Grund liegt darin, daß Undecilensäure, die aus Rizinusöl durch Glimmentladungen entsteht, Papier weniger angreift als HCl. Allerdings haben Kondensatoren mit Rizinusöl um etwa 20% höhere Verluste und nach einigen tausend Entladungen auch eine erheblich geringere Glimm-*einsatz*feldstärke als Clophenkondensatoren. Aus diesen Gründen ist der Kondensator mit Rizinusöl nur bei hohen Feldstärken (und kleiner Lebensdauer) dem Clophenkondensator eindeutig überlegen, wie Abb. 89 zeigt. Bei großer Stoßfolge (und erst recht bei Leistungskondensatoren im Frequenzbereich bis etwa 10 kHz) ist die Tränkung mit Clophen günstiger.

Als weitere Zerstörungsursachen kommen Schwachstellen und leitende Einschlüsse ähnlich wie bei Leistungskondensatoren in Betracht. Daneben können auch die dauernden mechanischen Belastungen des Dielektrikums zu Ermüdungserscheinungen führen. Bei Stoßkondensatoren werden heute Ladefeldstärken zwischen 50 und 100 V/μm angewendet. Die Dielektrikumsdicke liegt je nach Wickelspannung zwischen 50 und 100 μm. Die Folien ziehen sich durch elektrostatische Kräfte an. Dabei treten Drücke zwischen 0,5 und 3 kp/cm² auf. Bei der *Entladung* der Kondensatoren stoßen sich die gegensinnig von Strom durchflossenen Belagfolien durch die dem Quadrat des Stromes proportionalen elektrodynamischen Kräfte ab. Diese sind jedoch erheblich kleiner als die elektrostatischen und erreichen je nach Art der Kontaktierung (Ableitungsstreifen oder Stirnkontakt) Werte bis 0,2 kp/cm². Es ergibt sich also während der abklingenden Schwingung eine mechanische Wechselbeanspruchung, die zu einer Auflockerung des Papiergefüges und zu Brüchen der Belagfolien in den Wickelkrümmungen der inneren Lagen und letztlich zum Durchschlag führen kann, wenn die Bewegungen im Dielektrikum nicht durch konstruktive Maßnahmen weitgehend unterbunden werden.

P. Boyer und M. Th. Praehauser [40] haben Lebensdaueruntersuchungen an Kondensatoren ausgeführt, die mit Mineralöl imprägniert waren. Das Dielektrikum bestand aus 5 Lagen Papier ($\varrho = 0,8···1,2$ g/cm³), dessen Gesamtdicke von 45···150 μm variiert wurde. Die Prüflinge wurden bei Temperaturen von − 20 °C···100 °C aperiodisch und periodisch entladen, wobei die Entladefrequenzen bei 1 kHz, 10 kHz und 300 kHz lagen. Das Durchschwingverhältnis betrug max. 0,8, die Stoßfolge 30 Stöße/min. Die Lebensdauer nimmt bei zunehmender Feldstärke nach einem Potenzgesetz ab, ähnlich wie auch bei Leistungskondensatoren nachgewiesen wurde (Abb. 90). Dabei ergab sich der hohe Exponent von etwa -12 bei schwingender und -16 bis -18 bei aperiodischer Entladung. Weiterhin nimmt sie bei konstanter Feldstärke mit zunehmender Dielektrikumsdicke und steigendem Überschwingfaktor ab. So kann bei gleicher Lebenserwartung ein Kondensator bei aperiodischer Ent-

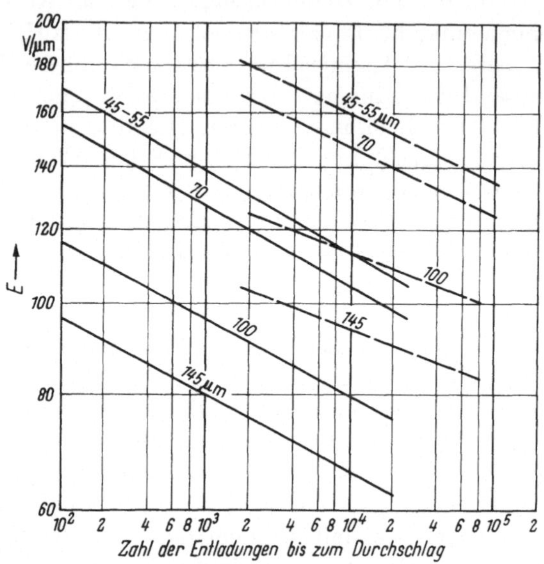

Abb. 90. Lebenserwartung von Stoßkondensatoren als Funktion von Ladefeldstärke E und Dielektrikumsdicke d. Entladefrequenzen 1···300 kHz, Durchschwingverhältnis $k = 0$ (– – – –), $k = 0,8$ (————) [40].

ladung um etwa 40% höher beansprucht werden als bei schwingender Entladung mit einem Durchschwingverhältnis von 0,8. Wegen der großen Streuung der Versuchsergebnisse konnte kein deutlicher Frequenzeinfluß auf die Lebensdauer festgestellt werden. Dagegen hängt sie exponentiell von der Betriebstemperatur ab. So beträgt die Lebenserwartung eines Dielektrikums von 70 µm bei einer Feldstärke von 90 V/µm und 100 °C nur 10···15% derjenigen bei 40 °C. In grober Näherung entspricht die Lebensdauer-Temperatur-Funktion dem Gesetz von MONTSINGER, jedoch deutet ein Knick dieser Funktion bei etwa 40 °C nach BÜSSINGS Theorie auf eine Änderung der chemischen Vorgänge im Dielektrikum hin.

Offenbar typisch für das Tränkmittel Mineralöl ist die rasche Abnahme der Glimmeinsatzspannung bereits nach etwa 20% der zu erwartenden Lebensdauer bis auf 15% des Wertes im Neuzustand, wie Abb. 91 zeigt. Sie tritt bei intensiven Glimmentladungen ein, wenn durch Ölzersetzung mehr Gas erzeugt wird, als vom Öl wieder aufgenommen

werden kann. Ebenfalls als Folge der Ölzersetzung nimmt der Verlustfaktor mit der Entladezahl stark zu; er kann somit als Alterungskrite-
rium herangezogen werden.

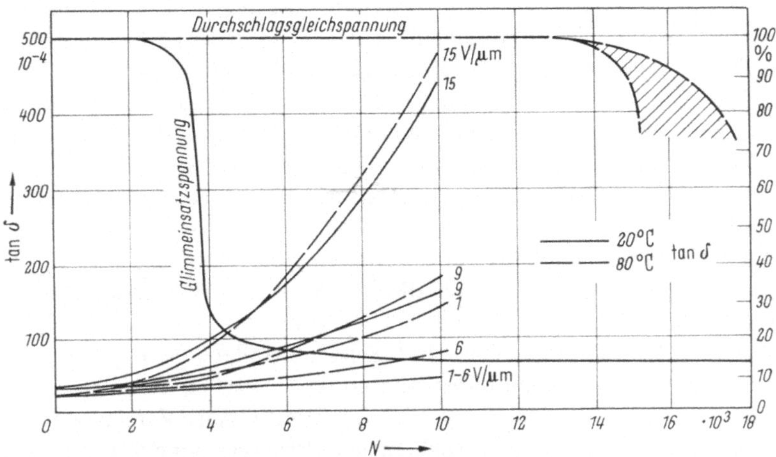

Abb. 91. Verlustfaktor bei 20 und 80 °C, Glimmeinsatzspannung und Durchschlaggleichspannung
von Stoßkondensatoren als Funktion der Entladungszahl [40].

3.4 Alterung und Lebensdauer

3.41 Begriffserklärungen. Die Begriffe „Altern" und „Alterung" werden im Schrifttum für verschiedene Vorgänge gebraucht. So unterscheidet z. B. W. WESTPHAL [302] „natürliche" und „künstliche" Alterung. Dabei werden als *natürliche Alterung* diejenigen durch chemisch-
physikalische Vorgänge ablaufenden Veränderungen der Eigenschaften
verstanden, die zu einem stabilen Endzustand führen. Beispiele dafür
sind die mit der Zeit zuerst schnell, dann langsamer erfolgende Abnahme
der Permeabilität magnetischer Werkstoffe oder die zeitliche Änderung
der elektrischen Eigenschaften von Halbleitern. Als *künstliche Alterung*
dagegen bezeichnet man häufig die Vorwegnahme oder Beschleunigung
der im Betrieb oft störenden natürlichen Alterung durch geeignete Maßnahmen bei der Fertigung (Alterung magnetischer Werkstoffe durch Er-
schütterung und Erwärmung oder „Formierung" von Selengleichrichtern
durch Spannung und Temperatur).

Diese Definitionen erscheinen jedoch noch nicht umfassend genug.
Unter „Alterung" von Kondensatoren soll daher im folgenden jede Verschlechterung der Eigenschaften verstanden werden, die entweder nur
die Funktionstüchtigkeit beeinflussen (z. B. allmähliche Erhöhung der
dielektrischen Verluste bis zu einem stabilen Endwert) oder die Lebensdauer verkürzen (z. B. Schädigung des Dielektrikums durch Glimmentladungen und Zersetzung des Tränkmittels).

9*

Die *Lebensdauer* des Kondensators ist die Betriebszeit, nach deren Ablauf er funktionsuntüchtig wird, etwa durch starke Erhöhung der Verluste, durch Abschaltung vieler Wickel bei Niederspannungskondensatoren mit Wickelsicherungen, durch unzulässig große Abnahme der Kapazität infolge von Selbstheildurchschlägen bei MP-Kondensatoren oder durch den Durchschlag eines oder mehrerer Wickel bei Mittelspannungskondensatoren mit nachfolgendem vollständigem Ausfall. Über die Lebensdauer eines einzelnen Kondensators sind keine Voraussagen möglich, es lassen sich immer nur statistische Angaben über die mittlere Lebensdauer einer größeren Anzahl machen, vorausgesetzt, daß alle Einflußgrößen bekannt sind.

3.42 Alterungsursachen. Für die Alterung der Kondensatoren ist eine Vielzahl chemischer und physikalischer Vorgänge verantwortlich, die zum Teil noch nicht geklärt sind.

Primäre Alterungsursachen sind Schwachstellen, bedingt durch leitende Einschlüsse, Löcher oder andere Fehlerstellen im Papier, Zerstörungsvorgänge als Folge von Glimmentladungen, Verschlechterung des Dielektrikums durch elektrochemische Prozesse oder durch langsam ablaufende chemische Vorgänge, die auch dann wirksam sind, wenn der Kondensator elektrisch nicht beansprucht wird.

Einen Überblick über die verschiedenen Alterungsursachen gibt H. F. CHURCH [52].

3.421 Fehlerstellen im Papier. Kondensatorpapier enthält unvermeidlich leitende und halbleitende Teilchen, Löcher usw. Leitende Einschlüsse überbrücken einen Teil des Dielektrikums und machen das Feld inhomogen, wodurch die Feldstärke örtlich erhöht werden kann (Abb. 56 und S. 45).

Im folgenden wird der statistische Zusammenhang zwischen Zahl, Art und Größe der Fehlerstellen und die Wahrscheinlichkeit ihrer Überlappung in mehreren Papierlagen rechnerisch untersucht. Die ausführliche Behandlung des Problems durch W. HELD und R. J. KLAHN s. [103].

Es wird davon ausgegangen, daß alle Fehlerstellen die gleiche Fläche a haben. In Wirklichkeit ist diese Voraussetzung zwar nicht erfüllt, vielmehr werden die Flächen der verschiedenen Arten von Fehlerstellen etwa nach GAUSS verschieden verteilt sein. Indessen sind diese Verteilungen in der Praxis meist nicht bekannt, zumal für die Auswertung der elektrische Wirkungsquerschnitt und nicht nur die geometrische Teilchenfläche einzusetzen ist. Man kann demnach die gesuchten Wahrscheinlichkeiten nur der Größenordnung nach abschätzen und muß den mittleren Wirkungsquerschnitt experimentell ermitteln. Zudem werden sich die verschiedenen Arten der Fehlerstellen, etwa leitende Teilchen und Löcher physikalisch verschieden verhalten. Zum Beispiel führt die Überlappung zweier leitender Teilchen im 3-Lagen-Dielektrikum bei Prüfspannung mit Sicherheit zum Durchschlag, die Überlappung zweier Löcher nicht unbedingt, da die Löcher mit Tränkmittel ausgefüllt sind. Diese Unterschiede bleiben für die Rechnung vorerst unberücksichtigt.

Betrachtet wird ein mehrlagiges Dielektrikum der Gesamtfläche A. Auf jeder der m Lagen befinden sich k Teilchen (Fehlerstellen) statistisch verteilt. Jedes Teilchen hat dieselbe Flächenausdehnung a und soll nur auf $n = A/a$ diskreten Plätzen sitzen können. Gefragt wird nach der Wahrscheinlichkeit (im folgenden mit W. abgekürzt), daß p Teilchen übereinander zu liegen kommen.

Es werden folgende Festlegungen getroffen:

$p \leq m$ Zahl der in Feldrichtung übereinanderliegenden Teilchen, auch als „Überlappung der Ordnung p" bezeichnet.

W_p^m Wahrscheinlichkeit dafür, daß in einem m-lagigen Dielektrikum die höchste Ordnung aller auftretenden Überlappungen genau p ist.

Zunächst wird ein zweilagiges Dielektrikum, $m = 2$, betrachtet. In der 1. Lage sitzen die k Teilchen auf irgendwelchen k Plätzen, s. Abb. 92. Der Durchschlag des Dielektrikums wird eintreten, wenn eine oder auch gleichzeitig mehrere Überlappungen der Ordnung 2, $p = 2$, auftreten. Die Wahrscheinlichkeit dafür, daß dieser Fall eintritt, ergibt sich durch Abzählen der „günstigen", geteilt durch die Zahl der „möglichen" Fälle. Man geht zweckmäßig von der komplementären Wahrscheinlichkeit $\overline{W} = 1 - W$ aus (die W. dafür, daß die Überlappung *nicht* eintritt). Unter den k Teilchen der 1. Lage können die k Teilchen der zweiten Lage auf $n - k$ Plätzen angeordnet werden, auf denen keine Überlappung zustande kommt (vgl. Abb. 92). Die Zahl der günstigen Fälle ist gleich der Zahl der Kombinationsmöglichkeiten von k Teilchen auf $n - k$ Plätzen, nämlich $\binom{n-k}{k}$, während die Zahl aller möglichen Fälle entsprechend $\binom{n}{k}$ ist. Damit ist

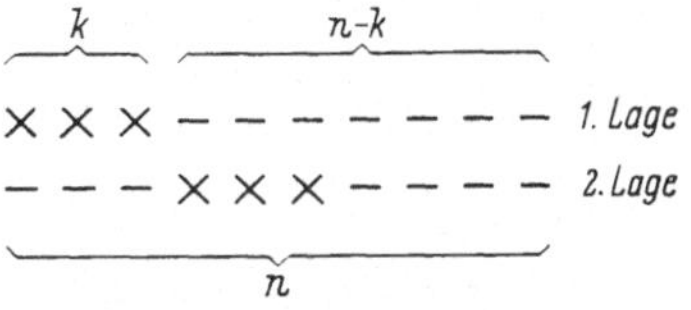

$$\overline{W}_2^2 = \frac{\binom{n-k}{k}}{\binom{n}{k}} \tag{57}$$

und schließlich die gesuchte Wahrscheinlichkeit der Überlappung der Ordnung 2 bei einem 2lagigen Dielektrikum

$$W_2^2 = 1 - \frac{\binom{n-k}{k}}{\binom{n}{k}} \, . \tag{58}$$

Abb. 92. Zur Ermittlung der Überlappungswahrscheinlichkeit von k Teilchen für $m = 2$.

In ähnlicher Weise ergibt sich die Wahrscheinlichkeit, daß bei einem 3-Lagen-Dielektrikum zwei *oder* drei Teilchen überlappen zu

$$W_2^3 + W_3^3 = 1 - \frac{\binom{n-k}{k}\binom{n-2k}{k}}{\binom{n}{k}^2}. \tag{59}$$

Die Methode des exakten Abzählens ist bei der stets großen Zahl n und bei $m \geq 3$ nicht mehr brauchbar. Selbst Gl. (58) muß umständlich numerisch ausgewertet oder nach STIRLING entwickelt werden.

Diese Schwierigkeiten rühren daher, daß die Aufgabe bisher als Problem der Kombinatorik behandelt wurde, indem die Kombinationsmög-

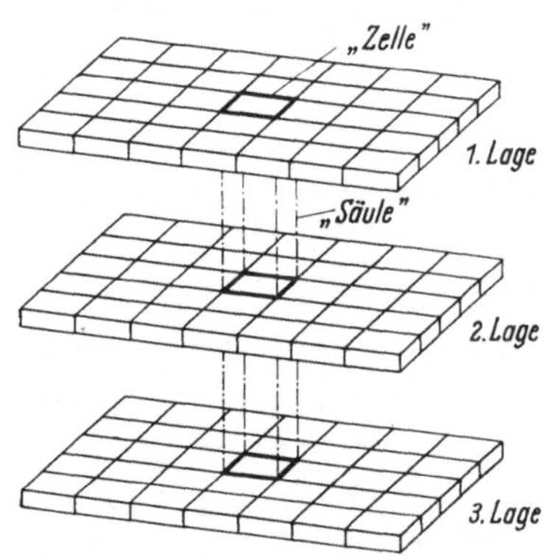

Abb. 93. Schematische Darstellung der Zellen und Säulen für $m = 3$.

lichkeiten der experimentell gegebenen Zahl der Teilchen je Flächeneinheit innerhalb der horizontalen Lagen betrachtet wurden, während das gewünschte Resultat eine Funktion der *vertikalen* Überlappungen ist. Wegen der sehr großen Zahl von n und der relativ kleinen von k kann man nun die *Wahrscheinlichkeit* dafür einführen, an einer bestimmten Stelle einer Lage ein Teilchen vorzufinden. Diese Wahrscheinlichkeit ist offensichtlich

$$\alpha = k/n, \tag{60}$$

wo k jetzt die *wahrscheinliche* Zahl der Teilchen je Lage bedeutet. Man denke sich jetzt das Dielektrikum in n prismatische „Säulen", senkrecht zur Fläche A, unterteilt, wo jede Säule dieselbe Grundfläche a hat, entsprechend der Fläche eines Teilchens (vgl. Abb. 93).

Gefragt ist nach der Wahrscheinlichkeit W_p^m als Funktion von α, p, m und n, daß in einem m-lagigen Dielektrikum die höchste Ordnung aller auftretenden Überlappungen genau p ist. Zweckmäßig werden die Variablen α, n durch solche ersetzt, die der Messung zugänglich sind:

$$n = A/a \quad \text{und} \quad \alpha = k/n = \varkappa a.$$

Aus Platzgründen muß auf die Darstellung des Berechnungsganges verzichtet und auf [*103*] verwiesen werden. Für die gesuchte Wahrscheinlichkeit W_p^m ergibt sich

$$W_p^m = \left[\sum_{i=0}^{p}\binom{m}{i}(\varkappa a)^i(1-\varkappa a)^{m-i}\right]^{\frac{A}{a}} - \left[\sum_{i=0}^{p-1}\binom{m}{i}(\varkappa a)^i(1-\varkappa a)^{m-i}\right]^{\frac{A}{a}}. \tag{61}$$

Diese Gleichung ist in Abb. 94 graphisch dargestellt für $m = 2\cdots5$, $a = 10^{-5}\cdots10^{-8}\,\mathrm{m}^2$ und $\varkappa = 1\cdots10^4/\mathrm{m}^2$. Die Überlappungswahrscheinlichkeit ist dabei auf eine Dielektrikumsfläche $A = 1\,\mathrm{m}^2$ bezogen.

Für die praktische Anwendung kann man Gl. (61) wesentlich vereinfachen, wenn die Voraussetzungen $\varkappa\, a \ll 1$ und $A/a \gg 1$ erfüllt sind,

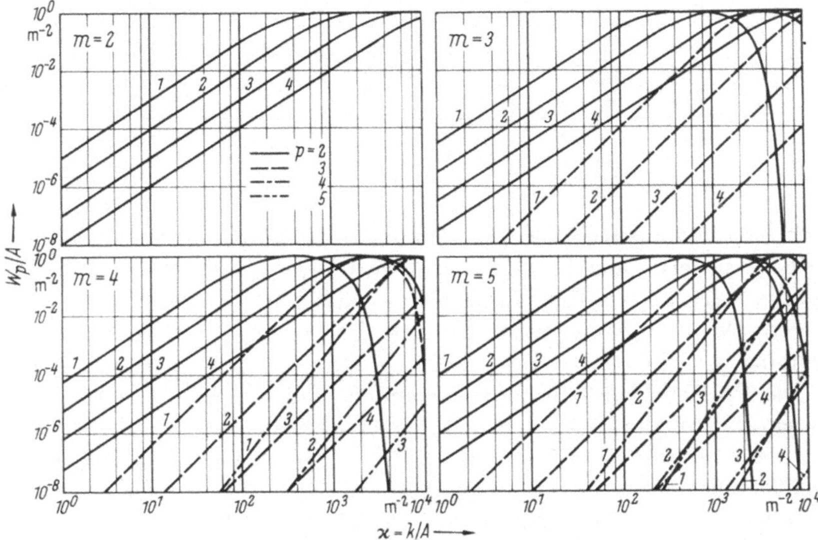

Abb. 94. Auf die Fläche A bezogene Überlappungswahrscheinlichkeit W_p^m von Fehlerstellen der Fläche a, abhängig von der auf die Fläche A bezogenen Zahl k der leitenden Teilchen für verschiedene Lagenzahlen m mit a und p als Parameter (p = Zahl der übereinanderliegenden leitenden Teilchen).

Kurve *1*: $a = 10^{-5}\,\mathrm{m}^2$; Kurve *2*: $a = 10^{-6}\,\mathrm{m}^2$; Kurve *3*: $a = 10^{-7}\,\mathrm{m}^2$; Kurve *4*: $a = 10^{-8}\,\mathrm{m}^2$.

was beim Kondensatordielektrikum fast immer der Fall ist. Damit geht Gl. (61) nach längerer Rechnung über in

$$\frac{W_p^m}{A} = \binom{m}{p}\varkappa^p\, a^{p-1} \tag{62}$$

gültig für Überlappungen beliebiger Ordnung und beliebiger Lagenzahl. Tab. 21 gibt die Formeln gemäß Gl. (62) wieder.

Man erkennt, daß die W. der Größenordnung nach jeweils um den sehr kleinen Faktor $\varkappa\, a$ absinkt, wenn nach Überlappungen der nächst höheren Ordnung gefragt wird. Andererseits wird die W. von Überlappungen derselben Ordnung p um so größer, je größer die Lagenzahl m ist.

Die tatsächliche Wahrscheinlichkeit bei einer beliebigen Gesamtfläche A ergibt sich einfach durch Multiplikation der Werte aus Tab. 21 mit A. Dies ist allerdings nur so lange zulässig, wie die genannten Voraussetzungen $\varkappa\, a \ll 1$ und $A/a \gg 1$ erfüllt sind. In den Diagrammen erkennt man die Gültigkeit der Näherung daran, daß die Kurven noch Geraden

Tabelle 21. W_p^m/A für $m = 2\cdots 6$ und $p \leq m$ nach Gl. (62)
(a = Teilchenfläche, $\varkappa$ = Zahl der Teilchen je m²)

p					
2	$\varkappa^2 a$	$3\varkappa^2 a$	$6\varkappa^2 a$	$10\varkappa^2 a$	$15\varkappa^2 a$
3		$\varkappa^3 a^2$	$4\varkappa^3 a^2$	$10\varkappa^3 a^2$	$20\varkappa^3 a^2$
4			$\varkappa^4 a^3$	$5\varkappa^4 a^3$	$15\varkappa^4 a^3$
5				$\varkappa^5 a^4$	$6\varkappa^5 a^4$
6					$\varkappa^6 a^5$
m	2	3	4	5	6

sind. Wenn $\varkappa$ immer größer wird, nimmt die Neigung der Kurven ab, bis der Extremwert von nahezu 1 erreicht wird. Bei noch größerem $\varkappa$ sinkt W_p^m sogar wieder ab, da die Wahrscheinlichkeit von Überlappungen noch höherer Ordnung dann größer wird als die Wahrscheinlichkeit niederer Ordnung.

Das Problem wurde bisher so behandelt, daß nur direkte Überlappungen gezählt wurden. Offensichtlich müssen aber auch solche Überlappungen noch mitgezählt werden, wo sich in der senkrechten Projektion zwei Teilchen gerade noch berühren, so daß der „Wirkungsquerschnitt" eines Teilchens sicher größer ist als die wirkliche Fläche des Teilchens.

Es liegt nahe, zu fragen, ob die im Prüffeld eintretenden Durchschläge, bezogen auf die gesamte Dielektrikumsfläche je Durchschlag, mit der Überlappungswahrscheinlichkeit von Fehlerstellen zumindest der Größenordnung nach übereinstimmen. Die Prüfgleichspannung ist nach VDE 0560, Teil 4, $4{,}3 \cdot U_N$. Betrachtet werden Leistungskondensatoren für 380 V mit drei Papierlagen und Mittelspannungskondensatoren mit 5-Lagen-Wickeln, Wickelspannung $1000\cdots 1500$ V. Bezogen auf je 10000 m² aktives Dielektrikum, d.h., auf $20\cdots 50$ Leistungskondensatoren für je 50 kvar, ergaben sich über längere Zeit folgende Ausfallraten, abhängig von Art und Qualität der verwendeten Papiere:

380 V: $1\cdots 10$ Durchschläge je 10^4 m²,

$1000\cdots 1500$ V: $0{,}1\cdots 1{,}5$ Durchschläge je 10^4 m².

Durch die üblichen Prüfverfahren werden von den Fehlerstellen im Papier im allgemeinen nur Löcher (durch Einstreichen mit Fuchsinlösung) und leitende Einschlüsse einer gewissen Mindestdicke (z. B. durch Abrollen mit Metallwalze, vgl. S. 45) erfaßt. Die Zahl der leitenden Einschlüsse[1] liegt normalerweise unter 100 je m², die der Löcher eben-

---

[1] Die Zahl der am trockenen Papier festgestellten leitenden Teilchen ist von der Prüfspannung und vor allem vom Prüfverfahren (harte oder weiche Unterlage) stark abhängig.

falls. Der Berechnung der Überlappungswahrscheinlichkeit wird $\varkappa = 100/\text{m}^2$ zugrunde gelegt. Durch diese etwas zu große Zahl, besonders bei dickeren Papieren, soll die Zahl der bei der Papierprüfung *nicht* erfaßten kleineren Teilchen berücksichtigt werden. Für den Radius der Fehlerstellen wird 25 μm angenommen, für den Wirkungsquerschnitt $10^{-8}\,\text{m}^2$, also etwa das 4fache der geometrischen Fläche. Dann folgt aus Gl. (62) und Abb. 94 für die Zahl der Überlappungen je $10^4\,\text{m}^2$:

p \ m	3	4	5
2	3	6	10
3	$1 \cdot 10^{-6}$	$4 \cdot 10^{-6}$	$10 \cdot 10^{-6}$
4	—	$1 \cdot 10^{-12}$	$5 \cdot 10^{-12}$
5	—	—	$1 \cdot 10^{-8}$

Im Vergleich zu den beobachteten Prüfausfällen zeigen die Zahlen:

1. Die hier angewandte statistische Methode liefert naturgemäß keine schlüssige Erklärung für das Zustandekommen von Durchschlägen beim Prüfen 3lagiger Kondensatoren und sagt nichts über den Durchschlagmechanismus aus. Insbesondere wird auch die Rolle der Fertigungseinflüsse nicht berücksichtigt. Sie zeigt aber, daß die berechnete Wahrscheinlichkeit des Auftretens von Überlappungen zweier leitender Einschlüsse der Größenordnung nach mit der beim Prüfen beobachteten Zahl von Durchschlägen übereinstimmt (s. hierzu Tab. 33).

Andere Methoden, die Zahl der Prüfausfälle zu erklären, stehen zunächst gleichberechtigt neben der hier vertretenen Hypothese, daß die Überlappung zweier Teilchen zum Durchschlag des 3-Lagen-Dielektrikums führt. Man darf aber zumindest einen Zusammenhang zwischen der bei der Papierprüfung festgestellten Zahl von Fehlerstellen und den zu erwartenden Prüfausfällen annehmen, der zahlenmäßig noch genauer zu untersuchen ist.

2. Beim Mittelspannungskondensator mit 5- oder 6lagigem Dielektrikum ist die Wahrscheinlichkeit von Überlappungen der Ordnung $p = 2$ merklich größer als die beobachtete Ausfallquote beim Prüfen. Daraus folgt, daß die Überlappung *zweier* Fehlerstellen in der Regel noch keinen Durchschlag bei der Prüfung verursacht, was auch verständlich ist, da die mittlere Feldstärke nur auf 5/3 oder 6/4 der Nennfeldstärke erhöht wird, während die starke Felderhöhung an der Teilchenspitze lediglich einen ganz kleinen Volumenbereich erfaßt und damit zum Ausgangspunkt von langsam ablaufenden Alterungsprozessen, nicht aber von Durchschlägen bei der Gleichspannungsprüfung werden kann. Ob für die Durchschläge bei der Prüfung in erster Linie Fertigungsfehler ver-

antwortlich sind oder etwa, wie bei amerikanischen Untersuchungen
ermittelt wurde [*41, 75*], große leitende Einschlüsse, die eine oder mehrere Lagen durchstechen, ist noch zu untersuchen. Derartige Vorgänge
wären im Prinzip auch bei Niederspannungskondensatoren denkbar,
würden aber wegen der rund 10mal größeren Ausfallquote des 3-Lagen-
Dielektrikums quantitativ keine Rolle spielen.

Nahezu jeder Durchschlag, der durch irgendeinen der vielen möglichen elektrochemischen Prozessse, die eine allgemeine Schwächung
des Dielektrikums zur Folge haben, im Laufe längerer Betriebszeit eingeleitet wird, wird letztlich an einer solchen Schwachstelle eintreten.
Einmal wird das Dielektrikum hier stärker als anderswo geschädigt,
und außerdem wird es an eben dieser Stelle auch noch stärker beansprucht. Vermutlich ist eine *allgemeine* Alterung des *gesamten* Dielektrikums, die mit einer allmählichen Depolymerisation der Zellulose
verbunden und unter gewissen Bedingungen meßtechnisch nachweisbar
ist, meist von untergeordneter Bedeutung für die Lebensdauer eines
Kondensators. Vielmehr dürfte entscheidend sein, welcher Art die
Schwachstellen und deren Überlappungen sind, und wie hoch die Feldstärke an der schlechtesten Stelle ist. Welche Vorgänge an einer derartigen Stelle stattfinden, die schließlich zum Durchschlag führen, ist
im einzelnen noch wenig geklärt. Sicherlich spielt eine beschleunigte
Ionenbewegung unter dem Einfluß der hohen Feldstärke (vgl. S. 94)
eine Rolle.

3.422 Glimmentladungen und ihre Auswirkungen

Allgemeines und Meßmethoden. Unter Glimmentladung im Kondensatordielektrikum wird eine selbständige Entladung verstanden, die vornehmlich in winzigen Gaseinschlüssen auftritt. Solche feinen Gasbläschen
sind von vornherein vorhanden, falls das Papier noch zuviel Restfeuchte
enthält, das Tränkmittel nicht hinreichend entgast ist oder bei mangel-
haftem Vakuum imprägniert wird. Bei unvollständig getrockneten und
imprägnierten Kondensatoren treten Entladungen schon bei sehr niedrigen Feldstärken auf, häufig noch unterhalb der Betriebsfeldstärke. Dabei entsteht durch elektrochemischen Abbau des Restwassers im Papier
Gas, wobei die Art des Tränkmittels nur geringen Einfluß hat. Durch
Versuche haben KRASUCKI, CHURCH und GARTON [*146*] nachgewiesen,
daß die Feldstärke, bei der das feuchte Dielektrikum zu gasen beginnt,
mit der Glimmeinsatzfeldstärke[1] übereinstimmt. Diese steigt mit zunehmender Trocknung und kann Werte bis zu 100 V/μm und mehr erreichen, Abb. 95 [*100, 101*]. Bei Vermeidung dieser Fehler ist die Gas-

---

[1] Als Glimmeinsatzfeldstärke wird hier stets der Quotient Glimmeinsatzspannung durch Dielektrikumsdicke verstanden. Die Feldstärke am Ort der Entladung
ist wesentlich größer.

bildung auf Teildurchschläge im Tränkmittel in den Bereichen höchster Feldstärke, hauptsächlich an den Folienrändern oder in der Nähe leitender Einschlüsse im Papier, zurückzuführen (s. S. 88 ff.). An diesen Stellen kann die Stromdichte, hervorgerufen durch Elektronenemission und Ionisation, hinreichend hoch werden, um eine Verdampfung des Tränkmittels zu verursachen. Die mittlere freie Weglänge der Elektronen und Ionen in der Verdampfungszone ist größer als die in der Flüssigkeit selbst, so daß sie in der Gasblase mehr Energie aus dem elektrischen Feld aufnehmen können und die Wahrscheinlichkeit der Stoßionisation und damit der Dissoziation der Moleküle zunimmt.

Die Glimmentladung setzt bei einer gemäß dem Paschenschen Gesetz [208, 229] von Gasdruck p und Dicke d des Gaseinschlusses abhängigen Spannung ein, s. Abb. 193. Die zum Anstoßen der Stoßionisation mit lawinenartiger Vermehrung der Ladungsträger erforderliche „Zündspannung" ist stets größer als 300 V. Erst nach Überschreiten der Zündspannung nimmt ein in der Gasblase befind

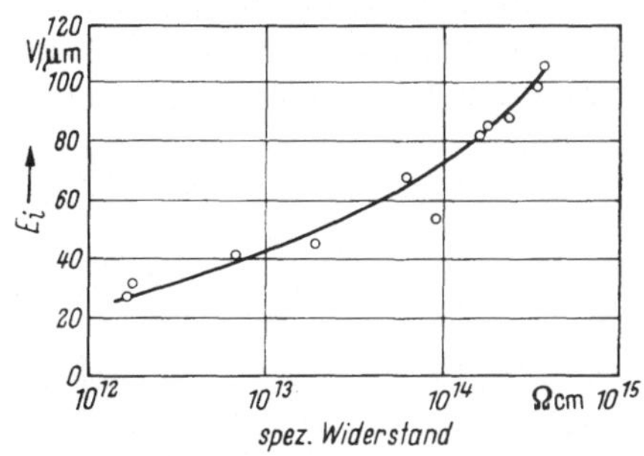

Abb. 95. Glimmeinsatzfeldstärke E_i (Scheitelwert) in Abhängigkeit vom spez. Widerstand von ölimprägniertem Papier [146].

liches Elektron zwischen zwei Stößen im Mittel genügend Energie auf, um neutrale Moleküle beim Zusammenstoß zu ionisieren. Dabei tritt im Clophen auch eine Abspaltung von atomarem Chlor und Wasserstoff auf. Diese erfordert eine 3- bis 5mal kleinere Ionisierungsenergie als bei molekularem Sauerstoff, Stickstoff und Wasserstoff, wo sie etwa 13 bis 16 eV beträgt [59, 151].

Die beim Glimmen verbrauchte elektrische Energie äußert sich in einem entsprechenden Anstieg des Verlustfaktors bei steigender Spannung. Die Methode der Verlustfaktormessung zur Bestimmung der Glimmeinsatzspannung ist zwar einfach, aber – besonders bei größeren Kapazitäten – nicht genügend empfindlich. Die empfindlichste Methode besteht darin, den hochfrequenten Charakter der Glimmentladungen zum Nachweis mit Hilfe geeigneter Verstärker auszunutzen. Jeder Teildurchschlag in winzigen Bereichen der Tränkmittelschichten am Folienrand bedeutet den Kurzschluß einer sehr kleinen Teilkapazität und damit eine entsprechend geringe Vergrößerung der Gesamtkapazität, wodurch die Spannung am Prüfling wegen $Q = C\,U = $ const geringfügig absinkt. Dieser Prozeß geht schneller vor sich, als die Stromquelle Ladung nachliefern kann. Es ist leicht abzuschätzen, wie groß die überbrückte Teilkapazität sein muß, damit beim „Kurzschluß" durch die Glimmentladung noch eine nachweisbare Spannungsabsenkung ΔU zustande kommt. Beachtet man, daß in einwandfrei getränkten Kondensatoren die Bereiche, in denen es zu Teildurchschlägen kommen kann, eine Ausdehnung von einigen μm haben, dann beträgt deren Kapazität etwa 10^{-16} F.

Zum Nachweis von Glimmentladungen bei Kondensatoren eignen sich empfindliche Verstärkeranordnungen, die ursprünglich von den Kondensatorherstellern selbst entwickelt wurden [100, 119]. Ferner haben die Laboratorien der EdF[1] und der ERA[1] Prototypen von Glimmeßgeräten gebaut [309, 183]; sie sind im Handel erhältlich. Siehe auch VDE 0875.

In Abb. 96 sind der Verlustfaktor $\tan\delta$ und die Glimmintensität q_r über der Spannung bei ungetränkten Styroflexwickeln (a) und clophengetränkten Papierwickeln (b) dargestellt. Wie die Kurven zeigen, lassen

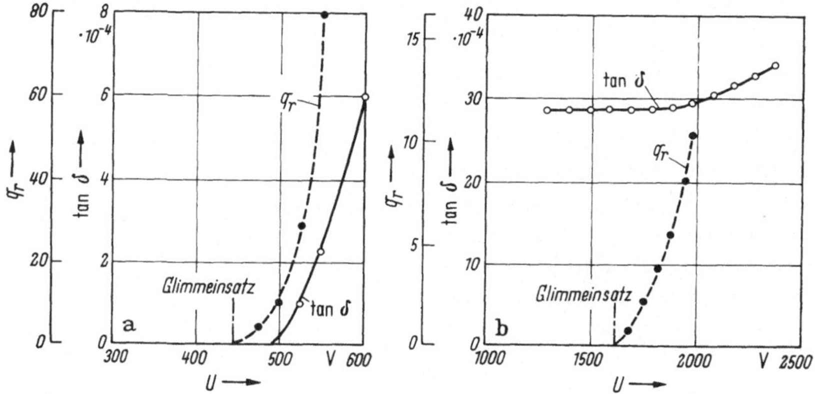

Abb. 96a u. b. Verlustfaktor $\tan\delta$ und Glimmintensität q_r in Abhängigkeit von der Spannung. a) Styroflexwickel, ungetränkt; b) Papierwickel, getränkt mit Clophen A 30 [100].

sich Glimmentladungen großer Intensität auch durch $\tan\delta$-Messungen nachweisen, jedoch ist diese Methode zu unempfindlich, um die ersten feinen Entladungen zu erfassen. Der Verlauf von $q_r = f(U)$ dagegen läßt erkennen, daß q_r mit sinkender Spannung nicht asymptotisch gegen Null geht, sondern mit endlicher Steilheit auf die Abszisse trifft.

Glimmessungen spielen für systematische Untersuchungen und Neuentwicklungen des Kondensatorherstellers, vor allem in Verbindung mit Dauerversuchen, eine beachtliche Rolle, dürfen aber in ihrem Aussagewert für die Fertigungskontrolle oder gar bei Stichproben- und Typenprüfungen nicht überbewertet werden, da man stets nur sehr grobe Fehler erfassen kann (wegen des sehr kleinen Verhältnisses von glimmendem zu nichtglimmendem Volumen). Die ersten feinen Glimmentladungen

---

[1] EdF = Electricité de France, Paris;
ERA = Electrical Research Association, Leatherhead, Surrey, Großbritannien.

lassen sich nur bei einzelnen Wickeln oder kleinen Kondensatoren mit wenigen μF zuverlässig erfassen, nicht aber bei größeren Leistungskondensatoren. Außerdem erfordern solche Messungen wegen der zahlreichen Fehlerquellen, die ein falsches Resultat liefern können, große Erfahrung.

Glimmentladungen im Clophenkondensator. Beim Clophenkondensator bildet sich aus Wasserstoff und Chlor Chlorwasserstoff, der Kondensations- und Spaltungsreaktionen der Zellulose verursacht. Da Chlorwasserstoff stark katalytisch wirkt, setzt sich dieser Vorgang der Dehydratisierung und damit die Verkokung der Papierfaser im Laufe längerer Zeit immer weiter fort. Dabei ist zu beachten, daß ein Teil der im Papier vorhandenen Aschebestandteile imstande ist, eine gewisse Anzahl von HCl-Molekülen zu binden. Es müssen also genügend viele HCl-Moleküle durch Glimmen gebildet werden, um die Zellulose zu zerstören.

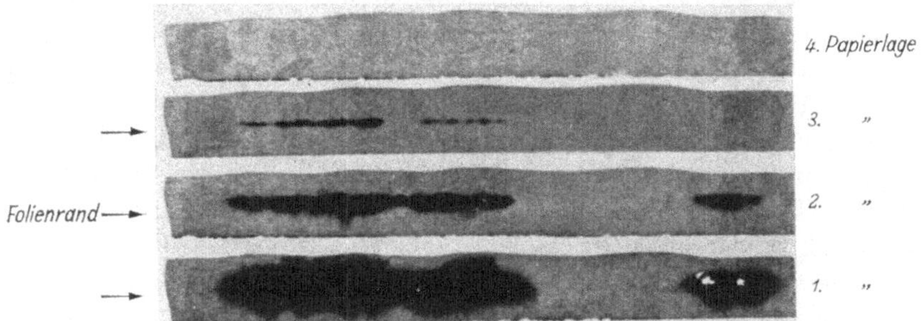

Abb. 97. Schwärzungen am Folienrand, Wickel mit Clophen A 50 getränkt.

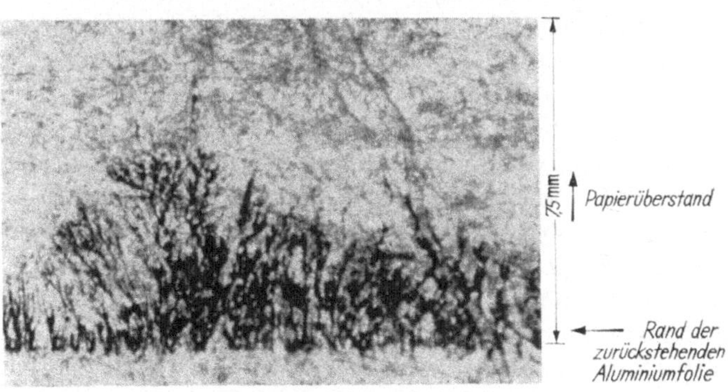

Abb. 98. Glimmspuren am Folienrand.

Bei intensiven Glimmentladungen können sich auf dem über die Aluminiumfolie hinausragenden Papierüberstand leitfähige Brücken aus zersetztem Clophen und verkohlter Zellulose bilden, die unter Umständen zum Überschlag führen (Abb. 97 und 98). Bei starker Schwärzung, wie sie Abb. 97 bei Versuchswickeln zeigt, die über längere Zeit mit einer Wechselfeldstärke von etwa 70 V/μm beansprucht wurden, wird das Papier spröde und brüchig. Die Schwärzung ist offensichtlich *nicht* thermischer Herkunft, denn sie ist am intensivsten an der Papierlage, die an einer der beiden Aluminiumfolien anlag, wo die Glimmentladungen auftraten und die Säurebildung am stärksten war. Hohe Temperaturen können sich hier wegen der guten Wärmeableitung durch die Folie nicht ausbilden. Das Glimmen tritt nur an *einer* Folie auf, nämlich an der zurückstehenden, an der gemäß Abb. 54a und Tab. 17 die höhere Feldstärke herrscht. Bei längerer Einwirkung der HCl-Moleküle können diese durch alle Papierlagen hindurchdiffundieren und das Papier so weit schädigen, daß zunächst eine Erhöhung des Verlustfaktors eintritt und dann am Folienrand ein Durchschlag stattfindet.

Nennenswerte Gasbildung durch Glimmen, die eine Aufbauchung des Gehäuses wie bei Mineralölkondensatoren zur Folge hat, wurde bei Clophenkondensatoren noch nicht beobachtet.

Glimmentladungen im Ölkondensator. Im Gegensatz dazu sind Ölkondensatoren relativ empfindlich gegen Glimmentladungen. Einmal ist schon von Hause aus die Glimmeinsatzspannung beachtlich niedriger als bei Kondensatoren mit dünnflüssigen Chlordiphenylen (vgl. Abb. 99 und 83). (Eine Ausnahme machen Ölkondensatoren, die unter innerem Überdruck von einigen atü stehen, vgl. Abb. 103.) Hinzu kommt das hystereseartige Verhalten des ölgetränkten Dielektrikums, vgl. Abb. 102. Glimmentladungen im Mineralöl sind stets mit der Erzeugung von H_2-Gas und dem sogenannten X-Wachs verbunden. Die beim Glimmen beschleunigten Ladungsträger spalten atomaren Wasserstoff von den Ölmolekülen ab, der sofort zu H_2-Gas rekombiniert. Zurück bleiben Ionen oder Radikale des Öls, die zur Bildung räumlich vernetzter Makromoleküle mit einer Kohlenwasserstoff-Grundstruktur führen. Wenn bei der Entstehung dieser Polymerisate Sauerstoff zugegen ist, so wird dieser nach Untersuchungen von K. E. BÜSCHER [*45*] bevorzugt in das Polymerisatmolekül eingebaut. Dabei bilden sich polare Gruppen, die eine Erhöhung des Verlustfaktors bis zum Zehnfachen des ursprünglichen Wertes zur Folge haben. Natürliches X-Wachs, wie es sich unter dem Einfluß von Entladungen in Kabeln und Kondensatoren bildet, enthält stets feinste Einschlüsse von Papier, in denen relativ große Mengen Sauerstoff im Zellulosemolekül, etwa 50%, eingebaut sind. H. STÄGER [*6*] spricht in diesem Zusammenhang von einem kolloidalen Gemisch; zumindest müssen solche Zellulosereste von einer Polymerisathülle umgeben sein, da sonst die für das X-Wachs charakteristische chemische Beständigkeit nicht verständlich wäre.

Zum Gesamtverlustfaktor des Wachses dürften weniger die eingekapselten Zellulosereste als vielmehr der in der Polymerisathülle enthaltene Sauerstoff beitragen, der in erster Linie aus Feuchtigkeitsresten im ölgetränkten Dielektrikum, aus Sauerstoffverbindungen im Ölkörper selbst und schließlich aus dem Papier stammt.

Vor 3 bis 4 Jahrzehnten wurden Leistungskondensatoren vorwiegend noch mit Mineralöl getränkt. An diesen Kondensatoren traten besonders im Freiluftbetrieb zahlreiche Schäden auf, deren primäre Ursache Glimmentladungen, etwa als Folge mangelhafter Tränkung, falscher Bemessung des Dielektrikums oder auch von Überspannungen, waren. Durch Erzeugung einer hinreichend großen Gasmenge, die vom Öl nicht mehr absorbiert werden kann, sinkt die Glimmeinsatzspannung immer weiter ab, so daß dann Glimmentladungen bereits bei Nennspannung, d.h. im Dauerbetrieb stattfinden können. Dabei wird immer mehr Gas erzeugt, wodurch schließlich das Gehäuse aufbaucht und der Tränkmittelspiegel absinkt. Der obere Teil des Wickelpaketes liegt dann im Gas. Der innere Wärmewiderstand steigt stark an, durch die X-Wachsbildung werden außerdem die Verluste erheblich größer, so daß schließlich Wärmedurchschlag eintritt. Dieser Vorgang erstreckt sich im allgemeinen über längere Zeit, evtl. über Jahre.

Nach K. E. Büscher neigen Tränkmittel auf Mineralölbasis zur Bildung wachsartiger Polymerisate. Wirksamen Schutz kann nur die Ausschaltung jeglicher Entladungserscheinungem im Öl-Papier-Dielektrikum bieten. Eine zuverlässige Maßnahme besteht z.B. in der Anwendung von Überdruck im Kondensator. Anlaß dazu besteht bei Reihenkondensatoren, die imstande sein müssen, kurzzeitige hohe Überlastungen auszuhalten (vgl. S. 147 und 295). Da derartige Konstruktionen aber aufwendig sind und heute in den dünnflüssigen chlorierten Diphenylen Tränkmittel zur Verfügung stehen, die neben der großen chemischen Beständigkeit und der hohen DK eine höhere Glimmeinsatzspannung und gute Beständigkeit gegen die Folgen von Glimmentladungen haben und auch bei Freiluftkondensatoren für Umgebungstemperaturen bis zu etwa $-40\,°C$ eingesetzt werden können, sind nahezu alle Kondensatorhersteller von ölgetränkten Kondensatoren abgegangen. Ausnahmen bilden noch japanische Kondensatoren und MP-Kondensatoren (s. S. 193 und 222).

Abb. 99a zeigt die Glimmeinsatzspannung bei Kondensatorwickeln mit verschiedenen Tränkmitteln als Funktion der Dielektrikumsdicke, gemessen bei Raumtemperatur. Die Glimmeinsatzspannung bei Clophen A 50 und Mineralöl liegt annähernd gleich hoch, bei dem dünnflüssigen Clophen A 30 dagegen um 30···40% höher, in Übereinstimmung mit [119]. Für die hohe Glimmeinsatzspannung von Clophen A 30 ist neben der hohen DK seine Dünnflüssigkeit und bessere Absorptionsfähigkeit für Gase verantwortlich.

Die Meßpunkte bei den ungetränkten Wickeln streuen wenig, bei den getränkten Wickeln dagegen beträchtlich mehr. Daraus folgt, daß die

Glimmeinsatzspannung vom Tränkmittel wesentlich beeinflußt wird.
Die Kurven zeigen den bekannten Verlauf: Die Glimmeinsatzspannung
nimmt bei steigender Dicke immer weniger zu, da das Verhältnis von
Krümmungsradius am Rand der Aluminiumfolie und Dicke des Dielektrikums immer kleiner wird (s. S. 89). Entsprechend sinkt die Glimmeinsatzfeldstärke (s. Abb. 99 b). Das ist der Grund dafür, daß bei Leistungskondensatoren kein dickeres Dielektrikum als 90···100 μm angewendet
wird. Wesentlich größere Dicken sind z. T. noch bei japanischen Kondensatoren üblich (s. S. 201).

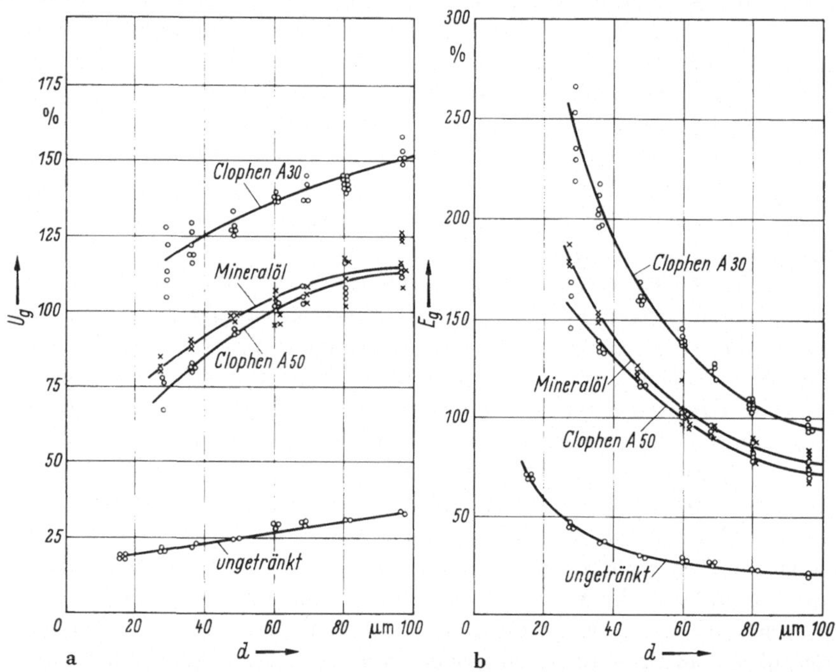

Abb. 99 a u. b. Glimmeinsatzspannung U_g und Glimmeinsatzfeldstärke E_g bei Kondensatorwickeln
mit verschiedenen Tränkmitteln in Abhängigkeit von der Gesamtdicke d des Dielektrikums bei
23 °C [100].

Abb. 100 zeigt Messungen der Glimmeinsatzspannung U_g als Funktion der Temperatur bei konstantem Druck. Während die Glimmeinsatzspannung bei ölimprägnierten Wickeln mit der Temperatur nur schwach
ansteigt, ist bei den clophenimprägnierten Wickeln ein ausgeprägtes
Minimum zu erkennen, das um 10···20 grd oberhalb des Stockpunktes
der untersuchten Clophene liegt. Bei höherer Temperatur nimmt U_g zu,
und zwar besonders stark bei Clophen A 50. Die Kurven wurden mehrfach bei steigender und bei fallender Temperatur gemessen; sie verlaufen sämtlich innerhalb der Meßgenauigkeit reversibel.

Die Glimmeinsatzspannung ändert sich nur wenig mit der Dicke der Aluminiumfolie im Bereich von 6⋯16 μm. Bei MP-Kondensatoren, bei denen die Dicke der aufgedampften Metallschicht um eine Größenordnung kleiner ist als die der Aluminiumfolien, ist der Einfluß merklich größer (vgl. S. 94).

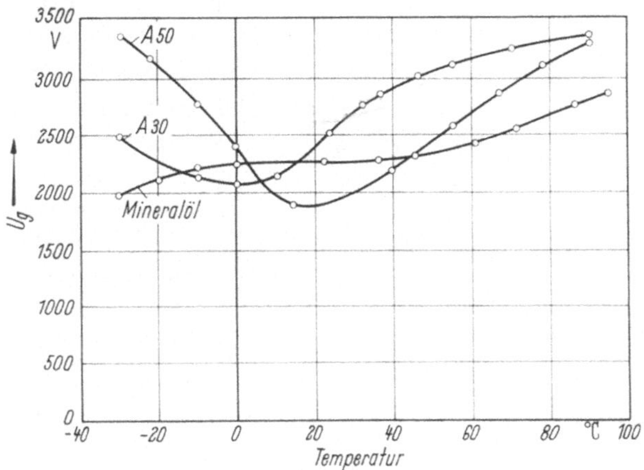

Abb. 100. Glimmeinsatzspannung in Abhängigkeit von der Temperatur [100].

Die Glimmeinsatzspannung wird von einer überlagerten Gleichspannung nicht beeinflußt. Die Gleichspannungskomponente in der Gasblase verschwindet dadurch, daß der Entladungsraum durch Ladungsausgleich polarisiert wird, so daß nur noch der Wechselspannungsanteil wirksam wird.

In Abb. 101 ist die Wirkung der Glimmintensität bei Wickeln mit Clophen A 30 und Mineralöl bei gleicher und konstanter Spannung nach verschiedenen Belastungszeiten dargestellt; sie nimmt bei Mineralöl-

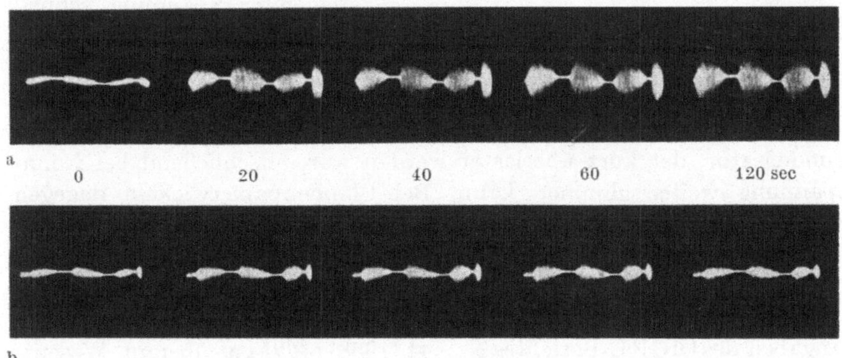

Abb. 101. Glimmintensität bei Wickeln mit Mineralöl (a) und Clophen A 50 (b) bei konstanter Spannung nach verschiedenen Belastungszeiten. $t = 0$: Beginn der Glimmentladungen [100].

Papierwickeln ständig zu; dagegen bleibt sie bei Clophen-Papierwickeln nahezu gleich groß oder wird eher kleiner. Diese Tatsache beruht darauf, daß sich im Mineralöl bereits bei schwachen Glimmentladungen H_2-Gas bildet, wodurch die Glimmeinsatzspannung absinkt und das glimmende Volumen immer größer wird. Im Clophen dagegen entstehen Spuren von HCl-Gas, das in Verbindung mit H_2O-Molekülen die Gasbläschen teilweise elektrisch kurzschließt, s. auch S. 94. Clophen A 30 verhält sich bei derartiger Beanspruchung wie Clophen A 50, liegt aber im Absolutwert der Glimmeinsatzspannung höher.

Neben der Glimmeinsatzspannung ist die Löschspannung, besonders bei Reihenkondensatoren, von Bedeutung. Reihenkondensatoren können kurzzeitig überlastet werden, so daß dabei die Glimmeinsatzspannung überschritten wird. In Abb. 102a ist die Glimmintensität über der angelegten Spannung bei Mineralöl- und Clophenpapierwickeln aufgetragen. Bei Mineralölwickeln wächst die Intensität der Entladungen mit steigender Spannung schnell an und bleibt beim Zurückregeln der Spannung bis unterhalb derNennspannung stehen.

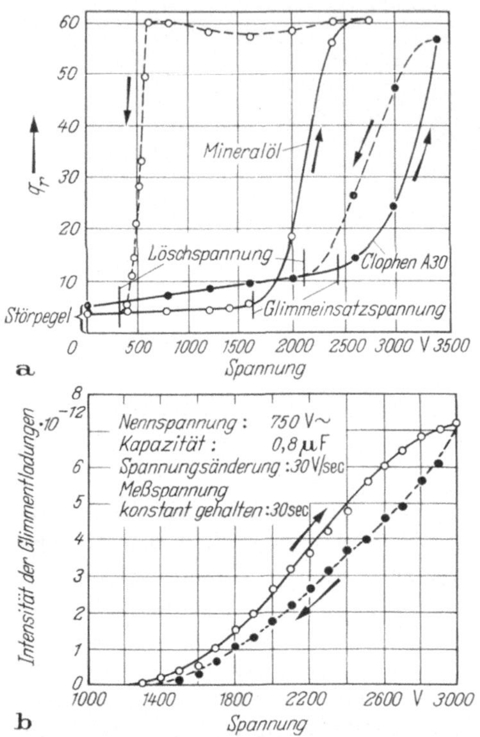

Abb. 102. a) Glimmintensität bei Wickeln mit Mineralöl oder Clophen A 30 in Abhängigkeit von der Spannung (gleiche Dielektrikumsdicke); b) Intensität der Glimmentladungen (in Coulomb) in einem Metallpapierwickel in Abhängigkeit von der Spannung [100].

Das bedeutet, daß ein Ölkondensator, der kurz überlastet worden war, anschließend bei Nennspannung weiter glimmen kann. Bei Clophenpapierwickeln dagegen nimmt die Glimmintensität mit steigender Spannung langsamer zu, vor allem aber gehen bei fallender Spannung die Entladungen zurück und erlöschen nur wenig unterhalb der Glimmeinsatzspannung, also noch weit oberhalb der Nennspannung. Diese Meßergebnisse stimmen mit den Angaben des CIGRÉ-Berichtes Nr. 141 (1958) [309] gut überein. Wesentlich anders scheint sich nach Messungen von H. MAYLANDT [100] der mit Mineralöl getränkte MP-Kondensator zu verhalten. Hier liegt die

Kurve der Glimmintensität über der Spannung, vgl. Abb. 102b, beim Zurückregeln der Spannung sogar *niedriger* als beim Aufwärtsregeln, ein Verhalten, das bisher nur bei MP-Kondensatoren beobachtet worden ist. Eine Erklärung dieses überraschenden Effektes wurde auf S. 94 versucht.

Glimmschäden, abhängig von Druck und Überbelastung. Glimmentladungen lassen sich durch Überdruck im Kondensator vermindern: z.B. verdoppelt sich die Glimmeinsatzspannung bei Erhöhung des Druckes von 1 auf 5 at (s. Abb. 103). Andererseits kann sie im Freiluftkondensator bei tiefen Außentemperaturen infolge Schrumpfung des Tränkmittels gefährlich sinken, wenn sich die Gehäusewände nicht genügend elastisch einbauchen. Überdruck wurde bis in die letzte Zeit bei Reihenkondensatoren, vor allem bei Ölkondensatoren, angewendet, da sie kurzzeitige Überspannungen bis zur 4fachen Nennspannung ohne Lebensdauerminderung aushalten sollen (vgl. S. 295).

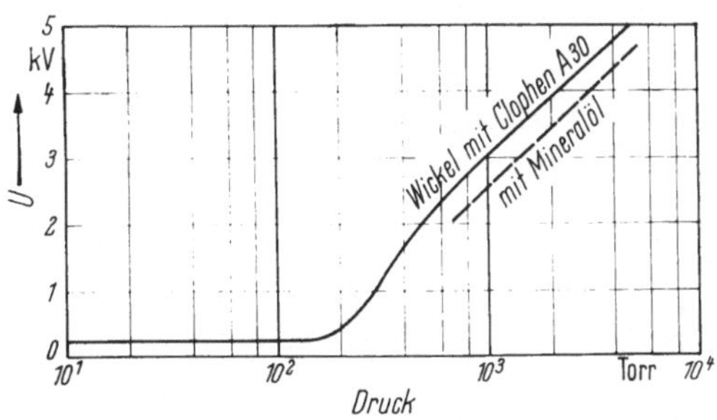

Abb. 103. Glimmeinsatzspannung in Abhängigkeit vom Druck p ($\vartheta = 23$ °C).

Einen Beitrag zur Frage, ob sich auch bei Clophenkondensatoren Überdruck empfiehlt, liefern folgende Versuche: 8 Wickel wurden 12mal mit 2,5···4,4 U_N (58 V/µm), insgesamt 160 sec lang, überlastet. Der Verlustfaktor stieg bei jeder Überlastung an, bei 11 at jedoch wesentlich weniger als bei 1 at, vgl. Abb. 104. Eine Überlastung bei niedriger Temperatur schädigt mehr als bei höherer Temperatur, in Übereinstimmung mit Abb. 100. Jedoch wird die Schädigung auch bei 11 at nicht vollständig verhindert, während andrerseits keiner der bei 1 at überlasteten Wickel durchschlug, auch nicht nach 52 Tagen Dauerprobe mit 800 V, 60 °C. Die Ergebnisse wären noch günstiger gewesen, wenn die Wickel nicht in offenen, sondern in geschlossenen Gehäusen untersucht worden wären (vgl. S. 79). Vor allem aber sind im allgemeinen die Erholungspausen zwischen 2 Überlastungen im praktischen Betrieb um Größenordnungen länger als bei diesem Versuch, wo sie nur einige Stunden betrugen.

Abb. 105 zeigt als weiteres Beispiel das Ergebnis eines Dauerversuchs mit 22 Wickeln mit dickem Dielektrikum, getränkt mit Clophen A 50. Die Wickel wurden verschieden lange mit Spannungen vom 2- bis 6fachen der Nennspannung U_N, also weit über die Glimmeinsatzspannung von 1,7 U_N hinaus überlastet und anschließend zum Teil – mit „D" gekennzeichnete Punkte – einige hundert Stunden mit 1,2facher Nennspannung betrieben. Alle Wickel wurden nach den Überlastungen abgewickelt. Durchschläge waren bei keinem der untersuchten Wickel aufgetreten. Die senkrechten Striche an den Meßpunkten geben qualitativ an, in welchem Maße Schwärzungen an den Folienrändern – als sichtbare Spuren der Clophenzersetzung und der Einwirkung von HCl auf das Papier –

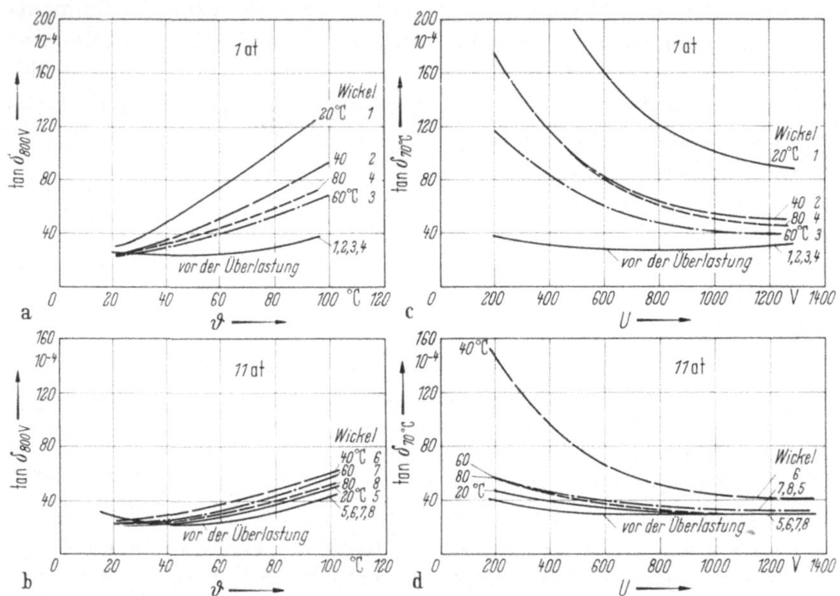

Abb. 104a–d. Verlustfaktor nach kurzzeitigen Überlastungen und mehrwöchiger Dauerprobe. Jeder Wickel überlastet mit 2; 2,5; 3 kV, je 10 sec lang und 9mal mit 3,5 kV insgesamt 130 sec lang, bei 20, 40, 60 oder 80 °C, und zwar je 4 Wickel bei 1 oder 11 at. Dielektrikum: 3 Lagen Papier 20 μm, 1,0 g/cm³, Clophen A 50, 1 μF.
Kurven a) und b): tan δ, gemessen bei 800 V nach 18 Tagen Dauerprobe mit 800 V, 60 °C;
Kurven c) und d): tan δ, gemessen bei 70 °C nach 34 Tagen Dauerprobe mit 800 V, 60 °C.

aufgetreten sind. Unterhalb der Spannung $2,5\,U_N$, also beim 1,5fachen der Glimmeinsatzspannung, waren keine Schwärzungen feststellbar, oberhalb $2,5\,U_N$ waren sie um so kräftiger, je länger die Glimmentladungen dauerten und je größer ihre Intensität war.

3.423 Elektrochemische Prozesse. Nahezu alle Alterungsvorgänge im Dielektrikum einschließlich Glimmentladungen und deren Folgeerscheinungen oder derjenigen Vorgänge, die eine Schwachstelle, unter Einfluß des Feldes immer mehr verschlechtern, so daß schließlich der Durchschlag eintritt, sind elektrochemischer Natur; sie hängen in hohem Maße von Temperatur und Feldstärke ab. Von wesentlichem Einfluß sind dabei auch Verunreinigungen im Dielektrikum, die sich im Tränkmittel lösen und dissoziieren, und zwar um so mehr, je stärker polar das Tränkmittel ist; sie haben ein allgemeines oder örtliches Ansteigen des

Isolationsstromes zur Folge. Bei Gleichspannungskondensatoren beobachtet man ausgeprägte Polaritätseffekte. Ähnliche Erscheinungen treten aber auch bei Wechselspannungsbeanspruchung auf. Elektrochemische Prozesse führen hier zu einer örtlichen oder auch allgemeinen,

durch $\tan\delta$-Messung nachweisbaren Erhöhung der dielektrischen Verluste. Hierfür werden im folgenden zwei Beispiele gegeben:

a) Elektrolytische Vorgänge an diskreten Stellen. Abb. 106 zeigt „Braunstellen" (das Papier ist an diesen Stellen braun gefärbt) im Dielektrikum von Leistungskondensatoren für Mittelspannung nach mehrjährigem Betrieb. Tränkmittel war ClophenA50. Die bei diesen Kondensatoren verwendeten Papiere enthielten winzige Einschlüsse eines kupfer- oder nickelhaltigen Metalls, wie später elektronenmikroskopisch

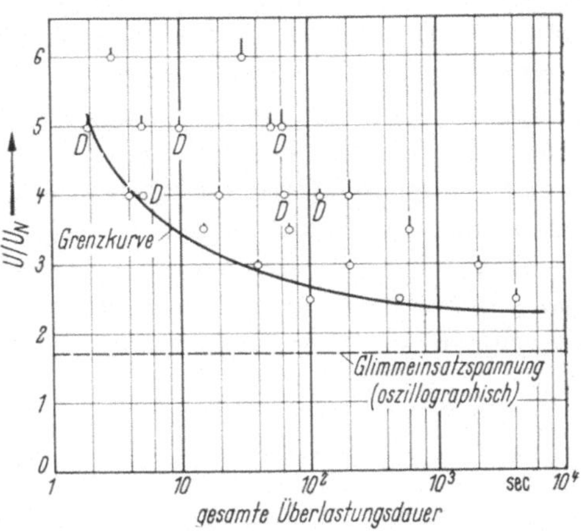

Abb. 105. Überlastbarkeit von Kondensatorwickeln [100]. *D* Überlasteter Wickel war 300···500 Stunden im Dauerbetrieb mit 1,14···1,2 U_N; ↓ : die Höhe der Striche gibt qualitativ die Intensität der Schwärzung am Folienrand an.

nachgewiesen werden konnte. Wenn diese Einschlüsse *galvanischen* Kontakt mit einer der Aluminiumfolien machen, so daß sich Kupfer oder Nickel einerseits und Aluminium andererseits im elektrischen Wechselfeld als Elektroden gegenüberstehen, entstehen durch elektrolytischkatalytische Vorgänge Spuren von Salzsäure. Das Kupfer (Nickel) bewirkt eine Abspaltung von Chlor vom Clophenmolekül, während das

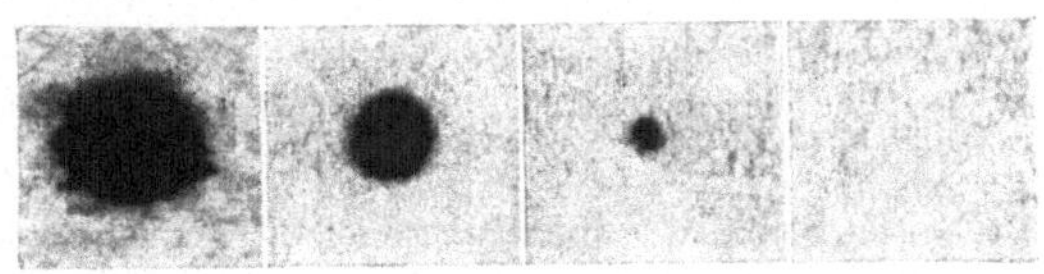

Abb. 106. Braunstellen im Kondensatordielektrikum.

galvanische Element Al–Cu zur Bildung von atomaren Wasserstoff führt. Die sich daraus bildende Salzsäure greift (ähnlich wie die beim Glimmen gebildete Salzsäure) das Papier an. Im vorliegenden Falle entstanden kreisförmige Bräunungen, wo das Papier stark versprödete und bereits bei geringer mechanischer Beanspruchung brach, so daß dann an einer dieser Stellen der Durchschlag eintrat. Der Verlustfaktor ist innerhalb des gebräunten Bereiches zwar stark erhöht, führt aber (wegen der guten

Wärmeabfuhr durch die Aluminiumfolie) nicht zu merklicher Erwärmung. Ganz ähnlich wie bei den in Abb. 97 gezeigten Bräunungen, die ebenfalls durch Salzsäureeinwirkung auf das Papier entstanden, ist die kreisförmige Braunstelle am intensivsten dort gebräunt, wo das Cu- oder Ni-Teilchen Kontakt mit der Alufolie und der elektrolytische Prozeß seinen Ausgangspunkt hatten. Die darüberliegende Papierlage ist weniger angegriffen, die nächste noch weniger und die vierte Lage zeigt überhaupt keine sichtbare Schädigung mehr. Durch $\tan\delta$-Messung am ganzen Kondensator lassen sich derartige Braunstellen ebenso wie andere, örtlich scharf begrenzte Alterungserscheinungen, wegen ihres zu kleinen Flächenanteils meist *nicht* nachweisen.

b) Allgemeine elektrochemische Verschlechterung durch Verunreinigungen. Elektrochemische Alterungsprozesse, die nicht an diskreten Stellen stattfinden, sondern das gesamte Dielektrikum oder wenigstens größere Volumenbereiche erfassen, lassen sich im allgemeinen leicht durch $\tan\delta$-Messung, abhängig von Temperatur und Spannung, nachweisen, vorausgesetzt, daß andere Ursachen von Verlustfaktorerhöhungen nicht vorliegen (Verwendung einwandfreier, verlustarmer Papiere, ausreichende Trocknung des Papiers, saubere Tränkmittel). Ein Beispiel für elektrochemische Alterung zeigt Abb. 107. Schon nach 24stündigem Betrieb mit $1{,}2\,U_N$ hatte sich der Verlustfaktor stark erhöht.

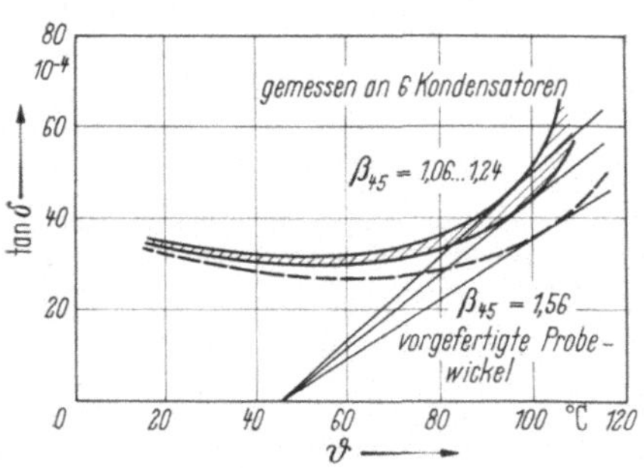

Abb. 107. Verlustfaktor in Abhängigkeit von der Temperatur bei 14 V/µm, gemessen an 6 Kondensatoren.

Auch die $\tan\delta$-Neuwerte lagen bereits merklich höher als bei vorher gefertigten Probewickeln. Abb. 108 weist darauf hin, daß das Tränkmittel stark durch Ionen verunreinigt worden sein muß, und zwar unter dem Einfluß von Temperatur *und* Spannung. Der Verlustfaktor des Kondensators Nr. 11, der 72 h lang bei 100 °C *ohne* Spannung „gealtert" wurde, ist gegenüber dem Neuwert unverändert. Die Quelle der Verunreinigungsionen war ein neuer Typ von Entladungswiderständen (Massewiderstände). Ein ähnliches Beispiel s. S. 120.

Verunreinigungen werden besonders stark durch das dünnflüssige Tränkmittel Clophen A 30, das heute überwiegend für Leistungskondensatoren eingesetzt wird, gelöst. Aus diesem Grunde müssen sowohl die Rohstoffe frei von löslichen Verunreinigungen sein als auch alle Verschmutzungen während der Fertigung vermieden werden. So dürfen z. B. für die Vakuumlagen keine Gummidichtungen verwendet werden, die clophenlöslich sind. Bei der Herstellung der Schaltverbindungen durch Weichlötung darf nicht mit säurehaltigem Lötfett oder mit Kolophonium als Flußmitteln gelötet werden, da bereits Spuren dieser Stoffe eine merkliche Verschlechterung des Dielektrikums und eine erhebliche Verkürzung der Lebensdauer zur Folge haben.

c) Stabilisierungszusätze. Seit langem wird versucht, durch geeignete Zusätze zum Tränkmittel die Lebensdauer von Kondensatoren zu erhöhen. Diese Stabilisierungszusätze sollen die chemischen und elektrochemischen Prozesse, die letztlich zur Zerstörung führen, verhindern oder wenigstens stark verlangsamen.

An Gleichspannungskondensatoren, die mit hoher Feldstärke bei erhöhter Temperatur betrieben werden, sind auf diese Weise bedeutende Lebensdauerverlängerungen erreicht worden [67, 68]. Bei Wechselspannungskondensatoren ist es mit Hilfe von Tränkmittelzusätzen bisher weder gelungen die Lebensdauer zu verlängern noch den

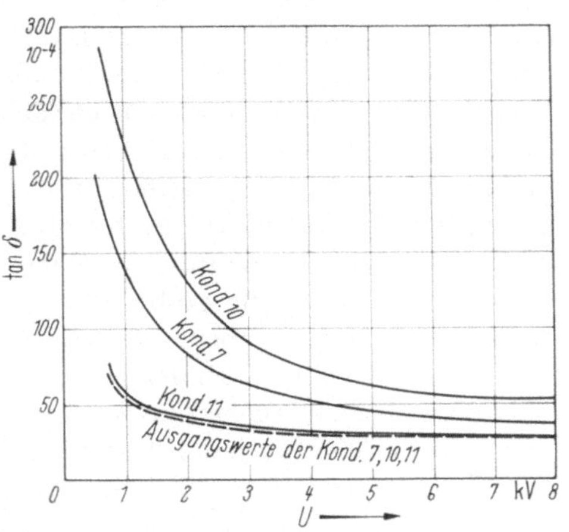

Abb. 108. Verlustfaktor in Abhängigkeit von der Spannung bei 65 °C. Kondensator *7* und *10* nach 24 Betriebsstunden bei 17 V/μm; Kondensator *11* nach 72 Stunden ohne Spannung bei 100 °C.

Verlustfaktor zu verbessern. Vermutlich wird durch den ständigen Polaritätswechsel der Wasserstoff an beiden Elektroden schneller oxydiert, als er das Stabilisierungsmittel hydrieren kann. Das Reduziervermögen dieser Substanzen kommt also nicht zur Wirkung, so daß das Zusatzmittel eher als Verunreinigung des Tränkmittels anzusehen ist, das möglicherweise den Verlustfaktor verschlechtert (vgl. S. 80 ff.).

3.43 Die Lebensdauer. Die Lebensdauer von Kondensatoren, bei deren Bemessung und Herstellung keine systematischen Fehler gemacht wurden, hängt von vielen Einflüssen ab; sie kann daher immer nur im statistischen Mittel, nie aber für den Einzelkondensator angegeben werden. Zum Ausfall infolge Durchschlags führen in komplizierter Weise Alterungsvorgänge, die sich im einzelnen der Beobachtung entziehen, etwa Alterung an Überlappungen leitender Einschlüsse. Die Erfahrung zeigt, daß die *mittlere* Lebensdauer einer Vielzahl von gleichartigen Kondensatoren (gleicher Aufbau, gleiche Betriebsbedingungen) *systematisch* von zwei Haupteinflußgrößen abhängt, nämlich der Betriebsfeldstärke E und der Betriebstemperatur ϑ.

Durch Lebensdaueruntersuchungen wird diejenige Betriebsfeldstärke ermittelt, die im Interesse einer hinreichend langen Lebensdauer noch angewendet werden darf. Diese aufwendigen Untersuchungen müssen häufig wiederholt werden, da die zulässige Feldstärke von der Qualität der Isolierstoffe, vor allem des Kondensatorpapiers (Homogenität, Reinheit, Zahl der leitenden Einschlüsse), abhängig ist und der Hersteller aus wirtschaftlichen Gründen diese vom jeweiligen Entwicklungsstand der Rohstoffe abhängige maximale Feldstärke kennen muß. In den letzten 10 Jahren sind die Papiere so stark verbessert worden (vgl. Abb. 117), daß die Feldstärke um fast 50 %, die Blindleistung je Volumeneinheit also um mehr als 100 % vergrößert werden konnte. Dabei wird heute bei großen Leistungskondensatoren eine Lebensdauer von 20 Jahren bei einer Ausfallquote von 5···10 % angestrebt. G. R. MENKART und P. L. WALDON gehen in [173] auf diese Problematik ein. Steigert man die Feldstärke weiter, so steht der dadurch erreichten Verbilligung des Kondensators eine unverhältnismäßig große Abnahme der Lebensdauer und Betriebszuverlässigkeit gegenüber. Kleinere Feldstärken dagegen verbieten sich aus wirtschaftlichen Gründen.

Lebensdauerversuche müssen an einer genügend großen Anzahl von Versuchsobjekten ausgeführt werden, die nach Bemessung und Größe mit denen vergleichbar sind, über die Aussagen gemacht werden sollen. In jedem Falle müssen die beiden Haupteinflußgrößen, Temperatur ϑ und Feldstärke E, sorgfältig konstant gehalten und im praktisch interessierenden Bereich, d. h. etwa bei Temperaturen zwischen 70 und 110 °C und Feldstärken von 15···40 V/µm, variiert werden. Dabei ergibt sich aus der Forderung, innerhalb eines Zeitraums von 1 bis 2 Jahren brauchbare Ergebnisse zu erhalten, die Notwendigkeit, die Versuchsbedingungen zu verschärfen, und damit das Problem der Extrapolierbarkeit der Ergebnisse auf normale Betriebsbedingungen. Selbstverständlich darf z. B. die Feldstärke nicht so weit erhöht werden, daß im Versuchsbetrieb Glimmentladungen auftreten. Ebenso sind Temperaturen zu vermeiden, bei denen der Kondensator nicht mehr im thermischen Gleichgewicht ist.

Mehrere Autoren [18, 173, 279] finden für die Abhängigkeit der Lebensdauer L von der Feldstärke (bei konstanter Temperatur) ein Potenzgesetz

$$L = \mathrm{const}\ E^{-m}, \tag{63}$$

wobei für m außerordentlich stark schwankende Werte (zwischen 5 und 22) ermittelt wurden. Für Mittelspannungskondensatoren fanden MENKART und WALDON [173] durch Lebensdauerversuche über 6 Jahre einen Wert $m = 7{,}7$. Nach Versuchen der Verfasser ergaben sich etwas größere Zahlen, wie aus Abb. 109 hervorgeht. E. TRÜMPER sowie Y. COURTET und A. LIZIARD beschreiben entsprechende Versuche an zweilagigen Niederspannungskondensatoren, bei denen Exponenten von 12,5 und ≈ 20 ermittelt werden.

Unter der Voraussetzung, daß die chemischen und strukturellen Veränderungen in organischen Isolierstoffen überwiegend durch die *thermische* Beanspruchung und nicht durch elektrische und mechanische

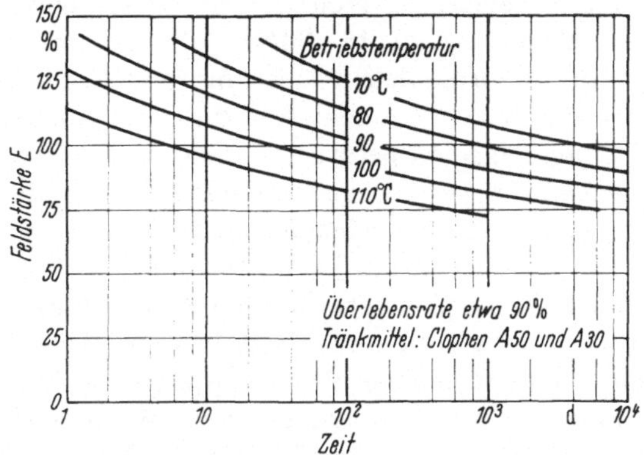

Abb. 109. Lebenserwartung von Leistungskondensatoren.
Überlebensrate etwa 90%, Tränkmittel Clophen A 50 und A 30.

Vorgänge hervorgerufen werden, fand V. M. MONTSINGER [*185*] für die Lebensdauer ein Exponentialgesetz

$$L = L_0 \, e^{-\varkappa \vartheta}. \tag{64}$$

Hierin bedeuten L_0 und $\varkappa$ Konstanten, L die Lebensdauer und ϑ die Temperatur in °C. Bei Untersuchungen an der Isolation von Transformatoren ergab sich, daß die Lebensdauer jeweils halbiert wird, wenn die Betriebstemperatur um etwa 10 grd höher ist. Dieses Gesetz läßt sich unter gewissen Voraussetzungen aus der Arrheniusschen Formel herleiten [*46, 302*]. Darnach ist die Reaktionsgeschwindigkeit proportional der Konzentration der Molekülarten, wobei der Proportionalitätsfaktor, die Geschwindigkeitskonstante k, von der Temperatur abhängig ist

$$k = \varkappa \, e^{-W/RT} \tag{65}$$

mit W der Aktivierungsenergie, R der Gaskonstante und T der absoluten Temperatur.

W. BÜSSING [*46*] betrachtet kritisch den Zusammenhang zwischen der Arrheniusformel und dem Montsingergesetz.

In einem hinreichend engen Temperaturintervall, z. B. von 60···90 °C, wie es für den Betrieb von Leistungskondensatoren wichtig ist, kann Gl. (63) in ein Potenzgesetz umgeformt werden, wodurch die Auswertung erleichtert wird. So geben MENKART und WALDON [*173*] für die Abhängigkeit der Lebensdauer von Temperatur und Feldstärke die einfache Form an

$$L = \left(\frac{K}{E\,\vartheta}\right)^{7,7}. \tag{66}$$

Die Betriebstemperatur, hat also entscheidenden Einfluß auf die Lebensdauer. Ein Kondensator sei z.B. für eine Betriebstemperatur von 60 °C, gemessen an der wärmsten Stelle im Kondensatorinnern, bei einer Feldstärke von 16 V/μm bemessen. Wenn er bei 90 °C betrieben werden soll, müßte die Feldstärke auf $16 \cdot 60/90 = 10{,}7$ V/μm, d.h. die Leistung auf 44,5 % der ursprünglichen Leistung reduziert werden, um auf die gleiche Lebensdauer zu kommen. Aus diesem Grunde dürfen auch die zulässigen Umgebungstemperaturen nicht überschritten werden, wenn die Kondensatoren bei gegebener Feldstärke die der Bemessung zugrunde gelegte Lebensdauer erreichen sollen.

In langjährigen Versuchen im Laboratorium der Verfasser wurden Lebensdauerversuche an clophengetränkten Kondensatoren durchgeführt (s. Abb. 109). Aus den aufgetragenen Mittelwerten erkennt man außer dem Einfluß der Temperatur auch den der Spannung. Danach hat bereits eine Erhöhung der Betriebstemperatur um 5 grd eine Reduzierung der Lebensdauer auf 50 % zur Folge. Die gleiche Reduzierung muß für eine Erhöhung der Feldstärke um etwa 10 % angesetzt werden.

Dieses Lebensdauergesetz gilt auch nur für einen beschränkten Temperaturbereich [46]. Bei sehr niedrigen Temperaturen, z.B. 10 °C, wird die chemische Reaktion so langsam ablaufen, daß andere Beanspruchungen als die durch Temperatur für die Lebensdauer maßgebend werden. Die Frage nach Alterung und Lebensdauer unter Berücksichtigung der Gesetze von MONTSINGER und ARRHENIUS wird ausführlich auch von H. MEYER [177] besonders für Isolierungen großer elektrischer Maschinen behandelt. Lebensdauerversuche an großen Leistungskondensatoren bringen, wenn man unter wirklichkeitsnahen Bedingungen arbeiten will, die von denen des Betriebes nicht allzusehr abweichen, die Schwierigkeit mit sich, daß man je Wertepaar Feldstärke/Temperatur eine für die statistische Auswertung zunächst meist unzureichende Anzahl von Resultaten erhält. Vorausgesetzt, daß der Ansatz

$$L = L_0 \, e^{-\alpha\,\vartheta} \left(\frac{E}{E_0} \right)^{-m} \text{const} \qquad (67)$$

den Zusammenhang $L = f(\vartheta, E)$ richtig beschreibt, kann hier ein Verfahren der Korrelationsrechnung weiterhelfen. Ist eine Funktion $z(x,y)$ in der Form

$$z = a_0 + a_1 x + a_2 y \qquad (68)$$

darstellbar und liegen dafür n mit Streuung behaftete Beobachtungen

$$\zeta_i = a_0 + a_1 x_i + a_2 y_i \qquad i = 1, 2 \cdots n \qquad (69)$$

vor, so kann man durch Lösung des Gleichungssystems

$$\sum_{i=1}^{n} \zeta_i = n\,a_0 + a_1 \sum_{i=1}^{n} x_i + a_2 \sum_{i=1}^{n} y_i,$$

$$\sum_{i=1}^{n} \zeta_i x_i = a_0 \sum_{i=1}^{n} x_i + a_1 \sum_{i=1}^{n} x_i^2 + a_2 \sum_{i=1}^{n} x_i y_i, \qquad (70)$$

$$\sum_{i=1}^{n} \zeta_i y_i = a_0 \sum_{i=1}^{n} y_i + a_1 \sum_{i=1}^{n} x_i y_i + a_2 \sum_{i=1}^{n} y_1^2$$

die Koeffizienten a_0, a_1, a_2 berechnen.

In die Form von Gl. (68) läßt sich die Lebensdauerformel nach Gl. (67) leicht bringen, wenn sie logarithmiert wird:

$$\ln \frac{L}{L_0} = \ln \mathrm{const} - m \ln \frac{E}{E_0} - \alpha\,\vartheta. \qquad (71)$$

In Gl. (68) ist dann einzusetzen

$$z = \ln \frac{L}{L_0}, \quad a_0 = \ln \mathrm{const},$$

$$x = \ln \frac{E}{E_0}, \quad a_1 = -m,$$

$$y = \vartheta, \qquad a_2 = -\alpha.$$

Mit Hilfe des angegebenen Verfahrens lassen sich die Konstanten in der Lebensdauerformel aus Versuchen an relativ wenigen Versuchsobjekten wesentlich genauer berechnen als bei der üblichen graphischen Auswertung.

Die mittlere Lebensdauer eines Kollektivs kann wegen der Streuung der individuellen Lebensdauerwerte erst angegeben werden, wenn man neben Feldstärke und Temperatur auch die zulässige Ausfallquote festlegt. In der Praxis wird die Frage meist so gestellt: wie hoch darf die Feldstärke bei gegebener Betriebstemperatur ϑ maximal sein, wenn eine bestimmte mittlere Lebensdauer (z.B. 20 Jahre) erreicht und eine gewisse Ausfallquote q (z.B. 10%) nicht überschritten werden soll? Zur Beantwortung dieser Frage muß die „Abgangslinie" bekannt sein. Darunter versteht man die im Verlauf der Betriebszeit abnehmende relative Zahl der „Überlebenden".

Nach STANGE [261] ist bei technischen Gebrauchsgütern, die einem natürlichen Abnutzungsvorgang unterliegen, die auf den jeweiligen Bestand N bezogene zeitliche Abgangsdichte

$$\varphi(t) = -\frac{1}{N} \frac{\mathrm{d}N}{\mathrm{d}t} \qquad (72)$$

eine mit der Zeit monoton wachsende Funktion. Bezieht man noch den jeweiligen Bestand N auf den Anfangsbestand N_0 mit $F = N/N_0$ und schreibt $\Phi(t) = \int\limits_0^t \varphi(t)\,\mathrm{d}t$, so folgt aus (72)

$$F(t) = \mathrm{e}^{-\Phi(t)}. \tag{73}$$

Auf Grund von Überlegungen, die in [261] ausführlich dargelegt werden, macht STANGE für $\Phi(t)$ den Ansatz

$$\Phi(t) = \left(\frac{t}{T}\right)^b, \tag{74}$$

der nach Auswertung von umfangreichem statistischem Material (z. B. Abgangslinien von Kabeln, Dampflokomotiven, Kraftwagen, Aktiengesellschaften (!), Beschäftigungsverhältnissen) den beobachteten Verlauf richtig darstellt. STANGE fand für den Exponenten $b = 0,5\cdots5$. T ist dabei die „kennzeichnende Lebensdauer", innerhalb derer nämlich F von 1 auf $1/e$ abgeklungen ist.

Die Gleichung der Abgangslinie hat nach Gl. (73) und (74) die Form

$$F(t) = \frac{N}{N_0} = \mathrm{e}^{-\left(\frac{t}{T}\right)^b}. \tag{75}$$

Logarithmiert man Gl. (75) zweimal, so folgt

$$\ln\ln\frac{1}{F} = b\,(\ln t - \ln T). \tag{76}$$

Benutzt man nun ein Papier geeigneter Teilung (Ordinate $y = \ln\ln\frac{1}{F}$, Abszisse $x = \ln t$), so strecken sich die Abgangslinien im Normalfall zu Geraden, dann nämlich, wenn bezüglich des „Abgangs" einheitliche Ursachen vorliegen.

Die Auswertung der von verschiedenen Autoren angegebenen Abgangslinien ergab für b Werte zwischen 0,5 und 1,5. Für neuere Mittelspannungskondensatoren wurde $b \approx 1$ gefunden.

3.5 Der elektrische Durchschlag des Papierdielektrikums

Der Durchschlag der Isolierstoffe wird seit Jahrzehnten eingehend untersucht; die Literatur darüber ist umfangreich. Hier soll nur der Durchschlag des dünnschichtigen, mit Isolierflüssigkeiten getränkten Papierdielektrikums behandelt werden.

Man unterscheidet zwei wesentlich voneinander verschiedene Arten des Durchschlags, den *Wärme-* und den *Feld*durchschlag. Wärmedurchschlag tritt ein, wenn im Isolierstoff mehr Wärme entsteht als abgeführt wird, so daß sich seine Temperatur und Leitfähigkeit immer schneller erhöhen, bis schließlich eine geringe Spannung zwischen den Elektro-

den, z. B. die Betriebsspannung, ausreicht, den Durchschlag hervorzu-
rufen. Diese Art des Durchschlages wird auf S. 189 behandelt.

3.51 Der Felddurchschlag. Der Einfluß von Vorentladungen. Beim
Felddurchschlag spielt dagegen die Feldstärke die entscheidende Rolle.
Ihm geht stets eine Stoßionisation im Dielektrikum voraus, d. h. eine
lawinenartige Vermehrung der Ladungsträger. Die Ausbildung der Ionenlawinen ist heute besonders bei Gasen gut erforscht, [84]. R. Strigel
[270] zeigt in einer neueren Arbeit über den Durchschlagmechanismus
in Luft, Öl und festen Isolierstoffen, daß dieser in den drei Isoliermedien
weitgehende Ähnlichkeiten hat. Stets bilden sich Entladungskanäle aus,

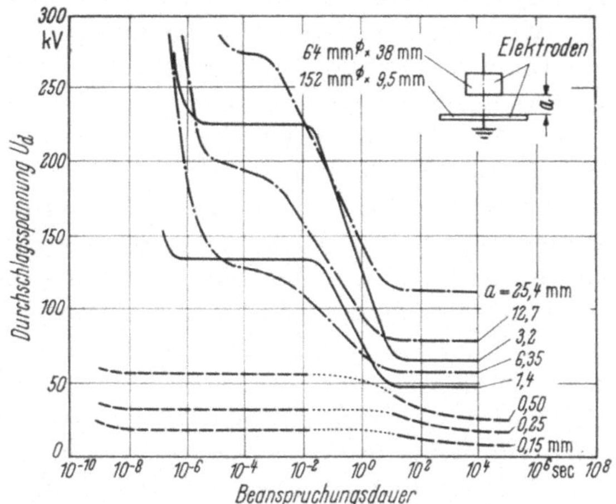

Abb. 110. Abhängigkeit der Durchschlagspannung von der Beanspruchungsdauer in Öl und bei
ölgetränkten faserhaltigen Isolierstoffen (nach Bellaschi, Taege und Jost).
——— Fullerboard; —·—·—·— Transformatorenöl; ——————— Pertinax [270].

in denen Raumladungen für ein schnelles Vorwachsen der Entladung
sorgen, z. B. innerhalb 10^{-6} sec und weniger bis zur anderen Elektrode
hin, falls die Spannung genügend hoch ist.

Ist die Spannung genügend hoch, so daß der Durchschlag in sehr kurzen Zeiten erfolgt, dann tritt ein rein elektrischer Durchschlag oder
„Kurzzeitdurchschlag" ein [79, 271]. Reicht die Spannung dagegen
nicht zum sofortigen Durchschlag aus, sondern nur zur Bildung von
Ionenlawinen, ohne daß diese die Gegenelektrode erreichen, sind also
viele aufeinanderfolgende Entladungen nötig, um den Isolierstoff in der
unmittelbaren Umgebung ihres Entladungskanals allmählich, d. h. im
Laufe von Minuten, Tagen oder noch längerer Zeit zu zerstören, dann
wird dieser Vorgang als „Langzeitdurchschlag" bezeichnet. Er erfordert
um so längere Zeit, je niedriger die Feldstärke ist; diese muß nur gleich
oder größer als die Ionisierungsfeldstärke sein. Beispiele für die Abhängigkeit der Durchschlagsspannung von der Zeit zeigt Abb. 110; die

Kurven für Transformatorenöl beginnen schon bei 10^{-3} sec abzufallen. Brauchen die Entladungen sehr lange Zeit, um den Isolierstoff zu zerstören, dann spricht man von Alterung und von einem „Alterungsdurchschlag". Alterungsvorgänge können sich über viele Jahre hinziehen, ehe der Durchschlag erfolgt, wie es etwa von der Lufteinschlüsse enthaltenden Nutisolierung älterer elektrischer Hochspannungsmaschinen bekannt ist.

In Abb. 110 sind die Durchschlagspannungen im Bereich der Zeiten unterhalb etwa 10^{-2} sec Stoß- oder Schaltspannungen; der Anstieg unterhalb 10^{-6} sec rührt vom Entladeverzug her [271]. Bei den Zeiten oberhalb 10^{-2} sec dagegen muß es sich um Wechselspannung handeln, denn nur diese erzeugt, nach Überschreitung der Glimmeinsatzspannung, laufend, d.h. bei jedem Spannungswechsel, Ionenlawinen, die den Isolierstoff zerstören. Die Kurven in Abb. 110 liefern den Zusammenhang zwischen der Zerstörungszeit und der Spannung, die die Intensität der Entladung bestimmt. Abb.105 zeigt einen ähnlichen Zusammenhang für Kondensatorwickel, die mit Wechselspannung von 50 Hz überlastet wurden, desgleichen Abb. 89 für Kondensatorwickel, die stoßartig bis zum Durchschlag entladen wurden; anstelle der Zeit wurde die Zahl der Stoßentladungen jedes einzelnen Wickels bis zum Durchschlag aufgetragen.

Bei Gleichspannung entstehen in einem guten Papierdielektrikum keine Ionenlawinen, evtl. nur kurzzeitig beim schnellen Anstieg der Spannung oder dann, wenn die Spannung bis in die Nähe der Durchschlagspannung gesteigert wird, bei welcher laufend Lawinen erzeugt werden, bis schließlich eine von ihnen die Gegenelektrode erreicht. Eine Alterung als Folge von Glimmentladungen und damit ein Abfall der Durchschlagfeldstärke mit der Zeit, ist von den Verfassern auch bei sehr hohen Gleichfeldstärken, weit oberhalb der üblichen Betriebsfeldstärken von $50 \cdots 80 \text{ V}/\mu\text{m}$, nicht beobachtet worden. Der Durchschlag bei Gleichspannung und bei *Raum*temperatur ist praktisch stets ein rein elektrischer Durchschlag. (Bei hoher Temperatur und hoher *Leitfähigkeit* kann es dagegen auch bei Gleichspannung zum Wärmedurchschlag kommen, s. S. 102.)

W. T. RENNE [221] hat im Gegensatz dazu bei Kondensatoren ein Absinken der Durchschlagfeldstärke bei langer Einwirkung der Gleichspannung festgestellt und gibt Alterungskurven an, deren Abfall auf Ionisationserscheinungen zurückgeführt wird. Er bezweifelt auch, entgegen den Angaben von ROBINSON, daß ein Gleichspannungskabel unbegrenzt lange 95% der Durchschlagsspannung aushalten kann. Es wird ferner von elektrolytischen Erscheinungen gesprochen, s. hierzu Abb. 52. Zur Klärung der unterschiedlichen Meinungen wären genaue Angaben über Art und Güte des Dielektrikums nötig; wir beziehen uns hier auf ein gut getrocknetes und getränktes Dielektrikum aus $4 \cdots 5$ Lagen gut gereinigten Kondensatorpapieres.

Abb. 110 zeigt, daß Glimmentladungen von nur 1 sec Dauer die Durchschlagspannung getränkten Preßspans bereits beträchtlich senken können. Den Einfluß kurzzeitiger Vorentladungen auf die Durchschlagfestigkeit von Kondensatorwickeln zeigt Abb. 111. Drei Sorten von je etwa 80 Kondensatorwickeln wurden je zur Hälfte mit Gleich und Wechselspannung bei Raumtemperatur durchgeschlagen, wobei die

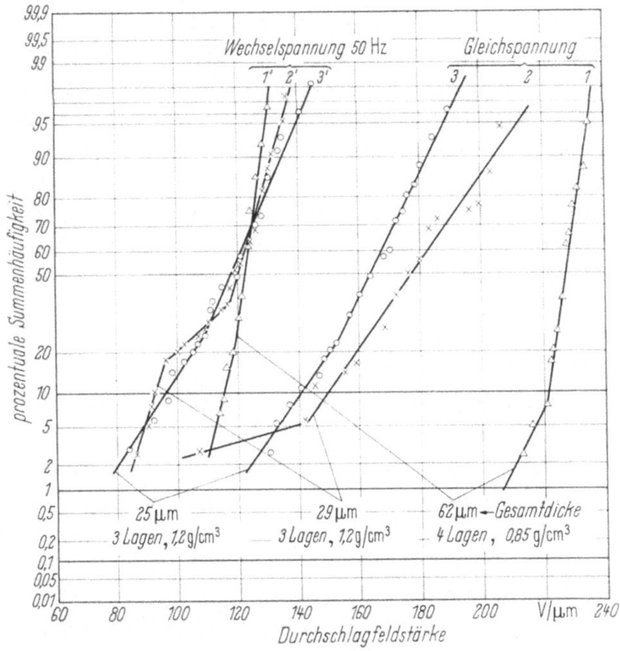

Abb. 111. Durchschlagfeldstärke von Kondensatorwickeln.

Spannung innerhalb etwa 60 sec bis zum Durchschlag gesteigert wurde. Die Leistung der Wickel betrug 0,5···1 kvar; sie waren mit Clophen A 30 getränkt. Die Durchschlagwerte ergeben im Wahrscheinlichkeitsnetz Geraden, zumindest im oberen, größeren Teil der Linienzüge; es liegen also Gaußverteilungen vor. Die 50-%-Durchschlagwerte der 4-Lagen-Wickel *1* und *1'* betragen $E_{\overline{D}} = 228$ V/μm, $E_{\widetilde{D}} = 122$ V/μm und somit wird $a = E_{\overline{D}}/E_{\widetilde{D}} = 1{,}87$. Für die 3-Lagen-Wickel *2*, *2'* und *3*, *3'* ergibt sich $a = 1{,}48$ und $1{,}40$. Für die 25-μm-Wickel *3* und *3'* wird demnach recht genau $E_{\overline{D}} = \sqrt{2} \cdot E_{\widetilde{D}}$; das bedeutet, daß der Scheitelwert der Durchschlagwechselspannung gleich der Durchschlaggleichspannung ist und daß bei diesem dünnen Dielektrikum vor dem Durchschlag keine Vorentladungen auftreten. Das gilt annähernd auch noch für die 29-μm-Wickel *2* und *2'*, dagegen bei weitem nicht mehr für die 62-μm-Wickel

1 und *1'* mit $a = 1,87$. Bei diesem mehr als doppelt so dicken Dielektrikum liegt die Glimmeinsatzfeldstärke, wie Abb. 99 zeigt, sehr viel niedriger als bei den Wickeln *2'* und *3'*. Infolgedessen glimmen diese Wickel beim Steigern der Spannung nach Überschreitung der Glimmeinsatzfeldstärke bis zum Erreichen der Durchschlagfeldstärke mit stark wachsender Intensität (s. Abb. 96); ihr Dielektrikum wird geschädigt und die Durchschlagfeldstärke auf die Werte der Kurve *1'* erniedrigt, deren beste Werte sogar kleiner sind als die der 3-Lagen-Wickel *2'* und *3'*, obwohl ein 4-Lagen-Dielektrikum besser als ein 3-Lagen-Dielektrikum ist, was sehr deutlich durch die Lage der Geraden *1* weit rechts von den Geraden *2* und *3* bewiesen wird. Das Papierdielektrikum wird also durch eine die Glimmeinsatzspannung nennenswert überschreitende Wechselspannung bereits innerhalb weniger Sekunden meßbar geschädigt. Eine Belastung mit Gleichspannung dagegen verursacht auch bei langer Belastungsdauer mit Spannungen bis kurz unterhalb der Durchschlagspannung keine Schädigung, Dieser Unterschied ist u. a. für die Frage von Bedeutung, ob ein Kondensator mit Wechselspannung oder besser mit Gleichspannung geprüft werden sollte (s. S. 161 u. 243).

3.52 Der Einfluß der Fehlerstellen und der Papierlagenzahl. Der Gleichspannungsdurchschlag und der Alterungsdurchschlag erfolgen praktisch stets an Fehlerstellen, insbesondere bei technischen Isolierungen, s. auch S. 138. Die Art der Fehlerstellen, wie leitende und halbleitende Teilchen, Löcher und Dünnstellen wurde auf S. 43 und 132 behandelt. S. K. MEDWEDJEW [*171*] berücksichtigt diese Stellen bei seiner Rechnung, indem er das Dielektrikum in viele kleine parallele Säulen unterteilt und deren Zellstoffanteil von 0 bis 1 variiert; der Wert 0 entspricht einem Loch im Papier. Seine Berechnung der elektrischen Festigkeit stimmt mit seinen Erfahrungswerten überein.

Die Zahl und Größe der Dünnstellen nimmt verständlicherweise mit abnehmender Papierdichte zu und in Übereinstimmung damit sinkt die Durchschlagfeldstärke. Der „Barriereneffekt", d. i. die Fähigkeit der Papierlagen, dem Durchdringen der Ionenlawinen zu widerstehen, ist um so größer, je reiner das Papier ist, je feiner die Fasern gemahlen und verfilzt sind, je stärker sie verdichtet sind, je dicker das Papier und je größer die Lagenzahl ist. An der Stelle mit dem kleinsten Barriereneffekt, d. h. an der schwächsten Stelle, erfolgt der Durchschlag des Wickels und diese Stelle bestimmt seine Durchschlaggleichspannung.

Die Kurven *1*, *2* und *3* in Abb. 111 zeigen hierzu aufschlußreiche Einzelheiten. Erwartungsgemäß liegt die Durchschlagfeldstärke der 4-Lagen-Wickel 1 wesentlich höher als die der 3-Lagen-Wickel *2* und *3*. Darüber hinaus ist die Streuung ihrer Durchschlagwerte beträchtlich geringer als die der Wickel *2* und *3*, obwohl das Papier maschinenglatt, das der Wickel *2* und *3* dagegen stark verdichtet ist; es handelt sich um ein

Papier mit fein gemahlenen, gut verfilzten Fasern. Im Gegensatz dazu weist die große Streuung der Werte der Wickel *2* auf unterschiedlichere Fehlerstellen hin. Alle Linienzüge knicken in ihrem unteren Teil nach links ab; hier sind die Wickel mit den größten Fehlerstellen erfaßt. Dennoch ist z.B. die Fehlerstelle des untersten Wertes der Linie *3* noch nicht so groß, daß sie bei der Prüfung mit $4{,}3\,U_N$ erfaßt worden wäre, da die Höhe der Prüffeldstärke E_p von $65\cdots85$ V/μm noch nicht an die bei diesem Wickel gemessene Durchschlagfeldstärke von 107 V/μm heranreicht.

Die Papiere wurden in den letzten Jahren nicht nur hinsichtlich ihrer dielektrischen Verluste, sondern auch der Zahl der Fehlerstellen wesentlich verbessert. Das wurde an Wickeln mit 2 Lagen Papier von $8\cdots12$ μm Dicke der Satinage *A* nachgewiesen: Der 50-%-Wert der Durchschlagfeldstärke (Gleichspannung) stieg von früher $60\cdots80$ V/μm auf $85\cdots130$ V/μm, je nach Hersteller mehr oder weniger, im Mittel auf das 1,5fache. Das wurde nicht nur durch größere Reinheit des Papiers, sondern auch durch feinere Mahlung und dichtere Verfilzung der Fasern erreicht.

Den Einfluß der Lagenzahl zeigen die folgenden Mittelwerte der Durchschlagfeldstärke (gewonnen an Wickeln mit verschiedenen, verbesserten, hochverdichteten ($\varrho = 1{,}2$) Papieren; 50-%-Werte):

Lagenzahl	1	2	3	4
$E_{\bar{D}}$ V/μm	< 0	100	170	230

Bei Papieren von $8\cdots10$ μm Dicke liegen die Werte im allgemeinen niedriger, bei $16\cdots20$ μm Dicke höher als die angegebenen, da dünne Papiere mehr Fehlerstellen haben als dicke. Über das Optimum der zu verwendenden Lagenzahl und Papierdicke s. Abb. 133.

Porenlose, dünne und fast fehlerfreie Schichten guter Isolierstoffe, z.B. Kunststoffolien, wie Styroflex, Makrofol, Hostaphan, haben Durchschlagfeldstärken von 250 V/μm und mehr (50-%-Werte, bereits bei nur 2 Lagen 20 μm), bei 2 Lagen Glimmer von je 30 μm wurden sogar 700 V/μm erreicht. W. KATZSCHNER [*134*] kommt bei Durchschlagversuchen mit Styroflexfolie zu dem Ergebnis, daß eine allgemeingültige Aussage über einen „Schichtungserfolg" bei verschiedenartigen Isolierfolien nicht möglich ist, da dieser von den spezifischen Eigenschaften der Folien abhängt.

3.53 Prüfung mit Gleich- oder Wechselspannung? Durch die Prüfung der Kondensatoren nach ihrer Fertigstellung sollen Wickel mit solchen Fehlerstellen ausgeschieden werden, die im späteren Betrieb altern und durchschlagen würden. Der Prüfling darf durch die Prüfbeanspruchung nicht nennenswert geschädigt werden.

Hat ein Kondensatorwickel eine solche Fehlerstelle, dann ist nach Abb. 111 $E_{\bar{D}} \approx \lceil\overline{2}\cdot E_{\widetilde{D}}$. Nun wählt man nach alter Erfahrung meist die

Prüfgleichspannung doppelt so hoch wie die Wechselspannung, also $E_{\bar{p}} = 2 \cdot E_{\tilde{p}}$. Somit ist die Prüfung mit Gleichspannung schärfer und besser geeignet, Fehlerstellen zu finden. Hinzu kommt, daß sie die bei Wechselspannung möglichen Vorentladungen, die das Dielektrikum schädigen, vermeidet. Näheres s. S. 243 ff.

4. Die thermischen Vorgänge

4.1 Die Wärmeerzeugung im Kondensator

Im Gegensatz zum Kondensator hat das Dielektrikum bei anderen Isolierungen der Elektrotechnik, auch bei Kabeln, nur die Aufgabe, zwei Leiter voneinander zu isolieren. Kapazität und Blindleistung sind ohne Bedeutung oder stören sogar, die dielektrischen Verluste machen nur einen sehr kleinen Anteil an den Gesamtverlusten, die vor allem im Leiter auftreten, aus. Beim Kondensator ist die Isolierung, das Dielektrikum zwischen den Belagfolien, Selbstzweck; es ist seine Aufgabe, Kapazität zu haben und, bei Kondensatoren für Wechselspannung, Blindleistung abzugeben. Dem großen Volumen der Isolierung entsprechend spielen die im Dielektrikum erzeugten Verluste eine entscheidende Rolle. Sie betragen je nach Kondensatorart 2···4 W/kvar im Nennbetrieb und können bei den nach VDE 0560/4 zugelassenen Überlastungen bis auf 145% dieser Werte ansteigen (s. Tab. 22).

Tabelle 22. *Vergleich von Isolierungen bei Wechselspannungsbeanspruchung*

		$10^3 \times \tan\delta$ bei 60 °C [−]	Isolationsdicke [mm]	max. Betriebsfeldstärke [V/μm]	mittl. Verlustleistung je dm³ Dielektrikum [W/dm³]
Leistungskondensatoren	Papier-Clophen	2···4	0,02···0,1	15···20	8···15
	Styroflex-Öl (10 kHz)	0,25···0,5	0,03···0,1	10···13	18···36[1]
Kabel	Papier-Öl	≈ 2,5	3,5···26	7···16	1,25···2
	Kunststoffe	≈ 50	1···10	3···4	≈ 5
Nutisolation von Hochspannungsmaschinen	Kunstharz-Glimmer-Isolation	5···80	1,5···8	1,5···2,5	0,5···8

Man strebt an, das Volumen von Leistungskondensatoren so klein wie möglich zu machen, vgl. Gl. (12). Die Feldstärke darf aber nur soweit erhöht werden, daß Durchschlagsicherheit, Betriebszuverlässigkeit und Lebensdauer nicht unzulässig reduziert werden. Dabei muß

---

[1] Hoher Wert bedingt durch große Leistungsdichte und hohe Ströme, s. Tab. 23 D.

die im Betrieb auftretende Erwärmung in solchen Grenzen gehalten werden, daß keine unzulässige Alterung des Dielektrikums eintritt und daß der Kondensator eine thermische Grenzleistung Q_k, auch Kippleistung genannt, ausreichender Höhe hat. (Die Kippleistung ist diejenige Blindleistung, oberhalb derer der Kondensator sich hochheizt, vgl. S. 175.) Der Kondensator muß bei allen betriebsmäßigen Überlastungen und bei der heute nach den meisten Vorschriften geforderten „Wärmestabilitätsprobe" sicher im thermischen Gleichgewicht bleiben und darf keinen Wärmedurchschlag erleiden.

Bei großen Leistungskondensatoren, kann die Erwärmung so groß werden, daß sie die Modellausnutzung begrenzt, obwohl aus elektrischen Gründen im Einzelfall eine höhere Feldstärke zulässig wäre.

Die Verluste setzen sich zusammen aus

a) Dipol- und Ionenleitverlusten im festen Dielektrikum,
b) Dipol- und Ionenleitverlusten im Tränkmittel,
c) Stromwärmeverlusten in den Belagfolien, den Wickelsicherungen (bei Niederspannungskondensatoren) und Schaltverbindungen.

4.11 Die dielektrischen Verluste im Papier. Die dielektrischen Verluste des festen Dielektrikums sind bei Betriebsfeldstärke wesentlich höher als die des Tränkmittels. Sie werden in den Papierfasern und auf deren Oberfläche erzeugt und machen bei Netzfrequenz mehr als 85% der Gesamtverluste bei Niederspannungskondensatoren aus. Bei Hochspannungskondensatoren ist dieser Anteil sogar größer als 95%.

4.12 Die Ionenleitverluste im Tränkmittel. Der durch Ionenleitverluste bedingte Anteil ist bei einwandfreier Fertigung und bei Verwendung von Baustoffen genügender Reinheit vernachlässigbar klein, zumindest bei Feldstärken über 10 V/µm. Bei Feldstärken im Bereich von 1 V/µm können die Ionenleitverluste einwandfrei gefertigter Kondensatoren in der gleichen Größenordnung liegen wie die des Papiers, sind für den Betrieb aber bedeutungslos. Nahezu vollständig lassen sich die Ionenleitverluste im Tränkmittel bei Verwendung von Papieren mit Zusatz von 3···5% Aluminiumoxyd vermeiden.

4.13 Die Stromwärmeverluste. Tab. 23 gibt für 4 Kondensatoren bestimmter Konstruktion (Bauart Siemens) eine Übersicht über Gesamtverluste und den Stromwärmeanteil. Die Stromwärmeverluste P_s teilen sich auf in Verluste in den Zuleitungen, den Wickelsicherungen und in den Aluminiumfolien. Bei gleicher Bauart sind die Stromwärmeverluste gemäß

$$P_s = I^2 R; \quad I = Q/U \tag{77}$$

um so größer, je kleiner die Nennspannung des Kondensators ist. Das gilt solange unabhängig von der Frequenz, wie nicht in merklichem Umfang der ohmsche Widerstand der einzelnen Leiter durch Stromverdrängungseffekte vergrößert wird.

Der Stromwärmeanteil an den Gesamtverlusten ist bei großen Niederspannungskondensatoren mit rd. 12% bereits merklich, weshalb für eine günstige Bemessung und Führung der Leitungen gesorgt werden muß. Noch mehr kommt es darauf bei Kondensatoren für 2···10 kHz an. Der durch Stromwärmeverluste bedingte zusätzliche Verlustfaktor ist bei Kondensator D zwar absolut klein, relativ aber dadurch erheblich, daß

Tabelle 23. *Gesamtverluste und deren Aufteilung*

	Kondensatortyp	$10^4 \times \tan\delta_{Gesamt}$	Anteil der dielektrischen Verluste %	Anteil der Stromwärmeverluste %
A	Niederspannungskondensator 380 kV/50 kvar/50 Hz (mit Wickelsicherungen)	34[1]	88	12
B	Mittelspannungskondensator 6 kV/50 kvar/50 Hz	22[1]	97	3
C	Mittelfrequenzkondensator 1,2 kV/50 kvar/500 Hz (Papier-Clophen-Bauart)	28[1]	90	10
D	Mittelfrequenzkondensator 600 V/540 kvar/10 kHz (mit Styroflex-Rundwickeln, stirnkontaktiert)	5	20···40	80···60

[1] $\tan\delta$ bei Nennspannung, 50 Hz und 65 °C gemessen.

Styroflex außerordentlich niedrige dielektrische Verluste hat. So trägt die Erwärmung allein in den Zuleitungen zu 60···80% zur Gesamterwärmung bei. Bei kleinen Nennspannungen wird dieser Anteil entsprechend größer.

4.2 Die Wärmeabfuhr

Die im Kondensator erzeugten Verluste werden durch Leitung, freie oder erzwungene Konvektion und durch Strahlung an das Kühlmittel abgegeben. Hier gilt – im stationären Zustand – das Ohmsche Gesetz der Wärmeströmung (vgl. S. 179):

$$\Delta\vartheta = P\, R_d = Q\, \tan\delta\, R_d. \tag{78}$$

Die Erwärmung $\Delta\vartheta$ gegen das Kühlmittel ist also dem erzeugten Wärmestrom (= Verlustleistung P in Watt) und dem gesamten Wärmedurchgangswiderstand R_d zwischen dem Wickelpaket[1] und dem Kühlmittel (ruhende oder bewegte Luft oder strömendes Wasser) proportional.

Den gesamten Wärmewiderstand R_d kann man einfach als Reihenschaltung eines inneren (R_i) und eines äußeren (R_a) Wärmewiderstandes auffassen (s. Abb. 112). Die einzelnen Wärmewiderstände werden am besten durch die Wärmeübergangszahlen α_i, α_a und α_d und die für die Kühlung wirksame Oberfläche A des Gehäuses charakterisiert:

$$R_d = R_i + R_a = \frac{1}{A}\left(\frac{1}{\alpha_i} + \frac{1}{\alpha_a}\right) = \frac{1}{\alpha_d A}. \tag{79}$$

Insbesondere gilt für die Wärmedurchgangszahl α_d, die für das thermische Verhalten des Kondensators eine entscheidende Rolle spielt

$$\alpha_d = \frac{\alpha_i\,\alpha_a}{\alpha_i + \alpha_a}. \tag{80}$$

Der Wärmestrom P, der gleichmäßig im gesamten Wickelpaket WP erzeugt wird, fließt über die Aluminiumfolien zu den Wickelkrümmungen, durchsetzt einen Teil des Dielektrikums und tritt durch die Gehäuseisolation GI zum Gehäuse G. Auf diesem Wege erfolgt der Wärmetransport noch durch reine Wärmeleitung. Moderne Kondensatoren sind tränkmittelarm aufgebaut, so daß der Anteil des Wärmetransports durch Konvektion in den dünnen Flüssigkeitsspalten der Gehäuseisolation und erst recht zwischen den einzelnen Papierlagen des Dielektrikums vernachlässigbar klein ist.

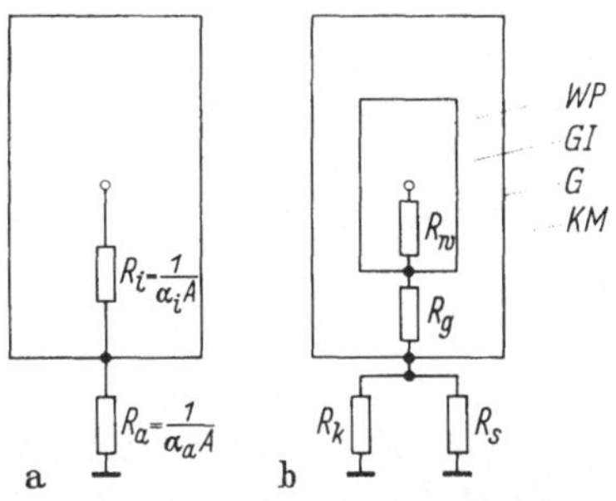

Abb. 112a u. b. Wärmedurchgangswiderstand des Kondensators.

Der Wärmetransport vom Gehäuse zum Kühlmittel KM erfolgt, wenn der Kondensator nicht belüftet oder, in Sonderfällen, von strömendem Wasser umspült wird, bei ruhender Umgebungsluft etwa zu gleichen Teilen durch freie Konvektion (α_k) und durch Wärmestrahlung (α_s). Der durch reine Wärmeleitung abgeführte Anteil ist vernachlässigbar klein.

4.21 Der innere Wärmewiderstand R_i. Der innere Wärmewiderstand R_i setzt sich aus den beiden in Reihe geschalteten Anteilen R_w, dem Wärmewiderstand des Wickelpaketes und R_g, dem der Gehäuseisolation, zusammen (vgl. Abb. 112b).

---

[1] Die Verluste werden überwiegend im Wickelpaket erzeugt. Bei Niederspannungskondensatoren entstehen etwa 10% der Verluste in den Sicherungen und Zuleitungen, vgl. Tab. 23. Bei Mittelspannungskondensatoren ist der Anteil der außerhalb des Wickelpaketes erzeugten Verluste (dielektrische Verluste in der Gehäuseisolation) kleiner als 1%.

R_w hängt stark von der Bauform ab und ist im allgemeinen wesentlich kleiner als R_g[1]. Der Wärmewiderstand von Wickelmitte bis zur Krümmung ist sehr klein, da der Wärmestrom im wesentlichen längs der Alufolien fließt (vgl. Abb. 113). In der Wickelkrümmung muß der Wärmestrom das Dielektrikum mehrfach durchdringen. Für seine Berechnung ist die Wärmeleitfähigkeit λ_d des getränkten Papiers einzusetzen ($\lambda_d \approx 0,2$ W/m² grd). Der Wärmewiderstand der Gehäuseisolation R_g hängt von

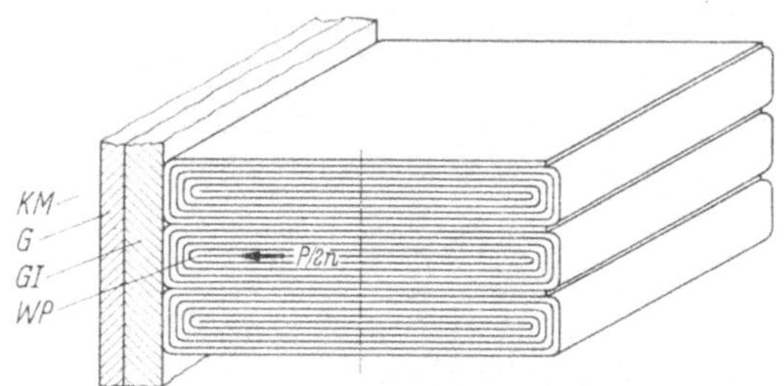

Abb. 113. Weg des Wärmestroms vom Wickelpaket zum Kühlmittel.

deren Dicke, dem verwendeten Material und der Dicke der unvermeidlichen Tränkstoffspalte ab. Bei Mittelspannungskondensatoren für 50 bis 100 kvar werden Werte $R_i = 0,1\cdots0,15$ grd/W erreicht. Der innere Wärmewiderstand R_i ist mit der inneren Wärmeübergangszahl α_i nach der Beziehung

$$R_i = \frac{1}{\alpha_i\,A} \tag{81}$$

verknüpft. Für Kondensatoren mit Flachwickeln in tränkmittelarmer Bauweise kann etwa mit folgenden Werten der mittleren Wärmeübergangszahl α_i gerechnet werden:

bei Hochspannungskondensatoren mit dickerer Gehäuseisolation 8 bis 14 W/m² grd,

bei Niederspannungskondensatoren mit schwächerer Gehäuseisolation $10\cdots20$ W/m² grd.

In manchen Fällen können diese Werte noch erhöht werden, wenn zwischen die einzelnen Wickel Kühlbleche oder -folien eingelegt werden, die allerdings guten Wärmekontakt mit dem Gehäuseblech haben müssen.

Bei Kondensatoren mit *Rund*wickeln in rechteckigen Metallgehäusen, sind im allgemeinen niedrigere α_i-Werte zu erwarten, weil die Verlustwärme dickere Tränkmittelschichten durchströmen muß. Allerdings ist die Wärmeleitfähigkeit der Flüssigkeit meist größer als nach Tab. 24,

---

[1] Eine Ausnahme bilden Rundwickel, die keine Aluminiumfolien enthalten, wie z. B. MP-Wickel.

weil der Wärmetransport nicht nur durch Leitung, sondern auch durch Konvektion erfolgt.

In Tab. 24 werden einige Zahlen über die Wärmeleitfähigkeit λ in W/m grd für Tränkmittel, Papier und andere Kondensatorbaustoffe zusammengestellt.

Tabelle 24. *Wärmeleitzahl λ von Metallen sowie Papier, Tränkmittel und anderen Kondensatorbaustoffen bei der Temperatur ϑ*

Stoff	ϑ °C	λ W/m · grd	Literaturquelle
Eisen, allgemein	20	46···60	[152, 181, 237]
Schmiedeeisen	0···100	59,0	[50, 59, 237]
Stahl	20	46,5	[50, 237]
Chrom- und Chromnickelstähle	20···100	14···40	[59, 237]
Messing, je nach Cu-Anteil	20···100	75···145	[50, 59, 122, 152, 181, 237, 287]
Aluminium	20···100	200···230	[50, 122, 152, 181, 237]
Duraluminium 94-96 Al; 3-5 Cu; 0,5 Mg	20	165	[59, 181, 237]
Kupfer, Handelsware	20	350···385	[59, 122, 181, 237, 287]
Elektrolyt-Kupfer	20···100	395	[59, 152, 237, 287]
Papier, trocken	20	0,13···0,14	[59, 181, 237]
Papier, getränkt	20	0,11···0,2	[181]
Preßspan, trocken	20	0,14···0,17	[181]
Preßspan, ölgetränkt	20	0,23···0,25	[181]
Hartpapier	20	0,21···0,33	[59, 181]
Naturholz, parallel zur Faserrichtung	20	0,23···0,42	[122, 151, 152, 237]
Naturholz, senkrecht zur Faserrichtung	20	0,063···0,21	[122, 151, 152, 237]
Anorganische Wärmeschutzstoffe (Kieselgur, Magnesia, Wärmeschutzmasse, Schlackenwolle, Glaswolle)	20	0,046···0,116	[59, 237, 287]
Organische Wärmeschutzstoffe (Kork, Torf, Faserstoffe)	20	0,032···0,07	[59, 237, 287]
Porzellan	20	0,8···1,8	[50, 59, 122, 152, 181]
Transformatorenöl	20	0,124	[122, 151, 237]
Kabelöl	20	0,126···0,146	[151]
Rizinusöl	20	0,175···0,188	[59, 122, 151]
Clophen A 30 und A 40	40	0,105	[151]
Clophen A 50	40	0,100	[151]
Clophen T 64	45	0,096	[151]

4.22 Der äußere Wärmewiderstand R_a. Nach Abb. 112 setzt sich R_a aus zwei parallelgeschalteten Einzelwiderständen R_s und R_k zusammen.

Danach ist

$$\frac{1}{R_a} = \frac{1}{R_s} + \frac{1}{R_k} = \alpha_s A + \alpha_k A = \alpha_a A \, . \tag{82}$$

Es gilt also

$$\alpha_a = \alpha_s + \alpha_k \, , \tag{83}$$

wobei α_s und α_k die Wärmeübergangszahlen, bedingt durch Wärmestrahlung (s) und Konvektion (k), sind.

4.221 Die Wärmeübergangszahl infolge Strahlung. Die Theorie der Wärmestrahlung behandeln u. a. E. SCHMIDT [237] und GRÖBER, ERK und GRIGULL [93]. Zur Berechnung der Wärmeübergangszahl durch Strahlung α_s bei Leistungskondensatoren genügt die einfache Beziehung

$$\alpha_s = C \, K \, . \tag{84}$$

Dabei ist die Strahlungszahl

$$C = \varepsilon \, C_s \, , \tag{85}$$

mit ε dem Emissionsverhältnis[1] der Gesamtstrahlung, C_s der Strahlungszahl des schwarzen Körpers ($C_s = 5{,}77 \; \mathrm{W/m^2 grd^4}$)

und der Temperaturfaktor K

$$K = \frac{(T_1/100)^4 - (T_2/100)^4}{T_1 - T_2} \tag{86}$$

mit T_1 der absoluten Temperatur des wärmeabstrahlenden Kondensatorgehäuses, T_2 der Temperatur der Umgebung.

Das Emissionsverhältnis ε der Gesamtstrahlung gibt nach Gl. (85) das Verhältnis der Strahlungszahl der betrachteten Oberfläche zu der des schwarzen Körpers an. ε wird auch Emissionszahl, Absorptionszahl oder „Schwärzegrad" genannt. Tab. 25 enthält Zahlenwerte für ε und ε_n (Emissionsverhältnis in Richtung der Flächennormalen); $\dfrac{\varepsilon}{\varepsilon_n} \approx 1{,}2$ für blanke Metalloberflächen, $\dfrac{\varepsilon}{\varepsilon_n} = 0{,}95$ für Körper mit glatter, $\dfrac{\varepsilon}{\varepsilon_n} = 0{,}98$ für Körper mit rauher Oberfläche.

Tab. 25 zeigt, daß die ε_n-Werte aller Farbanstriche, die keine Metalle enthalten, zwischen 0,85 und 0,95 liegen, daß die Anstriche also nahezu unabhängig von ihrer Farbe einen Schwärzegrad von rd. 90% haben. Das liegt daran, daß wegen der niedrigen Temperaturen bis etwa 100 °C das Maximum der Gesamtstrahlung weit im ultraroten Bereich, also dem Gebiet der Wärmestrahlung, liegt.

---

[1] Die Bezeichnung ε für das Emissionsverhältnis wurde beibehalten, da diese in der Thermodynamik allgemein übliche Bezeichnung lediglich in dem vorliegenden Abschnitt erwähnt wird und hier nicht mit der DK verwechselt werden kann.

Tabelle 25. *Emissionsverhältnis ε_n der Strahlung in Richtung der Flächennormalen und ε der Gesamtstrahlung für verschiedene technische Oberflächen bei der Temperatur ϑ*

Stoff	ϑ °C	ε_n	ε	Literaturquelle
Eisen, Stahl, hochglanzpoliert	180 bis 230	0,052···0,064		[93]
Eisen, Stahl, blank geätzt	150	0,128	0,158	[93, 237]
Eisen, Stahl, blank abgeschmirgelt	20	0,24		[50, 93, 122, 237]
Eisen, Stahl, hitzebeständig oxydiert	80 bis 200	0,613···0,639		[93]
Eisen, Stahl, verrostet	20	0,68···0,85		[50, 59, 93, 122, 237]
Eisen, Stahl, mit Walzhaut	20	0,7···0,8		[59]
Eisen, Stahl, mit Gußhaut	100	0,80		[93, 122, 237]
Eisen, Stahl, matt verzinkt		0,68		[50]
Eisen, Stahl, verzinkt		0,22···0,28		[50]
Messing, rohe Walzfläche oder matt	20	0,069···0,07		[50, 59]
Messing, frisch geschmirgelt		0,2		[50]
Messing, brüniert		0,4···0,42		[50, 59]
Aluminium, walzblank	170	0,039	0,049	[93, 122, 237, 238
Aluminium, roh	20	0,07···0,087		[50, 122]
Messing, oxydiert	20	0,1···0,2		[59]
Kupfer, poliert	20	0,030		[93, 122, 237]
Kupfer, leicht angelaufen	20	0,037		[93, 237]
Kupfer, geschabt	20	0,07···0,1		[50, 59, 93, 237]
Porzellan, auch glasiert	20	0,92···0,94		[59, 93, 122, 237]
Holz	20	0,8···0,94		[59, 93, 237, 238]
Papier	20	0,8···0,95		[50, 59, 93, 122, 237, 238]
Aluminiumbronzeanstrich	20	0,20···0,45		[50, 59, 93, 122, 237, 238]
Öl		0,93		[50]
Beliebige Ölfarben, Lithopone		0,89···0,97		[50, 59]
Emaille, Lacke	20	0,85···0,95		[93, 122, 237]
Emaillelack, schneeweiß	20	0,9		[50, 59]
Schwarzer Lack, matt	80	0,97		[93]
Bakelitlack	80	0,935		[93]

Im Gegensatz dazu haben unlackierte Metalloberflächen ein weit kleineres Emissionsverhältnis, das zudem stark von der Oberflächenbeschaffenheit (Walzhaut, Rost, Zunder) abhängt. Auch aus diesem Grunde müssen Leistungskondensatoren stets eine lackierte Oberfläche haben, damit ein möglichst großer Wert von α_s und damit α_d erreicht wird. Die Farbe des Lackes ist gleichgültig, es darf nur keine Aluminiumbronze sein. Ein Lackanstrich, der die im Kondensator erzeugte Wärme möglichst gut abstrahlt, absorbiert entsprechend gut auch von außen eingestrahlte Wärme. Bei Sonneneinstrahlung liegt das Strahlungsmaximum im Bereich des *sichtbaren* Lichtes. In diesem Falle sollten die Kondensatoren mit möglichst hellen Farben gestrichen sein, die also die im Kondensator erzeugte Wärme noch gut abstrahlen, dagegen Sonnenstrahlen weitgehend reflektieren (s. S. 184).

Tab. 26 zeigt Meßergebnisse an ein und demselben Kondensator mit einer Verlustleistung von 165 W, aus denen der große Einfluß der Oberflächenbeschaffenheit zu erkennen ist. Der unlackierte Kondensator erreicht eine um 25%, der mit Aluminiumfolie beklebte sogar um 80% höhere Gehäuseübertemperatur als der graulackierte Kondensator.

Tabelle 26. *Übertemperatur ϑ_u und α_s bei einem Kondensator mit verschiedener Oberflächenbeschaffenheit des Gehäuses*

	ϑ_u °C	α_s W/m² grd	ε	$\frac{\alpha_s}{\alpha_a} 100$
roh, unlackiert	23,5	3,7	0,60	47
farblos lackiert	19,6	5,25	0,87	55,5
grau lackiert	18,8	5,65	0,90	57,5
mit Alufolie beklebt	33,8	1,2	0,18	22

In Abb. 114 ist die Wärmeübergangs zahlα_s nach Gl. (84), (85), (86) bei den Umgebungstemperaturen 20 und 40 °C aufgetragen.

4.222 Die Wärmeübergangszahl α_k durch Konvektion. Der Wärmeübergang von den senkrechten Wänden des erwärmten Kondensatorgehäuses zum Kühlmittel kommt bei ruhender Luft dadurch zustande, daß die angrenzenden dünnen Luftschichten zunächst durch Wärmeleitung erwärmt werden und durch Verkleinerung ihres spezifischen Gewichtes hochsteigen. Die Dicke dieser Grenzschicht liegt in der Größenordnung von 10 mm. Die Strömung ist dabei meist laminar, wie E. SCHMIDT [*239*, S. 370] durch Schlierenbilder nachgewiesen hat. Die Wärmeübergangszahl α_k ist nicht über die Höhe der Wand konstant, sondern nimmt von unten nach oben ab. E. SCHMIDT und H. BECKMANN [*240*] fanden für die Wärmeabgabe einer Platte an Luft in der Höhe h über der unteren Kante

$$\frac{\alpha_k h}{\lambda} = 0{,}360 \sqrt[4]{Gr} = 0{,}360 \sqrt[4]{\frac{g h^3 (T_w - T_0)}{v^2 T_0}}, \tag{87}$$

mit v der kinematischen Zähigkeit von Luft und T_w, T_0 den absoluten Temperaturen der Wand und des Kühlmittels. Gr ist die Grashofsche Zahl.

Für die Wärmeleitfähigkeit der Luft gilt nach E. SCHMIDT [*237*] $\lambda = 0{,}024 (1 + 0{,}003 \vartheta)$ W/m grd.

Beim Kondensator stellt sich die maximale Temperatur in 2/3···3/4 der Gehäusehöhe ein. Der Verlauf der Temperatur und die Differenz zwischen höchster und niedrigster Gehäusetemperatur hängt noch von der Wärmeleitfähigkeit innerhalb des Kondensators in senkrechter

Richtung ab. Abb. 115 zeigt Messungen der Gehäusetemperatur, jeweils auf der Breitseite, bei einem Kondensator mit waagerecht liegenden Wickeln, zunächst bei normaler Aufstellung (a). Dann wurde der Kondensator auf seine Schmalseite gelegt (b), so daß die Wickel jetzt senkrecht standen. Der Unterschied zwischen höchster und niedrigster Temperatur ist wegen der Höhenabhängigkeit von α_k und wegen der besseren Wärmeableitung in senkrechter Richtung im Kondensator-

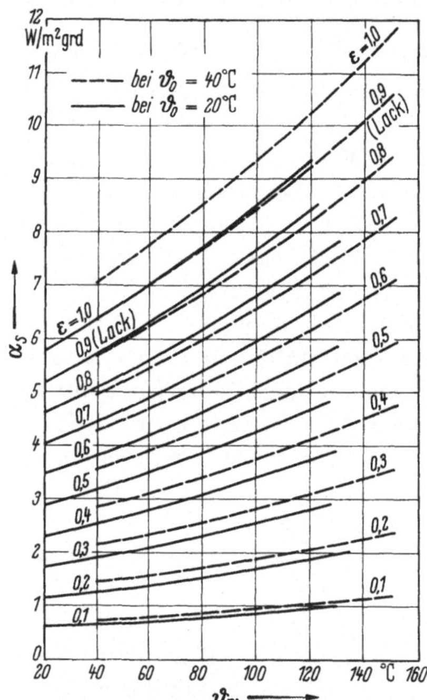

Abb. 114. Wärmeübergangszahl α_s infolge Strahlung bei verschiedenen Emissionsverhältnissen ε, bei $\vartheta_0 = 20\ °\mathrm{C}$ und $40\ °\mathrm{C}$. ϑ_w Temperatur der wärmeabgebenden Oberfläche.

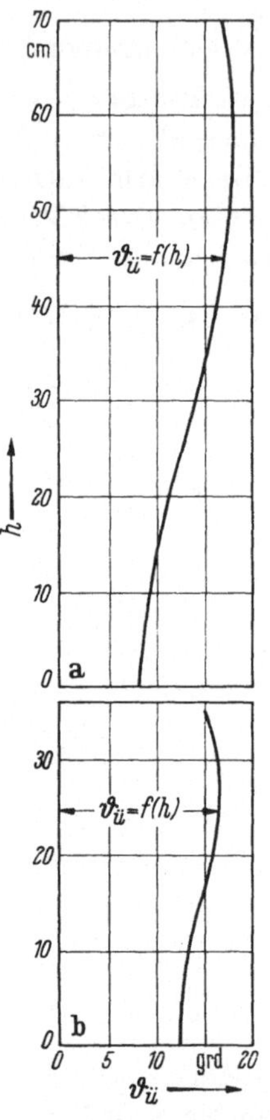

Abb. 115. Gehäuseübertemperatur auf der Breitseite eines Kondensators, stehend (a) und liegend (b) betrieben.

inneren bei stehenden Wickeln kleiner als bei liegenden. Die mittleren Übertemperaturen stimmen dagegen fast überein, im Gegensatz zu [240], wonach α_k proportional zu $\sqrt[4]{1/H}$ sein müßte, wobei H die Gesamthöhe der Platte ist. Die Kippleistung des liegenden Kondensators (b) ist nur um 3···5% größer als beim normal stehenden Kondensator. Wegen der von unten nach oben ansteigenden Gehäusetemperaturen fließt inner-

halb des Kondensators ein Ausgleichswärmestrom P_a von oben nach unten. Nach dem Ohmschen Gesetz für die Wärmeströmung gilt für P_a

$$P_a = \frac{\mathrm{d}\vartheta}{\mathrm{d}h}\,\lambda_s A_q \qquad (88)$$

mit $\dfrac{\mathrm{d}\vartheta}{\mathrm{d}h}$ dem Temperaturgradienten in senkrechter Richtung innerhalb des Kondensators, λ_s der mittleren Wärmeleitfähigkeit des Kondensators in senkrechter Richtung und A_q der Grundfläche des Kondensators. Die Wärmeleitfähigkeit λ_s bei Kondensatoren mit liegenden Wickeln beträgt etwa 2 W/m grd, bei stehenden Wickeln etwa 20 W/m grd.

Berücksichtigt man die gemessenen Werte des Temperaturgefälles $\dfrac{\mathrm{d}\vartheta}{\mathrm{d}h}$ und legt eine Querschnittsfläche $A_q = 3\cdots4$ dm² zugrunde, so ist der Ausgleichswärmestrom P_a von oben nach unten bei Nennbetrieb kleiner als 1 W bei liegenden und kleiner als etwa 5 W bei stehenden Wickeln. (Daraus folgt auch, daß es wenig Zweck hat, allein aus Rücksicht auf gleichmäßigere Temperaturverteilung dickeres Gehäuseblech oder ein Material höherer Wärmeleitfähigkeit, z. B. Aluminium, zu verwenden.) In der Literatur werden außer Gl. (87) viele Formeln für α_k genannt, die meist empirisch gefunden wurden. Abb. 116 gibt α_k über der Temperatur an.

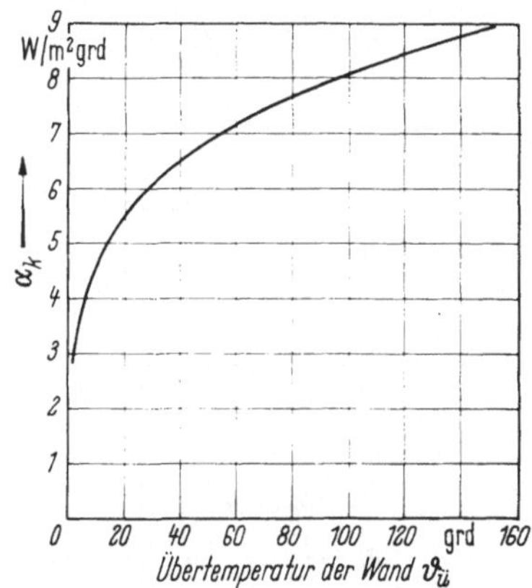

Abb. 116. Wärmeübergangszahl α_k infolge freier Konvektion an einer ebenen, senkrechten Wand, abhängig von der Übertemperatur der Wand (nach CAMMERER).

Für einen 50-kvar-Kondensator ergibt sich bei $\vartheta_0 = 45\,°\mathrm{C}$ und $Q = 85$ kvar eine experimentell aus vielen Messungen ermittelte Wärmeübergangszahl infolge Konvektion $\overline{\alpha_k} \approx 7$ W/m² grd. Die erwähnten Formeln liefern dagegen für $\overline{\alpha_k}$ in W/m² grd

    3,6 nach E. SCHMIDT [*240*],
    4,6 nach R. WEISE [*301*],
    6,2 nach W. NUSSELT [*199, 200*],
    7,6 nach I. S. CAMMERER [*50*].

Diese unterschiedlichen Ergebnisse zeigen, wie schwer es ist, die Wärmeübergangszahl durch Konvektion α_k allein durch Rechnung zu bestimmen.

Nach der freien soll jetzt die *erzwungene* Konvektion behandelt werden, wie sie beim Anblasen der Kondensatoren mit Kaltluft eintritt. Für

die Berechnung von α_k bei erzwungener Konvektion findet man in der Literatur [*93, 122, 125, 214, 237, 272*]

$$\frac{\alpha_k\,x}{\lambda} = k\left(\frac{v\,x}{\nu}\right)^{\nu}\left(\frac{\nu}{a}\right)^{s}. \tag{89}$$

λ Wärmeleitfähigkeit,
v Anströmgeschwindigkeit,
ν kinematische Zähigkeit,
a Temperaturleitzahl [*122*, S. 495],
x Entfernung vom Plattenanfang

k, v und s werden durch Versuch ermittelt. Für laminare und turbulente Strömung ergeben sich verschiedene Zahlenwerte dieser Konstanten.

Die möglichen Wärmeübergangszahlen α_k durch Konvektion sind in Tab. 27 zusammengestellt.

Tabelle 27. *Größenordnung von Wärmeübergangszahlen α_k durch Konvektion in W/m^2 grd* (nach GRÖBER, ERK und GRIGULL [*93*])

Freie Konvektion:	
Gase	3,5$\cdots$23
Wasser	116$\cdots$700
siedendes Wasser	1 160$\cdots$23 000
Erzwungene Konvektion:	
Gase	11$\cdots$116
zähe Flüssigkeiten	58$\cdots$580
Wasser	580$\cdots$11 600
kondensierender Dampf	1 160$\cdots$116 000

4.3 Erwärmung im stationären Betrieb und Kippleistung

Nach Gl. (78) und (79) erwärmt sich der Kondensator im Wickelpaket gegen das Kühlmittel um

$$\varDelta\vartheta = Q\,\tan\delta\,R_d,$$

wobei

$$R_d = R_i + R_a = \frac{1}{\alpha_d\,A}$$

ist.

Während sich R_d nur sehr wenig mit der Temperatur ändert, ist $\tan\delta$ eine ausgeprägte Funktion der Temperatur, die von der Art und Qualität des Papiers und von den Eigenschaften des Tränkmittels abhängt.

In den letzten Jahren ist es gelungen, die Kondensatorpapiere entscheidend zu verbessern (s. Abb. 117). Im wesentlichen wurde das dadurch erreicht, daß das zur Verfügung stehende Quell-, Brunnen- oder Flußwasser in Ionenaustauschern (s. S. 58), fast ionenfrei gemacht wird. Die Leitfähigkeit sinkt so bis auf den außerordentlich niedrigen Wert von 0,15 μsec/cm.

Die Übertemperatur, die ein Kondensator im stationären Betrieb annimmt, läßt sich am einfachsten graphisch bestimmen, wenn man von der Wärmebilanz ausgeht. Wärmegleichgewicht herrscht dann, wenn der erzeugte Wärmestrom

$$P_e = Q \tan\delta\,(\vartheta) \tag{90}$$

dem abgeführten Wärmestrom P_a

$$P_a = \frac{\vartheta - \vartheta_0}{R_d} \tag{91}$$

gleich ist:

$$Q \tan\delta = \frac{\vartheta - \vartheta_0}{R_d}. \tag{92a}$$

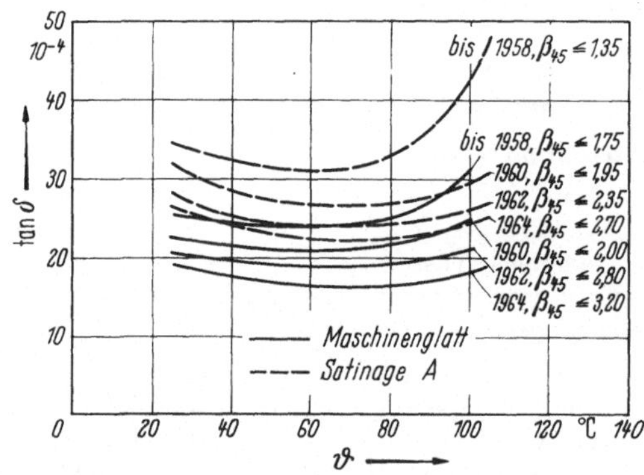

Abb. 117. Qualitätsentwicklung bei Kondensatorpapieren (getränkt mit Clophen A 30).

Die linke Seite der Gleichung stellt eine Kurvenschar mit Q als Parameter dar [98]. Gl. (92a) ist daher für die praktische Anwendung unbequem; einfacher wird die Auswertung, wenn Gl. (92a) durch Q dividiert wird:

$$\tan\delta = \frac{\vartheta - \vartheta_0}{R_d Q}. \tag{92b}$$

Links steht die durch Messung bestimmte Funktion $\tan\delta = f(\vartheta)$, rechts die Gleichung einer Geraden durch den Punkt $\vartheta = \vartheta_0$ auf der Abszisse mit der Neigung $\frac{1}{R_d Q}$. Abb. 118 zeigt die drei möglichen Fälle: Gerade 1 schneidet die Kurve in 2 Punkten, für die Wärmegleichgewicht herrscht. Der Zustand in Punkt a ist stabil. War der Kondensator zu Beginn etwas kälter, als es Punkt a entspricht, ist die Verlusterzeugung so lange größer als die Verlustabfuhr, bis Zustand a erreicht ist. Umgekehrt ist die Verlusterzeugung kleiner als die Verlustabfuhr, wenn der Kondensator zu Beginn eine Temperatur zwischen den Zuständen a und b hatte, er kühlt sich daher bis zum stabilen Zustand a ab. Hat er dagegen eine

Temperatur, die genau Zustand b entspricht, so herrscht labiles Gleichgewicht. Eine noch so geringe Temperatursenkung führt zum Abkühlen bis auf Zustand a, eine noch so geringe Erhöhung zum Hochheizen, da oberhalb b die Erzeugung schneller zunimmt als die Abfuhr der Verluste.

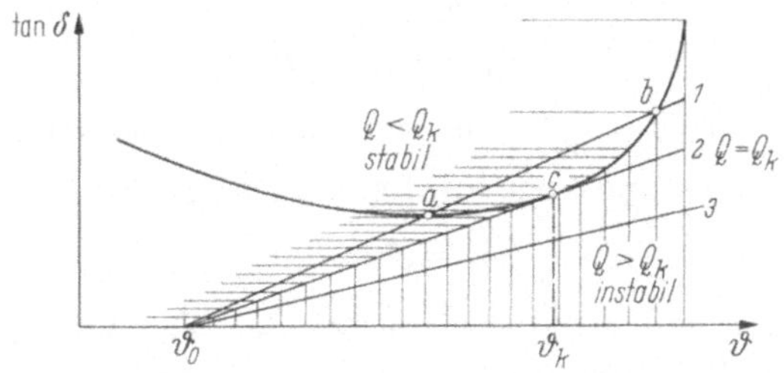

Abb. 118. Ermittlung des Kippfaktors β_k aus dem Diagramm $\tan \delta = f(\vartheta)$.

Gerade 3 liegt unterhalb der $\tan\delta$-Kurve und hat weder Schnittpunkt noch Berührungspunkt. Der Kondensator heizt sich von jeder Temperatur aus hoch, da die erzeugte Verlustleistung immer größer ist als die abgeführte.

Gerade 2 tangiert die $\tan\delta$-Kurve im Punkt c und stellt den Grenzfall dar, wo bei Temperaturen unter ϑ_k sich gerade noch Wärmegleichgewicht einstellt, während sich der Kondensator bei der geringsten Temperaturerhöhung über ϑ_k hinaus hoch heizt und Wärmedurchschlag erleidet, wenn nicht vorher abgeschaltet wird. Die Leistung Q, die der Neigung der Geraden 2 entspricht, heißt „Kippleistung" oder auch „thermische Grenzleistung" Q_k.

Für Q_k lautet Gl. (92b)

$$\tan\delta_k = \frac{\vartheta_k - \vartheta_0}{R_d Q_k}\,. \tag{93}$$

Die Neigung der Geraden, die im folgenden $1/\beta_k$ genannt wird, ist nach Gl. (93)

$$\frac{1}{\beta_k} = \frac{1}{R_d Q_k}\,. \tag{94}$$

Durch sie ist die Kippleistung bestimmt, wenn der Wärmedurchgangswiderstand des Kondensators bekannt ist.

Daß die Grenzlage der Wärmeabfuhrgeraden 2 wirklich dem Kippleistungszustand entspricht, läßt sich leicht zeigen, wenn man Gl. (92a) in der Form schreibt

$$Q(\vartheta) = \frac{1}{R_d}\,\frac{\vartheta - \vartheta_0}{\tan\delta(\vartheta)}\,. \tag{95}$$

Die Kippleistung ergibt sich durch Nullsetzen des Differentialquotienten:

$$\frac{dQ}{d\vartheta} = \frac{1}{R_d}\,\frac{\tan\delta_k - \dfrac{d\tan\delta}{d\vartheta}(\vartheta_k - \vartheta_0)}{\tan^2\delta_k} = 0\,. \tag{96}$$

Daraus folgt die Neigung der „Kippgeraden $\dfrac{1}{\beta_k} = \left(\dfrac{\mathrm{d}\tan\delta}{\mathrm{d}\vartheta}\right)_{\vartheta_k}$ zu

$$\frac{1}{\beta_k} = \frac{\tan\delta_k}{\vartheta_k - \vartheta_0} \tag{97}$$

und mit Gl. (94) ergibt sich

$$Q_k = \frac{1}{R_d}\,\frac{\vartheta_k - \vartheta_0}{\tan\delta_k} = \frac{1}{R_d}\,\beta_k. \tag{98}$$

Setzt man noch $R_d = \dfrac{1}{\alpha_d A}$ ein, so erhält man schließlich die für die Bemessung von Leistungskondensatoren wichtige Formel

$$Q_k = A\,\alpha_d\,\beta_k \tag{99}$$

Q_k bedeutet hierbei die tatsächlich bei der Temperatur $\vartheta = \vartheta_k$ aufgenommene Blindleistung, d.h.

$$Q_k = U_k^2\,\omega\,C_k. \tag{100}$$

Bei der Bestimmung von Q_k ist daher zu berücksichtigen, daß die Kapazität von der Temperatur abhängt; es kann also nicht mit der Kapazität bei 20 °C gerechnet werden.

Nach Gl. (99) ist die Kippleistung eines Kondensators gegebener Konstruktion dem Kippfaktor β_k, der Wärmedurchgangszahl α_d und der für die Kühlung wirksamen Oberfläche A direkt proportional. A ist derjenige Teil der Gehäuseoberfläche, der an der unbehinderten Abgabe der Verlustwärme an das Kühlmittel beteiligt ist. Bei Kondensatoren, die durch Strahlung und freie Konvektion gekühlt werden, hat es sich bewährt, für A die gesamte Gehäuseoberfläche, vermindert um die Grundfläche des Kondensators, anzusetzen.

Das Volumen V eines Leistungskondensators ist nach unten hin begrenzt durch die Größe der Nennleistung und die aus elektrischen Gründen dauernd zulässige Feldstärke, vgl. Gl. (12). Bei gegebenem Volumen hängt aber die Oberfläche A von der Gehäuseform ab – je flacher das Gehäuse, um so größer ist A/V.

Die Wärmedurchgangszahl α_d kann nach Gl. (80) sowohl durch die äußere wie die innere Wärmeübergangszahl beeinflußt werden. α_i läßt sich durch konstruktive Maßnahmen verändern. Eine einfache Kontrolle der fabrikationsbedingten Schwankungen von α_i besteht in der Messung der elektrischen Kapazität zwischen Wickelpaket und Gehäuse, da α_i und C_{el} beide dem mittleren Abstand zwischen Wickelpaket und Gehäuseinnenwand umgekehrt proportional sind.

Auch den dritten Faktor in Gl. (99), den Kippfaktor β_k, hat der Kondensatorhersteller in gewissen Grenzen in der Hand, indem er sein Dielektrikum durch Auswahl der nach Dicke, Dichte und Qualität am besten geeigneten Papiere, sauberes Tränkmittel und einwandfreie Fertigungstechnik so aufbaut, daß β_k so groß wie möglich wird.

Der Kippfaktor wird in einfacher Weise aus der durch Messung bestimmten Kurve $\tan\delta = f(\vartheta)$ ermittelt, indem vom Punkte ϑ_0 auf der Abszisse die Tangente an die Kurve gelegt wird. Der Reziprokwert der Steigung dieser Geraden ist der Kippfaktor β_k, vgl. Abb. 118, Gerade *2* und Abb. 37a. ϑ_0 ist die bei der Prüfung vorgeschriebene Umgebungstemperatur, im Normalfall 45 °C.

Wegen der Bedeutung der Kippleistung für die Modellausnutzung von Leistungskondensatoren ist β_k zu einer der entscheidenden Größen geworden, nach der moderne Kondensatorpapiere beurteilt werden. Dabei hat die Erfahrung gezeigt, daß die Papiere im getränkten Zustand beurteilt werden müssen, wobei sich bei Verwendung der verschieden viskosen Clophensorten A 30, A 40 und A 50 nur geringe Unterschiede ergeben. Es empfiehlt sich, von Zeit zu Zeit Alterungsversuche bei erhöhter Temperatur und Feldstärke auszuführen mit dem Ziel, die Veränderung des Kippfaktors mit der Betriebsdauer zu beobachten. Das gilt besonders für neue Papiersorten oder bei wesentlichen Änderungen im Fabrikationsprozeß der Papierlieferanten. Papiere mit besonders großen β_k-Werten können u. U. zu erhöhter Alterung neigen.

Leistungskondensatoren können im Betrieb durch Spannungserhöhung, Frequenzerhöhung und Oberschwingungen mit höherer Leistung belastet werden, als der Nennleistung entspricht. Aus diesem Grunde müssen die Kondensatoren nach VDE 0560, Teil 4, § 30, so bemessen werden, daß bei maximal zulässiger Umgebungstemperatur dauernd die 1,35fache Nennleistung und 6 h lang die 1,45fache Nennleistung auftreten darf. Darüber hinaus ist nach § 47 derselben VDE-Regeln eine „Prüfung auf Wärmegleichgewicht" als Typenprüfung vorgeschrieben, und zwar mit dem 1,44fachen der Nennleistung bei einer Temperatur, die um 5 grd über der maximal zulässigen Umgebungstemperatur liegt, d. h. bei 45, 50 oder 55 °C, je nach Temperaturklasse. Eine ähnliche Prüfung verlangen auch die ausländischen Vorschriften.

Ein Leistungskondensator muß daher stets so bemessen werden, daß seine Kippleistung noch um einen gewissen Faktor höher ist als diese Prüfleistung, so daß sich aus der Kippleistung die aus thermischen Gründen maximal zulässige Nennleistung ergibt. Diese Leistung ist im allgemeinen verschieden von derjenigen, die aus Gl. (12) folgt, wenn man für E die maximal zulässige Betriebsfeldstärke einsetzt. Nach Möglichkeit sollte ein Kondensator so bemessen werden, daß er elektrisch und thermisch gleichermaßen ausgenutzt ist. Das läßt sich nicht immer erreichen, besonders wenn man Kondensatoren verschiedener Baugröße, aber geometrisch ähnlicher Gehäuseform betrachtet. Die aus elektrischen Gründen zulässige Feldstärke ist vom Gehäusevolumen unabhängig, also ist nach Gl. (12) die Blindleistung $Q_{n,\,el}$, die sich bei Anwendung dieser zulässigen Feldstärke ergibt, dem Gehäuse*volumen* proportional. Die

Kippleistung und damit auch die aus thermischen Gründen zulässige Nennleistung $Q_{n,\,th}$ ist aber, bei gleicher Wärmedurchgangszahl, der *Oberfläche* proportional:

$$Q_{n,\,el} \sim V, \quad Q_{n,\,th} \sim A\,.$$

Wenn l eines der Gehäusemaße bedeutet, z.B. die Höhe, dann gilt

$$V \sim l^3, \quad A \sim l^2.$$

Daraus folgt, daß das Verhältnis $Q_{n,\,th}/Q_{n,\,el} \sim 1/l$ ist. Je kleiner das Gehäuse, um so mehr überwiegt der Einfluß der maximal zulässigen Feldstärke gegenüber der thermischen Grenze; umgekehrt gibt es stets eine Gehäusegröße, oberhalb derer der Kondensator aus Gründen zu niedriger Kippleistung elektrisch nicht mehr voll ausgenutzt werden kann. Bei den heute lieferbaren Papieren liegt diese Grenze bei Gehäusegrößen von $20 \cdots 40$ dm³, d.h. bei Blindleistungen von $50 \cdots 100$ kvar.

β_k hat sich als eine wichtige Kennzahl bei der Beurteilung des getränkten Papieres bewährt, ist aber nur bedingt geeignet, etwa den Alterungszustand eines Kondensators nach längerem Betrieb zu beurteilen. Gl. (99) gilt nur für denjenigen Verlustfaktor, der im Betrieb wirklich herrscht und der durchaus niedriger sein kann als derjenige Wert, der bei der üblichen $\tan\delta$-Messung, wobei nur kurzzeitig Spannung am Prüfling liegt, ermittelt wird. Es tritt in vielen Fällen während des Betriebes eine geringe Alterung ein, die durch Lösung von Verunreinigungen (Ionen) zustande kommt und $\tan\delta$ etwas erhöht, so daß eine Verringerung der Kippleistung vorgetäuscht wird. Bestimmt man aber die Kippleistung experimentell, so ergibt sich meist der gleiche Wert wie im Neuzustand, weil die im Tränkmittel befindlichen Ionen größtenteils nach kurzem Betrieb von den Papierfasern festgehalten werden (vgl. S. 119). Eine „Alterung" dieser Art tritt in geringem Umfang stets ein, beeinträchtigt das thermische Verhalten des Kondensators im allgemeinen nicht und hat erfahrungsgemäß auf die Lebensdauer keinen nachweisbaren Einfluß.

4.4 Erwärmung im instationären Betrieb

Leistungskondensatoren werden in der Regel mit nur wenig schwankender Spannung und daher auch mit gleichbleibender Blind- und Verlustleistung betrieben. Bei Reihenkondensatoren dagegen, die im Zuge der Leitung liegen und vom Leitungsstrom durchflossen werden, kann die Verlustleistung zeitlich stark schwanken. Daher muß die wirksame Wärmekapazität bekannt sein, um die zulässige Überlastung solcher Kondensatoren festlegen zu können. Die spezifische Wärme des mit Öl oder Clophen getränkten Papierfolienkondensators ist $0,2 \cdots 0,3$ Wh/kg grd.

In vielen Fällen ist die Tatsache von Bedeutung, daß die Kondensatoren eine relativ große Wärmezeitkonstante haben und daher Änderungen der Betriebsbedingungen (z. B. Spannung, Leistung, Umgebungstemperatur) nur langsam folgen.

Ähnliches gilt auch für Parallelkondensatoren in Sonderfällen, z. B. bei Anwendung der Jansen-Schaltung [128], oder auch im Prüffeld bei der Durchführung von Erwärmungs- und Wärmestabilitätsproben.

Zur exakten Berechnung der Vorgänge müßte die partielle Differentialgleichung der Wärmeleitung mit Zeitglied gelöst werden:

$$\vartheta_t = a\,\Delta\vartheta. \tag{101}$$

Diese Gleichung beschreibt, wie in einem homogenen Medium mit zeitlich und räumlich veränderlicher Temperatur ϑ die Wärme von Punkten höherer Temperatur zu Punkten niedrigerer Temperatur fließt. Die eindimensionale Wärmeausbreitung längs einer Stabachse wird durch die vereinfachte Gleichung beschrieben

$$\vartheta_t = a\,\vartheta_{xx}. \tag{102}$$

In den Gln. (101) und (102) heißt a die Temperaturleitzahl

$$a = \frac{k}{c\,\varrho}. \tag{103}$$

Dabei ist k die Wärmedurchgangszahl, c die spezifische Wärme und ϱ die Dichte des Mediums. Im homogenen Medium sind k, c und ϱ Konstanten.

In den meisten Fällen ist jedoch die exakte Lösung der Wärmeleitungsgleichung nicht möglich, zumal die Stoffeigenschaften in den praktisch vorkommenden Fällen über den betrachteten Raum nicht einmal konstant sind. Deshalb wurden Näherungsverfahren entwickelt, vor allem das Schmidtsche Differenzenverfahren [237, 241].

Bei vielen Anwendungsfällen bedient man sich zweckmäßiger der elektrisch-thermischen Analogien [129, 182]. Ebenso wie elektrische Netzwerke mit idealen Bauelementen in Ersatzschaltungen betrachtet werden, so kann man auch analoge Grundelemente für Wärmeleiter finden. Dabei bestehen folgende Analogien:

elektrische Spannung	$U\ [\mathrm{V}]$	Temperaturdifferenz	$\Delta\vartheta\ [\mathrm{grd}]$
elektrischer Strom	$I\ [\mathrm{A}]$	Wärmestrom	$P\ [W]$
elektrische Ladung	$q\ [\mathrm{As}]$	Wärmemenge	$q\ [\mathrm{Ws}]$
elektrische Kapazität	$C\left[\dfrac{\mathrm{As}}{\mathrm{V}}\right]$	Wärmekapazität	$C\left[\dfrac{\mathrm{Ws}}{\mathrm{grd}}\right]$
ohmscher Widerstand	$R\left[\dfrac{\mathrm{V}}{\mathrm{A}}\right]$	Wärmewiderstand	$R\left[\dfrac{\mathrm{grd}}{\mathrm{W}}\right]$
spezifisch elektrische Leitfähigkeit	$\varkappa\left[\dfrac{\mathrm{A}}{\mathrm{V}\cdot\mathrm{m}}\right]$	Wärmeleitzahl	$\lambda\left[\dfrac{\mathrm{W}}{\mathrm{grd}\cdot\mathrm{m}}\right]$

Im Falle der stationären Wärmeströmung gilt für die Temperatur ebenso wie für das elektrische Potential die Laplacesche Gleichung

$$\Delta\varphi = 0. \tag{104}$$

Daraus folgt, das die Gesetze der stationären Wärmeleitung denen des stationären elektrischen Stromes analog sind. So gilt z. B. das „Ohmsche Gesetz" der Wärmeleitung

$$\Delta\vartheta = P \cdot R. \tag{105}$$

Auch für instationäre thermische Vorgänge bestünde Analogie zur elektrischen Strömung, wenn es räumlich konzentrierte Wärmewiderstände und -kapazitäten gäbe:

$$P = C\,\frac{\mathrm{d}\,(\Delta\vartheta)}{\mathrm{d}t}. \tag{106}$$

In Wirklichkeit sind die thermischen „Schaltelemente" räumlich ausgedehnt, so daß sie als homogene Kettenleiter behandelt werden müssen.

Durch Differentialbetrachtungen erreicht man dann wieder vollkommene Analogie zu den elektrischen Vorgängen, kommt aber wieder zur Differentialgleichung der Wärmeleitung (102), die den Telegraphengleichungen entspricht.

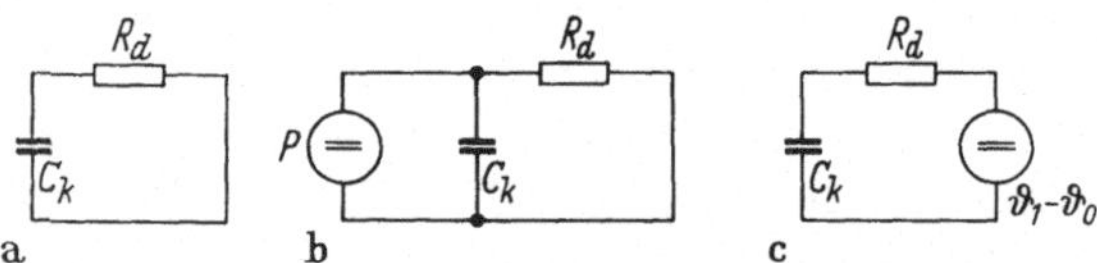

Abb. 119. a) Vereinfachtes thermisches Ersatzschaltbild für den Kondensator; b) vereinfachtes Ersatzschaltbild für die Aufheizung durch Kondensatorverluste P (Konstantstromquelle); c) vereinfachtes Ersatzschaltbild für den Temperaturverlauf bei Kondensatoraufheizung von außen (Konstantspannungsquelle).

Es zeigt sich jedoch, daß man in vielen Fällen der Praxis so rechnen kann, als wären die thermischen Schaltelemente räumlich konzentriert. Als Beispiel wird die Erwärmung und Abkühlung eines 50-kvar-Leistungskondensators behandelt. Für den ersten Überblick kann man sich mit einem sehr vereinfachten Ersatzschaltbild (Abb. 119) begnügen. Dabei wird die gesamte Wärmekapazität des Kondensators in C_k und der gesamte Wärmedurchgangswiderstand des Kondensators in R_d zusammengefaßt. Nach Abb. 119a gilt für die Abkühlung des Kondensators, wenn der Kondensator zur Zeit $t = 0$ die Übertemperatur $\Delta\vartheta_0$ hat

$$P \cdot R_d = \Delta\vartheta = \frac{q}{C_k}. \tag{107}$$

Die Differentiation führt zu der gleichen linearen Differentialgleichung, der auch die Entladung eines elektrischen Kondensators genügt

$$\frac{\mathrm{d}P}{\mathrm{d}t}\,R_d = \frac{P}{C_k}\,. \tag{108}$$

Deren Lösung lautet

$$P = \frac{\Delta\vartheta_0}{R_d}\,\mathrm{e}^{-\frac{t}{R_d C_k}} \tag{109}$$

und

$$\Delta\vartheta = \Delta\vartheta_0\,\mathrm{e}^{-\frac{t}{R_d C_k}}\,. \tag{110}$$

Entsprechend ergibt sich für die Erwärmung bei konstantem Wärmestrom P nach Abb. 119b

$$\Delta\vartheta = P\,R_d\left(1 - \mathrm{e}^{-\frac{t}{R_d C_k}}\right) \tag{111}$$

und für Erwärmung von außen (Abb. 119c) bei konstanter Umgebungstemperatur ϑ_1, wenn die Kondensatortemperatur zur Zeit $t = 0$ $\vartheta = \vartheta_0$ ist,

$$\Delta\vartheta = \vartheta - \vartheta_0 = (\vartheta_1 - \vartheta_0)\left(1 - \mathrm{e}^{-\frac{t}{R_d C_k}}\right)\,. \tag{112}$$

Während das einfache Ersatzschaltbild nach Abb. 119 für den praktischen Gebrauch meist ausreicht, erreicht man mit dem verfeinerten Ersatzschaltbild nach Abb. 120 eine bessere Annäherung an die tatsäch-

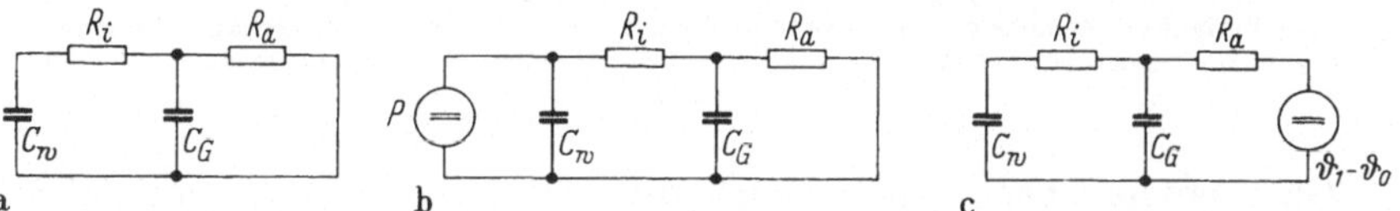

Abb. 120. a) Genaueres thermisches Ersatzschaltbild für den Kondensator; b) genaueres Ersatzschaltbild für die Aufheizung durch Kondensatorverluste P (Konstantstromquelle); c) genaueres Ersatzschaltbild für den Temperaturverlauf bei Kondensatoraufheizung von außen (Konstantspannungsquelle).

lichen Verhältnisse. Dabei wird die Wärmekapazität der Wickel und der Gehäuseisolation C_w von der Wärmekapazität des Gehäuses C_g getrennt angesetzt. Der Wärmewiderstand wird aufgeteilt in einen inneren Wärmewiderstand R_i (Wärmeübergang vom Wickelpaket zum Gehäuse) und einen äußeren Widerstand R_a (Wärmeübergang vom Gehäuse nach außen).

Nach Abb. 120a ergibt sich jetzt für die Abkühlung des Kondensators mit der Innentemperatur ϑ_0 zur Zeit $t = 0$ die Differentialgleichung

$$\frac{\mathrm{d}^2\vartheta}{\mathrm{d}t^2} + a\frac{\mathrm{d}\vartheta}{\mathrm{d}t} + b(\vartheta - \vartheta_0) = 0 \tag{113}$$

mit

$$a = \frac{1}{R_i\,C_w} + \frac{1}{R_i\,C_g} + \frac{1}{R_a\,C_g}$$

und

$$b = \frac{1}{R_i\,R_a\,C_w\,C_g}$$

und der Lösung

$$\vartheta = \vartheta_0\left(1 + A\,e^{-\frac{t}{\tau_1}} + B\,e^{-\frac{t}{\tau_2}}\right) \tag{114}$$

mit

$$\tau_{1,2} = -\frac{a}{2} \pm \sqrt{\frac{a^2}{4} - b}\,.$$

A und B folgen, für ϑ_w und ϑ_g jeweils unterschiedlich, aus den Anfangsbedingungen.

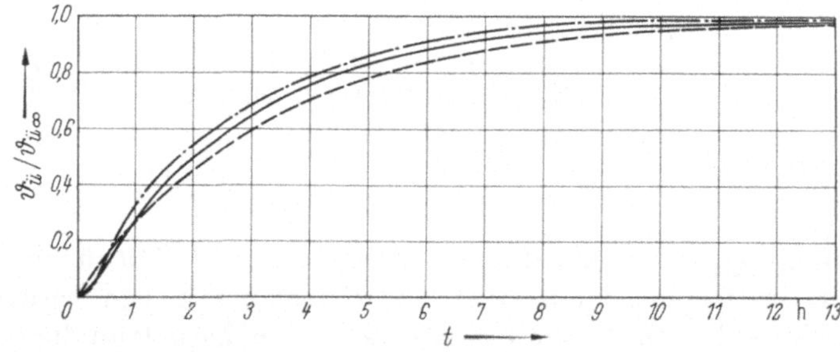

Abb. 121. Temperaturverlauf bei der Aufheizung eines Kondensators durch seine Verluste P.
–·–·–·– Verlauf der gemessenen Gehäusetemperatur; –––––– Verlauf der Gehäuseübertemperatur, gerechnet nach Abb. 119b; ——— Verlauf der Gehäuseübertemperatur, gerechnet nach Abb. 120b.

Ganz entsprechend ergeben sich die Lösungen der Differentialgleichung für die Erwärmung des Kondensators bei konstantem Wärmestrom (Abb. 120b) und bei Aufheizung von außen (Abb. 120c).

Abb. 121 zeigt bei einem 50-kvar-Kondensator den Verlauf der Temperatur am Gehäuse ϑ_g bei Erwärmung mit konstantem Wärmestrom (Verlustleistung des Kondensators). Die ausgezogene Kurve gibt den wahren Verlauf nur am Anfang nicht ganz richtig wieder, bedeutet aber schon eine bessere Näherung als die gestrichelte.

4.5 Erwärmung und Abkühlung unter besonderen Betriebsbedingungen

4.51 Der Freiluftkondensator bei hoher und tiefer Temperatur. Da die mittlere Lebensdauer nicht nur von der Feldstärke sondern in hohem Maße auch von der Betriebstemperatur abhängt, soll über längere Zeit eine maximale Temperatur von 75···80 °C im Dielektrikum nicht überschritten werden.

Diese Bedingung wird eingehalten, wenn

1. die Umgebungstemperatur denjenigen Wert nicht überschreitet, den die für die Bemessung des Kondensators zugrunde gelegte Temperaturklasse vorschreibt und

2. keine zusätzliche Erwärmung durch unzulässige elektrische Überlastung oder durch (nicht berücksichtigte) Absorption der Sonnenstrahlung eintritt.

Erforderlichenfalls ist eine höhere Temperaturklasse von vornherein vorzusehen, in besonderen Fällen kann sogar Belüftung erforderlich werden. Die Temperaturklassen nach VDE 0560/4 und nach den IEC-Empfehlungen sind:

Tabelle 28. *Temperaturklassen und höchste Umgebungstemperaturen*

Temperatur-klasse	höchste Umgebungstemperatur in °C			Umgebungstemperatur bei der Wärme-stabilitätsprobe mit $1{,}44\,Q_n$ in °C
	Mittel über 1 h	Mittel über 24 h	Mittel über 1 Jahr	
40	40	30	20	45
45	45	40	30	50
50	50	45	35	55

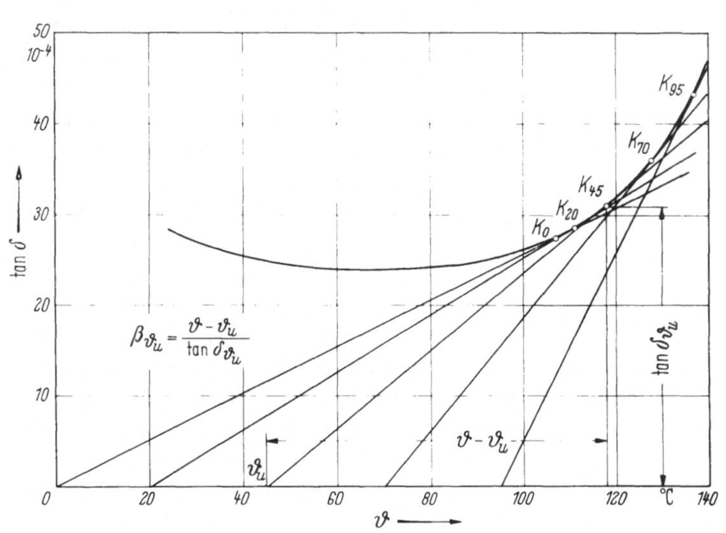

Abb. 122. Wärmestabilität von Kondensatoren bei verschiedenen Umgebungstemperaturen.

Je höher die höchstzulässige Umgebungstemperatur, um so kleiner wird die Nennleistung eines bestimmten Kondensatortyps, weil die maximal zulässige Übertemperatur des Wickelpaketes über Umgebung, die den Verlusten des Kondensators und damit seiner Blindleistung proportional ist, um so kleiner wird, je höher die Umgebungstemperatur ist. Darüber hinaus nimmt die Kippleistung eines Kondensators mit steigender Umgebungstemperatur ab (vgl. Abb. 122). Bei thermisch voll ausgenutztem Kondensator wird dann eine Reduzierung der Nennleistung erforderlich (Abb. 123 [*162*]).

Erhöhte Umgebungstemperaturen können z. B. auftreten:

1. in subtropischen oder tropischen Ländern; starke Sonneneinstrahlung kann eine Erhöhung der mittleren Kondensatortemperatur um 5 bis 10 grd zur Folge haben (s. S. 170),

2. durch zusätzliche Erwärmung der unmittelbaren Umgebung des Kondensators durch Stau strahlungserwärmter Luft oder bei Zusammenbau vieler Kondensatoren mit kleinen Abständen zwischen den einzelnen Gehäusen.

Bei besonders tiefen Umgebungstemperaturen können Kälteschäden eintreten, wenn die Kondensatoren nach längerer Betriebspause auf Umgebungstemperatur abgekühlt sind. Die Absenkung der Temperatur führt zu einer Volumenverminderung des Tränkmittels, die eine Druckabsenkung im Kondensatorinnern verursachen kann (s. S. 69 und 147). Dabei können sich feine Hohlräume bilden, vgl. [*56, 162*]. Beim Einschalten treten dort Glimmentladungen auf; die gebildeten Zersetzungsprodukte können nach längerer Einwirkung auf das Papier zum Durchschlag führen. Weiterhin besteht die Gefahr von mechanischen Zerstörungen des Dielektrikums, wenn die Kondensatoren unter eine gewisse kritische

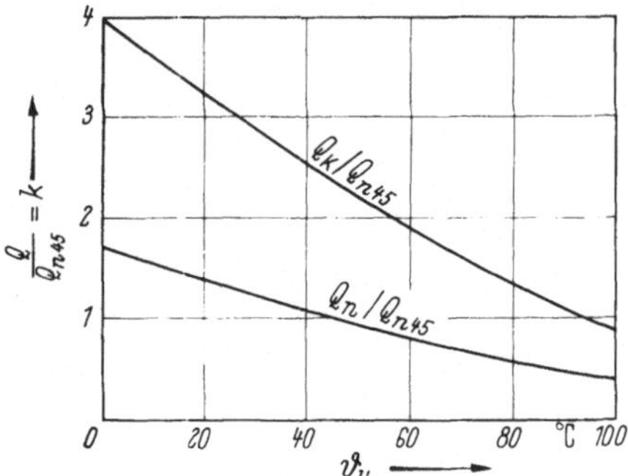

Abb. 123. Nenn- und Kippleistung in Abhängigkeit von der Umgebungstemperatur.

$$k = \frac{Q}{Q_{n45}}.$$

Temperatur abgekühlt sind und sofort an volle Spannung gelegt werden. Diese kritische Temperatur stimmt bei chlorierten Diphenylen ungefähr mit der Temperatur ϑ_D, bei der das Dispersionsmaximum liegt, überein oder liegt einige Grade tiefer. Ist der Kondensator nämlich weit unter ϑ_D abgekühlt, dann bildet das Wickelpaket durch die Erstarrung des Tränkmittels einen festen mit dem Gehäuse verbundenen Block. Das Wiederauftauen des Kondensators nach dem Einschalten erfolgt beim Durchlaufen des Dispersionsmaximums außerordentlich rasch, da vorübergehend sehr hohe dielektrische Verluste erzeugt werden ($\tan\delta_{\max} > 1000 \cdot 10^{-4}$, vgl. Abb. 70). Dies ist mit Druck- und Zugbeanspruchungen zwischen Wickelpaket und Gehäuse verbunden, denn die Erwärmung findet zunächst nur im Dielektrikum statt, während der das Wickelpaket umgebende Tränkstoff noch starr ist. Der im Inneren entstehende Überdruck zerbricht die äußeren noch starren Clophenschichten hörbar. Dabei kann es vorkommen, daß die äußeren Windungen eines Wickels zerrissen werden. Der Erwärmungsvorgang dauert je nach Außentemperatur und Größe des Kondensators wenige Minuten bis zu 1 h. Schäden der geschilderten Art sind, wenn man die große Zahl der in Betrieb befindlichen Freiluftkondensatoren dieser Bauart berücksichtigt, an verhältnismäßig wenigen Kondensatoreinheiten aufgetreten. Immerhin hat aber die Betriebserfahrung gezeigt, daß sie öfter auftreten, als aus früheren Laboruntersuchungen geschlossen wurde. Abhilfemaßnahmen s. [162].

Aus den genannten Gründen ist bei den tiefsten Temperaturen, die bereits in Mitteleuropa auftreten können, das früher verwendete Clophen A 50 nicht geeignet, da ϑ_{fl} bei -5 bis $-10\,°C$ liegt. Das heute meist verwendete Clophen A 30 ($\vartheta_{fl} \approx -36\,°C$) eignet sich dagegen für fast alle vorkommenden Anwendungen. Auch in den nordischen Ländern sind Kälteschäden noch nicht bekannt geworden. In Sonderfällen, wo Umgebungstemperaturen bis zu $-45\,°C$ auftreten können, stehen heute chlorierte Diphenyle zur Verfügung, die auch dann noch einen sicheren Betrieb gewährleisten (Tab. 14).

4.52 Der Innenraumkondensator. Kondensatoren in Freiluftaufstellung werden fast immer „selbstkühlend" betrieben, die Abfuhr der Verlustwärme erfolgt also durch Strahlung und freie Konvektion (vgl. S. 164). Diese einfachste Kühlart ist auch noch bei einzelnen oder in kleinen Gruppen zusammenstehenden Innenraumkondensatoren möglich, sofern sie nicht in zu warmen Räumen stehen oder durch andere Wärmequellen zusätzlich aufgeheizt werden.

Die Temperatur in Innenräumen hängt von den Verlusten der installierten Betriebsmittel, dem Raumvolumen und der Wärmeabfuhr ab. Sind viele Kondensatoren eng zusammengebaut, so würde die Umgebungsluft ohne zusätzliche Kühlmaßnahmen durch die Eigenverluste der Kondensatoren über den zulässigen Wert hinaus erwärmt werden, wodurch sich die Kondensatoren hochheizen und einen Wärmedurchschlag erleiden könnten.

In diesen Fällen werden die Kondensatoren belüftet, wobei die Luftgeschwindigkeit auch bei dem am schlechtesten belüfteten Kondensator noch den vom Hersteller vorgeschriebenen Mindestwert (z. B. 4 m/sec) haben muß. Diese Belüftung setzt unmittelbar den *äußeren* Wärmewiderstand des Kondensators herab bzw. erhöht die äußere Wärmeübergangszahl α_a. Dabei werden Werte bis zu etwa $50\ \mathrm{W/m^2 grd}$ erreicht (vgl. S. 173). Der *innere* Wärmewiderstand bleibt dagegen unverändert. Daraus folgt, daß es wenig Sinn hat, die Luftgeschwindigkeit und -menge immer weiter zu erhöhen, da man den für die Erwärmung des Dielektrikums maßgebenden *gesamten* Wärmewiderstand nicht unter den Wert R_i bringen kann. Den Zusammenhang zwischen α_d und Luftgeschwindigkeit zeigt Abb. 124. Bereits bei etwa 5 m/sec wird $\alpha_d = 11$ W/m²grd erreicht.

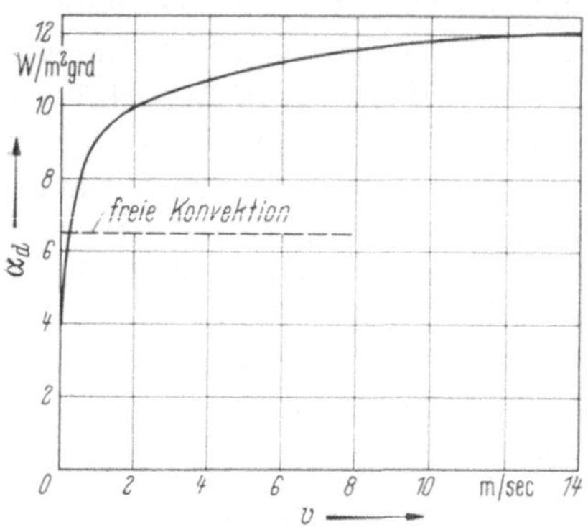

Abb. 124. Abhängigkeit der Wärmedurchgangszahl α_d von der Kühlluftgeschwindigkeit v.

Eine weitere Steigerung der Kühlluftgeschwindigkeit ist nicht mehr wirtschaftlich. Es kommt also besonders beim zwangsbelüfteten Kondensator entscheidend darauf an, R_i durch geeignete konstruktive und fertigungstechnische Maßnahmen so klein wie möglich zu machen.

In vielen Fällen steht Wasser, z.B. bei Anlagen zur induktiven Wärmeerzeugung, zur Verfügung, so daß es wirtschaftlicher ist, auch die Kondensatoren mit Wasser zu kühlen. Konstruktiv bieten sich drei Wege an:

a) Anbringen von Kühlschlangen außen auf dem Gehäuse;

b) Einbau von jeweils einer Gruppe von Kondensatoren in einer Kühlwanne, die von Wasser durchflossen wird;

c) Einbau von Kühlschlangen in jeden Einzelkondensator.

Die Lösungen nach a) und b) bieten den Vorteil, daß derselbe Kondensatortyp, sowohl für freie Konvektion, Zwangsbelüftung oder Wasserkühlung eingesetzt werden kann. Im Falle a) müssen Rohre z.B. durch Weichlötung in guten Wärmekontakt mit dem Gehäuse gebracht werden. Im Falle b) ist die Kühlung zwar noch etwas intensiver, jedoch kann es hier zum Überlaufen der Wanne kommen; außerdem muß das Kondensatorgehäuse korrosionsfest sein. In den Fällen a) und b) kann, ähnlich wie bei Luftkühlung, der gesamte Wärmewiderstand höchstens auf den Wert R_i reduziert werden. Es muß daher auch hier durch geeignete konstruktive Maßnahmen, etwa durch den Einbau von Kühlfolien, dafür gesorgt werden, daß der innere Wärmewiderstand hinreichend klein ist. Im Gegensatz dazu gestattet die Lösung c) (vgl. Abb. 147), in manchen Fällen eine beträchtliche Verkleinerung von R_i, wenn nämlich die Kühlschlangen unmittelbar auf eine der

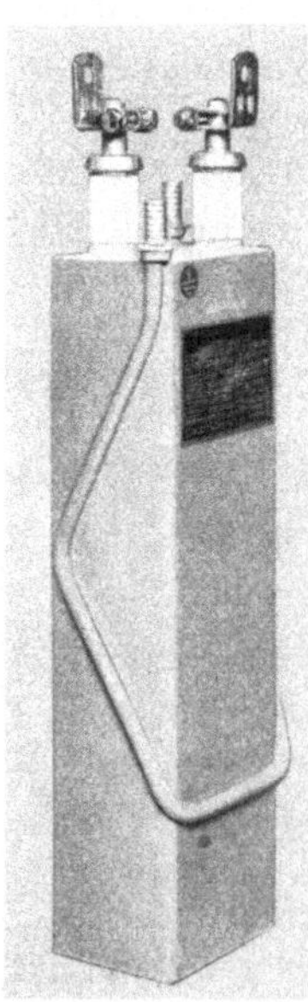

Abb. 125. Wassergekühlter MF-Kondensator für 500 ··· 4000 Hz und 150 kvar, Gehäusevolumen 5 dm³ (Siemens).

Belegungen gelötet werden können. Meist ist dies jedoch aus anlagentechnischen Gründen nicht erwünscht.

Ein Beispiel für die Wirksamkeit der verschiedenen Kühlmaßnahmen ist der in Abb. 125 gezeigte Kondensator. Als 50-Hz-Kondensator hat er bei Selbstkühlung eine Nennleistung von etwa 10 kvar. Durch Zwangsbelüftung könnte die Leistung bei 50 Hz auf etwa 25 kvar gesteigert werden. Für den Betrieb als Mittelfrequenzkondensator sind Kühlfolien zwischen den einzelnen Wickeln vorgesehen. Die Nennleistung ist dann bei Zwangsbelüftung je nach Frequenz 50···70 kvar; sie steigt bei Wasserkühlung mit Hilfe der im Bild erkennbaren aufgelöteten Kühlschlange bis auf 150 kvar.

4.6 Wärmedurchschlag

Nach S. 156 muß zwischen zwei völlig verschiedenen Arten des Durchschlages unterschieden werden: dem elektrischen und dem Wärmedurchschlag. Unter diesem Begriff werden diejenigen Durchschlagvorgänge zusammengefaßt, die dadurch gekennzeichnet sind, daß in einem gewissen Volumenbereich des Dielektrikums je Zeiteinheit mehr Verluste erzeugt als durch Wärmeleitung abgeführt werden, so daß sich die Temperatur immer weiter erhöht. Da Verlustfaktor und Leitfähigkeit der betroffenen Stelle sich mit der Temperatur rasch erhöhen, läuft der Vorgang immer schneller ab, bis schließlich der „Wärmedurchschlag" erfolgt. Zu unterscheiden sind hier der bei Leistungskondensatoren beobachtete Wärmedurchschlag, der eintritt, wenn der gesamte Kondensator oder zumindest ein größerer Volumenbereich aus irgendwelchen Gründen nicht mehr im thermischen Gleichgewicht ist und sich hochheizt (vgl. S. 175), und der von K. W. Wagner beschriebene Wärmedurchschlag [*294* bis *297*], der sich in einem sehr kleinen, eng umgrenzten Bereich eines Isolierstoffs abspielt und der bei normalen Leistungskondensatoren im allgemeinen nicht beobachtet wird, weil die hervorragende Wärmeleitung durch die Aluminiumfolien ein scharf lokalisiertes Hochheizen verhindert.

4.61 Der Wärmedurchschlag des Leistungskondensators. Daß ein Leistungskondensator thermisch instabil wird und als Folge davon Wärmedurchschlag erleidet, kann eine ganze Reihe von Ursachen haben:

α) zu hohe Umgebungstemperatur;

β) Blindleistung im Verhältnis zur Nennleistung zu groß, etwa durch Überspannungen oder Oberwellen;

γ) ungenügende Abfuhr der Verlustwärme, etwa durch Lüfterausfall bei belüfteten Kondensatoren oder Wärmeeinstrahlung und Wärmestau;

δ) $\tan\delta$ und sein Anstieg mit der Temperatur (β_k, s. S. 175) nehmen im Laufe des Betriebes zu, das Dielektrikum „altert".

In allen Fällen sei angenommen, daß der Kondensator im Sinne von VDE 0560, Teil 4, richtig bemessen wurde und die Prüfung auf Wärmegleichgewicht bestanden hat.

Nach Abb. 118 herrscht thermisches Gleichgewicht nur dann, wenn die Wärmeabgabegerade mit der Neigung $1/\beta = 1/R_a Q$ die Kurve $\tan\delta = f(\vartheta)$ schneidet und nicht nur tangiert oder darunter liegt. Abb. 126

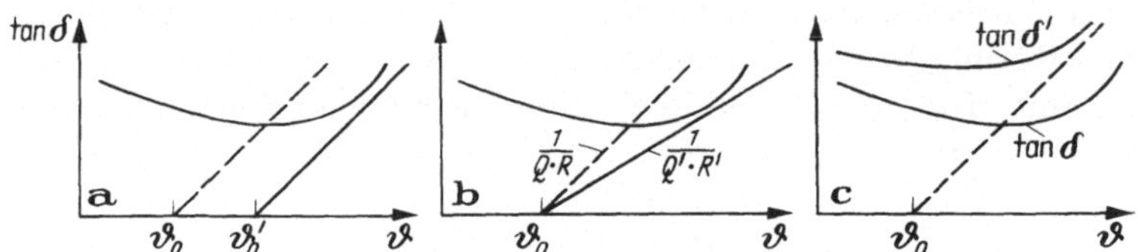

Abb. 126a–c. Thermische Instabilität bei Leistungskondensatoren.
a) Erhöhung der Umgebungstemperatur ϑ_0 auf ϑ_0'; b) Erhöhung der Blindleistung Q oder des Wärmewiderstandes R auf Q' und R'; c) Erhöhung der Verluste durch Alterung.

stellt die Verhältnisse für die Fälle α) bis δ) übersichtlich zusammen. Die punktierte Gerade bedeutet jeweils die Wärmeabgabegerade im Nennbetrieb, für den der Kondensator bemessen wurde. Die durchgezogene Gerade stellt den thermisch instabilen Zustand dar.

Zu α) Unzulässig erhöhte Umgebungstemperatur bedeutet, daß sich die Wärmeabgabegerade parallel nach rechts verschiebt (s. Abb. 126a). Eine geringe Änderung ihrer Neigung durch veränderte Wärmeübergangsbedingungen als Folge der erhöhten Umgebungstemperatur kann hier unberücksichtigt bleiben. In der Praxis kann eine solche Temperaturerhöhung vorkommen, wenn sich die durch intensive Sonneneinstrahlung stark erwärmte Luft staut, etwa wenn eine Batterie auf engem Raum zusammengebaut und von Mauern umgeben ist. Wie die Kippleistung durch erhöhte Umgebungstemperatur ϑ_0' abgesenkt wird, zeigt quantitativ Abb. 123.

Zu β) Unzulässig große Blindleistung bedingt durch Spannungserhöhung oder zu großen Oberwellengehalt der Netzspannung verkleinert die *Neigung* der Wärmeabgabegeraden (vgl. Abb. 126b).

Zu beachten ist, daß das Hochheizen durch thermische Instabilität bis zum Wärmedurchschlag in seinem zeitlichen Verlauf stark davon abhängt, wie groß der Überschuß der *erzeugten* Verlustleistung über der *abgeführten* ist. Wenn der Kondensator mit einer Leistung betrieben wird, die nur knapp über der Kippleistung liegt, dauert der Vorgang viele Stunden. Bei Reihenkondensatoren nutzt man die große Erwärmungszeitkonstante des Kondensators von $3 \cdots 5$ h bewußt aus, um den Kondensator für kurze Zeiten mit einer Blindleistung zu betreiben, die er im Dauerbetrieb nicht thermisch stabil aushalten könnte (vgl. Abb. 127).

Eine gewisse Bedeutung haben Wärmedurchschläge als Folge eines elektrischen Durchschlages bei Mittelspannungskondensatoren mit mehreren in Reihe geschalteten Wickelgruppen. Ein Durchschlag führt meist zum satten Kurzschluß des Wickels und damit der betroffenen Wickelgruppe, so daß die Blindleistung der restlichen Gruppen entsprechend erhöht wird. Der Vorgang läuft um so schneller ab, je kleiner die Zahl der in Reihe geschalteten Gruppen ist.

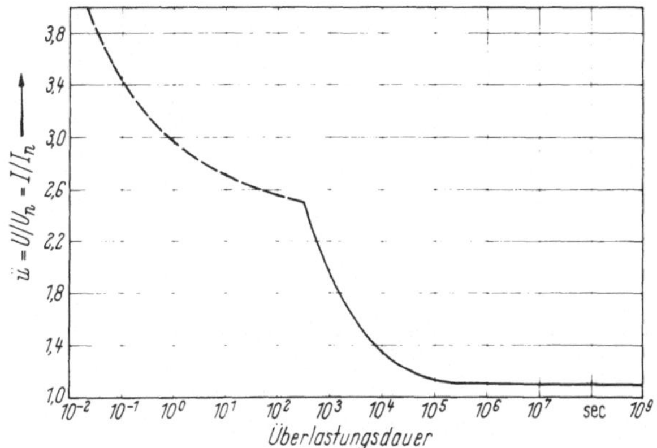

Abb. 127. Überlastbarkeit von Kondensatoren mit Clophen A 30. Überlastung beliebig oft. ———— Elektrische Überlastbarkeitsgrenze; ———— thermische Überlastbarkeitsgrenze.

Zu γ) Ebenso wie eine Erhöhung der Blindleistung bewirkt auch eine Vergrößerung des Wärmewiderstandes R_d eine Verringerung der Neigung der Wärmeabgabegeraden. Dieser Fall kann im Betrieb eintreten, wenn etwa bei Innenraumkondensatoren, die belüftet oder mit Wasser gekühlt werden, der Lüfter oder die Wasserzufuhr ausfällt, ohne daß dies bemerkt wird.

Zu δ) Während bei den Einflüssen nach α) bis γ) die Wärmeabgabegerade durch die betrieblichen Verhältnisse verschoben oder gedreht wird, bleibt sie im Falle δ) unverändert, es verschiebt sich aber – sehr langsam im Laufe der Betriebszeit – die Kurve $\tan\delta$ nach $\tan\delta'$ durch eine allgemeine Alterung des gesamten Dielektrikums. Solche Vorgänge kann man heute jedoch durch gründliche Materialkontrolle und laufend ausgeführte Kurzalterungsprüfungen mit ziemlicher Sicherheit ausschließen.

4.62 Der Wärmedurchschlag nach K. W. Wagner. Im Gegensatz zu dem eben beschriebenen Wärmedurchschlag des Leistungskondensators, dessen Dielektrikum sich in einem großen Bereich ohne diskrete Fehlerstellen hochheizt, wo dann im Bereich der höchsten Temperatur der endgültige Durchschlag eintritt, geht K. W. WAGNER von

sehr viel kleineren Bereichen eines Isolierstoffes aus, z. B. dünnen Kanälen, die eine erhöhte und mit der Temperatur anwachsende Leitfähigkeit
haben, in denen bei elektrischer Beanspruchung erhöhte Verluste auftreten. Solange diese Verluste durch Wärmeleitung abgeführt werden,
herrscht thermisches Gleichgewicht. Sobald sie aber größer werden, tritt
stärkere Erwärmung ein, wodurch die Verluste noch größer werden und
so fort, bis schließlich der „Wärmedurchschlag" erfolgt; er stellt ein
örtlich begrenztes „Durchschmelzen" des Isolierstoffes dar.

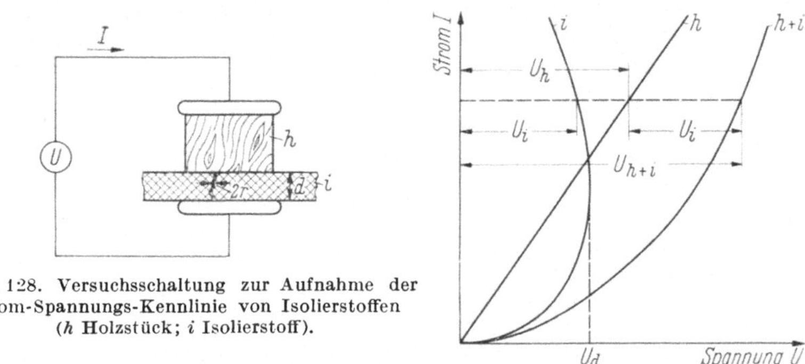

Abb. 128. Versuchsschaltung zur Aufnahme der
Strom-Spannungs-Kennlinie von Isolierstoffen
(h Holzstück; i Isolierstoff).

Abb. 129 (rechts). Durchschlagkennlinien (h Holzstück; i Isolierstoff; $h + i$ Holz + Isolierstoff).

K. W. WAGNER schaltete ein mit Paraffin getränktes Holzstück h
mit annähernd konstantem Widerstand in Reihe mit einem Isolator i,
so daß er die Strom-Spannungs-Kennlinie ($h + i$) (Abb. 128 u. 129) aufnehmen konnte. Werden die Spannungswerte der Kurve des Holzes (h)
von der Reihenschaltungskurve ($h + i$) abgezogen, so erhält man die
I-U-Kennlinie[1] für den Isolierstoff (i) mit einem labilen Punkt, welcher
der Durchschlagsspannung U_d entspricht. Die Wärmedurchschlagsspan-
nung nimmt exponentiell mit der Raumtemperatur ab und ist der Wur-
zel aus der Wärmedurchgangszahl und Schichtdicke proportional[1].

Eine Darstellung der Theorie des Wärmedurchschlages nach K. W.
WAGNER ist im Rahmen des vorliegenden Buches nicht möglich, es wird
auf die zahlreichen Veröffentlichungen über dieses Gebiet und unter an-
derem auch auf die Abhängigkeit der Durchschlagspannung von der Frequenz verwiesen [*13, 80, 81, 210, 211, 294* bis *297*].

---

[1] Kennlinien dieser Art wurden von K. W. WAGNER an vielen Isolierstoffen gemessen. Er gibt ein stark vereinfachtes Ergebnis an. Danach wäre die Durchschlagspannung unabhängig von der Temperatur. PERLICK [*210*] bringt zwar den vollständigen Ausdruck für U_d, jedoch mit positivem Exponenten, wonach U_d mit
höherer Temperatur sogar größer wäre. Der von beiden Verfassern benutzte Ausdruck „Wärmeleitfähigkeit" muß korrekt durch Wärmedurchgangszahl k in
W/m²grd ersetzt werden.

B. Bemessung und Aufbau

1. Der Papier-Folien-Kondensator

1.1 Der Leistungskondensator für Netzfrequenz

In den letzten 30 Jahren haben sich zwei unterschiedliche Bauarten des Leistungskondensators herausgebildet. In den USA und Europa wurden nach Erprobung verschiedener Bauarten schließlich Kondensatoreinheiten bis zu 100 kvar mit dünnem Dielektrikum und Trichlordiphenyl entwickelt, in Japan wurden dagegen noch 1963 vorwiegend Einheiten bis zu 1000 kvar mit dickem Dielektrikum aus Kabelpapier und Mineralöl gebaut. Dieser Vorgang ist bemerkenswert; stellt man doch sonst in der Technik meist eine Angleichung ursprünglich verschiedener Bauweisen der Maschinen und Geräte fest. Es soll daher zunächst auf diese unterschiedliche Entwicklung und ihre Ursachen eingegangen ten werden.

1.11 Die Entwicklung der Bauarten. 1930 war die Leistung einer Kondensatoreinheit klein, im allgemeinen 10 kvar, auf jeden Fall nicht größer als 25 kvar; große Batterien wurden aus diesen Einheiten in Gestellen zusammengebaut. Mit wachsender Größe der Batterien hielt man größere Einheiten für geeigneter, so daß z. B. Siemens 1932 dazu überging, Kondensatoren in Einheiten bis zu 500 kvar in einem Rippenkessel zusammenzubauen (s. Abb. 130a [8, 9]). Die großen Einheiten hat jedoch wesentliche Nachteile:

1. Das Risiko beim Defekt eines einzigen Wickels war größer als bei kleinen Einheiten, der Leistungsausfall war vielfach höher.

2. Große Einheiten erlauben keine Massenfertigung und erschweren die Lagerhaltung.

3. Die großen Einheiten brauchen ein Ölausdehnungsgefäß; sie haben über dieses Gefäß Verbindung mit der Außenluft. Kleine Einheiten benutzen die elastischen Gehäusewände für die Ölausdehnung und sind vollständig von der Außenluft abgeschlossen.

4. Mehrjährige Versuche mit Pentachlordiphenyl hatten inzwischen die Vorteile dieses neuen Tränkmittels erwiesen. Sein höherer Preis bedingte jedoch ein möglichst kleines Tränkstoffvolumen, und die etwas höheren Verluste je Raumeinheit erforderten eine möglichst große Gehäuseoberfläche.

Die Punkte 1 bis 3 führten bereits 1937 zur Fertigung von Einheiten mit je 50···67 kvar für Nennspannungen von 220 V bis 10 kV [9]. Die Einführung des Chlordiphenyls ermöglichte eine Verkleinerung dieser Kondensatoren. Die Standardeinheit hatte schließlich die Leistung von 50 kvar. Durch Parallel- und Reihenschaltung dieser Kondensatoren werden seitdem beliebig große Batterien für beliebig hohe Spannungen zusammengebaut; bei Spannungen oberhalb 10 kV werden sie auf Stützer gestellt (s. Abb. 132 und 195).

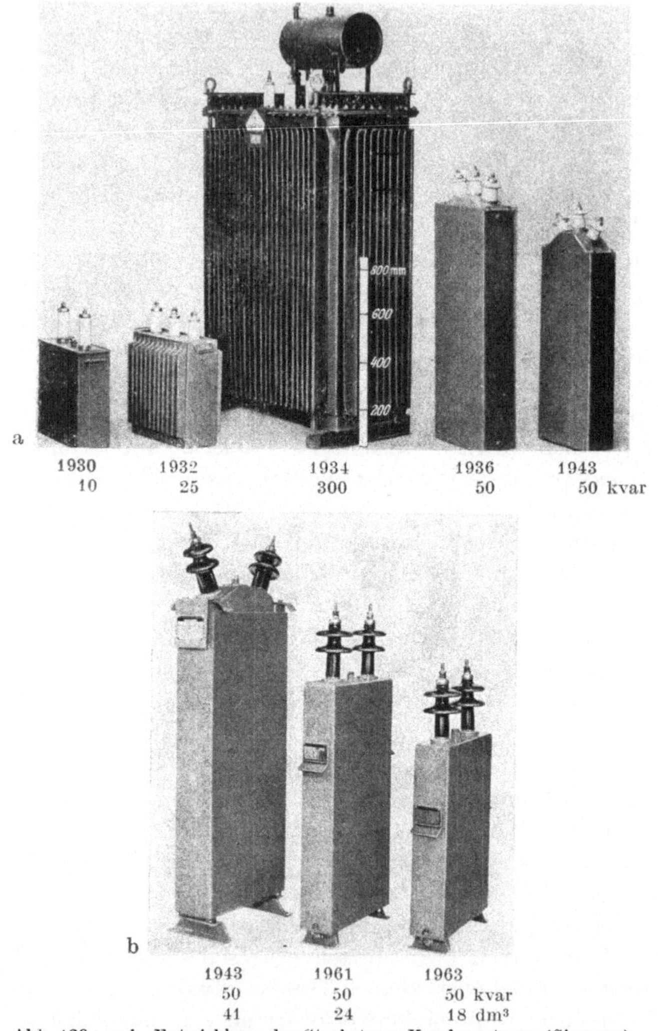

Abb. 130a u. b. Entwicklung der Starkstrom-Kondensatoren (Siemens).

Die Entwicklung in den USA beschreibt M. E. Scoville [247]. In den Jahren 1928 bis 1936 machte die General Electric Comp. Versuche mit Einheiten von 50···200 kvar, die mit Mineralöl, später mit Pyranol getränkt waren. Man entschied sich jedoch für die 10-kvar-Einheit, weil so eine Massenfertigung ermöglicht wurde. Mehrere verschieden große Einheiten, z. B. im Abstand von 10 kvar, hätten die Stückzahl je Type erniedrigt und den Preis erhöht. Durch Einführung der Tränkung mit Pyranol erhöhte sich die Leistung dieser Standardeinheit auf 15 kvar. Sie wurde 15 Jahre lang gebaut. 1947 wurde ihre Leistung auf 25 kvar erhöht, als Verbesserungen des Papieres und der Fertigung dies ermöglichten. Diese Einheiten konnten noch ohne Kran hantiert werden, in der Fabrik und bei der Montage. Der Preis je kvar sank von 100 % im Jahr 1930 auf 20 % im Jahr 1948, insbesondere durch Einführung des Pyranols und durch Rationalisierungsmaßnahmen. SCOVILLE schätzt, daß 1947 Leistungskondensatoren mit einer Gesamtleistung von 10 Mill. kvar in den USA in Betrieb waren.

1955 stieg in den USA, der Entwicklung in Europa folgend, die Leistung einer Einheit auf 50 kvar, 1960 wurden bereits 100-kvar-Einheiten hergestellt, nachdem weitere Verbesserungen des Papieres, insbesondere die Senkung seiner dielektrischen Verluste, eine Erhöhung der Feldstärke und damit Senkung des Leistungsgewichtes und der Abmessungen ermöglichten. Die 1961 und 1962 in den USA gefertigte Gesamtmenge an Leistungskondensatoren betrug je etwa 7 Mill. kvar, 90 % davon hatten Nennspannungen oberhalb 1200 V.

Die Entwicklung in Japan beschreiben T. OMORI, H. UEDA, K. OSHIMA [204], ferner T. OMORI, K. OSHIMA und S. NODA [205]. Die Technik der Ölkabelherstellung wurde 1935 auf die Herstellung der Leistungskondensatoren übertragen und dabei das Dielektrikum der Ölkabel, dikkes Kabelpapier und Mineralöl, auch für Kondensatoren verwendet. Einheiten von 1000 kvar und mehr wurden gebaut. Dafür waren folgende Gründe maßgebend: 1. Der Preis des Kabelpapieres von 50···125 µm Dicke beträgt nur 30···50 % des Preises des dünnen Kondensatorpapieres, der Preis des Mineralöles nur 20···25 % desjenigen des synthetischen Tränkmittels. Damit wurde dieses Dielektrikum, gleiche Beanspruchung vorausgesetzt, billiger als dasjenige der damals gebauten europäischen und amerikanischen Kondensatoren, obwohl seine DK niedriger ist als die des clophengetränkten Kondensators. 2. Dieses Dielektrikum hat bei gleicher Feldstärke etwas niedrigere Verluste je Raumeinheit als das clophengetränkte, was den Bau größerer Einheiten erleichtert. 3. Der Anreiz, große Einheiten zu bauen, war in Japan besonders groß. Dort wurden seit 1937 mehr als in anderen Ländern große Kondensatorbatterien zur Spannungsregulierung von Hochspannungsleitungen eingesetzt, wohingegen die Einzelkompensation beim Verbraucher eine geringere Rolle spielte und somit kleine Einheiten in geringerem Maße benötigt wurden als in den USA, wo kleine Einheiten in großer Menge als Mastkondensatoren verwendet werden, und in Europa.

Die geschilderte Bauweise mit Einheitenleistungen von 1000 kvar läßt sich auf Niederspannungskondensatoren (200···1000 V) nicht anwenden. Um die nötigen Feldstärken und Leistungen zu erhalten, muß dünnes Papier von 8···12 μm Dicke verwendet werden. Es werden daher auch in Japan Einheiten für 15, 25 und 50 kvar gebaut, die mit Chlordiphenyl getränkt werden. Ihr Anteil an der Gesamtfertigung betrug 1960 aber nur 5%, 1963 stieg er auf 25% an. Näheres s. S. 201.

1.12 Bemessung und konstruktive Ausführung von Kondensatoren für Parallel- und Reihenkompensation. In den letzten Jahren wurden nicht nur die Papiere verbessert, sondern auch der konstruktive Aufbau und die Fertigungsmethoden vervollkommnet. So wurde es möglich, das Dielektrikum stärker auszunutzen und den Raumbedarf je Leistungseinheit und damit auch den Preis zu verkleinern, ohne daß die Erwärmung größer und die Lebenserwartung verringert wurden (s. Abb. 130b). Diese Entwicklung betrifft vor allem die heute üblichen Mittelspannungskondensatoren mit Leistungen von 50···100 kvar, aber auch die Niederspannungs- und Mittelfrequenzkondensatoren.

1.121 Mittelspannungs- und Reihenkondensatoren

1.121.1 Die europäisch-amerikanische Bauweise. Mittelspannungs- und Reihenkondensatoren werden überwiegend in Energieversorgungsnetzen und Industriebetrieben zur Parallel- und Reihenkompensation eingesetzt. Bevorzugte Nennleistungen sind 50, 75 und 100 kvar, wobei der Anwender häufig die größeren Leistungen wegen des

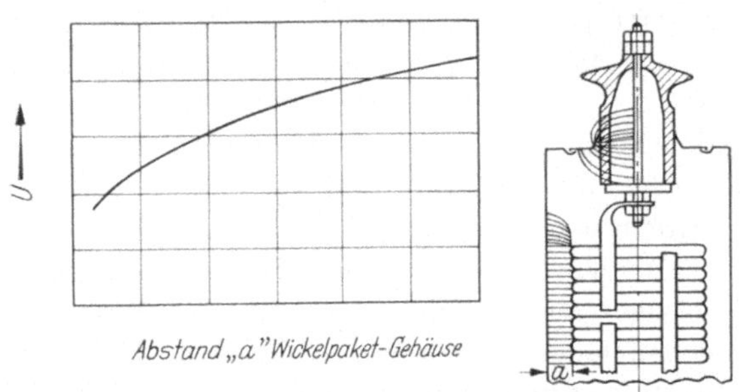

Abb. 131. Einsetzen von Gasentladungen zwischen Wickelpaket und Metallgehäuse.

geringeren Bedarfs an Grundfläche für die aufzubauende Batterie vorzieht. Gegenüber den großen Kondensatoren mit Leistungen von mehreren hundert kvar wird bei den kleineren Einheiten mit *flachem* Gehäuse ein erheblich größeres Verhältnis von wärmeabgebender Oberfläche zum Gehäusevolumen erreicht (vgl. S. 176). Man kann daher diese Kondensatoren spezifisch höher ausnutzen und auf Kühlrippen verzichten.

Der Isolationsaufwand wird durch Beschränkung auf Kondensatornennspannungen von 10···15 kV klein gehalten. Abb. 131 zeigt, daß die

Spannung, bei der Glimmentladungen zwischen Wickelpaket und Gehäuse auftreten, weit weniger als proportional mit zunehmender Isolationsdicke ansteigt. Eine nur wenig erhöhte Nennspannung erfordert also einen unverhältnismäßig großen Isolationsaufwand, weil das Feld, stark inhomogen ist, ähnlich wie am Folienrand eines Wickels, bei dem grundsätzlich die gleiche Abhängigkeit zwischen Glimmeinsatzspannung und Dielektrikumsdicke besteht (vgl. Abb. 99).

Bei großen Isolationsabständen im Verhältnis zu den kleinsten Krümmungsradien an einer der Elektroden ist die Feldstärke überwiegend vom Verhältnis Spannung zu Krümmungsradius und kaum noch vom Abstand abhängig, so daß die Glimmeinsatzspannung nur noch sehr wenig mit dem Abstand zunimmt (vgl. Tab. 17). Daher wird, wie auf S. 191 erwähnt, bei hohen Spannungen durch Reihenschaltung und Aufstellung der Einheiten auf Stützer das Problem der Isolation einfach vom Kondensatorinnern nach außen verlegt. Kondensatoren für Hochspannungsbatterien werden in der Regel mit einer Klemme gebaut; der andere Pol liegt am Gehäuse („Bausteinkondensatoren"), Abb. 132.

Abb. 132. Mittelspannungs-Drehstrom-Kondensator für 15 kV; 600 kvar; 50 Hz (Siemens).

Bei der Bemessung der Kondensatoren steht die Höhe der anwendbaren Feldstärke im Vordergrund. Diese wird durch die Forderung nach hinreichender Betriebssicherheit und Lebensdauer sowie durch die Verluste und deren Abfuhr begrenzt. Dazu muß

a) das Verhältnis von Glimmeinsatz- zu Nennspannung hinreichend groß sein,

b) das Dielektrikum genügend durchschlagsicher sein.

c) Das Dielektrikum darf nicht merklich „altern".

Die unter a) und b) genannten Forderungen lassen sich bezüglich der Dielektrikumsdicke nicht gleichzeitig optimal erfüllen, da die Glimmeinsatzfeldstärke mit steigender Dielektrikumsdicke abnimmt, während die Sicherheit gegen elektrischen Durchschlag zunimmt (s. S. 159). Durch Untersuchungen, vor allem durch Dauerversuche, muß der günstigste Kompromiß gefunden werden. Dabei darf berücksichtigt werden, daß gelegentliches und sehr kurzzeitiges Glimmen, etwa bei hohen Schaltüberspannungen, auch bei Clophenkondensatoren unschädlich ist, solange sich dabei nicht in gefährlichen Mengen Chlorwasserstoffmoleküle bilden, die das Papier schädigen. Die Erfahrung hat gezeigt, daß man im Interesse langer Lebensdauer gegebenenfalls kurzzeitige Glimmentladungen in Kauf nehmen und dafür das Dielektrikum dicker, d.h. durchschlagsicherer aufbauen kann. Aus diesem Grunde werden bei den Mittelspannungskondensatoren Wickelspannungen über 1000 V und Dielektrikumsdicken von 60···90 μm angewendet.

In engem Zusammenhang damit steht die günstigste Zahl der Papierlagen. Abb. 133 zeigt den Prozentsatz von Wickeln, die bei der Prüfung mit 4,3facher Gleichspannung durchgeschlagen sind. Diese Untersuchungen aus dem Jahre 1956 umfassen viele tausend Wickel, sind also statisch als gesichert anzusehen. Man sollte erwarten, daß die Ausfallquote bei gegebener Gesamtdicke des Dielektrikums um so kleiner wird, je größer die Lagenzahl und damit die Wahrscheinlichkeit ist, daß die Fehlerstellen durch mehrere an dieser Stelle fehlerfreie Papierlagen überdeckt und damit unwirksam gemacht werden. Bei größerer Dielektrikumsdicke, etwa oberhalb 50···60 μm, trifft dies auch zu. Dünnere Dielektrika, etwa unterhalb 40···50 μm verhalten sich jedoch gerade umgekehrt; die Durchschlagwahrscheinlichkeit ist bei 40 μm Gesamtdicke bei 5 Lagen am größ-

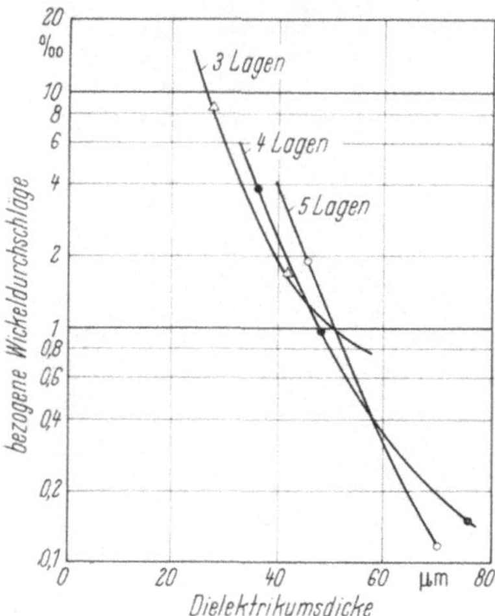

Abb. 133. Durchschläge getränkter Wickel mit 3–5 Lagen bei der Prüfung mit $4{,}3 \cdot U_N$ Gleichspannung.

ten und bei 3 Lagen am kleinsten. Dieses Verhalten läßt sich etwa so deuten: es sei angenommen, daß sowohl die dünnen Papiere des 5-Lagen-Dielektrikums als auch die dickeren des 4- und 3-Lagen-Dielektrikums je m² die gleiche Anzahl gleich großer leitender Einschlüsse enthalten. Überlappungen von 3 und mehr Teilchen sind nach der Tabelle auf S. 137 extrem unwahrscheinlich, es kommen also nur Überlappungen von 2 Teilchen in Betracht, die, gegebenenfalls in Verbindung mit anderen Schwachstellen der Papiere, beim Prüfen zum Durchschlag führen. Die Wahrscheinlichkeit solcher Überlappungen zweier leitender Teilchen ist

aber nach Gl. (62) und Tab. 21 dem Faktor $\binom{m}{p}$ proportional, wo m die

Lagenzahl bedeutet, d.h. um so größer, je größer m ist. Hinzu kommt noch die geringere mechanische Festigkeit dünner Papiere, die sich beim Wickeln und Pressen der Wickelpakete auswirken kann.

Neben der beim Prüfen zu erwartenden Ausfallquote muß bei der Bemessung des Dielektrikums nach Lagenzahl und Dicke Rücksicht auf die Betriebsbeanspruchung genommen werden. So werden z. B. Reihenkondensatoren, die bei Kurzschlüssen und Schaltvorgängen kurzzeitig mit einem mehrfachen der Nennspannung belastet werden, so bemessen, daß vor allem die Glimmeinsatzfeldstärke möglichst hoch liegt, während etwa bei Stoßkondensatoren (vgl. S. 124 und 218), der Gesichtspunkt großer mechanischer und elektrischer Festigkeit im Vordergrund stehen muß.

Bei der Wahl der Papierdichte unterscheiden sich Mittelspannungskondensatoren u. U. wesentlich von solchen für Niederspannung, bei denen vielfach Wickelsicherungen angewendet werden, so daß bei Ausfall eines Wickels der Kondensator voll betriebsfähig bleibt. Es gibt also bereits vom Standpunkt der Glimm- und Durchschlagsicherheit unter Zugrundelegung einer geforderten mittleren Lebenserwartung keinen bestimmten Wert der noch zulässigen Feldstärke. Dieser Wert hängt vom Dielektrikum (Lagenzahl, Dicke, Dichte, Papierüberstand), der Gleichmäßigkeit und Güte der Fertigung (Wickelherstellung, Evakuier- und Tränkprozeß) und von den Werkstoffeigenschaften ab. Die Einhaltung der Forderung c) setzt große Erfahrung voraus, die u. a. durch Dauerversuche mit verschiedenen Feldstärken und Erprobung von Versuchsmustern im Betrieb gewonnen wird.

Die Feldstärke wird auch durch die Erwärmung des Kondensators begrenzt; er soll eine thermische Grenzleistung vom 1,6- bis 1,7fachen seiner Nennleistung haben. Der Verlustfaktor hängt von Sorte und Qualität der verwendeten Papiere sowie von der Art des Fertigungsprozesses ab. Bei heutigen Mittelspannungskondensatoren mit chloriertem Diphenyl werden Werte von $17 \cdots 23 \cdot 10^{-4}$ (bei 60 °C) erreicht. Für große Batterien fordern die Abnehmer zuweilen einen möglichst niedrigen Verlustfaktor und bewerten sogar seine Höhe. Einerseits ist diese Forderung aus ökonomischen Gründen verständlich, zum anderen kann der Kondensatorhersteller dadurch veranlaßt werden, ein Dielektrikum vorzusehen, das nach seiner Erfahrung nicht den günstigsten Kompromiß darstellt und dessen Durchschlagsicherheit zu gering ist.

Die Höhe des Verlustfaktors eines Kondensators ist noch nicht notwendigerweise kennzeichnend für seine Qualität. Je größer der Gehalt an Papierfasern im Dielektrikum ist, um so größer ist zwar der Verlustfaktor, um so größer aber auch die Durchschlagsicherheit. Der Fasergehalt hängt nicht nur von der Papierdichte, sondern auch von der Größe der Tränkmittelspalte ab. Abb. 134 zeigt die Tränkmittelspalte bei verschieden behandeltem Dielektrikum. Die *Papier*dicke $d_{\min}$ ist in beiden Fällen gleich und daher auch die Feldstärke $E_{\max} = U/d_{\min}$. Diese ist für Alterung und Lebensdauer des Kondensators maßgebend. Im Gegensatz dazu ist die Blindleistung je Volumeneinheit dem Quadrat der *mittleren* Feldstärke $\overline{E} = U_{\text{Wickel}}/\overline{d}$ proportional; dabei ist $\overline{d}$ nach Abb. 134 die mittlere Gesamtdicke des Dielektrikums einschließlich der mehr oder weniger dicken Clophenspalte. Daher ist $\overline{E}$ stets kleiner als E_{max}. Bei Kondensatoren nach Abb. 134 (links) macht die Dicke der Clophenspalte etwa 15 % der Gesamtdicke des Dielektrikums aus. Durch geeignete Behandlungsverfahren gelingt es, die Tränkstoffschichten dünner und gleichmäßiger zu machen, so daß ihr Dickenanteil bis auf etwa 3 % reduziert werden kann (rechtes Bild). Die Vorteile eines so verbes-

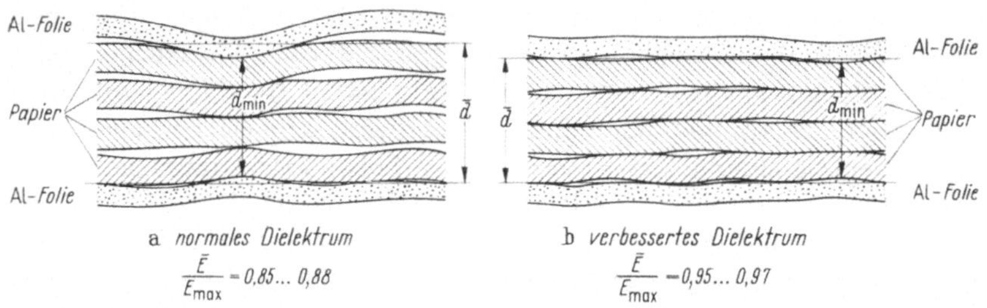

Abb. 134a u. b. Schnitt durch ein Kondensatordielektrikum (schematisch).
Aufbau: 3×8 µm bis 6×16 µm Papier je nach Nennspannung und 2×6 bis 8 µm Aluminiumfolie.

$$E_{\text{max}} = \frac{U_{\text{Wickel}}}{d_{\text{min}}} \; ; \qquad \overline{E} = \frac{U_{\text{Wickel}}}{\overline{d}} \; : \qquad \frac{Q}{V} \sim \overline{E}^2 \; .$$

serten Dielektrikums sind offensichtlich: bei gleicher Leistung und gleichem Gehäusevolumen, d.h. bei gleicher mittlerer Feldstärke, ist die maximale Feldstärke beim verbesserten Dielektrikum um mehr als 10 % kleiner als beim normalen Dielektrikum. Darüber hinaus werden Tränkmittel-,,Taschen'' größerer Dicke vermieden, wodurch die Alterungsbeständigkeit weiter verbessert wird. Da in beiden Fällen die Verwendung von Papieren gleicher Dicke und Dichte vorausgesetzt wurde und der Verlustfaktor dem Fasergehalt annähernd proportional ist, muß das verbesserte Dielektrikum einen etwas größeren Verlustfaktor haben. Dieser geringe Nachteil wird durch die höhere Alterungsbeständigkeit und größere Lebensdauer bei weitem ausgeglichen.

In vielen Fällen wird eine hohe Durchschlagfestigkeit bewußt angestrebt (z. B. bei Stoßstromkondensatoren), etwa durch die Wahl dichterer und damit stärker verlustbehafteter Papiere. Ein hoher Verlustfaktor kann aber auch auf Papiere mangelhafter Reinheit oder auf Fehler bei der Fertigung hinweisen. In diesem Zusammenhang kommt einer möglichst geringen *Streuung* der $\tan\delta$-Werte einer größeren Anzahl gleichartiger Kondensatoren besondere Bedeutung zu; aus ihr können Schlüsse auf die Gleichmäßigkeit der Materialien und der Fertigung gezogen werden. Dabei ist es erforderlich, den Verlustfaktor bei Temperaturen oberhalb 60 °C und bei mehreren Spannungen (z. B. 0,1 und $1,0 \cdot U_N$) zu messen, um zusätzliche Auskunft über den Grad der gelösten Verunreinigungen zu erhalten. Abb. 135 zeigt als Beispiel die Häufigkeitsverteilung des Verlustfaktors bei zwei größeren Lieferungen von Mittelspannungskondensatoren aus den Jahren 1950 und 1965. Die starke Streuung bei den älteren Kondensatoren war hauptsächlich auf die Qualitätsschwankungen der damals verwendeten Papiere und anderen Isolierstoffe zurückzuführen. Bei modernen Kondensatoren gleichen Typs sollte $\tan\delta$ um höchstens $\pm 1\cdots2 \cdot 10^{-4}$ vom Mittelwert abweichen.

Von wenigen Ausnahmen abgesehen ist der Flachwickel das normale aktive Bauelement der Papier-Folien-Kondensatoren (s. Abb. 53 und S. 230). Die Elektroden aus Aluminiumfolie von $6\cdots8$ µm Dicke sind meist schmaler als die Papierbahnen, der Papierüberstand beträgt bei großen Leistungskondensatoren mit breiten Papieren bis zu 10 mm. Manchmal werden die Belagfolien auch seitlich gegeneinander versetzt, so daß jede Folie einseitig

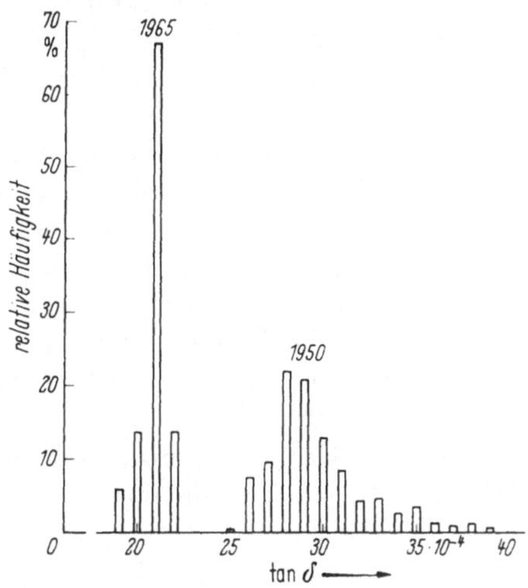

Abb. 135. Häufigkeitsverteilung des Verlustfaktors bei Mittelspannungskondensatoren. 1950 (C-Papier, Clophen A 50); 1965 (M-Papier, Clophen A 30).

über das Papier herausragt. Dann wird die Kontaktierung an den Stirnseiten durch Reibelötung oder Schoopung (Aufspritzen von Metall) hergestellt (Stirnkontaktierung). Zur Isolierung gegen die Nachbarwickel werden einige Papierleerwindungen aufgewickelt.

Die zu Paketen gestapelten Wickel werden je nach Nennspannung gruppenweise parallel und in Reihe geschaltet, wozu häufig die Ableitungsstreifen unmittelbar verwendet werden. (Eine Reihenschaltung von Teilkapazitäten innerhalb des Wickels bringt technisch und wirtschaftlich meist keine Vorteile und wird daher nur selten angewendet.) Bei Weichlötung muß sorgfältig darauf geachtet werden, daß die Flußmittel den Tränkstoff nicht verunreinigen.

Die Wickel werden im Kondensator liegend oder stehend angeordnet, wobei besonders die amerikanischen Hersteller, die Wickel bis zu einer Breite von etwa 600 mm verwenden, den stehenden Einbau bevorzugen. Vor dem Einbau in das Gehäuse wird das Wickelpaket durch Bandagen aus Papier zusammengehalten, gegebenenfalls verstärkt durch Zugbänder aus Metall, und danach mit mehreren Lagen durchschlagfesten Preßspans oder Papiers oder auch Isolierstofformteilen umhüllt, deren

Reinheit und Verträglichkeit mit dem Tränkstoff sorgfältig geprüft sein muß (s. S. 85 bis 87). Diese Umhüllung dient zur Isolation des Wickelpakets gegen das Gehäuse; sie muß elektrisch so bemessen werden, daß im Dauerbetrieb keinesfalls Glimmentladungen gegen das Gehäuse, daß ferner bei der Typenprüfung mit Stoßspannung keine die Lebensdauer verkürzenden Schäden auftreten.

Das Gehäuse besteht im allgemeinen aus gewöhnlichem Stahlblech von 1···3 mm Dicke, in den USA zum Teil auch aus rostfreiem Stahl oder Aluminium. Die Gehäusewände wirken bei Ausdehnung und Schrumpfung des Tränkstoffes wie eine Membran; ihre aus mechanischen Gründen notwendige Mindestdicke soll daher nicht wesentlich überschritten werden. Je größer diese ist, um so höher wird der Überdruck bei Erwärmung des Kondensators und entsprechend der Unterdruck bei Abkühlung (s. S. 157). Die Membranwirkung gestattet es, die Kondensatoren vollständig mit Tränkstoff zu füllen und vakuumdicht gegen die Außenluft abzuschließen. Man benötigt also weder ein Ölausdehnungsgefäß wie bei Transformatoren, noch ein Gaspolster über dem Tränkmittelspiegel. Ein Kondensator mit Gaspolster darf nicht gekippt oder umgelegt werden, da andernfalls Gasbläschen in die Wickel eindringen und zu einer unzulässigen Verminderung der Glimmeinsatzspannung führen können. Da der Leistungskondensator aber vielfach liegend transportiert oder montiert wird, verbietet sich demnach ein solches Gaspolster von selbst. Kondensatoren mit starrem Gehäuse (Keramik- oder Hartpapierrohre) müssen zum Volumenausgleich des Tränkstoffes besondere Membrankörper erhalten.

Die Durchführungsklemmen bestehen aus Porzellan oder anderen keramischen Massen, Glas oder Gießharz. Während früher die Klemmen über Dichtungringe auf das Gehäuse geschraubt wurden, wird heute bei Porzellan- und Glasklemmen die mechanische Verbindung Klemme–Gehäuse bevorzugt durch Weichlötung hergestellt. Zu diesem Zweck werden die Klemmenkörper mit lötbaren Metallisierungen versehen (Platinierung, Vereisenung). Nachgiebige Lötringe zwischen Gehäuse und Porzellankörper sorgen dafür, daß die bei der Montage nicht immer vermeidbaren mechanischen Beanspruchungen der Klemmen weder zum Bruch noch zu Undichtigkeiten führen.

Leistungskondensatoren zum Aufbau großer Batterien werden fast immer einphasig ausgeführt, und zwar entweder mit zwei Klemmen oder mit einer Klemme, wobei der 2. Pol am Gehäuse liegt. Zur Einzelkompensation von Mittelspannungsmotoren und für kleinere Batterien in Industriebetrieben werden gewöhnlich dreiphasige Kondensatoren eingesetzt, deren Gehäuse erdbar, d.h. vom Wickelpaket isoliert ist. Normalerweise sind die drei Wickelgruppen dann im Stern geschaltet.

Aus Sicherheitsgründen muß der Kondensator bei Außerbetriebnahme entladen werden. Amerikanische Mittelspannungskondensatoren enthalten fast immer Entladewiderstände im Inneren, europäische nur in Ausnahmefällen. Verwendet werden meist 2-W-Widerstände in Kohleschicht- oder Masseausführung, von denen die erforderliche Anzahl parallel und in Reihe geschaltet werden muß.

1.121.2 Die japanische Bauweise. Das Dielektrikum der großen, ölgetränkten Kondensatoren für Mittel- und Hochspannung besteht aus 4···6 Lagen fein gemahlenen Kabelpapiers von 50···125 μm Dicke und einer Dichte von 0,75 g/cm³. Damit ergeben sich erheblich größere Dielektrikumsdicken als beim Clophenkondensator, bei dem 0,1 mm selten überschritten wird. Das dicke Papier ist mechanisch widerstandsfähig und wird in einer Breite bis zu 800 mm verarbeitet. Es lassen sich also dicke und breite Wickel herstellen, und auch dann sind Beschädigungen bei der Fabrikation noch geringer als bei dünnem schmalem Kondensatorpapier; damit sinken die Wickelkosten beträchtlich [*204*].

Die Wechselfeldstärken betragen im allgemeinen 10···13 V/μm und damit die Wickelspannungen 3···5 kV, d. h. das 2- bis 4fache der in den USA und Europa üblichen Werte. Es ergeben sich auf diese Weise die außerordentlich hohen Leistungen eines Wickels von 10···40 kvar. Die Höhe der Wickelspannung wird durch das Einsetzen der Glimmentladungen an den Folienrändern begrenzt. Nach Abb. 99 steigt die Glimmeinsatzspannung mit wachsender Dicke des Dielektrikums oberhalb 100 μm nur noch langsam. Daher sinkt die Sicherheit gegen Glimmen am Folienrand bei Wickelspannungen oberhalb 2000 V entsprechend. Die japanischen Kondensatoren werden mit der 2fachen Nennwechselspannung 1 min lang geprüft. Die Glimmeinsatzspannung der Wickel mit besonders dickem Dielektrikum müßte bei dieser Prüfung erreicht oder überschritten werden. Vorwiegend werden Wickel für 3300 V mit 5 Lagen Papier von je 55···60 μm Dicke verwendet, ihre Ionisationsspannung liegt nach T. Omori bei 7000 V. Es dürfte sich empfehlen, diese Kondensatoren nur mit Gleichspannung zu prüfen, die in Europa sogar bei dünnem Dielektrikum bevorzugt angewendet wird. Anscheinend vertragen jedoch die japanischen Kondensatoren die 1-min-Prüfung mit Wechselspannung, denn als Öl wird ein gasabsorbierendes Mineralöl ohne Zusatz eines Inhibitors verwendet. Nach T. Omori beträgt der Gesamtausfall nur 0,03% aller in Japan eingesetzten Kondensatoren, die großen Einheiten eingeschlossen.

Abb. 136 zeigt 4 Einheiten von 834 kvar, 19 kV, 60 Hz für ein 66-kV-Drehstromnetz (2 Einheiten je Strang in Reihe geschaltet). Beachtlich ist die hohe Nennspannung von 19 kV. Das Ölausdehnungsgefäß hat keine Verbindung mit der Außenluft; es enthält flache Ausdehnungskörper, deren Anzahl sich nach der Größe des Kondensators richtet; der Öldruck soll niemals 1 at unterschreiten, um das Eindringen von Luft zu vermeiden.

Das Volumen der japanischen Großkondensatoren beträgt etwa 1,1 dm³/ kvar. Demgegenüber ist das Volumen der 100-kvar-Clophenkondensatoren in den letzten Jahren von 0,8 auf 0,3 dm³/kvar gesunken. Entsprechendes gilt für die Gewichte. Es wird interessant sein, zu beobachten, ob bei diesem Verhältnis von fast 4 : 1 der Volumina der japanische Großkondensator auch in weiterer Zukunft gebaut werden wird. Anscheinend gewinnt auch in Japan die Einzelkompensation beim Verbraucher und damit der Clophenkondensator an Boden.

Abb. 136. 4 Kondensatoren-Einheiten mit je 834 kvar bei 19 kV, 60 Hz. Standard-Type „OF" der Nissin Electric Co.

1.122 Niederspannungskondensatoren. Zu der Gruppe der Niederspannungskondensatoren, die hauptsächlich für Spannungen von 220 V, 380 V und 500 V gefertigt werden, gehören Leistungskondensatoren, Leuchtstofflampenkondensatoren und Motorkondensatoren. Diese Kondensatoren werden zur Kompensation unmittelbar beim Verbraucher eingesetzt. Der Spannungsbereich von „Ofenkondensatoren" zur Kompensation der Blindleistung von 50-Hz-Induktionsöfen reicht von 380 bis 1000 V.

Bei Kondensatoren für niedrige Spannungen treten bei der Bemessung des Dielektrikums technische und wirtschaftliche Schwierigkeiten auf. Wenn die heute bei Mittelspannungskondensatoren üblichen Feldstärken von 16···20 V/μm angewendet würden, ergäbe sich eine Dicke des Dielektrikums von 11···14 μm bei 220 V und 19···24 μm bei 380 V. Wie aus Abb. 1 folgt, steigt der Preis je kg Papier mit abnehmender Dicke stark an. Die untere Dickengrenze für eine Papierlage, die bei Niederspannungskondensatoren noch wirtschaftlich tragbar ist, liegt bei 8 bis 9 μm. Andererseits muß das Dielektrikum bei großen Leistungskondensatoren mit Aluminiumfolien als Elektroden aus mindestens 3 Lagen bestehen, um eine ausreichende Durchschlagsicherheit zu gewährleisten. (Das gilt nicht in gleichem Maße für MP-Kondensatoren, die nach dem Selbstheilprinzip arbeiten. Hier sind 2lagige Dielektrika möglich, besonders bei 220 V, wodurch diese Kondensatoren wirtschaftlicher werden als 3lagige Folienkondensatoren.) Kleine Papierkondensatoren, wie Motor- und Leuchtstofflampenkondensatoren, können dagegen wegen ihrer geringen Größe meist noch mit einem 2-Lagen-Dielektrikum gebaut werden. Die geringste Gesamtdicke, die bei großen Leistungskondensatoren praktisch in Frage kommt, ist 24···27 μm, es ergeben sich also Feldstärken von 8···9 V/μm bei 220 V und 14···16 V/μm bei 380 V. Daraus folgt, daß diese Kondensatoren größer und teurer sein müssen als Mittelspannungskondensatoren gleicher Leistung.

Glimmentladungen sind bei Niederspannungskondensatoren wegen der geringen Dielektrikumsdicken und der niedrigen Feldstärken, vgl. Abb. 99, nicht zu befürchten, dafür ist die Durchschlagsicherheit gegenüber einem Mittelspannungsdielektrikum von 60···90 μm Dicke erheblich kleiner. Die Durchschlagwahrscheinlichkeit ist nach Abb. 133 rund um den Faktor 20 größer als bei Mittelspannungskondensatoren. Bei den meisten europäischen Kondensatoren, vor allem bei größeren Leistungen werden daher jedem Wickel eine oder zwei Sicherungen aus dünnem Draht vorgeschaltet. Sie schalten einen beim Prüfen oder im Betrieb durchschlagenden Wickel ab, so daß der Kondensator mit geringfügig verkleinerter Kapazität betriebsfähig bleibt.

Die Abfuhr der Verluste macht bei Niederspannungsleistungskondensatoren im allgemeinen trotz größeren Stromwärmeverlusten in Belagfolien, Verbindungsleitungen und Wickelsicherungen keine Schwierigkeiten, da die wärmedämmende Gehäuseisolation dünner gemacht werden kann als bei höheren Nennspannungen. Der bei 50 Hz und Nennspannung gemessene Verlustfaktor solcher Kondensatoren liegt zwischen 25 und $40 \cdot 10^{-4}$, je nach Anteil der Stromwärmeverluste und den bereits genannten anderen Einflußgrößen.

Ofenkondensatoren, die meist in Innenräumen eng zusammenstehen und dann zusätzlich belüftet oder mit Wasser gekühlt werden müssen, nehmen eine Zwischenstellung zwischen Niederspannungs- und Mittelspannungskondensatoren ein. Das Dielektrikum besteht im allgemeinen aus 3 oder 4 Papierlagen, wobei mit Rücksicht auf die Durchschlagsicherheit meist höher satinierte Papiere eingesetzt werden. Die größeren Verluste werden wegen der intensiveren Kühlung leicht abgeführt. Die Feldstärken sind von ähnlicher Höhe wie bei den Mittelspannungskondensatoren. Da die Durchschlagwahrscheinlichkeit wegen der geringeren Lagenzahl und Gesamtdicke des Dielektrikums größer ist, werden auch bei diesen Kondensatoren meist Wickelsicherungen verwendet.

Niederspannungskondensatoren größerer Leistung sind im Prinzip ebenso aufgebaut wie Mittelspannungskondensatoren. Die Reihenschaltung mehrerer Gruppen parallelgeschalteter Wickel wird auch bei höheren Spannungen (bis 1000 V) nicht angewendet, da einerseits das Schalten der Wickelsicherungen auch bei Spannungen bis 1000 V noch sicher beherrscht wird, von diesem Gesichtspunkt aus also keine Notwendigkeit für die Reihenschaltung besteht; andererseits bietet gerade der Wickel mit 500···1000 V Nennspannung die Möglichkeit einer günstigen Bemessung hinsichtlich Durchschlagsicherheit und Wirtschaftlichkeit.

Leistungskondensatoren für etwa 2 kvar und mehr haben gewöhnlich ein quaderförmiges Gehäuse mit großem Verhältnis Oberfläche zu Volumen. Sie werden je nach Verwendungszweck ein- oder mehrphasig geschaltet.

Abb. 137. a) Leistungskondensator für 380 V, 50 kvar; b) Ofenkondensator für 800 V, 75 ··· 100 kvar (Siemens).

Große Leistungskondensatoren für Niederspannung haben meist innere Dreieckschaltung und entsprechend 3 Durchführungsklemmen (Sternschaltung wird hierbei in der Regel nicht angewendet, weil dadurch die ohnehin schon niedrige Wickelspannung nochmals auf das $1/\sqrt{3}$-fache verkleinert würde). Einen Kondensator in dreiphasiger Ausführung für 380 V, 50 kvar, zeigt Abb. 137 links. Der rechte Kondensator ist ein Ofenkondensator. Für größere Leistungen werden mehrere Einheiten, ähnlich wie Mittelspannungskondensatoren, zu Baugruppen zusammengebaut (vgl. Abb. 139 und 165).

Im unteren und mittleren Leistungsbereich (1···40 kvar) werden zur Einzelkompensation von Maschinen und Geräten, häufig auch zur Gruppenkompensation und für automatisch arbeitende Kondensatorregelanlagen, Niederspannungskondensatoren mit fein abgestuften Einheitenleistungen benötigt. Neben der inneren Dreieckschaltung kommen hier Kondensatoren in Einphasenschaltung und in „offener" Schaltung zur Anwendung. Bei dieser werden die drei Phasen einzeln an 6 Durchführungsklemmen angeschlossen, so daß z. B. auch Stern-Dreieck-Umschaltungen möglich sind. Außerhalb des Gehäuses, aber innerhalb der Schutzhaube sind häufig Entladewiderstände angeordnet, die den Kondensator gemäß den entsprechenden Vorschriften (im allgemeinen innerhalb 1 min auf 50 V) entladen.

Abb. 138. Kondensator für Schweißtransformatoren 380 V, 2,5 kvar (Frako).

Aus Abb. 138 ist das Innere eines Kondensators für Schweißtransformatoren ersichtlich.

Abb. 139 zeigt eine Kondensatorregelanlage, die eine Anpassung der Kondensatorleistung an den jeweiligen Blindleistungsbedarf gestattet. Derartige Anlagen werden bei Verbrauchern mit stark schwankender Blindleistung eingesetzt.

Kleine Leistungskondensatoren werden auch mit 3 einzelnen Rundwickeln oder mit einem in 3 Phasen unterteilten Rundwickel gebaut (s. Abb. 140). Die Rundwickelbauart wird bei Leuchtstofflampen- und Motorkondensatoren mit Leistungen unter 2 kvar angewendet.

Leuchtstofflampenkondensatoren haben die Aufgabe, die induktive Blindleistung der für den Betrieb der Leuchtstofflampen erforderlichen Vorschaltdrosseln zu kompensieren, vgl. S. 313. Sie werden für 110 und 220 V, 2···10 μF gebaut (s. Abb. 141). Häufig sind diese Kondensatoren mit Entladewiderständen versehen.

Bei den Motorkondensatoren, die zum Betrieb von Einphaseninduktions- oder

Abb. 139. Automatisch arbeitende Kondensatorregelanlage mit 6 Leistungsstufen von je 50 kvar (Frako).

Drehstrommotoren am Einphasennetz verwendet werden, wird zwischen Anlaß- und Betriebskondensatoren unterschieden (vgl. S. 313). Anlaßkondensatoren werden nach dem Motoranlauf abgeschaltet, sie sind meistens MP- oder Elektrolytkondensatoren. Betriebskondensatoren verbessern die Eigenschaften des Motors, sie sind Papier-Folien-Kondensatoren; neuere Kondensatoren haben auch Kunststoffdielektrika und arbeiten nach dem Selbstheilprinzip. Die am Kondensator auftretende Wechselspannung liegt meist erheblich höher als die Netzspannung. Der für ein optimales Motordrehmoment erforderliche Kapazitätswert hängt von den Motoreigenschaften ab. Motorkondensatoren werden für Spannungen bis zu 1000 V und mit Kapazitäten bis zu 20 μF gebaut (Abb. 142).

Da Leuchtstofflampen- und Motorkondensatoren meist in Räumen eingesetzt werden, in denen sich Personen aufhalten und Brandgefahr besteht, gelten hierfür besondere Sicherheitsbestimmungen, vgl. VDE 0560, Teile 6 und 8, Tab. 32. Leuchtstofflampenkondensatoren werden zur Herabsetzung der Brand-

Abb. 140. Kleinleistungskondensator mit Rundgehäuse für 380 V Drehstrom, 1,7 kvar (Hydra).

gefahr in zunehmendem Maße mit Schutzeinrichtungen versehen. Bewährt haben sich auch hier die bei Leistungskondensatoren üblichen Wickelsicherungen.

1.123 Schadensfälle und Schutzeinrichtungen. Die Prüfung der Kondensatoren stellt sicher, daß die eingebauten Wickel frei von groben Werkstoff- und Herstellungsfehlern sind. Dennoch muß damit gerechnet werden, daß einzelne Wickel und damit Kondensatoren während des Betriebes ausfallen und Folgeschäden auftreten, wenn Schutzeinrichtungen fehlen.

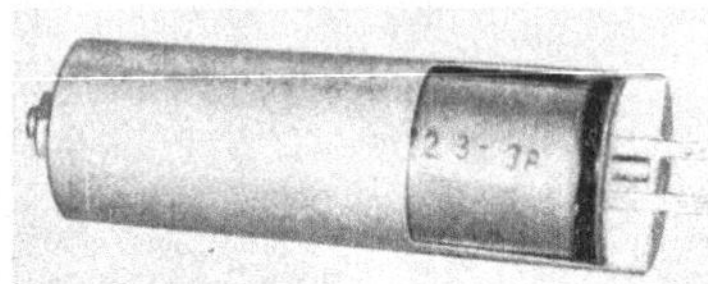

Abb. 141. Aufgeschnittener Leuchtstofflampenkondensator
für 220 V, 9 µF (Frako).

Betriebserfahrungen mit Reihen- und Parallelkondensatoren werden in mehreren CIGRÉ-Berichten [*91, 126, 204, 308*] behandelt. G. SEGRE [*248*] weist darauf hin, daß Durchschläge in Kondensatoren insbesondere in der ersten Betriebszeit auftreten, woraus hervorgehe, daß die Abnahmeprüfungen unvollkommen seien. Eine die letzten Jahre umfassende Statistik [*163*], für die Zahlenmaterial der Vereinigung deutscher Elektrizitätswerke und zweier Herstellerfirmen verwendet wurde, zeigt, daß mit einem jährlichen Ausfall von 0,2···0,25% der installierten Leistung (900 Mvar wurden erfaßt) gerechnet werden kann. In dieser Zahl sind auch ältere Kondensatoren mit Clophen A 50 als Tränkmittel enthalten, die im Winter 1953/54 bei tiefen Temperaturen Schädigungen erlitten haben, und daher in geringer Zahl auch jetzt noch ausfallen. Für moderne Kondensatoren, die heute fast ausschließlich mit dem dünnflüssigen und kältesicheren Trichlordiphenyl getränkt werden, werden jährliche Ausfallquoten von 0,1···0,2% und z.T. sogar unter 0,1% genannt, obwohl die Betriebsfeldstärke – dank besserem Papier – inzwischen beachtlich gesteigert wurde. Dies gilt auch für Niederspannungskondensatoren mit Wickelsicherungen. Die Ausfälle bei Metall-Papier-Leistungskondensatoren sind ähnlich niedrig.

Abb. 142. Motor-Betriebskondensator mit Klemmenschutzkappe und Anschlußkabel. Spannung: 450 V, Kapazität: 4 µF (Hydra).

Ausfälle können sowohl durch Alterungserscheinungen oder durch das Versagen des Dielektrikums an Schwachstellen im Kondensator als auch durch das Einwirken äußerer Belastungen, z.B. Überspannungen, verursacht werden. Dementsprechend wurden Schutzeinrichtungen entwickelt, die z.T. in das Kondensatorgehäuse eingebaut oder zum Schutz der Kondensatoren und Anlagen außerhalb der Gehäuse installiert werden.

1.123.1 Schmelzsicherungen. *Wickelsicherungen* haben die Aufgabe, beschädigte Wickel abzuschalten, so daß der Kondensator weiter betrieben werden kann. Meistens liegt in jeder der beiden Wickelzuleitungen ein dünner, kurzer Silberdraht (vgl. Abb. 53), der so bemessen sein muß, daß er beim Wickeldefekt schmilzt, ohne daß eine schädliche Menge von Zersetzungsprodukten im Tränkmittel entsteht oder sich ein Kriechweg in der Trennstrecke ausbildet, der später zum Totalausfall des Kondensators führen könnte. Die Bemessung der Sicherungen erfolgt außerdem so, daß sie alle im Betrieb auftretenden Belastungen (Überströme, z. B. bei Netzkurzschlüssen, Schaltvorgänge usw.) beliebig oft aushalten. Die Dimensionierung der Wickelsicherungen für Niederspannungskondensatoren ist einfach, weil alle Wickel parallelgeschaltet sind. Der Wickeldurchschlag verursacht einen Netzkurzschluß, der dabei auftretende Kurzschlußstrom schaltet den defekten Wickel mit Sicherheit ab. Jedoch reicht bei genügend großem Kondensator schon die Ladeenergie der zum defekten Wickel parallelgeschalteten Wickel zum Schmelzen seiner Sicherungen aus [*113*]. Das schnelle Verdampfen des Sicherungsdrahtes durch die stoßartig freiwerdende Energie dieser Wickel verhindert Folgeschäden (Beschädigung benachbarter Wickel, Tränkmittelverschlechterung) durch die Netzenergie. Niederspannungskondensatoren werden heute von fast allen europäischen Kondensatorherstellern mit Wickelsicherungen ausgerüstet.

Bei Mittelspannungs- und Reihenkondensatoren sind meist nur wenige Wickel parallelgeschaltet. Daher ist die Bedingung – sicheres Abschalten beim Wickeldefekt durch die Ladeenergie der restlichen Wickel der Gruppe; kein Ansprechen der Sicherung bei allen betriebsmäßigen Ausgleichsvorgängen – schwieriger zu erfüllen als bei Niederspannungskondensatoren [*246*].

Ist n die Zahl der parallelgeschalteten Wickel dann gilt für die Abschaltenergie

$$E_a = (n - 1)\,\frac{\hat{U}_w^2\,C_w}{2} \qquad (115)$$

mit $\hat{U}_w$ dem Scheitelwert der Wickelspannung und
C_w der Kapazität eines Wickels.

Diese Energie muß aber merklich größer sein als die zum Schmelzen einer Sicherung erforderliche Energie E_s

$$E_s = s\,\frac{\hat{U}_w^2\,C_w}{2}, \qquad (116)$$

da ein Teil von E_a in den übrigen ohmschen Widerständen des Kurzschlußkreises verbraucht wird.

Werden Überspannungen durch einen Faktor $\ddot{u}$ berücksichtigt, so muß die Wickelsicherung mit Sicherheit die Überlastenergie

$$E_{\ddot{u}} = \frac{(\ddot{u}\,\hat{U}_w)^2\,C_w}{2} \tag{117}$$

aushalten. Daraus ergibt sich für die Bemessung der Sicherung die Forderung: $E_{\ddot{u}} < E_s < E_a$. Die Sicherungen arbeiten nur dann zuverlässig, wenn der Abstand zwischen den Energieniveaus genügend groß ist. Vergleicht man Gl. (115) bis (117), so ergibt sich:

$$E_{\ddot{u}} : E_s : E_a = \ddot{u}^2 : s : (n-1). \tag{118}$$

Setzt man hierfür Zahlenwerte ein, dann ist bei gegebener Anzahl parallelgeschalteter Wickel festgelegt, welche maximale Überspannung im Betrieb auftreten darf. Muß umgekehrt ein bestimmter Wert $\ddot{u}$ der Überlastung beliebig oft ausgehalten werden, so ist durch Gl. (118) die erforderliche Zahl der parallelzuschaltenden Wickel bestimmt. Wie groß insbesondere das Verhältnis $(n-1) : \ddot{u}^2$ mindestens sein muß, hängt außerdem davon ab, inwieweit Exemplarstreuungen der einzelnen Sicherungen und sonstige Einflußgrößen (z. B. Absinken der Schmelzenergie durch häufige Überlastungen) berücksichtigt werden müssen. Als untere Grenze kann vielleicht $(n-1) \geq (2\cdots3) \cdot \ddot{u}^2$ angenommen werden. Man erkennt, daß man mit steigendem Überlastungsfaktor $\ddot{u}$ zu einer unwirtschaftlich großen Zahl parallelgeschalteter Wickel kommt. Hieraus erklärt sich auch, weshalb Mittelspannungskondensatoren bei Nennspannung über 1,5 kV, wenn also mehrere Gruppen parallelgeschalteter Einzelwickel in Reihe geschaltet werden müssen, in der Regel keine Wickelsicherungen haben. Ein weiterer Grund dafür, daß nur wenige Kondensatorhersteller Wickelsicherungen in Mittelspannungskondensatoren einbauen, ist die mit einem Wickelausfall verbundene ungleichmäßige Aufteilung der Spannung auf die in Reihe geschalteten Wickelgruppen. Diejenige Wickelgruppe, die den defekten Wickel enthält, wird wegen der verminderten Kapazität mit höherer Spannung beansprucht, und zwar um so mehr, je kleiner die Anzahl der parallelgeschalteten Wickel ist. Damit wächst die Gefahr, daß weitere Wickel der Gruppe durchschlagen und schließlich der Kondensator doch ausfällt.

Es wurde bereits darauf hingewiesen, daß sich nach dem Abschalten einer Sicherung keine Kriechwege bilden dürfen. Hierbei spielt die Art und Viskosität des Tränkmittels eine entscheidende Rolle. In früherer Zeit, als die dünnflüssigen Clophensorten noch nicht in genügender Reinheit zur Verfügung standen und mit dem zähflüssigen Clophen A 50 getränkt wurde, konnten Wickelabschaltungen während der Prüfung zur Ursache späterer Kondensatorausfälle werden, falls die Konden-

satoren bei Raumtemperatur geprüft wurden. Diese Schäden kamen so
zustande, daß die in der Trennstrecke gebildeten Zersetzungsprodukte
wegen der Zähigkeit des Tränkmittels sich nicht genügend schnell ver-
teilten und Kriechwege bildeten, die nach längerer Betriebszeit sogar
Überschläge zwischen den Zuleitungen im Innern des Kondensators hervorrufen konnten. Diese Schäden wurden zunächst so vermieden, daß
bei höherer Kondensatortemperatur (etwa 40 °C) geprüft wurde. Seit
Einführung der dünnflüssigeren Clophensorten treten derartige Schäden nicht mehr auf, auch wenn bei Raumtemperatur geprüft wird.

Bei Mittelspannungskondensatoren werden vielfach *äußere Schmelzsicherungen* in die Kondensatorzuleitung geschaltet. Besonders bewährt

haben sich Sicherungstypen, bei denen sich die
Trennstrecke durch eine zurückschnellende
Feder verlängert. Wie Abb. 143 zeigt, läßt die
Feder erkennen, welche Kondensatoreinheit
vom Netz getrennt wurde. Der Schmelzleiter
hat eine „flinke" Charakteristik und wird mindestens für den 16,5fachen Kondensatornennstrom ausgewählt. Derartige Sicherungen
können bei Spannungen bis zu 9 kV Ströme
von etwa 10 kA schalten. Bei einer Spannung
von 15 kV beträgt das Unterbrechungsvermö-
gen noch etwa 4 kA.

1.123.2 Schutzfunkenstrecken. Reihenkondensatoren werden gegen Überspannungen
durch Funkenstrecken geschützt. Steigt die
Spannung am Kondensator z. B. infolge eines
Kurzschlusses im Netz unzulässig hoch an, so

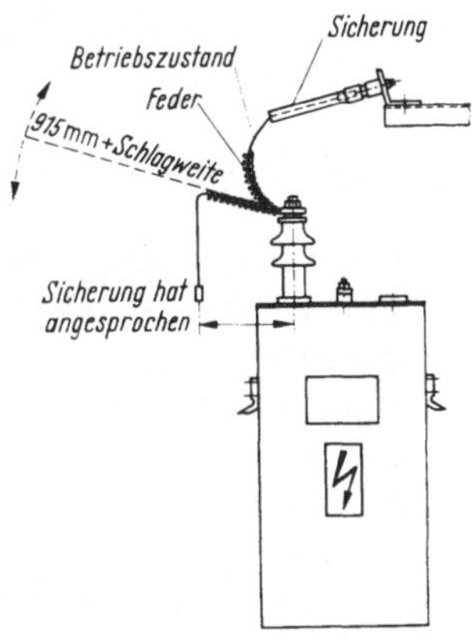

Abb. 143. Kondensator mit
äußerer Schmelzsicherung.

schließen ihn die unverzögert oberhalb der 2- bis 4fachen Kondensatornennspannung ansprechenden Parallelfunkenstrecken kurz. Die Funkenstrecken werden nach ihrer Wirkungsweise in zwei Gruppen eingeteilt:

Bei den *selbstlöschenden Funkenstrecken* wird der Lichtbogenstrom
selbsttätig unterbrochen, wenn er am Ende der Störung fast auf den
Nennstrom gesunken ist. Damit wird eine schnelle Wiederinbetriebnahme
des Kondensators erreicht. T. YAMADA u. a. [*308*] beschreiben Funkenstrecken, deren Lichtbogen durch das Magnetfeld einer Blasspule zur
Rotation gezwungen und aus dem Bereich der Elektroden gedrückt wird,
so daß er schließlich verlöscht. Dadurch werden ein Minimum an Elek-
trodenabbrand, geringe Wartungsarbeiten und konstante Ansprechspannung erreicht.

In den *nichtlöschenden Funkenstrecken* brennt der Lichtbogen so lange,
bis das Netz abgeschaltet oder der Kondensator durch einen Überbrük-
kungsschalter kurzgeschlossen worden ist [*165*]. Über die maßgeblichen

Gesichtspunkte bei der Auswahl des Funkenstreckentyps für Netze mit Reihenkondensatoren berichten ausführlich G. JANCKE u. a. [126].

1.123.3 Unsymmetrieschutz. Als Folge von Wickeldurchschlägen kann es durch Lichtbogeneinwirkung an der Durchschlagstelle zur Entwicklung von Gas kommen, wodurch das Kondensatorgehäuse schließ-

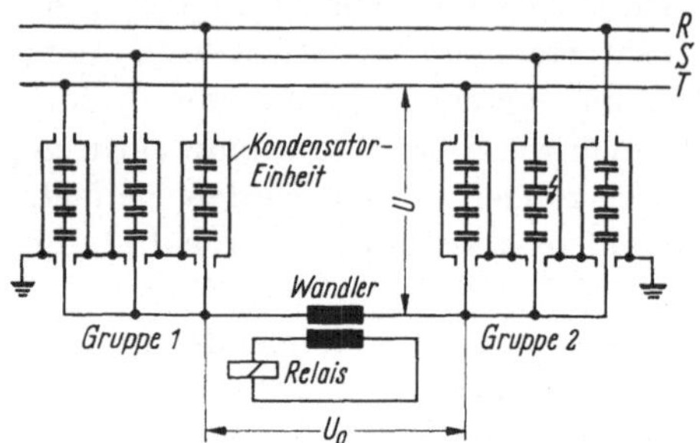

Abb. 144. Sternpunktvergleich bei zwei Kondensatorgruppen.

lich aufplatzt. Einen guten Schutz bieten äußere Schmelzsicherungen, jedoch ist ihre Abschaltleistung begrenzt. Ein weiterer Schutz kann in Anlagen mit mehreren Kondensatoren durch Überwachung der Spannungs- oder Stromsymmetrie erreicht und dadurch ein Aufplatzen des defekten Kondensators vermieden werden. Seine Wirkungsweise soll anhand der Abb. 144 erläutert werden. Zwei in Stern geschaltete Teilbatterien, die aus Einphasenkondensatoren bestehen, liegen parallel am Netz. Die Sternpunkte sind über einen Wandler miteinander verbunden. Wenn in einer Kondensatoreinheit Wickeldurchschläge eintreten, verlagert sich der zugehörige Sternpunkt und zwischen den Sternpunkten beider Teilbatterien tritt eine Spannung auf, durch die auf der Sekundärseite des Wandlers ein Relais betätigt wird. Die Bedingungen für eine optimale Aufteilung großer Batterien mit Parallelkondensatoren in einzelne Gruppen mit Unsymmetrieschutz wurden von P. HOCHHÄUSLER [114] untersucht.

Abb. 145 zeigt 3 Schutzschaltungen, wie sie in Anlagen mit Reihenkondensatoren angewendet werden. Tritt in einer Einheit ein Fehler auf, so veranlaßt eine der dargestellten Schutzeinrichtungen das Schließen des Überbrückungsschalters oder das Abschalten der Anlage.

1.123.4 Übertemperaturschutz. Thermische Überlastungen werden durch Temperaturfühler verhindert, am besten durch Einbau in das Kondensatorinnere an der wärmsten Stelle in etwa 2/3 Höhe. In den meisten Fällen wird auf diese aufwendige Lösung verzichtet, man begnügt sich mit dem Anbau außen an das Gehäuse und nimmt damit Meßfehler in Kauf, da das Temperaturgefälle vom Kondensatorinnern bis zur Meßstelle vom jeweils fließenden Wärmestrom abhängig ist. Als

Temperaturfühler werden Thermoelemente, Halbleiter, Bimetallschalter
oder auch flüssigkeitsgefüllte Glasperlen („Esti-Patronen") benutzt, die
beim Erreichen einer bestimmten Temperatur platzen. In Abb. 147 ist
ein Thermoschalter zu erkennen, der auf der Durchführungsklemme
eines Mittelfrequenzkondensators montiert ist.

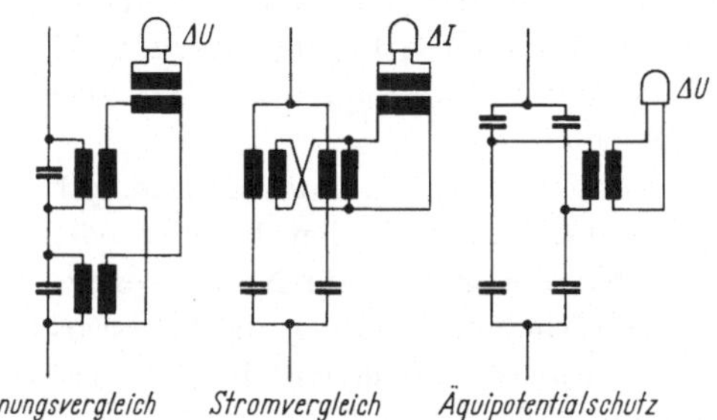

Abb. 145. Schaltungen zur Anzeige innerer Fehler bei Reihenkondensatoren. Die Strom- bzw.
Spannungsrelais können zur Auslösung des Überbrückungsschalters verwendet werden.

Fremdbelüftete und wassergekühlte Kondensatoren müssen bei Ausfall der Kühlung rechtzeitig außer Betrieb genommen werden. In Lüfter-
gestellen liegen schwenkbare Klappen, sogenannte Strömungswächter,
im Kühlluftstrom. In ähnlicher Weise betätigen Durchfluß- und Druck-
wächter in Kühlwasserleitungen eine Warn- oder Abschalteinrichtung.

1.123.5 Aufbauchungsschutz. Bei Gasentwicklung verwendet man
statt der elektrischen Schutzeinrichtungen auch mechanische, die auf die
Aufbauchung des Gehäuses ansprechen, s. [9, Bild 13]; insbesondere muß
bei ölgetränkten Kondensatoren das Platzen des Gehäuses wegen der
Gefahr von Ölbränden verhindert werden. Über einen mechanischen
Aufbauchungsschutz für MP-Kondensatoren berichten H. STRÄB und
H. MAYLANDT [266]. Die Stromzuleitung innerhalb des Kondensators
hat eine Sollbruchstelle, die bei unzulässiger Aufbauchung des Gehäuses
zerrissen wird; eine Spiralfeder entfernt die auseinandergerissenen Teile
schnell voneinander, so daß kein Lichtbogen stehenbleiben kann. Für
Reihenkondensatoren, bei denen der Strom nicht unterbrochen werden
darf, wurde ein Schalter entwickelt, der den defekten Kondensator kurzschließt.

1.2 Der Leistungskondensator für Mittelfrequenz

Bei der Wärmebehandlung von Metallen auf induktivem Wege (z. B.
Glühen, Schmelzen, Härten, Vorwärmen) wird der Generator aus wirtschaftlichen Gründen nur für die benötigte Wirkleistung bemessen. Die
erforderliche Blindleistung beträgt im allgemeinen ein Vielfaches der
Wirkleistung; sie wird durch Leistungskondensatoren spezieller Bauart
aufgebracht. Der Blindleistungsbedarf kann sich während des Betriebes —

z. B. bei Schmelzprozessen – stark ändern. Da der Schwingkreis immer auf Resonanz abgestimmt werden muß, damit der Generator mit $\cos\varphi = 1$ arbeiten kann, werden ständig Kondensatoren zu- oder abgeschaltet. Diese Anlagen arbeiten in dem Frequenzbereich von 50 bis 10000 Hz, in Sonderfällen bis über 20000 Hz; die Frequenz hängt von der gewünschten Eindringtiefe und der Art des Schmelzgutes ab (s. S. 296). Die Betriebsspannungen liegen zwischen 250 und 3000 V. Die Kondensatoren für den unteren Frequenzbereich, die Ofenkondensatoren, werden auf S. 203 behandelt.

Für die Bemessung von MF-Kondensatoren gilt, solange Papier in Verbindung mit Mineralöl oder Clophen benutzt wird, grundsätzlich das Gleiche wie für die Kondensatoren für Netzfrequenz. Auch hier bemüht man sich aus wirtschaftlichen Gründen, die Feldstärke so hoch wie möglich zu machen, und zwar so, daß sowohl die elektrische als auch die thermische Beanspruchung gleichermaßen die Grenze für die Ausnutzung setzen. Die Lebenserwartung soll etwa 20 Jahre sein. Aus Lebensdaueruntersuchungen und Betriebserfahrungen hat sich ergeben, daß unter sonst gleichen Umständen (bei gleicher Kondensatortemperatur und Feldstärke) die Lebensdauer von der Frequenz kaum abhängig ist, sofern im Betrieb Glimmentladungen vermieden werden. Der Kondensatorhersteller möchte daher auch bei MF-Kondensatoren die bei 50 Hz zulässigen Feldstärken anwenden. Blind- und Verlustleistung nehmen aber linear mit der Frequenz zu (der Verlustfaktor ist bei Temperaturen oberhalb 25 °C nur wenig von der Frequenz abhängig), so daß weit höhere Verluste entstehen als bei 50-Hz-Kondensatoren. Da aber erhöhte Übertemperaturen aus Gründen der Wärmestabilität und wegen der Abhängigkeit der Lebensdauer vom Produkt $E \cdot \vartheta$ (S. 151) nicht auftreten dürfen. muß Fremdkühlung angewendet werden. Der äußere Wärmewiderstand läßt sich dadurch nahezu beliebig verkleinern. Der innere Wärmewiderstand ist von der Konstruktion abhängig, von seiner Verkleinerung hängt die Leistung des Kondensators ab (s. S. 185).

Da die Feldstärken bei Frequenzen über 50 Hz meist niedriger als bei Leistungskondensatoren für Netzfrequenz liegen, sind Glimmentladungen – auch bei kurzzeitig auftretenden Schaltüberspannungen – im allgemeinen nicht zu befürchten. Als Tränkmittel wird häufig noch Mineralöl verwendet, bis zum Frequenzbereich von 10 kHz jedoch immer mehr auch dünnflüssige Chlordiphenyle. Clophen A 50 eignet sich für Frequenzen oberhalb 2 kHz weniger gut, da sich das Dispersionsmaximum mit steigender Frequenz zu höheren Temperaturen, also in den Betriebsbereich verschiebt.

Neben den dielektrischen Verlusten fallen bei Mittelfrequenzkondensatoren wegen der großen Ströme die Ohmschen Verluste in den Belagfolien und in den Wickelzuleitungen stark ins Gewicht. Daher werden

Aluminiumfolien bis zu 20 µm Dicke, entsprechend große Zuleitungsquerschnitte und bei höheren Frequenzen mit Rücksicht auf die Stromverdrängung Rohre oder flache Bänder als Leiter verwendet. Mit steigender Frequenz machen sich auch Wirbelstromverluste in den Gehäuseblechen bemerkbar; ab etwa 2 kHz werden daher unmagnetische Gehäuse, in der Regel aus Messingblech, verwendet.

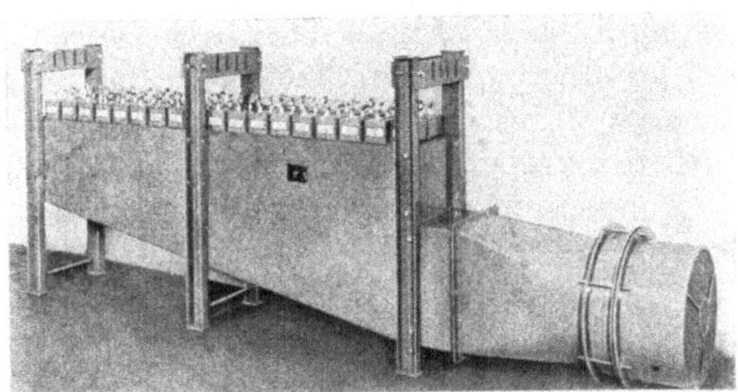

Abb. 146 (links). Luftgekühlter Mittelfrequenzkondensator für 600 V, 2.5 Mvar, 2 kHz (Siemens). Abb. 147 (rechts). Wassergekühlter Mittelfrequenzkondensator für 750 V, 300 kvar, 3 kHz. Ein Pol liegt am Gehäuse. Zum Schutz des Kondensators ist auf der Durchführung links außen ein Übertemperatursignalrelais angebracht (Hydra).

Wegen der großen Ströme werden besondere Anforderungen an die Anschlußklemmen gestellt. Normalerweise können je Durchführung Ströme von 200···300 A zugelassen werden. Aus diesem Grunde und mit Rücksicht auf eine feine Leistungsabstufung haben große MF-Kondensatoren meist mehrere Wickelgruppen, die einzeln an je zwei Durchführungen geführt werden. Wickelsicherungen werden nicht eingebaut.

Eine andre Möglichkeit bietet die Unterteilung einer Batterie in kleine Einheiten, s. Abb. 146. Diese Bauart gewährleistet eine gleichmäßige Kühlung der Einzelkondensatoren und ist bis zu Frequenzen von etwa 2 kHz preisgünstiger als Kondensatoren mit Wasserkühlung. Ein Strömungswächter im Luftführungsrohr schaltet die Anlage beim Ausfall des Ventilators ab. Da mehrere derartige Gestelle übereinander montiert werden können, lassen sich auf relativ kleiner Grundfläche große Leistungen unterbringen. Kühlfolien zwischen den mit Clophen getränkten Flachwickeln verbessern die Wärmeabfuhr aus dem Wickelpaket (vgl. S. 187).

Kondensatoren für Frequenzen über 2 kHz werden vorzugsweise mit Wasser gekühlt. Sie brauchen weniger Platz und sind billiger als luftgekühlte Kondensatoren gleicher Leistung. Bei dem in Abb. 147 gezeigten MF-Kondensator liegen die Kühlschlangen im Gehäuseinnern.

Wassergekühlte Papierkondensatoren mit außen auf das Gehäuse aufgelötetem Rohr, nach Abb. 125, werden bis zu Frequenzen von etwa

10 kHz gebaut. Daneben werden für den Frequenzbereich oberhalb 2 kHz statt Papier auch Kunststoffolien mit sehr kleinem Verlustfaktor verwendet. Bei diesem Kondensator ist der Kühlaufwand naturgemäß beträchtlich geringer als bei Papierkondensatoren, in vielen Fällen kommt man ohne Fremdkühlung aus (vgl. S. 249).

1.3 Stoßkondensatoren

Für diese Kondensatorart wurde bisher keine einheitliche Bezeichnung gefunden. Sie werden als „Stoßstrom,“, „Hochstrom-“, „Impuls-“ und „Stoßspannungskondensatoren“, im englischen Sprachraum auch als „energy storage capacitors“ bezeichnet. Im Rahmen von VDE 0560 werden Vorschriften für diese Kondensatoren vorbereitet (Teil 12); voraussichtlich wird als Oberbegriff die Bezeichnung „Stoßkondensator“ gewählt. Gemeinsam ist diesen Kondensatoren, daß sie weder mit reiner Gleichspannung noch mit stationärer Wechselspannung betrieben werden. In einem Entwurf für VDE 0560, Teil 12, heißt es:

„Diese Bestimmungen gelten für Kondensatoren, die entweder

a) mit Gleichspannung aufgeladen und betriebsmäßig im Verhältnis zur Ladezeit kurzzeitig entladen werden oder umgekehrt, oder

b) stoßartig auf- und entladen werden, wobei hohe Stromspitzen entstehen.

In beiden Fällen kann sich der Vorgang periodisch wiederholen oder er kann in unregelmäßiger Folge ablaufen.“

Diese sehr allgemeine Definition umfaßt Stoßkondensatoren jeder Bauart mit großen Unterschieden in Volumen, Gehäuseform, Dielektrikum, für einen sehr breiten Bereich von Spannung, max. Stoßstrom, zulässiger Stoßfolge, Induktivität, Ladeenergie usw. So zählen ebenso Elektrolytkondensatoren für Photoblitzgeräte dazu wie Stoßstromkondensatoren für plasmaphysikalische Untersuchungen mit Entladeströmen von 150 kA und mehr oder auch Kondensatoren mit einem Volumen bis zu 1 m³ für große Stoßspannungserzeuger.

Aus der Vielfalt dieser Stoßkondensatoren werden zwei Gruppen näher behandelt, die besonders in letzter Zeit erhebliche Bedeutung erlangt haben: die eigentlichen Stoßstromkondensatoren, die die gespeicherte Energie in extrem kurzer Zeit abgeben und die Stoßspannungskondensatoren für Ladespannungen bis zu einigen hundert kV, wie sie z. B. für Stoßspannungsgeneratoren in Marx-Schaltung benötigt werden.

1.31 Der Stoßstromkondensator. Im Aufbau unterscheiden sich Stoßstromkondensatoren nicht grundsätzlich von gewöhnlichen Leistungskondensatoren. Sie bestehen ebenfalls aus Flachwickeln mit 4···6 Papierlagen zwischen den Belagfolien aus Aluminium oder aus MP-Rundwickeln und werden mit Mineralöl, Clophen oder Rizinusöl getränkt (über ihre Beanspruchung s. S. 124, über ihre Anwendung s. S. 303). Wird ein mit Gleichspannung aufgeladener Kondensator auf einen Stromkreis geschaltet, der aus einer Reihenschaltung von R und L besteht, so liegt zur Zeit $t = 0$ die gesamte Kondensatorspannung an der Induktivität. Es gilt also

$$\left(L \frac{\mathrm{d}i}{\mathrm{d}t}\right)_{t=0} = U_c.$$

Da $\mathrm{d}i/\mathrm{d}t$ im Einschaltmoment seinen Maximalwert hat, folgt daraus

$$\left(\frac{\mathrm{d}i}{\mathrm{d}t}\right)_{\mathrm{max}} = \frac{U_c}{L}. \tag{119}$$

Neben der Stromanstiegsgeschwindigkeit spielt der Maximalstrom bei Stoßstromkondensatoren und -anlagen eine entscheidende Rolle. Für den Strom des betrachteten Entladekreises gilt

$$I_{\mathrm{max}} = k\, U_c \sqrt{\frac{C}{L}} = k \sqrt{\frac{2W}{L}} \tag{120}$$

mit W der Ladeenergie des Kondensators und $k = 0{,}85\cdots0{,}95$ bei kleinster erreichbarer Dämpfung.

In den Gln. (119) und (120) bedeutet L stets die Gesamtinduktivität des Kreises, die sich aus der Eigeninduktivität der Kondensatorbatterie L_c und der Induktivität des Entladekreises L_e zusammensetzt. Meist ist $L_e \gg L_c$, in Fällen, in denen es auf besonders große Ströme ankommt, kann aber auch L_c von bestimmendem Einfluß sein. Eine niedrige Induktivität der Kondensatorbatterie läßt sich durch die Parallelschaltung vieler Einzelkondensatoren erzielen. Ist n die Zahl der parallelgeschalteten Einzelkondensatoren und hat jeder Kondensator die Induktivität L_k, so ist $L_c = L_k/n$. n kann aus wirtschaftlichen Gründen nicht beliebig groß gemacht werden. Daher muß die Induktivität L_k so klein wie möglich sein. Die Induktivität der Wickel kann wegen der geringen Dielektrikumsdicke von weniger als 0,1 mm vernachlässigbar klein gemacht werden, wenn für bifilare Stromführung gesorgt oder stirnkontaktiert wird. Die Induktivität des gesamten Kondensators liegt hauptsächlich in den Schaltverbindungen der Wickel, in der Verbindung zwischen Wickelpaket und Klemme und in der Klemme selbst. Infolgedessen ist die Induktivität eines bestimmten Kondensatortyps mit Flachwickeln nur wenig davon abhängig, für welche Nennladespannung der Kondensator zu bemessen ist. Bei gegebener Wickelspannung und Feldstärke werden die Wickel ähnlich wie beim Mittelspannungsleistungskondensator zu gleichen Gruppen parallel- und diese

Gruppen in Reihe geschaltet. Vergleicht man Kondensatoren für hohe und niedrige Ladespannungen, so ist wegen $W = \dfrac{U^2 C}{2} = \text{const}$ die Kapazität im ersten Falle klein, im zweiten groß. Daraus folgt aber bei annähernd gleicher Induktivität, daß die *Eigenfrequenz* wegen $\omega = 1\big/\sqrt{LC}$ und $C \sim 1/U^2$ der Nennladespannung annähernd proportional ist. Stoßstromkondensatoren sollten hinsichtlich ihrer „Schnelligkeit" daher stets nach ihrer Induktivität, genauer nach dem Verhältnis U/L, nicht aber nach ihrer Eigenfrequenz beurteilt werden.

Die Schaltverbindungen zwischen Wickelpaket und Klemme müssen durch die Art der Leitungsführung induktivitätsarm ausgeführt

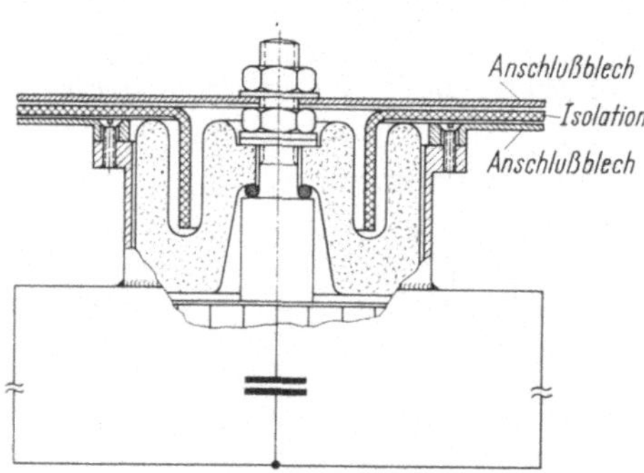

Abb. 148. Beispiel einer Koaxialklemme für Flachleiteranschluß.

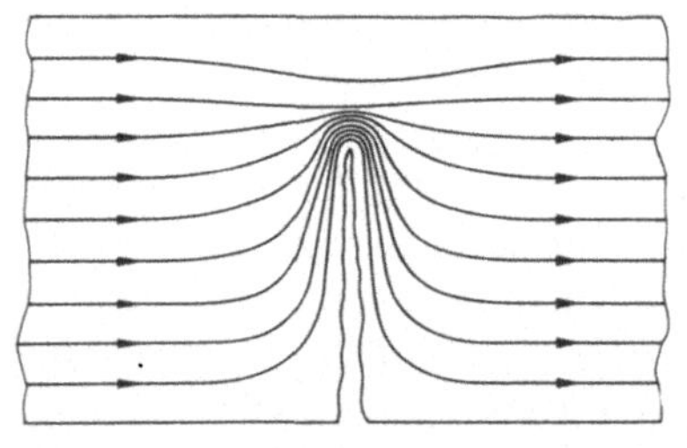

Abb. 149. „Sägeeffekt" in Flachleitern durch Stoßströme.

werden. Die Klemme wird meist als Koaxialleiter aufgebaut, und zwar so, daß auch die äußeren Schaltverbindungen induktivitätsarm, d. h. daß bifilare Bandleiter oder Koaxialkabel angeschlossen werden können. Abb. 148 zeigt einen solchen Anschluß.

Bei hochbeanspruchten Stoßstromkondensatoren können Stromamplituden bis 150 kA auftreten, die elektrisch und mechanisch sicher beherrscht werden müssen. Derart große Ströme erfordern einen besonders guten Kontakt zwischen den Belegungen und den inneren Schaltverbindungen. Bei Flachwickeln erweisen sich auch hier die bei Leistungskondensatoren bewährten dünnen Ableitungsstreifen aus verzinntem Kupfer als am besten geeignet, allerdings muß u. U. eine größere Anzahl solcher Streifen in jeden Wickel eingelegt werden. Für ausreichende Kontaktierung sorgt ein hoher Druck auf das Wickelpaket, der gleichzeitig dessen Bewegung unter dem Einfluß der elektrostatischen und elektromagnetischen Kräfte behindert.

Ein besonderes Problem stellen die gelöteten Verbindungen zwischen den einzelnen Wickeln dar. Bei früher gebauten Stoßstromkondensatoren entstanden Schäden durch feinste Risse oder Einkerbungen senkrecht zur Strombahn im Strang der verlöteten Ableitungen (vgl. Abb. 149).

An den Rißrändern und besonders an der Rißspitze treten außerordentlich hohe Stromdichten auf, die zum Schmelzen oder sogar Verdampfen des Metalles führen, wodurch der Riß unter dem Einfluß des elektromagnetischen Druckes weiter vorwächst. Schließlich wird der Stromweg unterbrochen; die Lichtbögen an derartigen Unterbrechungsstellen zerstören schnell den Kondensator. Auch bei Wickeln, die durch Reibelötung oder Schoopung stirnseitig kontaktiert sind, können ähnliche Schäden auftreten. Für große „schnelle" Stoßstromanlagen mit Energieinhalten bis zu einigen MWs stellen Kondensatoren mit Gehäusegrößen von 20···40 dm³ eine optimale Lösung dar. Wesentlich größere Konden-

Abb. 150. Stoßkondensatoren (Siemens).

Kond.	1	2	3	4
U_L	40	25	48	50 kV
W	2,1	1,3	1,3	0,34kWs
I_{max}	150	150	90	25 kA
L	35	40	48	240 nH

satoren sind zwar billiger, gestatten aber in vielen Fällen nicht Batterien mit hinreichend kleiner Gesamtinduktivität zu bauen. Außerdem nimmt der Strom je Klemme so große Werte an, daß er nicht mehr sicher beherrscht werden kann. Andererseits ermöglicht die Parallelschaltung vieler kleinerer Kondensatoren zwar eine niedrige Anlageninduktivität, ist jedoch meist unwirtschaftlich.

Abb. 150 zeigt Stoßkondensatoren verschiedener Baugröße. Die Kondensatoren 1 und 2 haben zwei parallele Koaxialklemmen für crowbar-Betrieb[1]. Um eine kleine Eigeninduktivität zu erhalten ist bei allen Kondensatoren das Gehäuse mit einem Wickelbelag verbunden und dient

---

[1] Bei plasmaphysikalischen Versuchen wird häufig gefordert, daß das Magnetfeld der Kompressionsspule über längere Zeit in einer Richtung aufrechterhalten bleibt. Die Kondensatoren werden zu diesem Zweck im ersten Maximum des Entladestromes über die zweite Klemme kurzgeschlossen. Die Energie $\left(\dfrac{I^2 L}{2}\right)$ ist zu diesem Zeitpunkt in der Spuleninduktivität gespeichert. Der Strom klingt nach einer e-Funktion mit der Zeitkonstanten L/R ab.

somit zur Rückleitung des Stromes. Kondensatoren dieser Art werden für Ladespannungen bis zu etwa 50 kV gebaut.

Für höhere Spannungen reichen die Schlagweiten normaler Koaxialklemmen nicht mehr aus. Kann aus technischen Gründen keine Spannungsteilung durch mehrere in Reihe geschaltete Kondensatoren vorgenommen werden, so müssen Sonderbauformen verwendet werden. Einen derartigen Hochspannungsstoßstromkondensator zeigt Abb. 151. Stoß-

Abb. 151 (rechts). Stoßstromkondensator für 120 kV.
$W = 5,76$ kWs; $L = 120$ nH; $V = 150$ dm³ (Cornell-Dublier).
Abb. 152 (links). Stoßkondensator mit niedriger Induktivität.
$U_L = 20$ kV; $W = 0,06$ kWs; $L = 7,5$ nH; $V = 1,7$ dm³ (Siemens).

stromkondensatoren mit extrem niedriger Induktivität werden als Koaxialkondensatoren gebaut. Der in Abb. 152 dargestellte Kondensator hat eine Induktivität von nur 7,5 nH und arbeitet nach dem MP-Prinzip. Kondensatoren dieser Bauart mit ihrer meist kleinen Ladeenergie werden vorzugsweise in kleineren Stoßstromanlagen eingesetzt (s. auch S. 226).

1.32 Der Stoßspannungskondensator. Auch für große Stoßspannungskondensatoren bietet das mit flüssigem Tränkstoff – Clophen, Mineraloder Rizinusöl – meist 4- bis 6lagig aufgebaute Papierdielektrikum in den weitaus meisten Fällen noch immer technisch und wirtschaftlich den besten Kompromiß. Versuche, dieses Dielektrikum durch Kunststoffe (etwa Polycarbonat-, Polypropylen- oder Polyesterfolien) oder durch Kombinationen von Kunststoffolie und Papier zu ersetzen, sind immer wieder gemacht worden. In Sonderfällen, wenn etwa ein extrem kleiner Verlustfaktor unbedingt erforderlich ist, wurden z. B. Styroflexfolien ($\tan\delta < 1 \cdot 10^{-4}$) eingesetzt; für Stoßkondensatoren besonders hoher Energiedichte wurden in den USA Kombinationen von Polyesterfolie mit Papier verwendet.

Die Bemessungsgrundlagen bei Stoßspannungskondensatoren wurden bereits behandelt. Diese Kondensatoren werden meist über einen relativ großen Belastungswiderstand und damit aperiodisch entladen oder schwingen (beim Prüflingsüberschlag) nur wenig durch, da zwischen Stoßgenerator und Prüfling noch ein Dämpfungswiderstand liegt (R_d in Abb. 214). Dadurch wird der Entladestrom stark begrenzt und das Di-

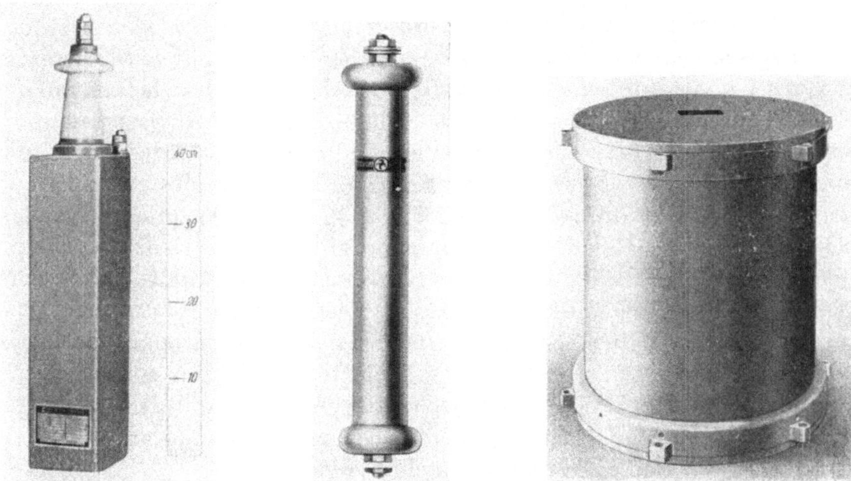

Abb. 153 (links). Stoßkondensator im Metallgehäuse. Ladespannung: 50 kV; Kapazität: 270 nF (Siemens).

Abb. 154 (Mitte). Stoßkondensator im Porzellanrohr. Prüfspannung: 160 kV; Kapazität: 10 nF; Rohrlänge: 583 mm (Hydra).

Abb. 155 (rechts). Stoßkondensator im Hartpapierrohr. Rohrdurchmesser: 500 mm; Gesamtlänge: 1000 mm; Nennspannung: 300 kV; Prüfspannung: 540 kV; Kapazität: 110 nF (Siemens).

elektrikum elektrisch weniger beansprucht als bei Stoßstromkondensatoren. Aus diesen Gründen werden, je nach den Betriebsbedingungen und der gewünschten Lebenserwartung, Ladefeldstärken bis zu etwa 100 V/μm angewendet. Die inneren Schaltverbindungen können weniger aufwendig als beim Stoßstromkondensator ausgeführt werden.

Stoßspannungskondensatoren mit Ladespannungen bis zu etwa 50 kV werden meist noch in Metallgehäuse eingebaut und unterscheiden sich im konstruktiven Aufbau kaum von Leistungskondensatoren. Einen solchen Kondensator, wie er z.B. in dem Stoßspannungsgenerator nach Abb. 215 verwendet wird, zeigt Abb. 153. Für höhere Spannungen werden die Wickelpakete in Isolierrohre aus Hartpapier, Gießharz oder Porzellan eingebaut. Solche Kondensatoren zeigen Abb. 154 und 155. Der Kondensator nach Abb. 155 hat eine Ladeenergie von 10 kWs. Noch größer sind die gleichartig aufgebauten Rohrkondensatoren des Stoßspannungsgenerators nach Abb. 216: die Ladeenergie jedes Kondensators ist 18 kWs. Bei diesen großen Rohrkondensatoren werden ebenso wie bei Kondensatoren im Metallgehäuse meist Flachwickel verwendet. Bei kleineren Rohrkondensatoren benutzt man neben dem Flachwickel auch Rundwickel, häufig mit mehrfacher innerer Reihenschaltung der Belagfolien.

1.4 Weitere Kondensatoren

1.41 Überspannungsschutzkondensatoren. Zum Schutze von elektrischen Maschinen und Transformatoren gegen steile Stoßwellen werden vielfach Kondensatoren eingesetzt, die die Wellenstirn abflachen und den Scheitelwert erniedrigen sollen (vgl. S. 309). Derartige Überspannungsschutzkondensatoren, deren Spannungs- und Kapazitätswerte in Tab. 42 angegeben sind, werden ähnlich wie Leistungskondensatoren mit Flachwickeln in quaderförmigen Metallgehäusen gebaut. Da diese Kondensatoren gemäß VDE 0560, Teil 3, dauernd mit 15% der Nennspannung überlastet werden dürfen und hohen Stoßspannungen standhalten müssen, wird ein besonders durchschlagfestes Dielektrikum verwendet.

Kondensatoren für Spannungen bis zu 6 kV werden einphasig mit zwei Durchführungen gebaut. 10-kV-Einheiten haben nur eine Durchführung, der zweite Pol liegt am Gehäuse. Für Netze mit Spannungen über 10 kV werden Kondensatoren in Reihe geschaltet und auf Stützer entsprechender Reihenspannung gestellt.

1.42 Glättungskondensatoren. Die Fähigkeit des Kondensators, Ladung zu speichern, wird in Gleichrichteranlagen zur Glättung pulsierender Gleichspannungen ausgenutzt. Glättungskondensatoren liegen dauernd an Gleichspannung und führen darüber hinaus Wechselströme verschiedener Frequenzen (vgl. S. 287). Die Kondensatoren müssen gemäß VDE 0560, Teil 11, dauernd mit 5% und während 6 h je Tag mit 10% der Nenngleichspannung überlastet werden können. Nach der Höhe der Nennspannung werden die Kondensatoren in 3 Gruppen eingeteilt, die sich hinsichtlich der Spannungsbelastbarkeit und der Prüfung wie folgt unterscheiden:

Tabelle 29

Gruppe	U_N [kV]	U_{erh}[1]	$U_{ü}$[2]	U_{eff}[3]	Prüfgleichspannung Belag–Belag	Belag–Gehäuse
1	$\leq 1{,}6$	$1{,}3 \cdot U_N$	$2 \cdot U_N$	$0{,}105 \cdot U_N$	$3 \cdot U_N$	$3 \cdot U_N$
2	$> 1{,}6$	$1{,}3 \cdot U_N$	$2 \cdot U_N$	$0{,}0735 \cdot U_N$	$2{,}5 \cdot U_N$	$3 \cdot U_N$
3	$> 6{,}3$	$1{,}1 \cdot U_N$	$1{,}3 \cdot U_N$	$0{,}042 \cdot U_N$	$1{,}5 \cdot U_N$	$3 \cdot U_N$

[1] U_{erh} = Spannungserhöhung ≤ 1 min (z.B. beim Einschalten einer Anlage);
[2] $U_{ü}$ = Überspannung $\leq 0{,}01$ sec;
[3] U_{eff} = Effektivwert der überlagerten Wechselspannung.

Zur Strombelastbarkeit s. VDE 0560, Teil 11. Siehe auch S. 312.

Da die Wechselspannungsbeanspruchung der Kondensatoren meist eine untergeordnete Rolle spielt, bestimmt die Gleichspannung das Dielektrikum; wie bei Stoßspannungskondensatoren werden hochsatinierte Papiere verwendet.

Glättungskondensatoren für Spannungen bis zu 40 kV werden mit Flachwickeln in Metallgehäusen gebaut und ähneln den Überspannungsschutzkondensatoren. Kondensatoren für höhere Spannungen gleichen im Aufbau den Rohrkondensatoren.

1.43 Kopplungskondensatoren. Trägerfrequenz-Nachrichtenanlagen für Hochspannungsnetze (TfH-Anlagen) werden mit Hilfe von Kondensatoren an die Freileitungen angeschlossen. Diese Kopplungskondensatoren müssen für die Nennspannung des Netzes (20···250 kV) bemessen sein und Kapazitäten von 2···12 nF haben. Mit Rücksicht auf die Wechselspannungsbeanspruchung werden keine hochsatinierten Papiere verwendet. Die Betriebsfeldstärke liegt aus Sicherheitsgründen meist unter 10 V/μm (vgl. auch VDE 0560, Teil 3).

Im Aufbau entsprechen diese Kondensatoren den Rohrkondensatoren für Stoßspannung; einige Firmen verwenden auch in Reihe geschaltete Kondensatoren in Metallgehäusen. Bei den Rohrkondensatoren für höhere Betriebsspannungen wird im allgemeinen eine große Zahl von Flachwickeln in Reihe geschaltet. Das Wickelpaket wird bei Freiluftkondensatoren in ein mit Schirmen versehenes Porzellanrohr eingebaut. Zur Vermeidung von schädlichen Lufteinschlüssen sind die Kondensatoren vollständig mit Tränkflüssigkeit gefüllt. Die temperaturbedingte Volumenänderung des Imprägniermittels wird durch Ausdehnungskörper aufgenommen.

1.44 Kapazitive Spannungswandler. Ähnlich wie Kopplungskondensatoren, mit denen sie auch im Aufbau weitgehend übereinstimmen (Rohrkondensatoren mit Flach- oder Rundwickeln, in Porzellangehäusen), werden kapazitive Spannungswandler unmittelbar an Hochspannungsleitungen angeschlossen (vgl. S. 311). Für Betriebsspannungen über 110 kV sind sie im allgemeinen wirtschaftlicher als induktive Wandler, zumal sie vielfach gleichzeitig als Kopplungskondensatoren für TfH-Anlagen verwendet werden.

Die Kapazität und das Teilerverhältnis dürfen sich bei kapazitiven Wandlern sowohl zeitlich als auch mit Spannung und Temperatur nur ganz geringfügig ändern (vgl. VDE 0114). Die Induktivität der Wickel und Schaltverbindungen muß klein sein, damit eine hohe Eigenfrequenz erreicht wird. Darüber hinaus muß der kapazitive Wandler besonders stoßstrom- und stoßspannungsfest aufgebaut sein. Aus Gründen der Meßgenauigkeit sind möglichst große Kapazitäten erwünscht; sie liegen ebenso wie bei den Kopplungskondensatoren zwischen 2 und 12 nF.

2. Der Metallpapierkondensator

Der MP-Kondensator unterscheidet sich vom Papier-Folien-Kondensator grundlegend dadurch, daß seine Belegungen nicht aus Aluminiumfolien bestehen, sondern in äußerst dünner Schicht ($< 0,1\ \mu$m) auf das Papier aufgedampft sind. Bei einem Durchschlag verdampft durch den Kurzschlußstrom der dünne Metallbelag rings um die Fehlerstelle, ohne daß die Güte des Dielektrikums in der Umgebung dieser Stelle wesentlich herabgesetzt wird, der Kondensator „heilt sich selbst". Diese Eigenschaft erlaubt in der Regel, vor allem bei kleinen Wickelspannungen, die Verwendung einer kleineren Zahl von Papierlagen oder von dünneren Papieren, als es beim Papier-Folien-Kondensator möglich ist. Wegen der selbstheilenden Eigenschaften ist es beim MP-Kondensator erstmalig möglich geworden, betriebssichere Kondensatoren mit nur einer Lage Papier, das gleichzeitig auch als Träger für die Metallschicht dient, zu bauen: diese Kondensatoren haben besonders kleine Abmessungen.

2.1 Das Metallpapier

Bereits im Jahre 1900 wurde G. F. MANSBRIDGE [*166*] das britische Patent 19451 auf das Metallisieren von Kondensatorpapier durch Aufwalzen eines Zinnpulvers erteilt. Er erkannte auch den Ausbrenneffekt sehr dünner Metallschichten und wies ihn auf drastische Weise nach, indem er einen Nagel durch den Kondensator schlug; viele Nägel waren nötig, bevor der Kondensator sich vollständig entladen hatte, ein Beweis dafür, daß für das Ausbrennen einer Fehlerstelle nur ein kleiner Teil der im Kondensator enthaltenen elektrostatischen Energie benötigt wird.

Es war schwierig, die dünne Metallschicht gleichmäßig leitfähig zu machen, weil das Zinnpulver, das sehr feinkörnig und rein sein mußte, ein Bindemittel enthielt. Daher war es ein großer Fortschritt, als es 1934 gelang, die Metallschicht aufzu*dampfen*, indem das Papier in einem Vakuumkessel über einen Metalldampfstrom (Zink oder Aluminium) kontinuierlich bewegt wurde.

Heute wird, damit der Dampf nicht in die Poren und Löcher des Papieres eindringen kann, die zu bedampfende Papierseite vorher mit einem dünnen Überzug aus Zelluloselack versehen oder das Papier wenigstens geglättet. Die Zahl der Fehlerstellen ist dann kleiner, der Isolationswiderstand ist höher und der Verlustfaktor bleibt bis zu hohen Wechselfeldstärken konstant, wohingegen er bei Papieren ohne Lackschicht mit zunehmender Feldstärke ansteigt, wie H. STRÄB [*567*] zeigt, eine Folge zusätzlicher Verluste an den Spitzen des Metallbelages (s. Abb. 163). Für die Struktur und die Leitfähigkeit der aufgedampften Schicht und damit für das sichere Funktionieren der Selbstheilung sind die Bedingungen für die Kondensation des Metalldampfes auf der Papieroberfläche entscheidend. Durch eine äußerst feine Vorbedampfung („Bekeimung") mit Silber wird eine gute Kondensation des Dampfes auf dem Papier erreicht. Andererseits kann durch eine Vorbekeimung mit Öl die

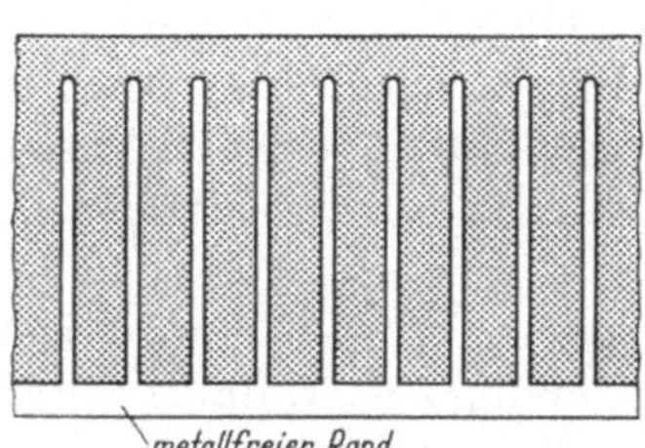

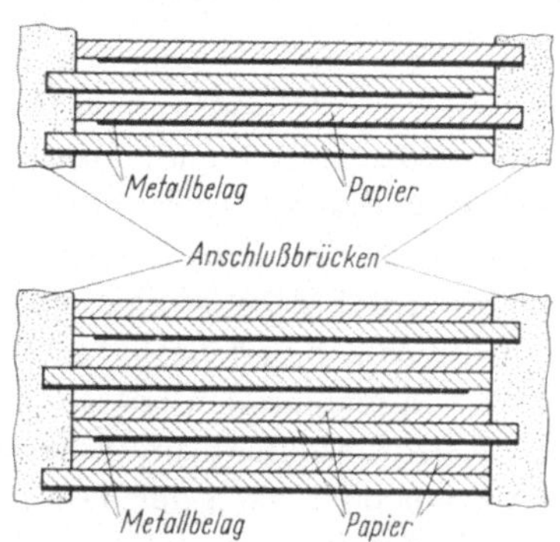

Abb. 156. Bemustertes Metallpapier (Kamm-Muster). Oben stirnseitiger Anschluß (Metallbelag schwarz), unten metallfreier Rand [34].

Abb. 157. Schnitt durch 2 Windungen von MP-Wickeln. Oben: einlagiger; unten: zweilagiger MP-Wickel [34].

Kondensation des Dampfes verhindert werden, wodurch man z. B. einen metallfreien Rand und ein „bemustertes", in kleine Flächen unterteiltes Metallpapier erhält, Abb. 156. Durch Aufdampfen eines Kammusters mit schmalen Verbindungsstegen begrenzt man bei einem großen Wickel die Energiezufuhr zur Durchschlagstelle auf das für den Ausbrand nötige Maß. Die Musterung hindert das Fließen des kapazitiven Stroms

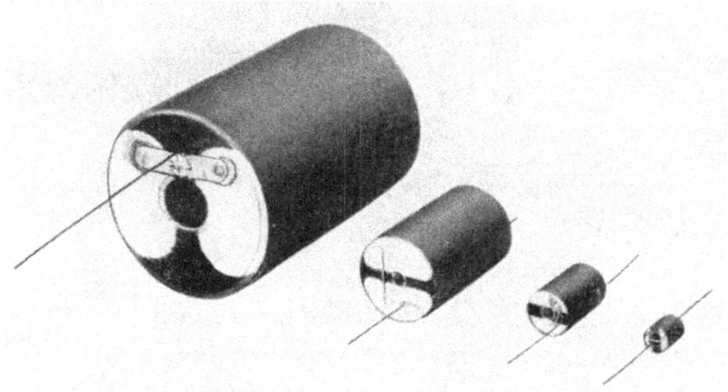

Abb. 158. MP-Wickel mit aufgespritzten Zinkbrücken und angelöteten oder angeschweißten Kupferdrähten [34].

nicht, da dieser stets von der Stirnseite her in jede Teilfläche eintritt; das Metallpapier ist auf der einen Stirnseite bis zum Rand bedampft, auf der anderen nicht (s. Abb. 157). Abb. 158 zeigt die Kontaktierung auf beiden Seiten: ein Teil der Stirnflächen bleibt für die Entfernung von Gas und Feuchtigkeit aus dem Wickelinneren und für die Imprägnierung frei, Näheres s. [*34*]. H. STRÄB [*267*] zeigt elektronenmikroskopische Aufnahmen von Oberflächen des Metallpapieres, ferner Elektronenbeugungsaufnahmen von aufgedampften Zinkschichten.

2.2 Die Selbstheilung

Abb. 159 zeigt schematisch eine ausgebrannte Fehlerstelle. Der Ausbrennvorgang dauert nur 10^{-6} bis 10^{-5} sec und die Spannung am Kondensator fällt nur um einen geringen Bruchteil ab [*109*]. Auch die ausgebrannte Fläche ist klein, so daß die Kapazität z. B. nach H. ELSNER [*71*] bei einem Kondensator nach 5000 erzwungenen Durchschlägen erst um 0,3% abgenommen hatte.

Um Durchschläge im Betrieb möglichst zu vermeiden, wird jeder Wickel vor oder nach der Tränkung an Spannung gelegt, dabei werden die Fehlerstellen ausgebrannt, wie Abb. 160 zeigt. Die dadurch er-

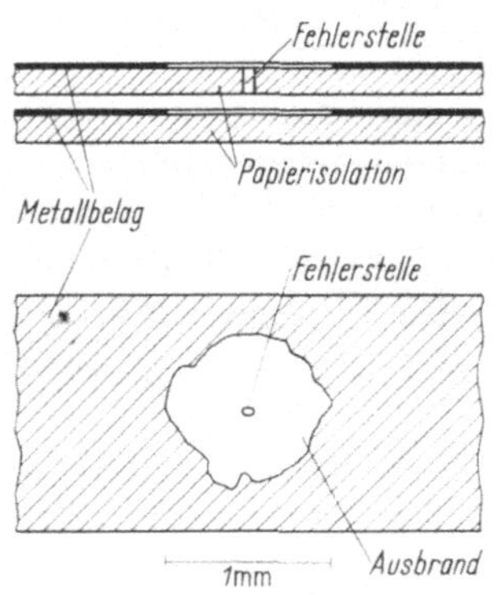

Abb. 159. Ausbrand in einem einlagigen MP-Wickel. Oben: Schnitt, schematische Darstellung; unten: Durchsicht [*34*].

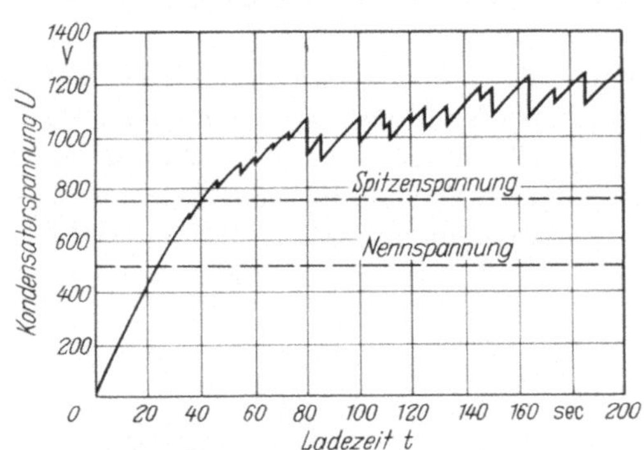

Abb. 160. Spannungsverlauf beim Ausbrennen eines zweilagigen MP-Wickels (Kapazität 2 μF) [*34*].

reichte Erhöhung des Isolationswiderstandes ist aus Abb. 161 ersichtlich. Trotzdem treten später noch weitere Durchschläge auf. Sie können in Schaltungen mit vielen MP-Kondensatoren stören, z. B. in Fernsprechweitverbindungen. H. HEYWANG und H. PREISSINGER [*109*] haben ein Impulszählgerät gebaut, um die Zahl der Ausbrennvorgänge („Regenerierstöße") in Abhängigkeit von der Zeit und der Spannung zu messen. Sie stellen fest, daß diese Zahl für einen gegebenen Zeitpunkt exponentiell mit der Spannung zunimmt; bei 85 °C liegt sie um den Faktor 3 bis 5 höher als bei Raumtemperatur. Tab. 30 zeigt die Zahl der Regenerierstöße je μF innerhalb des 1. Jahres und in 20 Jahren, aufgenom-

men an MP-Kondensatoren verschiedener Nennspannung, die am Ende
der Fertigung bei der Prüfung bereits ausgebrannt worden waren.

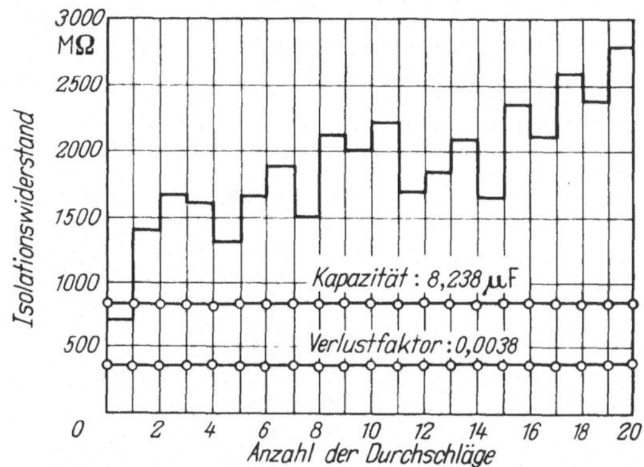

Abb. 161. R_{is}, tan δ und C in Abhängigkeit von der Zahl der Durchschläge
bei einem MP-Wickel (500 V, 8 μF) [34].

Tabelle 30. *Anzahl der Selbstheilvorgänge je μF bei kontinuierlichem Betrieb
unter Nennspannung bei 85 °C*

Nennspannung V	Regenerierstöße je μF	
	im ersten Jahr	in 20 Jahren
160	0,1	2
350	1	7
500	0,2	3
750	0,2	3

Es ist mit Streuungen zu rechnen, die ungefähr vom 3. Teil bis zum
3fachen der angegebenen Werte reichen. Die relative Kapazitätsabnahme
in 20 Jahren infolge selbstheilender Durchschläge wird je nach Betriebsspannung auf 10^{-4} bis 10^{-7} geschätzt, ist also sehr klein. Weiteres über
Lebensdauer, Ausfallkurven, Vergleiche mit Papier-Folien-Kondensatoren s. [109].
Die dünne Metallschicht ist korrosionsempfindlich, was bei der Herstellung des Kondensators zu beachten ist. Der MP-Kondensator kann
nur mit reinen Kohlenwasserstoffen wie Mineralöl, Vaseline, Paraffin getränkt werden. Chlorierte Kohlenwasserstoffe wie Nibrenwachs oder
Chlordiphenyle sind nicht brauchbar, da sie beim Ausbrennen leitende
Rückstände auf der Ausbrandfläche bilden.

2.3 *MP-Kondensatoren für Gleichspannung, MP-Stoßkondensatoren*

Die Volumina der MP-Kondensatoren für Gleichspannung sind gegenüber denen der Papier-Folien-Kondensatoren unterhalb einer gewissen

Spannung um so kleiner, je niedriger die Gleichspannung ist, weil beim MP-Kondensator eine oder zwei Papierlagen verwendet werden können, wo beim Papier-Folien-Kondensator mindestens 2, meist aber 3 oder mehr Lagen verwendet werden müssen. Bei neueren ein-, zwei-, dreilagigen MP-Kondensatoren sind Betriebsfeldstärken von 30, 50, 70 V/μm zulässig, ferner das 1,5fache dieser Werte als Spitzenfeldstärke 2000 h lang bei Raumtemperatur und 200 h bei 70 °C [34]. Bei Fotoblitzkondensa-

Abb. 162. MP-Kondensatoren der Klassen 1 und 2 mit zylindrischen Metallgehäusen (Bosch) [34].

toren werden sogar über 100 V/μm angewendet; bei tragbaren Geräten kann geringes Volumen und Gewicht ausschlaggebend für die Anwendung sein. Abb. 162 zeigt verschiedene MP-Kondensatoren, wie sie auf vielen Gebieten der Nachrichtentechnik, der Elektronik, in Regelanlagen eingesetzt werden. Auch für hohe Gleichspannungen (z. B. 6 kV und Kapazitäten bis 40 μF) werden MP-Kondensatoren verwendet, zur Glättung und Siebung der Spannung in Sendern, Fernsehgeräten usw.

Der MP-Kondensator wird auch als Stoßkondensator verwendet. H. HEYWANG und H. PREISSINGER [110] berechnen den Scheinwiderstand bei Frequenzen von 1···10³ MHz, oszillographieren Entladeströme bis 10⁵ A bei einigen MHz und messen die Zahl der Stoßentladungen, die der Kondensator nach Abb. 152 aushält. W. KOCH und H. MENKE erwähnen in [140] einen MP-Impulskondensator mit 7,7 μF für 20 kV ferner berichten H. STRÄB und W. HELD [268a] über Stoßkondensatoren.

Wegen seiner kleinen Induktivität wird der MP-Kondensator mit Vorteil auch zur Funkentstörung angewendet (S. 314).

2.4 Der MP-Kondensator für Wechselspannung

Die Selbstheileigenschaft des MP-Kondensators läßt sich auch für den Betrieb mit Wechselspannung ausnutzen. Bei jedem Ausbrenn-

vorgang entstehen Gas und Zersetzungsprodukte, die die Glimmeinsatzspannung herabsetzen und das Dielektrikum an den Selbstheilstellen
verschlechtern. Glimmentladungen im Dauerbetrieb zerstören das Dielektrikum allmählich. Auch beim MP-Kondensator muß also dafür
gesorgt werden, daß Glimmentladungen nur kurzzeitig und mit geringer
Intensität auftreten. Das
wird durch verschiedene Maßnahmen erreicht. Zunächst
wird ein großer Teil der Fehlerstellen bereits *vor* der
Tränkung ausgebrannt; das
dabei entstehende Gas wird
spätestens bei der Evakuierung entfernt. Weiter wird
nach H. STRÄB [*267*] der
MP-Kondensator mit einem
gasaufnehmenden Mineralöl
getränkt, das die im Dauerbetrieb bei Selbstheilvorgän-
gen entstehenden Zerset-
zungsprodukte adsorbiert. Es
handelt sich dabei um sehr
kleine Gasmengen, was schon
aus dem geringen Energiever-
brauch eines Selbstheilvor-
ganges hervorgeht. Vorteilhaft ist es, den Anteil des
Mineralöles im Dielektrikum
klein zu halten, durch Verwendung dichter Papiere und
durch festes Wickeln des in
dieser Hinsicht günstigen
Rundwickels; der MP-Kon-
densator wird auch aus diesem Grunde vorwiegend mit
Rundwickeln hergestellt.

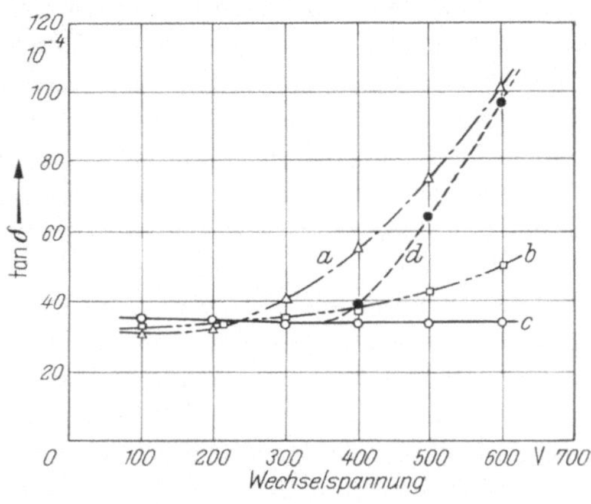

Abb. 163. Einfluß der Papieroberfläche auf den Verlustfaktor [*267*]. *a* MP normal; *b* MP einseitig glatt; *c* MP
lackiert; *d* gashaltiger Kondensator.

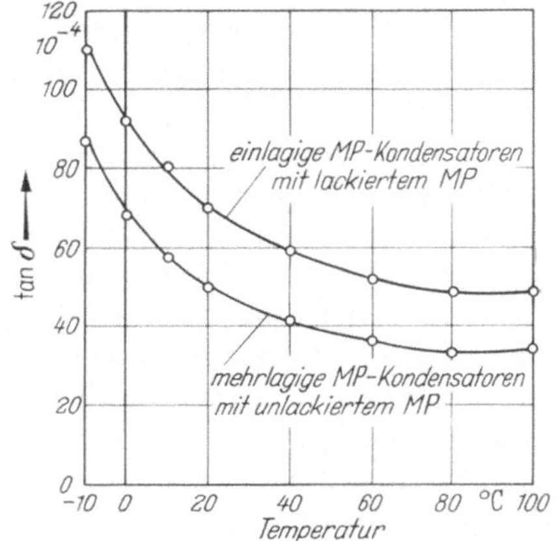

Abb. 164. Abhängigkeit des Verlustfaktors von der
Temperatur bei 800 Hz [*34*].

Eine besonders wichtige
Maßnahme, das Glimmen
weitgehend zu vermeiden, ist die Anwendung kleiner Schichtdicken;
die größte Dicke beträgt etwa 40 μm. Damit ergibt sich bei einer Betriebsfeldstärke von 14 V/μm eine höchste Wickelspannung von 560 V
und somit nach Abb. 99 eine relativ zur Nennspannung hohe Glimmeinsatzspannung. Alle Maßnahmen zusammen machen den MP-Kon-

densator auch für Wechselspannung betriebssicher; vieljährige Erfahrungen im praktischen Betrieb an einer großen Zahl von MP-Kondensatoren bestätigen dies.

H. Sträb und H. Maylandt [266] geben an, daß für Wechselspannungen unterhalb 220 V eine Papierlage, für 220 bis (fast) 380 V 2 Lagen und für 380···500 V 3 Lagen verwendet werden. Bei höheren Spannungen werden Wickel in Reihe geschaltet. Einen MP-Wickel mit 4 oder mehr Lagen herzustellen, hat keinen Sinn; die Durchschlagwahrscheinlichkeit ist so klein, daß das Selbstheilprinzip überflüssig wird. Schon bei Wickeln mit 3 Lagen für 380 V ist der Papier-Folien-Kondensator dem MP-Kondensator wirtschaftlich mindestens gleichwertig, bei großen Einheiten von 50 kvar bereits überlegen, wenn die Wickel mit Sicherungen versehen sind.

Über den Verlauf des Verlustfaktors in Abhängigkeit von Spannung und Temperatur geben Abb. 163 und 164 Auskunft. Wie auf S. 222 erwähnt, wird beim Bedampfen die unebene Oberfläche des Kondensatorpapieres durch den dünnen Metallbelag nachgebildet; dadurch entstehen scharfe Spitzen, an denen zusätzliche Verluste auftreten können, die mit steigender Spannung zunehmen, s. Abb. 163, Kurve a. Wird das Papier auf der zu bedampfenden Seite geglättet, ergibt sich Kurve b. Wird schließlich diese Papierseite mit einer dünnen Lackschicht überzogen, erhält man Kurve c, s. hierzu Abb. 60 und 102.

Die dielektrischen Verluste des MP-Kondensators lassen sich, da die Papiere verdichtet oder sogar mit einer Lackschicht versehen werden müssen, nicht in dem Maße senken, wie dies beim Papier-Folien-Kondensator für Mittelspannung in den letzten Jahren durch den Übergang auf maschinenglatte Papiere möglich war. Ferner konnte die Abfuhr der Verlustwärme an die Gehäusewand beim MP-Kondensator nicht in dem gleichen Maße verbessert werden wie beim Papier-Folien-Kondensator, da für den Wärmetransport aus dem Inneren des MP-Wickels nicht die gut wärmeleitenden Aluminiumfolien zur Verfügung stehen. Außerdem ist der Weg der Verlustwärme vom Rundwickel an die Gehäusewand länger als beim Papier-Folien-Kondensator, dessen Wickelpaket stramm und damit gut wärmeleitend in das Gehäuse eingepaßt wird. Auf die bei diesem verbesserte Wärmeabfuhr und die Senkung der Papierverluste ist die beträchtliche Steigerung der spezifischen Leistung der großen Leistungskondensatoren in der letzten Zeit zurückzuführen.

In neuerer Zeit wurde ein MP-Leistungskondensator mit einem Mischdielektrikum aus Papier und Kunststoffolie entwickelt. Die auf das Papier aufgedampften Metallbelegungen gewährleisten die selbstheilenden Eigenschaften; die zusätzlich eingewickelte verlustarme Kunststoffolie setzt den Verlustfaktor bei Nennspannung und 50 Hz auf etwa $20 \cdot 10^{-4}$ herab.

Beim Vergleich des MP-Kondensators mit dem Papier-Folien-Kondensator muß noch auf den Unterschied ihrer Dielektrizitätskonstanten hingewiesen werden, der sich aus den unterschiedlichen Tränkmitteln, Mineralöl einerseits und Clophen andererseits, ergibt. Rechnet man bei einem neueren mit Mineralöl getränkten und mit dichten Papieren gebauten MP-Kondensator mit $\varepsilon_r = 5{,}0$, beim mit Clophen A 30 getränk-

Abb. 165. Kondensatorbatterie aus MP-Bausteinkondensatoren für 380 V, 20 kvar (Bosch).

ten Papier-Folien-Kondensator mit $\varepsilon_r = 6{,}0$, so ergibt sich, daß dieser allein wegen seiner größeren DK die 1,2fache Leistung je Raumeinheit hat, gleiche Schichtdicke des Dielektrikums und gleiche Feldstärke vorausgesetzt. Das bedeutet, daß das Volumenverhältnis $V_{\mathrm{Fol}}/V_{\mathrm{MP}}$ bei 380 V$^\sim$ und höheren Spannungen *kleiner* als 1 wird, wofür H. ELSNER [71] einige Zahlenbeispiele anführt. Das Volumenverhältnis hat sich in den letzten Jahren infolge der Steigerung der Feldstärke der Papier-Folien-Kondensatoren auf 16···20 V/µm weiter wesentlich verkleinert. Es ergibt sich somit, daß der MP-Leistungskondensator dem Papier-Folien-Kondensator bei 220 V bisher wirtschaftlich überlegen und daß er bis etwa 380 V konkurrenzfähig ist, nicht mehr dagegen bei höheren Nennspannungen, bei denen das Selbstheilprinzip keinen Vorteil mehr bringt.

Abb. 165 zeigt eine Kondensatorbatterie aus MP-Bausteinkondensatoren für 380 V, 20 kvar. Eine Einrichtung zum Schutz von MP-Leistungskondensatoren bei thermischer Überlastung wird auf S. 211 erwähnt, ferner in [266]. Der MP-Kondensator wird in großen Stückzahlen zur Kompensation von Leuchtstofflampen, als Motorkondensator und als Störschutzkondensator (S. 313 bis 315) verwendet, meist als Kondensator mit einem Rundwickel in zylindrischem Gehäuse, ähnlich Abb. 162.

Über VDE- und DIN-Vorschriften für MP-Kondensatoren s. Tab. 32 und VDE 0560.

C. Die Herstellung

Der Kondensatorhersteller strebt die Fertigung großer Serien von Standardkondensatoren an, unter Beschränkung auf wenige Typen, deren Leistung und Spannung maximal 100 kvar und 10···15 kV beträgt (s. S. 191). Aus solchen Einheiten werden Batterien jeder erforderlichen

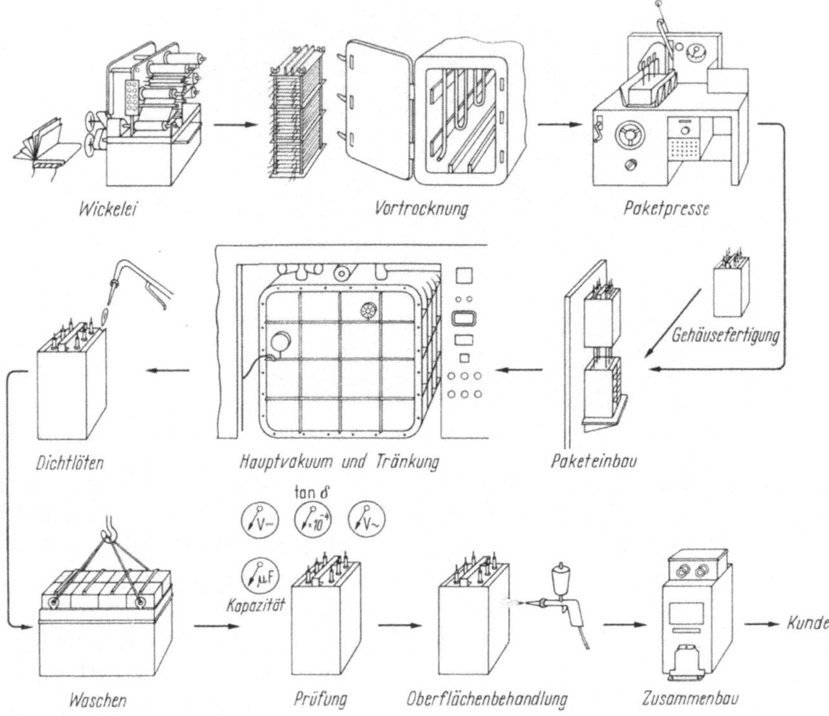

Abb. 166. Fertigungsablauf bei der Herstellung von Folien-Clophen-Kondensatoren.

Leistung und Spannung zusammengebaut. Diese Bauweise ermöglicht einen kontinuierlichen Fertigungsfluß und erlaubt es, ohne schwere Transporteinrichtungen auszukommen. Abb. 166 zeigt schematisch den Fertigungsgang eines Leistungskondensators. Im folgenden werden die wesentlichen Arbeitsgänge, das Wickeln, das Trocknen und Evakuieren, das Tränken und das Prüfen behandelt.

1. Der Kondensatorwickel und das Wickelpaket

Der Wickel ist das kleinste selbständige Element des Kondensators. Man versucht, seine Breite, Höhe und Windungszahl möglichst groß zu machen, da dann der Arbeitsaufwand je kvar sinkt, nicht nur beim Wickeln, sondern auch beim Zusammenbau des Kondensators. Bei der Bemessung des Wickels nach seiner Leistung sind jedoch eine Reihe technische Gesichtspunkte zu beachten. So müssen bei Niederspannungskondensatoren mit Wickelsicherungen mit Rücksicht auf das mögliche Ausscheiden einiger Wickel bei der Prüfung ausreichend viele Wickel parallelgeschaltet werden. Ferner dürfen die Wickel aus thermischen Gründen nicht zu dick gemacht werden. Außerdem lassen sich allzu dicke Wickel nicht mehr faltenfrei herstellen, besonders wenn breite Papiere verwendet werden; die größte Breite einer Papierbahn beim Wickeln ist heute etwa 60 cm bei dünnem (max. 20 μm) und 80 cm bei dickem (50 μm) Papier (S. 193 u. 201).

Man unterscheidet Rund- und Flachwickel. Vor 3 Jahrzehnten wurde der Rundwickel für große Leistungskondensatoren häufig verwendet; er läßt sich bei kleinen Breiten, schnell und fest wickeln. Jedoch sind Rundwickel für den Zusammenbau vieler Wickel auf engem Raum ungünstig. Flachwickel hingegen werden einfach zu einem Paket übereinander geschichtet und durch ein Stahlband oder durch Isolierpapier zusammengehalten. Wird das Gehäuse dem Paket genau angepaßt, so gelangt die Verlustwärme auf dem kürzesten Weg an die Gehäuseoberfläche; das Gesamtvolumen, das Gewicht und die Tränkmittelmenge werden dadurch klein. Wegen dieser Vorteile hat sich der Flachwickel bei großen Papierfolienkondensatoren durchgesetzt.

Rundwickel werden außer bei MP-Kondensatoren noch bei Rohrkondensatoren und Kunststoffolienkondensatoren (s. S. 249) angewendet, ferner bei Kondensatoren mit nur einem Wickel, wie z.B. bei Motorkondensatoren und Leuchtstofflampenkondensatoren und bei vielen Kondensatoren der Nachrichtentechnik.

Früher war es vielfach üblich, den Flachwickel auf der Wickelmaschine flach zu wickeln. Dabei werden die Lagen mit einer zwischen Null und einem Maximum schwankenden Geschwindigkeit und einem entsprechend schwankenden mechanischen Zug von den Vorratsrollen abgezogen und gedehnt. Es muß relativ langsam gewickelt werden, damit sich keine Falten bilden; die Geschwindigkeit des Wickelns ist also begrenzt. Das Rundwickeln erlaubt höhere Geschwindigkeiten und hat sich daher allgemein eingebürgert. Dafür muß allerdings der Wickel nach dem Abziehen vom runden Wickeldorn flachgepreßt werden, wobei Faltenbildung zu vermeiden ist. Abb. 167 zeigt eine Rundwickelmaschine und die Herstellung eines 5-Lagen-Wickels.

Das Papier muß beim Wickeln gleichmäßig feucht sein, weil sich trockenes Papier elektrisch auflädt, und weil die mechanische Festigkeit und Dehnbarkeit von trockenem Papier geringer ist als die eines etwas feuchten Papieres. Am günstigsten ist ein Feuchtigkeitsgehalt von 4,5

bis 6%, der sich bei einer Lagerung in Luft von 30···40% relativer Feuchte
als Gleichgewichtszustand einstellt (s. S. 37 u. 41). Diesen Feuchtigkeitsgehalt hat das Papier üblicherweise bei Anlieferung [242]. Es empfiehlt sich, das Papier in einem Raum konstanter Luftfeuchte und Temperatur zu lagern, damit sich Feuchtigkeitsunterschiede innerhalb einer
Papierrolle ausgleichen, was allerdings lange Zeit erfordert (Abb. 21).

Abb. 167. Kondensatorwickelmaschine.

Die Wickel werden vorgetrocknet, damit sie mit Gleichspannung geprüft werden können. Anschließend werden sie unter einer Presse zum
Wickelpaket zusammengepreßt. Eine Messung der Kapazität zeigt unter
Berücksichtigung des Tränkfaktors (S. 51), ob der Kondensator nach
der Tränkung die vorgeschriebene Kapazität erreichen wird. Noch unter
der Presse wird das Wickelpaket mit einer Hülle aus Preßspan oder
Papier zur Isolierung gegen das Gehäuse umgeben. Die Wickel werden
z.B. für einen Drehstromkondensator zu 3 Strängen oder bei einem
Mittelspannungskondensator zu mehreren Gruppen parallel und diese
in Reihe geschaltet und mit den Klemmen verbunden. Diese Verbindung
ist besonders einfach und kurz, wenn die Wickel im Gehäuse senkrecht
stehen. Zum Schluß wird das Gehäuse zugeschweißt, das Innere ist jetzt
nur noch durch eine oder zwei Öffnungen mit der Außenluft verbunden,
die nach der Evakuierung und Tränkung verschlossen und vakuumdicht
verlötet werden. Weitere Einzelheiten der Herstellung von Kondensatoren bringt B. KIRSCHT [139].

2. Trocknung, Entgasung, Tränkung

Das hochbeanspruchte Dielektrikum des Leistungskondensators muß
frei von Feuchtigkeit und Gas sein (s. Abb. 22, 47 bis 50, 61 bis 63). Die zu-

nächst primitiven Verfahren[1] zu seiner Trocknung und Entgasung wurden mit dem Steigen der Anforderungen an die Kondensatoren verbessert. Die folgenden Ausführungen befassen sich vor allem mit der Höhe der Temperatur und des Vakuums im Tränkkessel, mit der Dauer der Evakuierung und mit dem Aufwand an Pumpen zum Abtransport von Wasser und Gas. Welche Temperaturen zulässig sind, ohne das Papier

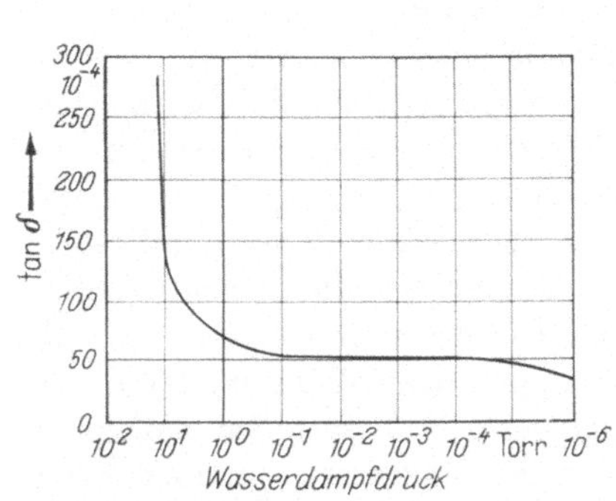

Abb. 168. Verlustfaktor in Abhängigkeit vom Wasserdampf-Gleichgewichtsdruck (20-kV-Kabelseele, Frequenz 50 Hz, Temperatur 90 °C).

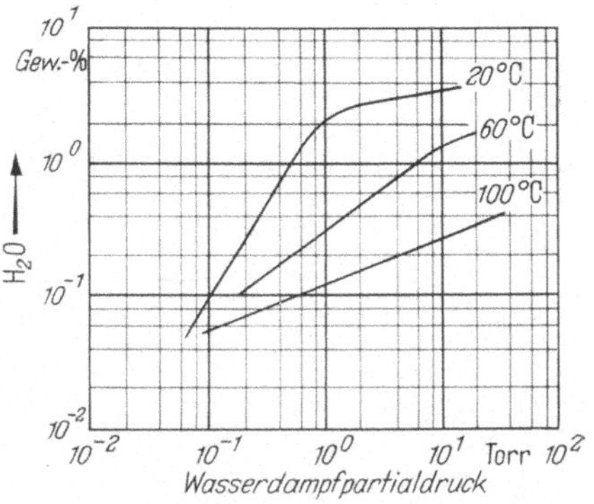

Abb. 169. Abhängigkeit des Wassergehaltes vom Wasserdampf-Gleichgewichtsdruck in Kondensatorpapier.

nachteilig zu verändern, und welche Vakua notwendig sind, um Wasserdampf- und Gasreste hinreichend zu entfernen, darüber scheinen die Meinungen noch nicht einheitlich zu sein. Der Aufwand hinsichtlich der Pumpenanlagen ist unseres Wissens von Hersteller zu Hersteller verschieden; er hängt von der notwendigen Güte des Dielektrikums, d.h. vom Anwendungszweck des Kondensators ab.

Kondensatorpapier kann Wasser in einer Menge von etwa 10% seines Gewichtes aufnehmen (s. Abb. 21). Es müssen also aus 1000 kg Papier (diese Menge befindet sich in einem mittelgroßen Kondensatortränkkessel) bis zu 100 l Wasser entfernt werden. Nun wird der Feuchtigkeitsgehalt meist bereits durch eine Vortrocknung auf 3···1% gesenkt. Er soll jedoch z.B. bei Kabeln weiter auf 0,1% vermindert werden, wenn man die Angaben in Abb. 168 und 169[2] zugrunde legt. Abb. 168 zeigt, daß der Verlustfaktor erst bei einem Wasserdampfdruck von 10^{-1} Torr einen konstanten Wert erreicht. Aus Abb. 169 geht hervor, daß zu diesem Dampfdruck ein Wassergehalt des Kondensatorpapieres von 0,08 Gew.-% gehört. Trägt man aus Abb. 169 den Dampfdruck über der

---

[1] Es sei z.B. an das einfache Tauchen vorgetrockneter Wickel in die erhitzte Tränkmasse bei Atmosphärendruck erinnert, das noch vor 3 bis 4 Jahrzehnten bei der Herstellung von Nachrichtenkondensatoren mancherorts üblich war.

[2] Die Abb. 168 und 169 wurden einem Katalog der Fa. Leybold-Hochvakuum-Anlagen GmbH, Köln-Bayenthal, Bonner Str. 504, entnommen.

Temperatur auf, so erhält man Abb. 170; die Dampfdruckkurven steigen oberhalb 60 °C fast geradlinig, d.h. exponentiell mit der Temperatur an; die 1%-Kurve nähert sich rasch der Dampfdruckkurve für reines Wasser. Man erkennt einerseits, daß eine Erhöhung der Temperatur die Verdampfung des Wassers im Papier stark beschleunigt, andererseits, daß die Dampfdruckkurven für das im Papier befindliche Wasser um 1 bis 2 Größenordnungen unter der Dampfdruckkurve für reines Wasser liegen. Das Papier hält also das Wasser fest. Nach HENNINGER (s. S. 23 u. 36) befinden sich mindestens 6% des gesamten Wassers molekular verteilt in den Fibrillen des Papiers und sind an die OH-Gruppen des Zellulosemoleküls angelagert, und zwar im amorphen Bereich der Faser. Von dort lassen sich die Wasserteilchen nur unter Anwendung hoher Temperatur und zugleich hohen Vakuums losreißen. Erschwerend kommt hinzu, daß sie nur langsam durch die engen Kapillaren in und zwischen den Fasern abwandern können. Damit wird verständlich, daß der wesentliche Teil des gesamten, bis zu den Pumpen hin auftretenden Druckabfalles in der Papierfaser liegt, zumindest am Ende der Evakuierungszeit (wobei Rohrleitungen mit genügend großem Querschnitt und eine richtig bemessene Pumpenanlage vorausgesetzt sind), und daß die Entfernung des Restwassers Zeit erfordert, selbst bei höchstem Vakuum im Kessel. Abb. 170 zeigt weiter, daß der Anstieg der Kurve für 0,1% H_2O wesentlich geringer ist als derjenige der anderen Kurven. Mit sinkendem H_2O-Gehalt wird es also immer schwerer, der Faser das restliche Wasser zu entziehen.

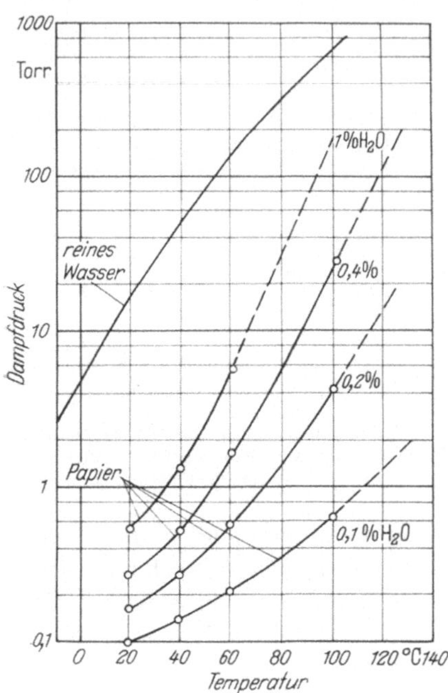

Abb. 170. Dampfdruck im Vakuumkessel bei verschiedenem Wassergehalt des Papiers (nach Fa. Leybold).

P. HENNINGER [*106*], S. 175] hält es, im Gegensatz zu den Angaben in Abb. 169, nicht für möglich, den Wassergehalt der Faser unter 0,5% zu senken (bei 130 °C, einem Druck unter 0,1 Torr und „unter für die technische Verwertung noch tragbaren Bedingungen"). Es dürfte schwer möglich sein, den Zeitpunkt anzugeben, in dem das Papier im Laufe eines Trocknungsprozesses sein freies Wasser abgegeben hat, weil gleichzeitig mit der Abgabe dieses Wassers die Zellulose zerfällt und dabei neues Wasser entsteht. 1936 haben F. LIEBSCHER und P. MÜLLER in mehreren Betriebsversuchen sich bemüht, dem Papier das letzte Wasser zu entziehen. Der Kessel enthielt durchschnittlich 600 kg Papier. Zwischen Kessel und Quecksilberdampfdiffusionspumpe befand sich eine große Kühlfalle mit flüssiger Luft. Nachdem Trocknung und Entgasung in der üblichen Weise durchgeführt waren und die Kondensatoren eigentlich hätten getränkt werden können, wurden Kühlfalle und Diffusionspumpe in Betrieb genommen und die Evakuierung bei 10^{-3} Torr und 130 °C fortgesetzt. Alle 24 h wurden die Kühlfalle geöffnet und die an ihrem Innenzylinder niedergeschlagenen Substanzen entfernt, nämlich Eis und geringe Reste von Öl und anderen, anscheinend aus dem Papier stammenden Stoffen. Die Eismenge betrug anfangs etwa 500 cm^3 und verringerte sich schnell auf einen konstant bleibenden Betrag von etwa 50 cm^3; er wurde, bei mehreren Kesselbeschickungen, auch nach 10 Tagen, niemals null. Es wurde also zum Schluß immer noch eine Wassermenge von etwa $0,1^0/_{00}$ der Papiermenge täglich abgeschieden. Dies führte zu der Auffassung, daß das Wasser durch Zerfall der Zellulose entsteht und daß das Papier so lange Wasser abgibt, bis es vollständig zerfallen ist. Dies wurde durch Laboratoriumversuche von H. VEITH [284] bestätigt. Er untersuchte Natronzellulosepapier in einer Glasapparatur bei 10^{-4} Torr und bei Temperaturen zwischen 70 und 250 °C, indem er den Anstieg des Partialdruckes des Wasserdampfes und der abgeschiedenen Gase bei verschiedenen Trocknungszuständen über mehrere Tage beobachtete. Bei 130 °C gab das Papier Wasserdampf in einer Menge von 0,001 % seines Gewichts je Stunde durch thermischen Zerfall des Papieres ab. Das bedeutet, daß nach 10stündiger Trocknung bei 130 °C jedes 18. Zellulosemolekül eine Fehlstelle aufweist, wenn ein Molekulargewicht des Zellulosemoleküls von 10^6 zugrunde gelegt wird. Bei dem Papierzerfall entstanden außer H_2O noch die Gase CO_2 und CO, und zwar betrugen die Volumenanteile $H_2O : CO_2 : CO = 54 \cdot 29 : 17$. Die Schädigung des Papieres ist also klein, soweit es sich um eine Alterung unter Vakuum handelt, das zeigt auch Tab. 31.

Tabelle 31. *Abnahme der Reißfestigkeit und Reißdehnung von Kondensatorpapier nach 15tägiger Alterung*

15 Tage Alterung bei	in Luft			bei 5 Torr	bei $5 \cdot 10^{-3}$ Torr	
	100 °C	120 °C	140 °C	100 bis 120 °C	100 °C	140 °C
Abnahme der Reißfestigkeit (%)	9	18	45	5	3	5
Abnahme der Reißdehnung (%)	33	51	66	5	1	8

Die elektrischen Eigenschaften der Papiere, wie Verlustfaktor, Isolationswiderstand und Durchschlagspannung änderten sich nicht, wenn die Papiere bis zu 100 Tagen in hohem Vakuum getrocknet wurden.

Die Versuche haben somit ergeben, daß es auch im Hochvakuum nicht möglich ist, das Papier von Wasser und Gas restlos zu befreien, im Gegensatz zur Auffassung von P. HOCHHÄUSLER [115]. Ferner hat sich gezeigt, daß die Anwesenheit von Wasserdampfresten am Ende der üblichen Evakuierungszeit *nicht* bedeutet, daß die Trocknung fortgesetzt werden muß. Denn bei den beschriebenen Versuchen ergab die Messung des Verlustfaktors der wesentlich länger als normal evakuierten Kondensatoren keine niedrigeren Werte nach der Tränkung als bei den normal evakuierten Kondensatoren. Der Hersteller muß daher den Zeitpunkt der Tränkung vorwiegend auf Grund seiner Erfahrung bestimmen, natürlich unter Zuhilfenahme seiner Temperatur-, Vakuum- und Wasserabgabemessungen. Über die Brauchbarkeit einer Evakuierungsmethode entscheiden letzten Endes die damit erreichte Güte des Kondensatordielektrikums und seine Lebensdauer, d. h. die Bewährung des Kondensators im Betrieb.

Abb. 171 zeigt schematisch den Vorgang der Evakuierung einer Kesselcharge von Kondensatoren. Die Aufheizung des Papieres auf die Endtemperatur kann mehrere Tage dauern, wenn bei Beginn des Trocknungsprozesses gleichzeitig Vakuum erzeugt und daher die Wärme von den Heizflächen an der Kessel-

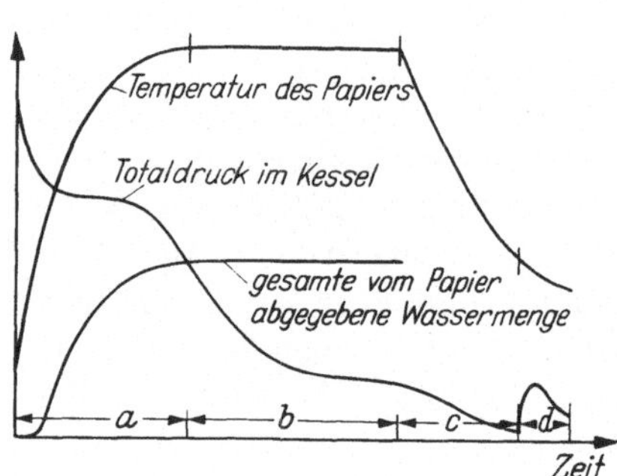

Abb. 171. Schematische Darstellung einer Trocknung, Entgasung und Tränkung von Kondensatoren.
a Aufheizung und Abgabe des Wassers; *b* Resttrocknung; *c* Abkühlung, Restentgasung; *d* Tränkung.

wandung nur durch *Strahlung* auf die Gehäuse der Kondensatoren übertragen wird. Die Aufheizung erfolgt schneller, wenn zunächst die Luft im Kessel verbleibt und daher zusätzlich Wärme durch *Konvektion* überträgt; erst gegen Ende der Aufheizung werden die Pumpen in Betrieb genommen. Eine andere Methode ist das zeitweise Einlassen von Luft in den evakuierten Kessel oder das dauernde Durchströmen einer gewissen Luftmenge. Dabei werden die Pumpen höher belastet. Außerdem kann u. U. Wasser an kälteren Stellen des Kessels kondensieren und Rost entstehen; schließlich muß beachtet werden, daß in dem heißen Dampf-Gas-Gemisch die Aluminiumfolien und andere Kontaktstellen korrodieren können. Eine weitere Möglichkeit, die Aufheizzeit abzukürzen, ist die, die Kondensatoren vorgeheizt in den Tränkkessel einzubauen. Eine

Methode besonders schneller Aufheizung hat F. M. CLARK[1] angegeben: Diphyl, eine Flüssigkeit aus 25% Diphenyl und 75% Diphenyloxyd[2], wird im evakuierten Kessel bei 140 °C (Dampfdruck 20 Torr) verdampft; es kondensiert an und in den Kondensatoren und heizt mit seiner Kondensationswärme das Papier innerhalb weniger Stunden auf 140 °C auf. Der von den Pumpen abgeführte Diphyldampf wird an einem Kondensor bei 50 °C niedergeschlagen und fließt in den Kessel zur Verdampfungsstelle zurück. In einem 2. Kondensor wird bei 10···15 °C das frei werdende Wasser niedergeschlagen. Nach Beendigung des Heizvorganges wird das Diphyl in einen Vorratsbehälter abgelassen.

Während der Aufheizung wird bereits der größte Teil des Wassers verdampft in dem Maße, wie die Temperatur des Papieres steigt und der Dampfdruck im Kessel durch den Kondensor gesenkt wird. Die Wassermenge bestimmt die Ausgestaltung der Pumpenanlage. Das Abpumpen der Gase ist demgegenüber eine einfache Aufgabe. Vor allem muß die Kondensation des Wassers in den rotierenden Drehschieberpumpen und damit die Anreicherung des Pumpenöls mit Wasser verhindert werden. Kolbenpumpen dagegen können beliebige Wasserdampfmengen gegen den Atmosphärendruck ins Freie befördern; sie werden daher für die Vortrocknung gern verwendet. Nachdem GAEDE die Methode des Gasballastes zur Verhinderung der Kondensation des Wasserdampfes im Pumpenraum angegeben hatte, wird eine Pumpenkombination, nämlich eine rotierende Gasballastpumpe zusammen mit einer rotierenden Feinpumpe hoher Sauggeschwindigkeit (z. B. 300 m³/h) und einem Kondensor, bevorzugt verwendet. K. DIELS und R. JAECKELS [62] beschreiben die Wirkungsweise der Gasballastpumpe und die Bedingungen, die eingehalten werden müssen, damit bei den im Verlauf der Trocknung sich stark ändernden Dampfdrücken ein optimaler Betrieb der Pumpenkombination erreicht wird. Eine Übersicht über Pumpen aller Art und Pumpenkombinationen, über Vakuumphysik und Vakuumtechnik befindet sich in [156] und [124].

Nachdem in der Aufheizperiode, s. Abb. 171 a, der größte Teil des Wassers im Kondensor niedergeschlagen wurde, handelt es sich im Abschnitt b um die Entfernung eines vergleichsweise kleinen Wasserrestes, jedoch nimmt der Wasserdampf wegen des sinkenden Druckes einen immer größer werdenden Raum ein. In diesem Druckbereich ist der Dampf ungesättigt; das spezifische Volumen von 1 kg Wasserdampf beträgt bei 10^{-2} Torr 10^5 m³, bei 10^{-3} Torr das 10fache. Ein derart großes Volumen kann nicht mehr von Kolben- oder Drehschieberpumpen in kurzer Zeit abgesaugt

---

[1] USA-Patent der General Electric Co. Nr. 2.293.453 vom 24. 2. 1939. Deutsches Patent Nr. 944968 vom 25. 2. 1940.

[2] Diphyl wird von den Farbenfabriken Bayer, Leverkusen, geliefert und für Großküchenkessel, Heißpressen usw. als Wärmeübertrager verwendet.

werden; dazu sind schnellaufende Rottspumpen oder besser noch, bei einem Endvakuum von 10^{-3} Torr, große Diffusionspumpen mit Sauggeschwindigkeiten von z.B. 6 m³/sec nötig. Trotz dieser hohen Sauggeschwindigkeiten wird aus Sicherheitsgründen die Dauer des Abschnittes *b* meist reichlich gewählt, da der Wassergehalt der verschiedenen Papiere und die Temperaturen innerhalb des Kessels und damit die Wasserabgabegeschwindigkeit schwanken. Durch Messung des Druckanstieges bei abgesperrtem Kessel kann die Abgabe weiteren Wasserdampfes und Gases und der Zeitpunkt der Tränkung bestimmt werden. Die zur Messung verwendeten Vakuummeter reichen vom einfachen U-Rohr und Kompressionsmeßgerät (McLeod) über elektrische Geräte bis zu Massenspektrometern [*23*], mit deren Hilfe die Art und Menge der verschiedenen Gase im Kessel bestimmt werden kann [*156*].

Nach beendeter Trocknung wird die Kesselheizung ausgeschaltet und evtl. eine Kühlschlange eingeschaltet, damit der Kesselinhalt auf die Temperatur des Tränkmittels abkühlt, Abschnitt *c*. Wegen der sinkenden Temperatur gibt das Papier bald keinen weiteren Wasserdampf ab, so daß der Druck im Kessel sinkt. In den Kondensatorwickeln bleibt jedoch wegen des großen Strömungswiderstandes in der Papierfaser und im Wickel der Druck wesentlich höher, auch wenn mittels leistungsfähigerer Pumpen der Kesseldruck noch weiter gesenkt werden würde. Beispielsweise wurde im Kondensatorgehäuse ein Druck von $1 \cdot 10^{-2}$ Torr bei $3 \cdot 10^{-3}$ Torr im Kessel gemessen; innerhalb des Wickels und des Papieres dürfte also der Druck noch höher als $1 \cdot 10^{-2}$ Torr gewesen sein. Es wird somit eine Grenze der Entgasungsgeschwindigkeit erreicht, an der eine weitere Leistungssteigerung der Pumpen keinen Gewinn mehr bringt. Eine Entgasung des Papieres in dem Maße, wie sie z.B. bei Röntgenröhren (unter Anwendung wesentlich höherer Temperaturen) erreicht werden kann, ist nicht möglich und auch kaum nötig, da die geringen Mengen des Restgase vom Tränkmittel molekular gelöst werden und dann die elektrische Festigkeit nicht mehr mindern.

Die Sauggeschwindigkeit der Pumpen darf durch den Strömungswiderstand der Rohrleitungen nicht wesentlich verringert werden, die Leitungslängen müssen daher möglichst kurz, die Rohrquerschnitte möglichst groß sein, insbesondere müssen große Diffusionspumpen unmittelbar am Kessel angebracht werden (Rohrdurchmesser 0,5···1 m); über Strömungswiderstände von Rohrleitungen und Ventilen s. [*124, 156*].

Das Tränkmittel wird in gesonderten Vakuumbehältern getrocknet und entgast, wobei es in dünnen Schichten über große Oberflächen („Entgasungskolonnen") fließt. Die Tränkung erfolgt bei einer so niedrigen Temperatur, daß beim Kesselvakuum von $10^{-2}\cdots10^{-3}$ Torr keine nennenswerten Mengen des Tränkmittels verdampfen.

3. Bau- und Prüfbestimmungen

Der Gemeinschaftsausschuß „Kondensatoren" des Verbandes Deutscher Elektrotechniker (VDE) und des Fachnormenausschusses Elektrotechnik (FNE) im Deutschen Normenausschuß hat Bestimmungen erlassen, die alle Kondensatorarten der Starkstrom- und Nachrichtentechnik erfassen. Dieses Vorschriftenwerk, VDE 0560, besteht aus 20 Teilen, vgl. Tab. 32. Im Teil 1 sind diejenigen Begriffserklärungen und Sicherheits-, Bau- und Prüfbestimmungen zusammengefaßt, die für alle Kondensatorarten gemeinsam gelten. Es sei hier nur auf die Definitionen einiger Begriffe hingewiesen, wie Baustein-, Parallel-, Reihen-, Berührungsschutzkondensatoren; Nenn-, Spitzen-, Dauergrenzspannung; Temperaturbereiche und Kühlungsarten, oder Stück-, Typen-, Stichprobenprüfung, zerstörungsfreie und nicht zerstörungsfreie Prüfung usw. Es erübrigt sich also, diese Begriffe hier zu erläutern. In Teil 2 sind die Berührungsschutzkondensatoren behandelt; diese Bestimmungen haben, da das Versagen dieser Kondensatoren Menschen gefährdet, den Rang von *Vorschriften*. Auch die Teile 6 und 8 sind Vorschriften, wohingegen die übrigen Teile *Regeln* sind[1]. Das bedeutet, daß „von ihnen unter eigener Verantwortung abgewichen werden kann, wenn besondere Gründe dies rechtfertigen". Die Teile 5, 12 und 20 sind noch in Vorbereitung.

Im folgenden werden einige Prüfbestimmungen des Teiles 4 aufgezählt und erläutert, weil sie die hier besonders interessierenden Leistungskondensatoren betreffen. Einige davon sind in letzter Zeit dem neuesten Stand (August 1963) der Empfehlungen der Internationalen Elektrotechnischen Kommission angepaßt worden (Neufassung der IEC-Publikationen 70-1, 70-2, 70-3); W. HELD berichtet darüber in [*104*].

Temperaturbereiche. Früher wurden die Leistungskondensatoren im allgemeinen für eine höchste Umgebungstemperatur von 35 °C bemessen. Nunmehr gelten 3 Temperaturklassen, s. Tab. 28. Diese berücksichtigen die in den verschiedenen Klimazonen oder in verschieden warmen Aufstellungsräumen auftretenden Umgebungstemperaturen. Für unsere gemäßigte Klimazone gilt die Temperaturklasse 40; daher wird 40 °C, das Mittel über 1 h, für die Bemessung der Kondensatoren normalerweise zugrunde gelegt, wobei noch berücksichtigt werden muß, daß die Prüfung auf Wärmegleichgewicht bei 45 °C zu erfolgen hat. Als Richtwert für die niedrigste Umgebungstemperatur in Deutschland gilt − 30 °C, wofür Kondensatoren mit Clophen A 30 geeignet sind.

Kapazitäts- und Leistungstoleranz. Der Hersteller kann am fertigen,

---

[1] Eine Neufassung von VDE 0560 unterscheidet nicht mehr ausdrücklich zwischen Vorschriften und Regeln. Da sie jedoch noch nicht vollständig ist, wurde die alte Fassung der Tab. 32 hier noch beibehalten.

Tabelle 32. *Einteilung der Kondensatoren in den Vorschriften VDE 0560*
(entnommen aus: VDE 0560, Teil 1/5.62, Tafel 1)

A. Bestimmungen die für alle oder mehrere Kondensatorarten zutreffen

Teil 1	Allgemeine Bestimmungen	
Teil 2 Vorschriften	Berührungsschutzkondensatoren	Kondensatoren, deren Versagen Menschen gefährdet

B. Bestimmungen für Kondensatoren für bestimmte Anwendungen

Teil 3 Regeln	Kondensatoren für Kopplung, Spannungsmessung und Überspannungsschutz	Kondensatoren, deren Versagen Anlagen gefährdet
Teil 4 Regeln	Leistungskondensatoren (Phasenschieberkondensatoren) ab 1,5 kvar, auch für Siebkreise und für Tonfrequenz-Rundsteueranlagen	Kondensatoren für Wechselspannung mit Beanspruchung durch Überspannungen und Spannungserhöhungen
Teil 5	Reihenkondensatoren	
Teil 6 Vorschriften	Kondensatoren bis 1,5 kvar für Entladungslampen-, insbesondere für Leuchtstofflampen-Anlagen	Kondensatoren mit und ohne Beanspruchung durch Überspannungen
Teil 7 Regeln	Funkentstörkondensatoren	
Teil 8 Vorschriften	Motorkondensatoren	
Teil 9 Regeln	Kondensatoren für Frequenzen über 100 bis 10000 Hz für Anlagen zur induktiven Wärmeerzeugung	Kondensatoren für Wechselspannung ohne wesentliche Beanspruchung durch Überspannungen und Spannungserhöhungen
Teil 10 Regeln	Kondensatoren für Frequenzen über 10 kHz mit Blindleistungen über 0,2 kvar oder mit Nennspannungen über 1 kV, insbesondere für Sendeanlagen und Hochfrequenzgeneratoren	
Teil 11 Regeln	Kondensatoren ab 600 V zum Glätten pulsierender Gleichspannungen	Kondensatoren für Gleichspannung
Teil 12 Regeln	Kondensatoren für Stoß- und Impulsbeanspruchung	

Tabelle 32 (Fortsetzung)

C. Bestimmungen für Kondensatoren für sonstige Anwendungen, geordnet nach Werkstoffen, z. B. für das Dielektrikum		
Teil 13 Regeln	Papierkondensatoren für Nenngleichspannungen bis 1000 V und Papierkondensatoren für Nennwechselspannungen bis 500 V	Kondensatoren für Gleich- und Wechselspannung
Teil 14 Regeln	Metallpapierkondensatoren für Nenngleichspannungen bis 1000 V und Metallpapierkondensatoren für Nennwechselspannungen bis 500 V	
Teil 15 Regeln	Aluminiumelektrolytkondensatoren für Nenngleichspannungen bis 1000 V	Kondensatoren für Gleichspannung
Teil 16 Regeln	Tantal-Elektrolytkondensatoren für Nenngleichspannungen bis 1000 V	
Teil 17 Regeln	Keramikkondensatoren für Nennspannungen bis 1000 V mit Blindleistungen bis 0,2 kvar	Kondensatoren für Gleich- und Wechselspannung
Teil 18 Regeln	Kunststoffolienkondensatoren	
Teil 19 Regeln	Glimmerkondensatoren	Kondensatoren für Gleichspannung
Teil 20 Regeln	Lackkondensatoren	

verschlossenen Kondensator keine Änderungen mehr vornehmen. Kapazität und Leistung müssen daher vor der Tränkung genügend genau vorausbestimmt werden. Das ist um so schwieriger, je kleiner eine Einheit ist, weil die unvermeidlichen Schwankungen der Papierdicke sich um so weniger ausgleichen, je kleiner Zahl und Größe der Wickel einer Einheit sind. Die Toleranz der Kapazität muß daher bei kleinen Einheiten größer als bei großen sein.

Die Toleranz der Bausteinkondensatoren muß besonders klein sein, da sie häufig in Reihe geschaltet werden und die Spannung sich gleichmäßig auf alle Einheiten verteilen soll. Der Hersteller kann eine Toleranz leichter einhalten, wenn die Zahl der gleichzeitig herzustellenden Einheiten einer Type groß ist; das ist bei Bausteinkondensatoren meist der Fall; s. VDE 0560, Teil 4/11.63, § 27.

Belastbarkeit. Der Kondensator soll den im Netz betriebsmäßig auftretenden Erhöhungen der Spannung und Frequenz und einer gewissen

Belastung durch Oberschwingungen gewachsen sein. Er muß folgende Überlastungen vertragen:

a) im Dauerbetrieb die 1,1fache Nennspannung, die 1,35fache Nennleistung und den 1,5fachen oder 1,8fachen Nennstrom,

b) während 6 h innerhalb eines Tagesspiels die 1,15fache Nennspannung und die 1,45fache Nennleistung.

Dabei wird die Nennspannung des Kondensators der Nennspannung des Netzes gleichgesetzt. Nun schwankt jedoch die Netzspannung; ferner erhöht ein Kondensator die Spannung an seinem Aufstellungsort, insbesondere in Zeiten schwacher Last, infolge des Spannungsanstiegs an stets vorgeschalteten Induktivitäten (Leitungen, Transformatoren, Spulen). Deswegen wurde früher vielfach für die Nennspannung des Kondensators das 1,05fache der Netznennspannung gewählt. Nach dem letzten Stand (August 1963, § 17.1, 17,2, 15,1) der IEC-Empfehlungen soll die Kondensatornennspannung bei einer nennenswerten Differenz zwischen tatsächlicher Spannung und Nennspannung eines Netzes erhöht werden; ferner soll ein Kondensator zwar für eine längere Zeit mit dem 1,1fachen seiner Nennspannung betrieben werden können, er darf aber nicht *dauernd* mit dieser Spannung betrieben werden. Der Vergleich zeigt, daß die Regeln VDE 0560, Teil 4, § 30, eine reichlichere Bemessung des Kondensators verlangen als die IEC-Empfehlungen. Dies kann den Anwender zu einer Ausnutzung des Kondensators verleiten, für die der Kondensator nicht vorgesehen ist, etwa zum Dauerbetrieb mit der 1,1fachen Nennspannung und 1,21fachen Nennleistung. Daher sollte § 30 ebenfalls den IEC-Empfehlungen angepaßt werden.

Verlustfaktor und Wärmegleichgewicht. Der Verlustfaktor erreicht zwischen 60 und 90 °C seinen Tiefstwert (s. Abb. 70); durch eine in diesem Bereich vorgenommene Verlustfaktormessung läßt sich die Güte des Kondensators am besten beurteilen. Daher soll der Verlustfaktor bei mindestens 60 °C gemessen werden.

Nicht vorgeschrieben wird dagegen die *Höhe* des Verlustfaktors; für den einwandfreien Betrieb des Kondensators kommt es nicht allein auf die Höhe der erzeugten Verluste, sondern auch auf deren Abfuhr an. Maßgebend ist daher der Nachweis des Wärme*gleichgewichts*. Dieser ist erbracht, wenn die Kondensatortemperatur bei der 1,44fachen Nennleistung und bei einer Umgebungstemperatur, die um 5 grd höher ist als der in Tab. 28, Spalte 1, angegebene Wert, während der letzten 10 h der 48-Stunden-Prüfung konstant bleibt. Es darf aus der Menge der zu liefernden Kondensatoren ein beliebiger Kondensator, z.B. derjenige mit dem größten Verlustfaktor, für die Prüfung ausgewählt werden.

Spannungsprüfung Belag gegen Belag. Die Isolation Belag gegen Belag ist lt. VDE 0560, Teil 4, § 42, in Übereinstimmung mit IEC, wie folgt zu prüfen:

1. mit einer Gleichspannung $U_p = 3 \sqrt{2}\, U_N = 4{,}3\, U_N$ oder

2. wahlweise mit einer Wechselspannung $U_p = \dfrac{4{,}3}{2}\, U_N = 2{,}15\, U_N$, falls zwischen Abnehmer und Hersteller vereinbart;

3. die Prüfdauer beträgt 10 sec.

(Über die Prüfung der MP-Kondensatoren s. Teil 4, § 42 b.)

Die Möglichkeit, zwischen Gleich- *oder* Wechselspannung zu wählen, und die unterschiedliche Höhe der beiden Prüfspannungen werfen einige Fragen auf: Läßt sich der Prüfzweck mit Gleich- oder Wechselspannung besser erreichen? Welche Erwägungen führten zu den oben festgelegten Spannungswerten, ist insbesondere die Prüfwechselspannung $U_{\widetilde{p}} = 2{,}15\, U_N$ der doppelt so hohen Prüfgleichspannung $U_{\overline{p}} = 4{,}3\, U_N$ gleichwertig? Werden bei diesen Prüfspannungen nur solche Kondensatoren ausgeschieden, die im Betrieb bald versagen würden (das ist der Prüfzweck) oder auch solche, die im Betrieb eine hinreichende Lebensdauer gehabt hätten? Wird durch die Prüfung die Lebensdauer eines Kondensators verkürzt?

Es sei zunächst auf einige Erfahrungen früherer Jahre hingewiesen. Die alten Leitsätze VDE 0560/1932 schrieben eine Prüf*wechsel*spannung $U_p = 3\, U_N$ und 1 min Prüfdauer vor. Es stellte sich heraus, daß häufig die Glimmeinsatzspannung überschritten und dadurch Defekte im späteren Betrieb eingeleitet wurden, und zwar bei Wickeln mit *dickem* Dielektrikum (s. Abb. 99 und 111). Deswegen mußte bei diesen Wickeln auf eine Prüfung mit Gleichspannung ausgewichen werden, für die der doppelte Wert, also $6\, U_N$ vorgeschrieben war. Diese Prüfspannung, der bei der damals üblichen Betriebsfeldstärke von etwa 13 V/µm eine Prüffeldstärke von 78 V/µm entsprach, führte jedoch bei Wickeln mit *dünnem* Dielektrikum (< 45 µm, 3 Lagen), also bei Niederspannungskondensatoren, zu zahlreichen Wickeldurchschlägen während der Prüfung, so daß hier die Wechselspannungsprüfung beibehalten wurde. Das Ergebnis war also, daß einerseits die Wechselspannung von $3\, U_N$ (etwa 39 V/µm) den Keim zur Zerstörung des dicken Dielektrikums legen konnte und damit zu hoch war, daß andererseits die Gleichspannung von $6\, U_N$ offensichtlich beim dünnen Dielektrikum ebenfalls zu hoch war, wenn man nicht die Dicke des Dielektrikums in die Prüfvorschrift einführen wollte.

Die neuen Prüfspannungen sind niedriger. Hinsichtlich ihrer Höhe sei auf folgendes hingewiesen:

VDE 0560, Teil 4, § 17 h 2, schreibt vor, daß die Isolation Belag gegen Belag für Schaltüberspannungen, deren Amplitude das 3fache der Nennspannung beträgt, bemessen sein muß. Dieser Wert ist annähernd gleich dem Scheitelwert der Prüfwechselspannung $2{,}15\, U_N$. Die Prüfgleichspannung beträgt, wie nach alter Erfahrung üblich, das doppelte dieses Wertes.

16*

Tabelle 33. *Vergleich des Prüfeffektes von Gleichspannung und Wechselspannung von gleich hohem Scheitelwert an Wickeln mit 3 und 4 Papierlagen*

	Wickel		Prüffeldstärke	Promille-Satz der durchgeschlagenen Wickel				
	Stück-zahl	Dicke des Dielektrikums		insgesamt	1. Hälfte		2. Hälfte	
					bei $U_{\overline{p}}^{=} = 4,3\,U_N$	bei $U_{\widetilde{p}} = 3\,U_N$	bei $U_{\widetilde{p}} = 3\,U_N$	bei $U_{\overline{p}}^{=} = 4,3\,U_N$
		µm	V/µm					
	1	2	3	4	5	6	7	8
A	3150	24	39	4,4	2,5	0,3	1,3	0,3
B	8550	27	60	16,5	3,7	3,6	8,1	1,0
C	540	33	58	55,6	14,8	26,0	13,0	1,8
D	2160	39	58	0	0	0	0	0

Als neue Regeln beraten und die oben genannten niedrigeren Prüfspannungen vorgeschlagen wurden, verglichen 1950 die Verfasser den Prüfeffekt der neuen Prüfgleichspannung $U_p = 4{,}3\,U_N$ mit dem der früheren Prüfwechselspannung $U_p = 3\,U_N$, d. h. einer Spannung von annähernd gleich hohem Scheitelwert. Zu diesem Zweck wurden Niederspannungskondensatoren für $220\cdots525$ V aus der laufenden Fertigung zweimal hintereinander geprüft, jedesmal 60 sec lang, und zwar die 1. Hälfte jeweils einer Charge zuerst mit Gleichspannung und anschließend mit Wechselspannung und die 2. Hälfte umgekehrt zuerst mit Wechsel- und dann mit Gleichspannung. Alle Wickel hatten je 2 Wickelsicherungen. Nach jeder Prüfung wurde die Anzahl der durchgeschlagenen Wickel durch Kapazitätsmessung festgestellt. Bei genügend großer Wickelzahl sollte die Zahl der Durchschläge der 1. Hälfte gleich derjenigen der 2. Hälfte sein. Das trifft in Tab. 33 jedoch nur bei Zeile B mit 8550 Wickeln und 141 Durchschlägen einigermaßen zu; bei Zeile A und besonders C ist die Zahl der Wickel und vor allem der Durchschläge noch zu klein. Die Genauigkeit reicht jedoch für den unten gezogenen Schluß hinsichtlich des Prüfeffektes der Wechsel- und Gleichspannung aus.

Wäre die Wirksamkeit der Gleichspannung gleich derjenigen der Wechselspannung, dann müßten alle minderwertigeren Wickel schon bei der 1. Prüfung ausfallen. Das ist jedoch nur bei 39 V/µm (Zeile A) nahezu der Fall, d. h. bei dieser Feldstärke ist der Prüfeffekt der Gleichspannung etwa gleich demjenigen einer Wechselspannung von gleich hohem

Scheitelwert; für eine sichere Aussage erscheint jedoch die Zahl der Durchschläge zu klein. Bei 60 V/µm (Zeile B und C) dagegen schlagen bei Wechselspannung (Spalte 6) trotz vorhergegangener Gleichspannungsprüfung (Spalte 5) zusätzlich zahlreiche Wickel durch, wohingegen bei der Prüfung mit Gleichspannung (Spalte 8) kaum noch Wickel ausgeschieden werden, wenn vorher mit Wechselspannung (Spalte 7) geprüft wird. Die Prüfung mit einer Wechselspannung von $3\,U_N$ ist also, bei 60 V/µm, schärfer als die Prüfung mit einer Gleichspannung von $4{,}3\,U_N$. Die Durchschläge nehmen stark mit der Spannung zu (Spalten 4, 6 und 7, die Zunahme ist in Wirklichkeit noch größer, da die Zahlen auf gleiche Wickelfläche bezogen werden müßten). Der Grund ist das steile Anwachsen der von der Wechselspannung an Schwachstellen und am Folienrand verursachten Glimmentladungen, s. Abb. 96b. Bei dieser Wechselspannungsprüfung fallen vermutlich auch solche Wickel aus, die im Dauerbetrieb nicht versagen. Der Versuch hat also ergeben, daß eine Prüfung mit einer Wechselspannung von $3\,U_N$ und einer Wechselfeldstärke von $\dfrac{58}{\sqrt{2}} = 41$ V/µm bei einer Prüfdauer von 1 min auch bei Niederspannungskondensatoren nachteilig ist.

Bei der Prüfung der Wickel mit 4 Lagen (Zeile D) schlug kein Wickel durch. Dieses Ergebnis zeigt wiederum den hohen Einfluß der Lagenzahl (s. S. 132). Jedoch kann schon bei 39 µm und 58 V/µm (Scheitelwert) die Glimmgrenze erreicht und der Keim zur allmählichen Zerstörung im Betrieb gelegt werden (Abb. 99b, Clophen A 50).

Glimmentladungen treten im Betrieb nur bei Überspannungen auf: eine Überspannung der Höhe $\lvert\overline{2}\cdot 3\,U_N$ ist jedoch sehr selten (s. hierzu S. 243 unten) und ihre Dauer beträgt nur wenige Millisekunden. Demgegenüber ist die frühere Prüfdauer von 1 min sehr lang. Die neuen Regeln sehen eine Prüfwechselspannung von $U_p = 2{,}15\,U_N$ und nur 10 sec Dauer vor. Damit darf die Frage, ob die Lebensdauer der mit Clophen A 30 getränkten Kondensatoren durch die Prüfung mit Wechselspannung verkürzt wird, verneint werden, sofern der Kondensator mit einem Dielektrikum genügend geringer Dicke gebaut ist. Angesichts der heute angewendeten Feldstärken bis zu 20 V/µm wird die Prüfung mit $4{,}3\,U_N$ Gleichspannung bevorzugt. Höchstens Niederspannungskondensatoren mit sehr dünnem Dielektrikum werden mit Wechselspannung geprüft. Bestünde die Absicht, die Betriebsfeldstärke über 20 V/µm hinaus zu steigern, ergäbe sich von neuem die Gefahr einer Schädigung bei der Prüfung mit $2{,}15\,U_N$. Einer weiteren Senkung der Prüfspannung unter $2{,}15\,U_N$ könnte jedoch kaum zugestimmt werden. Sie darf nicht tiefer sein als die beim Einschalten des Kondensators auftretende maximal mögliche Einschaltspannung von $2\,U_B$ (U_B die maximale Betriebsspannung), insbesondere bei Kondensatoren, die häufig geschaltet werden.

Wieweit trifft die Annahme, daß eine Wechselspannung $U_{\tilde{p}}$ einer Gleichspannung $U_p^- = 2\,U_{\tilde{p}}$ hinsichtlich ihres Prüfeffektes gleichwertig sei, für das dünnschichtige Dielektrikum des Leistungskondensators zu? Für ein dreilagiges Dielektrikum wird diese Frage durch Tab. 33 bis zu einem gewissen Grade beantwortet. Weitere Durchschlagversuche an Wickeln mit 2···6 Papierlagen, ausgeführt teils mit Gleich-, teils mit Wechselspannung, zeigen, daß der Faktor $a = U_{\bar{d}}/U_{\tilde{d}}$ den Wert 2 erst bei Wickeln mit 5 oder mehr Lagen und erst nach Ausscheiden der Wickel mit Fehler- und Schwachstellen erreicht wird, bei 4 Lagen ist er meist kleiner, z.B. 1,8 bis 1,9 bei Satinage C, ferner 1,6 bis 1,85 bei maschinenglattem Papier (s. S. 159). Bei Wickeln mit 2 und 3 Lagen sinkt er bis 1,4, d.h. $U_{\bar{d}} \approx \sqrt{2}\,U_{\tilde{d}}$; es kann sogar $a < 1,4$ vorkommen, bei 2 Lagen und an besonders schwachen Stellen, weil die Gleichspannung dauernd, die Wechselspannung dagegen nur kurzzeitig im Scheitel wirksam ist, s. Abb. 111.

Die genannten Zahlen gelten nur bei Steigerung der Wechselspannung innerhalb 10···60 sec bis zum Durchschlag. Bei langsamerer Spannungssteigerung nehmen die z.T. weit unterhalb dieser Durchschlagspannung auftretenden Glimmentladungen durch Bildung von Gas mit der Zeit zu, sie steigern die Temperatur und zerstören das Papier, so daß dadurch die Durchschlag*wechsel*spannung sinkt. Ausschlaggebend für die Größe von a, $U_{\bar{d}}$ und $U_{\tilde{d}}$ ist der „Barriereneffekt" des Dielektrikums (s. S. 160).

Zusammenfassend ist folgendes zu sagen:

Die Prüfung mit Gleich- oder Wechselspannung soll Wickel ausscheiden, die im Dauerbetrieb versagen würden; es handelt sich um Wickel mit Schwachstellen, die bei den obigen Durchschlagversuchen die Tiefstwerte ergaben, für die $a < 2$ ist. Die Prüfgleichspannung $4,3\,U_N$ ist aus der Prüfwechselspannung $2,15\,U_N$ durch Multiplikation mit $a = 2$ entstanden, sie ist wirksamer als die Prüfwechselspannung und schon deshalb vorzuziehen. Darüberhinaus hat die Prüfung mit Gleichspannung den Vorteil, daß mit Sicherheit schädliche Glimmentladungen vermieden werden.

Spannungsprüfung Belag gegen Gehäuse. Die Isolation Belag gegen Gehäuse ist 10 sec lang mit folgenden Wechselspannungen zu prüfen:

U_N	kV	≤ 1	3	6	10
U_p	kV	$U_N + 2,5$	10	20	30

Kondensatoren mit geerdetem Gehäuse werden für Nennspannungen bis 10 kV ausgeführt (DIN 48500, April 1964). Höhere Nennspannungen erfordern hohen Isolationsaufwand (s. S. 194). Auch bei dieser Prüfung wurde die Prüfdauer von 60 auf 10 sec herabgesetzt, um die Dauer etwaiger Glimmentladungen zu begrenzen. Die Prüfung ist eine Stückprüfung. Sie entfällt bei Kondensatoren mit nur einer Klemme, bei denen das Gehäuse mit dem 2. Belag fest verbunden ist. Darüber hinaus ist eine Prüfung mit Stoßspannung (nach VDE 0111) als zerstörungsfreie Typenprüfung durchzuführen.

III. Kondensatoren mit anderem Dielektrikum

Die Kondensatoren der Starkstromtechnik enthalten fast ausschließlich Papier als Dielektrikum. Daneben werden besonders für die Zwecke der Nachrichtentechnik in großem Umfang Kondensatoren hergestellt, deren Dielektrikum aus Kunststoffolien, Glimmer, keramischen Massen oder wie bei den Elektrolytkondensatoren aus Metalloxydschichten besteht.

Daß die seit Ende des letzten Krieges zu hoher Vollkommenheit entwickelten Kunststoffolien bei Leistungskondensatoren bisher kaum eingesetzt wurden, ist angesichts der hohen Durchschlagfestigkeit und vor allem der außerordentlich niedrigen Verluste vieler Folien (z. B. Polystyrol, Polypropylen, Polycarbonat) zunächst überraschend. Die Erklärung dafür liegt in einer Reihe von Nachteilen gegenüber den modernen hochwertigen Kondensatorpapieren. Die DK der genannten Folien ist wegen des Fehlens von Dipolmolekülen mit $2{,}2 \cdots 3$ knapp halb so groß wie bei clophengetränktem Papier. Mithin ist die je Volumeneinheit erzielbare Blindleistung gemäß Gl. (12) entsprechend kleiner. Weiterhin sind manche der in Betracht kommenden Folien nicht oder nicht genügend clophenbeständig. Außerdem ist es kaum möglich, bei einem Dielektrikum mit mehreren Kunststofflagen alle Hohlräume zwischen den Lagen mit Tränkmitteln zu füllen. Ein weiterer Nachteil ist der beträchtlich höhere Preis der Folien gegenüber Papier.

In jüngster Zeit werden Kunststoffolien in Kombination mit Papier auch bei Leistungskondensatoren eingesetzt. So werden heute bereits Kondensatoren für 380 V hergestellt, deren Dielektrikum aus einer Lage metallbedampften Papiers und einer Lage Polycarbonatfolie besteht. Die Gesamtdicke des Dielektrikums wird geringer, da die Folie nur $8 \cdots 10 \, \mu\mathrm{m}$ dick ist, die Feldstärke und damit die Blindleistung je Volumeneinheit entsprechend größer. Auch bei Mittelspannungskondensatoren mit Aluminiumfolien versucht man, einen Teil der Papierlagen durch Kunststoffolien zu ersetzen. In beiden Fällen wird eine einwandfreie Durchtränkung dadurch ermöglicht, daß das zwischen je zwei Folien liegende Papier als eine Art „Docht" wirkt. Wie sich Leistungskondensatoren mit einem solchen „Mischdielektrikum" im Betrieb verhalten, ist noch nicht ausreichend erprobt. Auch ist die Frage der Wirtschaftlichkeit noch nicht entschieden. Sie hängt von der Preisentwicklung bei den Kunststoffolien einerseits und andererseits von der weiteren Qualitätsentwicklung bei den Kondensatorpapieren ab.

Auf eine weitere Möglichkeit, Kunststoffolien für Kondensatoren bis 500 V, 50 Hz, einzusetzen, weist das deutsche Patent Nr. 832 640 vom 28. 2. 1952 hin. Als Elektroden dienen beidseitig bedampfte Papiere von 8···10 mm Dicke. Das eigentliche Dielektrikum bildet eine einzige Kunststoffolie von 5···8 µm Dicke, die mit hoher Feldstärke beansprucht wird, so daß große Leistungen je Volumeneinheit erzielt werden. Das Papier wird durch die Stirnkontaktierung mittels Schoopung dielekrisch kurzgeschlossen. Erst in den letzten Jahren stehen hierzu hinreichend hochwertige und verlustarme Kunststoffolien zur Verfügung.

Anders sehen diese Verhältnisse bei Leistungskondensatoren für Mittelfrequenz aus. Hierfür werden Kunststoffolien mit einem äußerst kleinen Verlustfaktor ($\approx 1 \cdot 10^{-4}$) und einer DK von 2,3 benutzt. Die Blindleistung je Volumeneinheit wird nach Gl. (12) im Frequenzbereich oberhalb 2000 Hz so groß, daß diese Kondensatoren ebenso wirtschaftlich werden wie Kondensatoren mit Papierisolation, weil ihre Verlustwärme so klein ist, daß in vielen Fällen keinerlei zusätzliche Luft- oder Wasserkühlung erforderlich ist. Die Grenze der wirtschaftlichen Verwendung der Kunststoffolie liegt etwa beim 40fachen der normalen Netzfrequenz.

Naturglimmer, besonders Muskowit, ist das einzige bisher bekannt gewordene Material, das hinsichtlich εE^2 dem Papier mindestens gleichwertig ($\varepsilon_r \approx 7$) und in bezug auf $\tan\delta$ sogar weit überlegen ist, s. Tab. 36. Dennoch bleibt die Anwendung von Glimmer auf Spezialkondensatoren beschränkt, da das Material teuer und schwer zu verarbeiten ist.

Bei *keramischen Massen* lassen sich Dielektrizitätskonstanten erzielen, die um mehrere Größenordnungen höher liegen als bei Papier. Die maximal anwendbaren Feldstärken sind jedoch im allgemeinen niedriger als 1 V/µm (s. Tab. 2). Außerdem ist bei Keramikkondensatoren das Verhältnis Aktivvolumen zu Gesamtvolumen aus verfahrenstechnischen Gründen sehr klein. Auch diese Kondensatoren werden hauptsächlich in der Hochfrequenztechnik eingesetzt (vgl. S. 257).

Bezogen auf das Aktivvolumen hat der *Elektrolytkondensator* bei weitem den höchsten Wert des Produktes εE^2. Trotz des sehr ungünstigen Verhältnisses von Aktiv- zu Gesamtvolumen ist dieser Kondensator für große Kapazitäten bei Gleichspannungen bis 600 V wirtschaftlich und wird in großer Stückzahl in nachrichtentechnischen und Fotoblitzgeräten eingesetzt. Ein besonderer Vorteil liegt darin, daß auch bei sehr kleiner Nennspannung (wenige Volt) die im Gehäusevolumen unterzubringende elektrostatische Energie noch sehr groß ist, da man die Ausbildung der Dicke der Oxydschicht in weiten Grenzen steuern und die wirksame Fläche durch Aufrauhen der Anodenfolie auf das 40-

bis 70fache vergrößern kann. Für Wechselspannungsanwendungen ist dieser Kondensator kaum geeignet, da sein Verlustfaktor – bedingt durch den Elektrolyten – etwa 0,1 ist, also 30- bis 50mal so groß wie bei Leistungskondensatoren.

Im folgenden werden diese Kondensatoren beschrieben, wobei aus Raumgründen nur die grundsätzlichen Eigenschaften behandelt werden. Für eingehende Studien wird auf die dort angegebene Literatur verwiesen.

A. Der Kunststoffolienkondensator

1. Styroflexkondensatoren

Von den genannten Isolierfolien wird für Mittel- und Hochfrequenzkondensatoren heute vor allem die Styroflexfolie wegen ihrer ausgezeichneten elektrischen und guten mechanischen Eigenschaften verwendet. Diese glasklare Folie hat bis zu den höchsten Frequenzen sehr niedrige dielektrische Verluste. Das Ausgangsprodukt ist das monomere Styrol (Vinylbenzol $C_6H_5 \cdot CH = CH_2$), ein reiner Kohlenwasserstoff, der in der

Abb. 172 a u. b. Polymerisation des Styrols.
a Styrol; *b* Polystyrol.

Vinylgruppe eine Doppelbindung enthält (s. Abb. 172a). Bei der Polymerisation springt diese Doppelbindung auf, und es entstehen fadenförmige Moleküle mit mehreren hundert (bis zu 2000) Styrolmolekülen (vgl. Abb. 172b). Ihre Länge ist 10000- bis 50000mal so groß wie ihre Dicke. Wegen der freien Drehbarkeit um die C–C-Bindung sind die Fäden sehr biegsam; da sie aber normalerweise nicht gestreckt nebeneinanderliegen, sondern stark verknäuelt sind, ist Polystyrol ein relativ spröder Werkstoff. Bei genügend hoher Erwärmung (ab 70 °C) wird er plastisch und kann bei Temperaturen oberhalb 100 °C gut verformt werden (Thermoplastizität). Nach dem Erkalten sind wärmeverformte Polystyrolteile wieder spröde. Aus dem Polystyrol können jedoch flexible Folien und

Fäden (daher der Name Styroflex) hergestellt werden, wenn der Werkstoff während der Wärmebehandlung gleichzeitig gereckt wird. Wird er im plastischen Zustand durch eine Spritzdüse zu einem Faden gepreßt und dabei gereckt, so orientieren sich die Moleküle in Fadenrichtung, und der erkaltete Faden ist gut biegsam. Bei einer allseitig gereckten Folie verschwindet die Sprödigkeit in jeder Richtung. Während einseitig gerecktes Material leicht in der Reckrichtung spaltet (die Bindung der weitgehend parallel nebeneinanderliegenden Fadenmoleküle durch die van-der-Waals-Kräfte ist viel schwächer als die Bindung innerhalb der Fäden durch die Valenzkräfte), ist allseitig gerecktes Styroflex genügend einreißfest.

Bei der Fertigung von Styroflexfolie wird nach H. Horn [*120*] und W. Beindorf [*15*] Polystyrol in eine elektrisch beheizte Schneckenpresse gebracht, die das plastisch gewordene Material unter hohem Druck (50 bis 100 at) durch eine Ringdüse preßt. Aufspulvorrichtungen ziehen den aus der Düse kommenden Schlauch über eine Spreizvorrichtung, die ihn quer zur Zugrichtung reckt, während der Wickelzug gleichzeitig eine Längsreckung bewirkt. Die Biegsamkeit ist optimal, wenn der Polystyrolschlauch sowohl längs als auch quer zur Zugrichtung auf die 4fache Länge gereckt wird; dabei vergrößert sich die Oberfläche auf das 16fache. Darnach werden die beiden Seiten des nunmehr flachen Schlauches abgetrennt und aufgewickelt. So lassen sich Folien von 0,02···0,15 mm Dicke herstellen, bei erhöhtem Aufwand sogar von nur 0,006 mm. Der Reckprozeß wird optisch kontrolliert, und zwar läßt sich der Ordnungszustand der Moleküle mit Hilfe der Doppelbrechung ermitteln. F. H. Müller [*188*] behandelt ausführlich die physikalischen Eigenschaften von Styroflex. Einer Arbeit von W. Katzschner [*134*] ist zu entnehmen, daß die elektrische Durchschlagfestigkeit stark von der Homogenität (Dicke und DK) der Folien abhängt. Inhomogene Stellen z. B. Dünnstellen und Lufteinschlüsse) lassen sich mit Hilfe des Toeplerschen Schlierenverfahrens sichtbar machen (Abhängigkeit der DK vom Brechungsindex). Es konnte fotografisch nachgewiesen werden, daß der elektrische Durchschlag fast immer an inhomogenen Stellen eintritt.

Bei der Verarbeitung von Styroflexfolie muß beachtet werden, daß sie bereits bei Raumtemperatur gegenüber vielen Säuren und Fetten unbeständig ist und bei Temperaturen oberhalb 50 °C von vielen Ölen aufgelöst wird.

Styroflexkondensatoren werden teilweise ungetränkt betrieben. Je nach Höhe der Wickelspannung besteht das Dielektrikum aus 2 bis 4 Lagen Styroflex, wobei aus Gründen der Durchschlagsicherheit eine Lagendicke von 15 μm kaum unterschritten wird. Die Wickel sind meist Rundwickel mit überstehenden Belagfolien, auf die zur Kontaktierung Metall aufgespritzt (Schoopung) bzw. aufgeschmolzen wird (Reibelötung)

Tabelle 34. *Physikalische Eigenschaften von Styroflexfolie*

Eigenschaft	Einheit	Wert	Prüfvorschrift
DK, $f \leq 1$ MHz		$2,3\cdots2,6$	DIN 53483
Temperaturkoeffizient der DK	1/grd	$\approx 150 \cdot 10^{-6}$	—
$\tan\delta$, $f \leq 1$ MHz	—	$\leq 3 \cdot 10^{-4}$	DIN 53483
Spezifischer Widerstand	$\Omega \cdot$ cm	$\geq 10^{16}$	DIN 53482
Oberflächenwiderstand	Ω	$\geq 10^{13}$	DIN 53482
Durchschlagfeldstärke, 50 Hz	V/μm	≥ 75	DIN 53481
Dichte	kg/dm³	1,05	DIN 53479
Wasseraufnahme	Gew.-%	$\leq 0,1$	DIN 53472

oder Kupferbleche gepreßt werden (Druckkontaktierung). Um das Eindringen von Luftfeuchtigkeit in das Dielektrikum zu erschweren, werden bei Wickeln mit Schoopung oder Reibelötung die Stirnseiten vielfach mit Kunstharz vergossen, während druckkontaktierte Wickel in dichte Gehäuse eingebaut werden. Zur Vermeidung von Glimmentladungen muß die Betriebsfeldstärke des Styroflex-Luft-Dielektrikums unterhalb 10 V/μm liegen.

Abb. 173. Mittelfrequenz-Kleinkondensator mit Styroflex-Öl-Dielektrikum 600 V, 15 kvar, 10 kHz.

Eine höhere Feldstärke wird durch die Tränkung mit einem Spezialöl, das die Folie nicht angreift, ermöglicht. Die Kapazität erhöht sich dabei um $3\cdots5\%$. Wegen des Abschlusses von der Außenluft neigen Styroflex-Öl-Kondensatoren weniger zum Altern als Kondensatoren mit Styroflex-Luft-Dielektrikum. Abb. 173 zeigt einen Mittelfrequenzkondensator mit nur einem Rundwickel. Das Gehäuse führt Spannung. Mehrere Kondensatoren können in Reihe und parallel geschaltet und damit beliebige Spannungen und Leistungen erreicht werden. Ein defekter Kondensator läßt sich leicht austauschen. Abb. 174 zeigt den Innenaufbau eines großen Mittelfrequenzleistungskondensators mit $4 \cdot 6$ Rundwickeln. Jeder Wickel liegt zwischen zwei Kontaktblechen aus Kupfer; die Spiralfedern an den Enden der Isolierbolzen sorgen für den notwendigen Kontaktdruck. Bei dem in Abb. 175 gezeigten Kondensator sind die sechs Wickelgruppen voneinander isoliert und getrennt herausgeführt zur Anpassung an den jeweiligen Blindleistungsbedarf der Erwärmungsanlage.

Die Verluste von Styroflex-Mittelfrequenz-Kondensatoren sind zu einem kleinen Teil dielektrische Verluste in der Styroflexfolie, zum wesentlichen Teil Stromwärmeverluste in den Belagfolien und Zuleitungen. Dadurch ist der Verlustfaktor bei Betrieb mit 10 kHz $3 \cdots 5 \cdot 10^{-4}$, während bei 50 Hz Werte $\leq 1 \cdot 10^{-4}$ gemessen werden.

Für Meßschaltungen, besonders für Scheringbrücken und andere Kapazitäts- und Verlustfaktormeßbrücken, werden Normalkondensatoren

Abb. 174. Innenaufbau eines Styroflex-Kondensators für Mittelfrequenz.

Abb. 175. Mittelfrequenz-Großkondensator mit Styroflex-Öl-Dielektrikum 600 V, 360 kvar, 10 kHz (Siemens).

benötigt, die weitgehend verlustfrei sein sollen, konstante Kapazität haben müssen und nicht glimmen dürfen. Kondensatoren mit einem Styroflex-Öl-Dielektrikum haben eine verhältnismäßig hohe Feldstärke und sind trotzdem im Spannungsbereich von $1 \cdots 30$ kV völlig glimmfrei. Daher sind sie gegenüber Platten- bzw. Zylinderkondensatoren mit gasförmigem Dielektrikum und gegenüber den Kondensatoren mit ölimprägnierten Glimmerplatten mit gleichen elektrischen Daten kleiner, leichter und billiger. Über Aufbau und Eigenschaften dieser Kondensatoren berichten W. HELD und R. C. KUNZE [99].

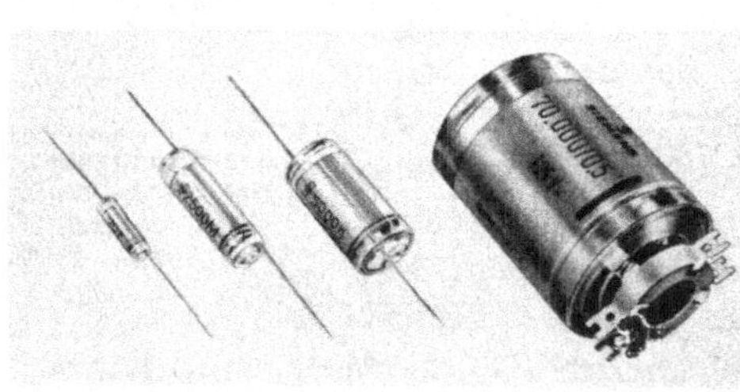

Abb.176. Styroflex-Luft-Kondensatoren mit „gebackenen" Folien für die Nachrichtentechnik (Siemens).

Die Rundwickel von Styroflexkondensatoren für die Nachrichtentechnik werden gewöhnlich einer Wärmebehandlung unterworfen. Bei 90 °C beginnt eine Erweichung und damit „Entreckung" der Styroflexfolie, d.h. die Fadenmoleküle gehen aus ihrer gestreckten Lage in die Knäuelform zurück. Das Tempern der Wickel (bei 90···95 °C, etwa 1 h lang) führt zum Schrumpfen und Verbacken der Folien, so daß sehr feste Wickel mit hervorragender Kapazitätskonstanz entstehen. Durch den Backprozeß werden sie für viele Zwecke ausreichend gegen das Eindringen von Feuchtigkeit geschützt. Das Dielektrikum besteht im allgemeinen aus zwei Lagen. Zur Kontaktierung werden dünne Ableitungsstreifen in die Wickel gelegt oder mit den Belagfolien kontaktsicher verschweißt. Der Verlustfaktor steigt von etwa $3 \cdot 10^{-4}$ bei 10^4 Hz wegen der Stromwärmeverluste auf etwa $5 \cdot 10^{-3}$ bei 10^6 Hz an. Abb. 176 zeigt Styroflexkleinkondensatoren in ungeschützter Ausführung. Da der Isolationswiderstand von der relativen Luftfeuchte und der Kondensatortemperatur abhängt, werden Kondensatoren für erhöhte Anforderungen in dicht verlötete Gehäuse eingebaut. Über die Anwendungsmöglichkeiten von Styroflexluftkondensatoren mit getemperten Wickeln berichten H. GESCHKA und F. LANGE [*90*].

2. Der Lackfilmkondensator

Transistoren und andere Halbleiterbauelemente haben die Miniatursierung elektronischer Schaltungen möglich gemacht. Für diese Schaltungen, die meist mit Spannungen unter 32 V, im Höchstfall mit 60 V, arbeiten, werden Kondensatoren kleinster Abmessungen benötigt, deren Dielektrikum also extrem dünn sein muß. Zwar stellt die chemische Industrie schon Kunststoffolien von nur 2 µm Dicke her, jedoch sind diese sehr teuer und schwer zu verarbeiten, so daß Folien unter 5 µm Dicke bisher kaum verwendet werden. Eine Lösung des Problems brachten die *Lackfilmkondensatoren*, die nach dem Selbstheilprinzip arbeiten. Zur Herstellung des Dielektrikums wird auf ein Trägermaterial eine Lacklösung aufgebracht, die nach Abdunsten des Lösungsmittels einen dünnen Film großer Gleichmäßigkeit ergibt. Durch mehrmaliges Lackieren erhält man eine Art Mehrschicht-

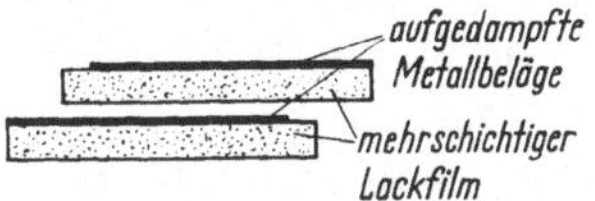

Abb. 177. Aufbau des Lackfilmkondensators ohne Trägermaterial (nach H. SCHILL).

tendielektrikum mit kleiner Fehlerstellenzahl. Verwendet werden Lacke auf Polyurethanbasis mit einer DK von 3,7 bei 10 kHz und RT.

Als Trägermaterial dient heute meist Papier, von dem der Lackfilm nach dem Aushärten und dem Metallisieren ohne Beschädigung abgelöst werden kann. Je zwei Lackfilme, die – bis auf einen schmalen isolierenden Streifen – einseitig metallisiert sind, werden gegeneinander versetzt zu einem Kondensator gewickelt (vgl. Abb. 177). Die Kontaktierung erfolgt auch hier durch Aufspritzen von Metall auf die Stirnseiten. Die bei dieser Bauart noch vorkommenden Fehlerstellen (Metallbelag in Vertiefungen und Löchern) lassen sich dadurch fast vollständig vermeiden, daß die

Metallisierung zwischen zwei Lackschichten gelegt wird. Zunächst wird auf den mit der Zwischenschicht versehenen Träger ein möglichst dünner Lackfilm aufgetragen, der anschließend mit Metall bedampft wird. Dann wird eine zweite Lackschicht so auf die metallisierte Grundschicht aufgebracht, daß die Gesamtdicke der übereinanderliegenden Schichten der Dielektrikumsdicke beim einfachen Lackfilmkondensator entspricht. Die zweite Lackschicht kann somit keine Metallspitzen enthalten (vgl. Abb. 178). Die Selbstheilvorgänge dieser Kondensatoren entsprechen im Prinzip denen bei MP-Kondensatoren.

Lackfilmkondensatoren sind sowohl für Gleich- als auch für Wechselspannungsbetrieb bei $-40\,°C$ bis $+70\,°C$ geeignet. Die Wechselspannung darf jedoch nur etwa 30% der zulässigen Gleichspannung betragen. Der Verlustfaktor der Kondensatoren beträgt bei einer Frequenz von $100\,Hz$ etwa $100 \cdot 10^{-4}$ und steigt mit der Frequenz an ($200 \cdot 10^{-4}$ bei $1\,kHz$; $300 \cdot 10^{-4}$ bei $10\,kHz$). Über die Entwicklung und die Anwendung von Lackfilmkondensatoren berichtet ausführlich H. SCHILL [236].

Abb. 178. Fehlerstellen im einfachen und im zweilagigen Lackfilmkondensator (nach H. SCHILL).

B. Der Glimmerkondensator

Die Natur liefert im Glimmer einen Isolierstoff mit vielen hervorragenden Eigenschaften: er ist ein Kristall, der sich in dünne Blättchen bis herab zu $10\,\mu m$ Dicke spalten läßt, er ist ein guter elektrischer Isolator mit relativ großer Dielektrizitätskonstante; als anorganischer Stoff ist er hoch wärmebeständig wie kaum ein anderer Isolierstoff. Darüber hinaus ist seine chemische Beständigkeit für manche Anwendungen wichtig, z.B. seine Beständigkeit gegen Glimmentladungen für die Isolierung elektrischer Hochspannungsmaschinen.

Glimmer oder Mica (lat.: micare = schimmern, glänzen) hat sich in frühen Erdzeitaltern innerhalb der Erdrinde in mehreren Kilometern Tiefe unter hohem Druck und hoher Temperatur gebildet und wurde durch gebirgsbildende Vorgänge in den Bereich der Erdoberfläche gehoben, wobei er gepreßt, gequetscht und rissig wurde; er kommt daher nur in verhältnismäßig kleinen Stücken vor. Abbauwürdige Lagerstätten befinden sich vor allem in Indien („Rubyglimmer"), Madagaskar („Amberglimmer"), Nord- und Südamerika und Sibirien. Im Handel unterscheidet man die in Tab. 35 angegebenen Größen. Die Abmessungen 0000 bis 0 kommen selten vor und sind sehr teuer. Praktisch kommen die

Spaltgrößen 2 bis 6 in Betracht; deshalb ist auch Spalt 6 mit der Wertigkeit[1] von etwa 1 belegt worden.

Tabelle 35. *Größe und Wertigkeit von Rohglimmer*

Größe Nr.	Maße in mm		Wertigkeit[1] je nach Klarheit
	lang	breit	
0000	200···300	150···300	40···80
000	180···300	120···200	34···53
00	120···200	100···120	28···43
0	120···190	80···110	22···36
1	100···180	70···100	16···22
2	80···150	70···90	10···18
3	80···120	60···70	6···14
4	50···100	40···60	4···10
5	40···60	30···40	2···6
6	25···30	20···30	1···2

[1] Ein Maß für die Größe, Reinheit und Durchsichtigkeit und damit für die Verwendbarkeit und den Preis der Glimmerblättchen.

Es gibt zahlreiche Glimmerarten, die unter den Namen Muskowit, Phlogopit, Biotit, Paragonit, Zinnwaldit, Lepidolith, Margarit u.a. bekannt sind. In chemischer Hinsicht sind sie komplexe Aluminium-Alkali-Silikate, in vielen Fällen tritt Magnesium an die Stelle von Aluminium. Bedeutung für die Elektroindustrie haben nur der Muskowit und Phlogopit, weil nur sie größere Kristalle in Form der sogenannten „Bücher" („Buchglimmer") bilden. Tab. 36 gibt ihre chemische Zusammensetzung und Eigenschaftswerte an; der Muskowit hat die besseren elektrischen Werte, der Phlogopit ist thermisch stabiler, weshalb er sich vor allem für Elektrowärmegeräte eignet.

Zur Herstellung eines Kondensators werden Glimmerblätter bestimmter Dicke und zugeschnittener Größe in der Regel auf beiden Seiten mit einem Metallbelag, meist aus Silber, versehen, der chemisch aufgebracht oder auf chemisch-thermischem Wege eingebrannt oder im Vakuum aufgedampft wird. Der gewünschten Kapazität entsprechend werden derartige Blättchen übereinandergestapelt, die zusammengehörigen Beläge miteinander verbunden und das Ganze in einem Behälter gut von der Außenluft abgeschlossen, damit sich keine Wasserhäute auf den belagfreien Glimmeroberflächen bilden [*66*]. Ein derartiger Kondensator kann als Leistungskondensator für Netzfrequenz, wie leicht einzusehen, mit dem Papier-Folien-Kondensator nicht konkurrieren, sondern wird dort eingesetzt, wo die Eigenschaften des Glimmers zur Geltung kommen, z.B. wegen der Kapazitätskonstanz als Normal für Meßzwecke, wegen der Verlustarmut und hohen Belastbarkeit als Hochfrequenzkondensator in Nachrichtenanlagen, wegen der großen elektrischen Festigkeit als Block-

Tabelle 36. *Eigenschaftswerte des Glimmers [161]*

		Muskowit	Phlogopit
Chemische Zusammensetzung		Kaliglimmer $KAl_2 (OH, F)_2$ $[AlSi_3O_{10}]$	Magnesium- glimmer $KMg_3 (F, OH)_2$ $[AlSi_3O_{10}$
spez. Gewicht[1]	g/cm^3	2,7···3,0	2,6···3,2
Härte	Mohs-Skala	2,8···3,2	2,5···2,7
Spez. Wärme	cal/g · grd	0,208	0,206
Wärmeleitfähigkeit	cal/cm · sec · grd	0,008···0,014	—
Kalzinierungs- temperatur	°C	600	950
Schmelztemperatur	°C	1300	1300
DK[1]		6···7,7	5···6
Temperaturbeiwert der DK[2]	1/ grd	-25 bis $+35 \cdot 10^{-6}$	—
Verlustfaktor		0,0001···0,001	0,001···0,01
Durchschlagsfestig- keit[3]			
Dicke 1,0 mm	kV/mm	60	niedriger
0,1 mm		150	als bei
0,013 mm		240	Muskowit
Durchgangswider- stand bei 20 °C		$3 \cdot 10^{17}$	$6 \cdot 10^{14}$
100 °C	$\Omega \cdot cm$	$1 \cdot 10^{16}$	$3 \cdot 10^{13}$
200 °C		$2 \cdot 10^{14}$	—
700 °C		$1 \cdot 10^9$	—
800 °C			$4 \cdot 10^{10}$
Oberflächen- widerstand[4]	Ω	$1 \cdot 10^{12}$	$2 \cdot 10^{11}$
Beständigkeit gegen Glimmentladungen in trockener Luft		ausgezeichnet	
Säurebeständigkeit Ölbeständigkeit		Die meisten Sorten sind säurefest. Öl zerstört durch Eindringen in feine Spalten alle Glimmerarten	

[1] Die Bestimmung der Werte ist infolge des möglichen Vorhandenseins von Luft, Wasser oder Verunreinigungen zwischen den Blättchen schwierig; daher finden sich im Schrifttum unterschiedliche Angaben.

[2] Bezogen auf 800 Hz und den Temperaturbereich von 20···50 °C.

[3] In Luft bei 20 °C, 50 Hz und schneller Spannungssteigerung, Elektrodengröße: 1 cm². GRÜNEWALD [94] entfernte die Luft zwischen den Elektroden und der Glimmerprobe und ersetzte sie durch Anilinöl, das eine DK gleich der des Glimmers hat; er vermied dadurch die Feldinhomogenität am Rande der Elektroden. Er fand, daß die Durchschlagsspannungen verschiedener Glimmersorten aufgetragen über der Dicke, linear ansteigen, wie sie bisher so klar bei den üblichen Prüfungen in Luft oder in Transformatorenöl nicht gefunden wurden.

[4] Bei 100 V Gleichspannung gemessen mit dem Schneidengerät nach DIN 53482, Elektrodenabstand 10 mm, Schneidenlänge 100 mm.

kondensator für hohe Spannung, wegen der Temperaturfestigkeit als Kondensator für besonders hohe Umgebungstemperaturen [*197*].

Über Sicherheits-, Bau- und Prüfbestimmungen s. VDE 0560, Teil 19, Regeln für Glimmerkondensatoren für Nenngleichspannungen bis 3000 V und Nennwechselspannungen bis 500 V (s. Tab. 32.)

Um lange und breite Isolierstoffbahnen zu erhalten, werden Glimmerblättchen auf Papier oder Gewebe geklebt (bekannt als *Mikafolium* für die Nutisolation elektrischer Maschinen) oder es werden Glimmerblättchen neben- und übereinander mittels Klebstoff unter hohem Druck und hoher Temperatur zu Platten gebacken (bekannt als *Mikanit* für Heizgeräte, Kommutatoren usw.) [*161*]. Ein Erzeugnis aus der letzten Zeit ist die *Feinglimmerfolie*, bekannt unter den Namen Samica, Isomica, Micamat [*244*]. Die Folie wird durch Drücke bis 1000 kp/cm² bei 250 °C verdichtet; geschieht das im Vakuum, so werden Luftreste weitgehend entfernt. Die Dielektrizitätskonstante liegt im Bereich von 4,5 bis 5,8, je nach Harzgehalt und Druck. Diese Behandlung macht die Samicafolie mechanisch und elektrisch so fest, daß sie sogar für Stoßstromkondensatoren verwendet wird.

C. Der Keramikkondensator

Keramische Werkstoffe werden in der Elektrotechnik in großem Umfang verwendet. Wegen ihrer anorganischen Natur sind sie besonders wärme- und wetterbeständig. Die knet- oder gießbare keramische Masse wird, nachdem sie ihre gewünschte Gestalt erhalten hat, bei 1400···1500 °C gebrannt. Beim Brennen schwindet die Masse und sintert; daher muß die Wandstärke meist mehr als 1 mm betragen, 0,2 mm bei sehr kleinen Formkörpern. Kondensatoren mit derart großen Schichtdicken und den relativ kleinen Oberflächen der Formkörper (Platten-, Zylinder-, Topfkondensatoren) haben nur kleine Kapazitäten, verglichen mit denen der Wickelkondensatoren.

Porzellan hat eine Durchschlagfestigkeit von 30···45 kV/mm (gemessen bei 50 Hz), keramische Massen, die als Kondensatordielektrikum in Frage kommen, sogar nur 8···20 kV/mm. Die Durchschlagfestigkeit des getränkten Papierdielektrikums ist demgegenüber um eine Größenordnung größer. Eine mit dem Papierkondensator vergleichbare Leistung je Raumeinheit kann das keramische Dielektrikum daher nur durch eine große Dielektriztätskonstante und bei hoher Frequenz erreichen, wie Gl. (12) zeigt. Porzellan und Steatit haben eine DK von nur 6 und kommen schon deshalb als Kondensatordielektrikum meist nicht in Frage. Porzellan hat darüber hinaus wegen seines Gehaltes an Alkaliionen relativ hohe und mit der Temperatur ansteigende dielektrische Verluste; dagegen können die Verluste des Steatits auf die niedrigen Werte von Glimmer und Quarz gesenkt werden, s. [*132*, Abb. 4], insbesondere durch Zusatz von Bariumoxyd[1].

Sowohl hohe DK als auch niedrige Verluste haben die titanathaltigen Massen. Titandioxyd hat in der Kristallform des Rutil eine DK von 173 in Richtung der Kristallachse und 89 senkrecht dazu; bei einem regellosen Gemisch ergibt sich eine DK von 117. Mit reinem TiO_2 wird ε_r = 100···110 erreicht; größere Beimengungen senken die DK, z.B. auf 80 (Handelsnamen der Masse: ,,Sirutit" oder ,,Condensa F") und 64 bis 32 (,,Kerafar U und W"), bei magnesium-titanathaltigen Massen sinkt ε_r auf 16 und weniger, s. DIN 40685. Der Temperaturkoeffizient der Kapazität kann negativ werden, bis zu $-800 \cdot 10^{-6}$ je grd, weshalb derartige Kondensatoren in Schwingkreisen zum Ausgleich positiver Temperaturkoeffizienten anderer Kondensatoren verwendet werden.

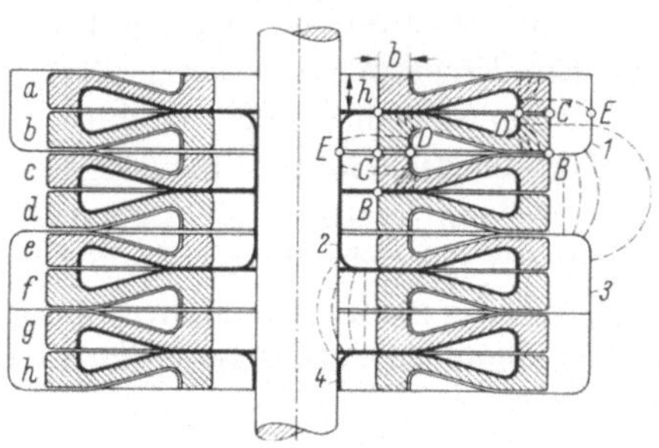
Abb. 179. Kondensatorstapel aus Lochplatten [*201*].

Eine Platte von 200 mm $\varnothing$ aus Kerafar U mit einer Kapazität von 5000 pF leistet in einem Frequenzbereich von $5 \cdot 10^4$ bis $7 \cdot 10^5$ Hz dauernd 40 kvar. Die Betriebsspannung liegt zwischen 1 und 5 kV. Zur Steuerung des elektrischen Feldes und zur Vermeidung von Glimmentladungen an den Belagrändern werden bei der Formung Randwülste angebracht [*256*].

Eine raumsparende Anordnung übereinander geschichteter kreisringförmiger Kondensatorplatten zeigt Abb. 179. Die kegelmantelförmigen Belagflächen aus eingebranntem Silber ergeben eine Kapazität von 1600 pF je ,,Lochplatte". Die Kapazität je Volumeneinheit beträgt 3800 pF/m³; sie erreicht damit allerdings noch nicht den Kapazitätswert eines entsprechenden Kondensators mit Papier-Öl-Dielektrikum. F. OBENAUS und F. STEYER [*201*] beschreiben einen Kondensator mit einer Kapazität von 10000 pF und einer Prüfgleichspannung von 240 kV. Er dient als Kopplungskondensator für Hochfrequenztelefonie in einer 110-kV-Freileitung; 7 parallele Plattensäulen befinden sich in einem Porzellanzylinder unter Öl.

In das Gebiet der Keramikkondensatoren führen ein: W. SOYK [*256*], I. KAMMERLOHER [*133*] und H. KEHBEL [*135*].

Dielektrizitätskonstanten von 10000 und mehr werden, wie bereits

---

[1] Über die Zusammensetzung des Porzellans, des Steatits und anderer Massen s. DIN 40685 und [*249*, S. 99–101]. Eine Übersichts- und Eigenschaftstafel keramischer Werkstoffe für die Elektrotechnik vgl. ETZ 56 (1935) 915. Umfangreiche Tabellen und Diagramme s. [*62*, S. 186–197].

auf S. 26 erwähnt, beim Seignettesalz, Kaliumphosphat und ähnlichen „seignette-elektrischen" Kristallen erreicht, fast ebenso hohe beim Bariumtitanat. Diese Stoffe werden, vielleicht etwas irreführend, ferro-elektrisch genannt, weil einige Analogien mit den ferromagnetischen Stoffen bestehen, wie das Auftreten von Bezirken gleicher Polarisations-richtung, Feldabhängigkeit der Dielektrizitätskonstante, Hysterese, Längenänderung durch Elektrostriktion. Dieses Gebiet wurde umfassend von H. SACHSE [231] dargestellt, kurze Übersichten bringen W. H. M. SCHULZE [244], M. GERLACH [88] und J. KAINZ [132].

Die Polarisation der Kristallbezirke und damit die Ausbildung der hohen DK erfolgt in einem engen Temperaturbereich („Curietempera-tur"), ober- und unterhalb dieser Temperatur fällt die DK stark ab; beim normalen Bariumtitanat liegt dieser Bereich und das DK-Maximum bei $+120\ ^\circ\mathrm{C}$, Abb. 180, Kurve a, beim Kaliumphosphat bei $-150\ ^\circ\mathrm{C}$. Für eine technische Verwertung des Effektes ist es erwünscht, daß die hohe DK innerhalb der Gebrauchstemperatur liegt. Dies gelingt, allerdings unter Verzicht auf die höchsten DK-Werte, dadurch, daß dem $BaTiO_3$ die Titanate anderer Erdalkalimetalle, $CaTiO_3$, $SrTiO_3$, $MgTiO_3$ bei-gemengt werden; $CaTiO_3$ und $SrTiO_3$ haben nämlich ihre hohen DK-Werte bei *tiefen* Temperatu-ren. Abb. 181 und 182 zeigen die Abhängigkeit von ε_r, $\tan\delta$ und des Temperaturkoeffizienten von den Anteilen von je 3 der genannten Stoffe. Durch einen Kreis wurde in Abb. 181 die von der Firma Hescho entwickelte Masse „Epsilan" ($\varepsilon_r = 7000$) her-vorgehoben. Die DK dieser Masse sinkt mit wachsender Tempera-tur und Feldstärke beträchtlich [88, Abb. 6 und 7]; s. ferner [145] und [54].

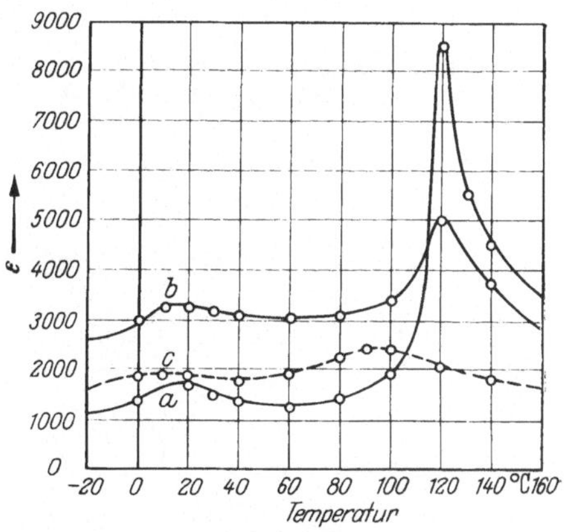

Abb. 180. Temperaturgang der DK [111].
a Normales $BaTiO_3$; b Sibatit H; c Sibatit W

Die weiteren Bemühungen gingen dahin, ein Titanat mit einer DK zu schaffen, die nicht nur hoch, sondern auch in einem breiten Tempe-raturbereich möglichst konstant und wenig von der Feldstärke abhängig sein sollte. Darüber berichten W. HEYWANG, E. FENNER und R. SCHÖ-FER [111]. Zunächst wurde ein feinkristallines $BaTiO_3$, „Sibatit H", mit möglichst kleinen homogenen Gitterbereichen hergestellt, s. Abb. 180, Kurve b. Dann wurde durch Einbau von Nickel in das Gitter der feinkristallinen Masse das „Sibatit W" erzeugt (Kurve c). Das DK-Maximum bei $100\ ^\circ\mathrm{C}$ ist nur wenig ausgeprägt und die DK verläuft

17*

von -20 bis $+160\,°C$ bei etwa 2000. Die breite Hystereseschleife des normalen $BaTiO_3$, Abb. 183a, ist zu einem Strich zusammengeschrumpft, s. Abb. 183c, sie stellt die Änderung des dielektrischen Flusses und der DK in Abhängigkeit von der Wechselfeldstärke dar. Abb. 184 zeigt ebenfalls,

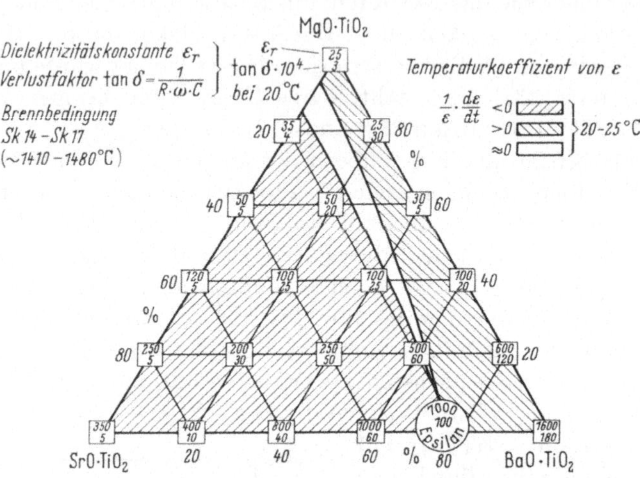

Abb. 181. Ternäres System Mg–Sr–Ba–Titanat [88]. ε_r obere Ziffern, tan δ untere Ziffern. Das Vorzeichen des Temperaturkoeffizienten von ε ist durch Schraffierung gekennzeichnet.

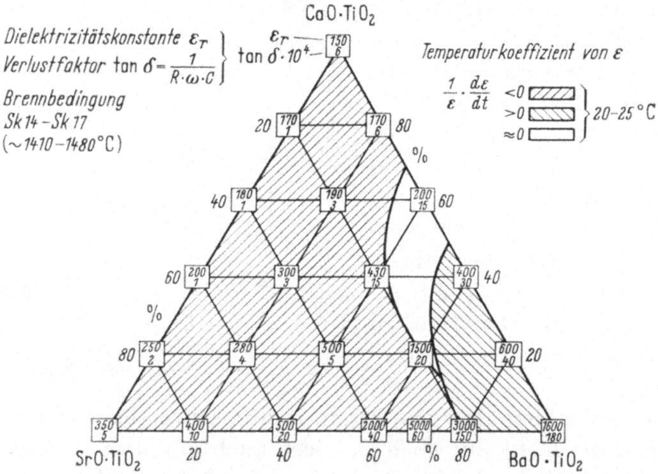

Abb. 182. Ternäres System Sr–Ba–Ca–Titanat [88]. ε_r obere Ziffern, tan δ untere Ziffern. Das Vorzeichen des Temperaturkoeffizienten von ε_r ist durch Schraffierung gekennzeichnet.

daß die hohe Wechselspannungsabhängigkeit der DK des $BaTiO_3$ fast verschwunden ist. Sibatit W verhält sich also weitgehend wie ein normales, nichtferroelektrisches Dielektrikum, solange die Curietemperatur nicht überschritten wird. Die Durchschlagfestigkeit beträgt 12 kV/mm

bei Gleichspannungsbelastung und 8 kV/mm bei Wechselspannungsbela-
stung. Der Isolationswiderstand liegt in der Höhe der besten kerami-

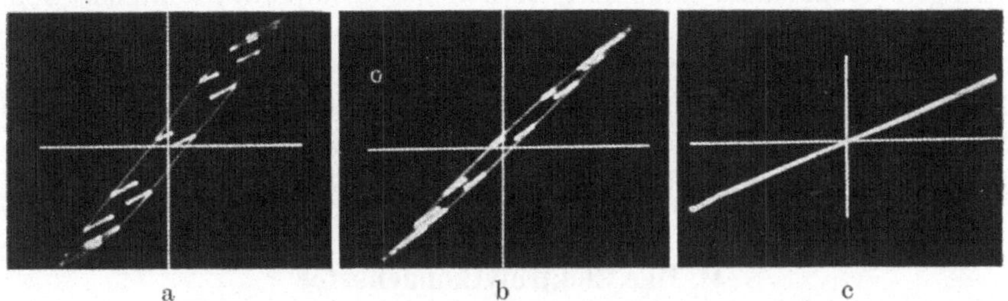

Abb. 183a–c. Vergleich der Hystereseschleifen bei 4 kV/cm (50 Hz),
überlagert mit 0,5 kV/cm (750 Hz) [*111*].

schen Massen. Der Verlustfaktor liegt bis 10^6 Hz unter $6 \cdot 10^{-3}$ und
sinkt mit zunehmender Temperatur bis auf $2 \cdot 10^{-3}$. Einen Vergleich
des Produktes $\varepsilon \cdot E^2$ dieser keramischen Masse mit dem anderer Kondensatorarten zeigt Tab. 2.

H. SACHSE [*231*, S. 145] gibt folgende Eigenschaften technisch her-
stellbarer Kondensatoren mit hoher DK an: Lieferbare Kapazitätswerte
bis zu 0,02 μF. DK = 1000 bis 6000 je nach Temperaturbeiwert und Verlustfaktor; auch höhere Werte sind möglich,
allerdings nur mit größerem Temperaturbeiwert. Betriebsgleichspannung 250···500 V, Betriebswechselspannung
ebenfalls 250···500 V. Isolationswiderstand für Gleichspannung größer als 7500 MΩ, gemessen mit 100 V; nach
Feuchtraumprüfungen Abfall bis 1000 MΩ möglich.
SACHSE bringt auch eine Liste der Lieferanten von Titanatkondensatoren in Deutschland, USA, Holland, Eng-
land, auch der Lieferanten von *Filmen* aus Titanatkeramik.

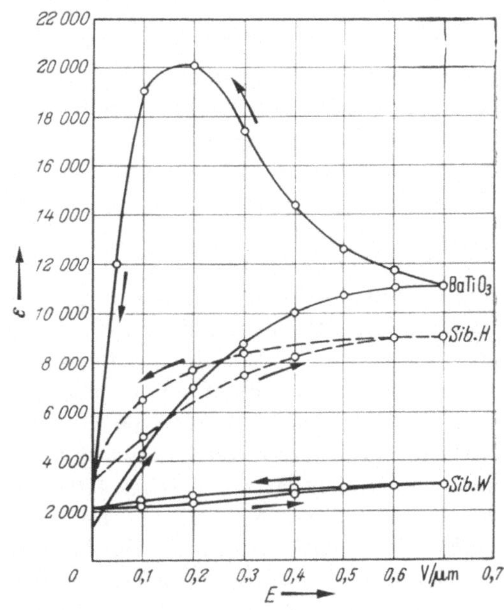

Abb. 184. Wechselfeldabhängigkeit der DK [*111*].

Keramische Kondensatoren können nicht angewendet werden, wenn
enge Kapazitätstoleranzen eingehalten werden müssen, wohl aber als
Kopplungskondensatoren und vielseitig in der Nachrichtentechnik, z. B.

für UKW-Geräte wegen ihrer sehr kleinen Induktivität, als Überbrück-kungskondensatoren in Rundfunkgeräten und allgemein dort, wo es auf geringen Platzbedarf ankommt, ferner zur Temperaturkompensation von Schwingkreisen (vgl. S. 258).

Das junge Gebiet der Titanatkeramik befindet sich noch in schneller Entwicklung, sowohl in theoretischer als auch praktischer Hinsicht. Die Möglichkeiten, die Beimischungen, Brenntemperaturen usw. zu variieren, sind groß und damit die Aussicht, noch bessere Massen zu finden.

D. Der Elektrolytkondensator

Im Gegensatz zum Keramikkondensator hat der Elektrolytkonden-sator ein äußerst dünnes Dielektrikum (< 1 µm). Damit ergeben sich sehr große Kapazitäten je Flächeneinheit. Der dünnen Isolierschicht entspre-chend sind die Spannungen niedrig, nämlich maximal 500 V je Schicht („Maximalspannung"); dabei handelt es sich im allgemeinen um reine oder pulsierende Gleichspannungen, da die Schicht wie ein Ventil nur in *einer* Stromrichtung isoliert und in der anderen Richtung schon bei einem Bruchteil der Sperrspannung („Mindestspannung") durchlässig wird. Die Betriebsfeldstärken sind mit $\dfrac{500 \text{ V}}{0{,}5 \text{ µm}} = 1000 \text{ V/µm}$ sehr hoch. Eine um-fassende Beschreibung des Elektrolytkondensators geben A. GÜNTHER-SCHULZE und H. BETZ [*95*]; ferner [*96*].

Das Dielektrikum wird durch die „Formierung" einer der beiden Aluminiumfolien in einem Elektrolyten, z. B. Borsäure, Phosphorsäure, Essigsäure oder vielen anderen, erzeugt: ein Gleichstrom (z. B. 2 mA/cm² bei 600 V Betriebsgleichspannung) wird über die Aluminiumfolie (Anode) zum Elektrolyten (Kathode) geschickt, wobei sich eine festhaftende Oxyd-schicht Al_2O_3 auf der Folie bildet. Die Dicke δ der Schicht wächst pro-portional der Formierspannung U; für Aluminium gilt $\delta = 1{,}05\,U$ in 10^{-3} µm (U in V). Bei einer gut definierten Spannung, der „Funken-spannung", entstehen auf der Oberfläche feine Fünkchen, bei einer höhe-ren, ebenfalls scharf markierten Spannung, der „Maximalspannung", tritt eine neue Art hellerer Funken auf. Die Spannung läßt sich nun kaum noch steigern; sie beträgt 450···550 V bei Elektrolyten der Kon-zentration 0,5 normal. Die Formierung ist damit beendet. Sie kann auch bei kleinerer Spannung abgebrochen werden, dann ist die Oxyd-schicht dünner und die Kapazität größer. Statt des Ionenstroms fließt nunmehr nur noch ein reiner Elektronenstrom, der „Reststrom" (bei guten 500-V-Kondensatoren $5 \cdot 10^{-8}$ A/cm² oder 5 µA/µF), der mit der Temperatur nach einer e-Funktion ansteigt (s. [*107*]).

Das Aluminium muß einen Reinheitsgrad von 99,99% haben; äußerste Reinheit ist ebenfalls bei der Fertigung und beim Elektrolyten Bedingung. Als Anodenmetall wird außer Aluminium im wesentlichen noch Tantal verwendet. Tantal ist sehr korrosionsfest und in fast allen Elektrolyten unlöslich, so daß Elektrolyte hoher Leitfähigkeit verwendet werden können und der innere Widerstand der Tantal-Elektrolyt-Kondensatoren wesentlich kleiner ist als derjenige der Aluminium-Elektrolyt-Kondensatoren.

Die DK der Schicht beträgt 7,5 bei Al_2O_3 und 11,6 bei Ta_2O_5; K. H. THIESBÜRGER [275, S. 85] gibt eine DK von 25 für Ta_2O_5 an. Die Oberfläche der Oxydschicht kann mechanisch oder chemisch aufgerauht und dadurch um eine bis fast 2 Größenordnungen vergrößert werden und entsprechend auch die Kapazität des Kondensators. Wird Tantalpulver unter Vakuum gepreßt und gesintert, so entsteht ein poröser Körper mit großer Oberfläche. Damit ergeben

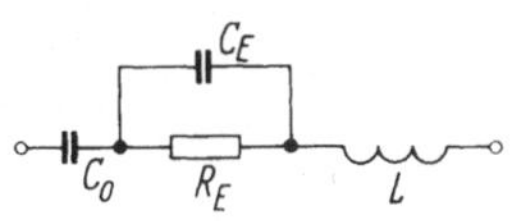

Abb. 185. Ersatzschaltbild des Aluminium-Elektrolytkondensators.

sich besonders große Kapazitäten je Flächeneinheit in der Größenordnung von 1 μF/cm² bei Gleichspannungen von 35 V.

Der Elektrolyt kann flüssig oder zu einer Paste eingedickt sein („nasse" oder „trockene" Kondensatoren). Die oxydierte Folie wird mit einer nichtoxydierten Folie, die die 2. Stromzuführung darstellt (die 2. Belegung ist der Elektrolyt), und mit einem zwischen beiden Folien gelegten Abstandshalter aus Papier oder Gewebe von 30···60 μm Dicke gewickelt und unter Vakuum mit dem Elektrolyten getränkt. Besondere Vorteile bringt die Tränkung des formierten Tantalsinterkörpers mit einer Manganverbindung, die in die Poren eindringt und durch eine nachfolgende Wärmebehandlung in das feste Mangandioxyd (MnO_2) umgesetzt wird [275]; MnO_2 besitzt eine hohe Leitfähigkeit, so daß dadurch der Scheinwiderstand des Tantalkondensators weniger frequenz- und temperaturabhängig wird als der des Aluminium-Elektrolyt-Kondensators. Das zeigt W. MENNERICH [174] in den Abb. 185 bis 189. Abb. 185 stellt die Ersatzschaltung des Aluminium-Elektrolyt-Kondensators dar; es bedeuten C_O die Kapazität der Oxydschicht, C_E und R_E die Kapazität und den ohmschen Widerstand des Elektrolyten, L die Induktivität des Wickels und der Zuleitungen. Nach Abb. 186 verhält sich dieser Kondensator z. B. bei 0 °C nur bis etwa 400 Hz wie ein Kondensator der Kapazität C_O, oberhalb 400 Hz fast wie ein ohmscher Widerstand, denn dort ist der Verlustfaktor größer als 1 (Abb. 187). An den in Abb. 186 durch Kreise hervorgehobenen Wendepunkten ist $R_E = \dfrac{1}{\omega C_E}$, bei noch höheren Frequenzen bestimmt überwiegend C_E den Scheinwiderstand, bis zum Resonanzpunkt, darüber wird L maßgebend. Demgegenüber fallen beim Tantalkondensator mit Sinterelektrode und festem Elektrolyten die Kurven fast zusammen (Abb. 188), weil hier R_E kleiner ist als beim Kondensator nach Abb. 186. Die Verlustfaktorkurven, Abb. 189, verlaufen dicht nebeneinander und liegen wesentlich tiefer als in Abb. 187. Immerhin ist der Verlustfaktor dieses Kondensators bei

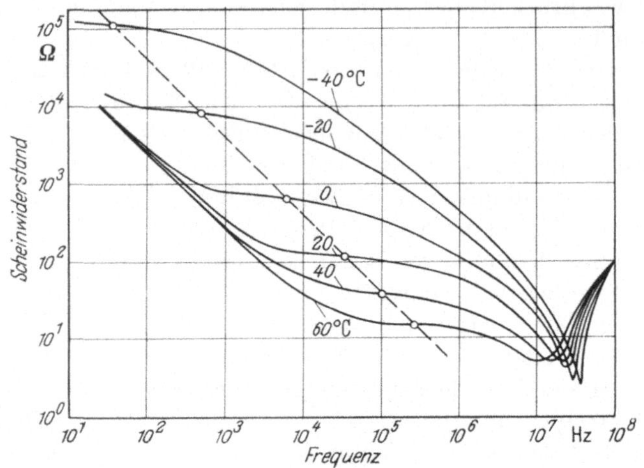

Abb. 186. Scheinwiderstand eines Aluminium-Elektrolyt-Kondensators 0,5 μF/350 V mit rauher Anode [174].

50 Hz noch um eine Größenordnung größer als der des Papierkondensators. Die Ursache ist der immer noch beachtliche innere Widerstand R_E des Elektrolyten. Der Verlustfaktor der Oxydschicht ist demgegenüber ähnlich klein wie der des Papierkondensators. Jedoch spielen die

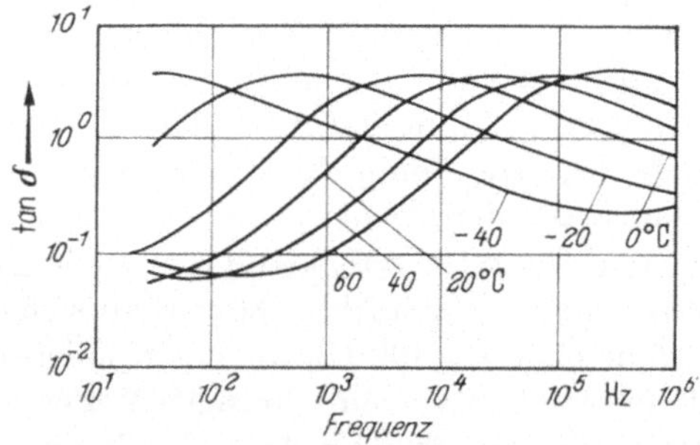

Abb. 187. Verlustfaktor eines Aluminium-Elektrolyt-Kondensators 0,5 μF/350 V mit rauher Anode [174].

dielektrischen Verluste für den häufigsten Verwendungszweck des Elektrolytkondensators (Glättungskondensator) meist keine Rolle.

Man unterscheidet gepolte und ungepolte (bipolare) Elektrolytkondensatoren; die erste Art wird weitaus am meisten verwendet. Wie ein-

gangs erwähnt, isoliert die Oxydschicht nur in einer Richtung gut, so daß
beim Anschluß des gepolten Kondensators auf seine Polarität zu achten
ist. Jedoch kann die Oxydschicht eine Spannung entgegengesetzter Polarität, die sogenannte „Mindestspannung", tragen, nach GÜNTHERSCHULZE

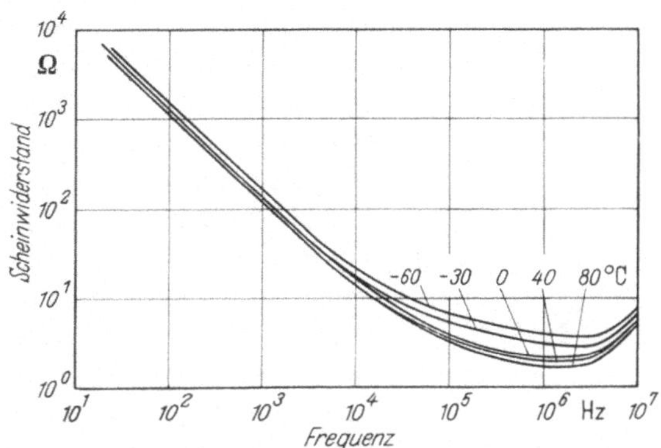

Abb. 188. Scheinwiderstand eines Tantal-Kondensators 1 µF/35 V mit festem Elektrolyten [174].

[95, S. 179] z. B. 20 V bei einem bis 400 V formierten Kondensator, wenn
der Elektrolyt Alkaliionen enthält, und 120 V, wenn sie fehlen. Ferner
trägt auch die 2. Aluminiumfolie eine Luftoxydschicht, die, wie bekannt,
auf Aluminiumoberflächen stets durch Reaktion des Aluminiums mit dem
Luftsauerstoff entsteht. Sie ist um eine bis zwei Größenordnungen dünner als die formierte Schicht an der Anode [107]. Der Kondensator kann

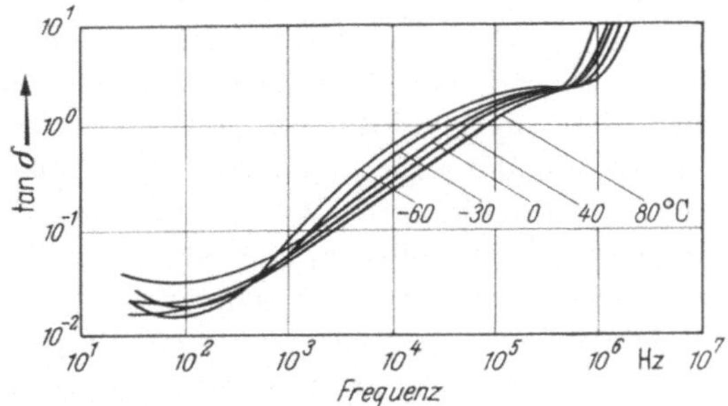

Abb. 189. Verlustfaktor eines Tantal-Kondensators 1 µF/35 V mit festem Elektrolyten.

also mit einer kleinen Wechselspannung belastet werden, die jedoch
keinesfalls die Mindestspannung überschreiten darf.

Der Elektrolytkondensator kann auch dadurch für Wechselspannung
geeignet, d. h. bipolar gemacht werden, daß die 2. Folie ebenfalls mit
einer Oxydschicht versehen wird. Es sind dann 2 Oxydschichten in Reihe
geschaltet, die Kapazität ist damit nur halb so groß wie die des gepolten

Kondensators; die nutzbare Leistung entspricht jedoch sogar nur einem Viertel der gesamten Oberfläche des Ventilmetalles, da für jede Stromrichtung im wesentlichen nur die eine der beiden in Reihe liegenden Schichten die Spannung trägt. Der Kondensator ist also schlecht ausgenutzt und teuer. Vor allem aber ist die Belastbarkeit des Elektrolytkondensators mit Wechselstrom durch die hohen dielekrischen Verluste und die dadurch verursachte Erwärmung begrenzt [*95*, S. 161 u. 179]. Werden Elektrolytkondensatoren z. B. zum Anlassen von Motoren verwendet, so müssen sie nach Erreichen der Nenndrehzahl durch einen Fliehkraftschalter abgeschaltet werden. Nach Messungen von W. ACKMANN [*1*] ist die mit Wechselspannung gemessene Kapazität eines Tantal-Elektrolyt-Kondensators kleiner als die mit Gleichspannung gemessene, und zwar ergibt sich im Mittel bei Raumtemperatur $C/C_{50\,\text{Hz}} = 1{,}16$, bei $-55\,°\text{C}$ $1{,}24$; die Erscheinung wird auf den Einfluß des Widerstandes R_E des Elektrolyten zurückgeführt.

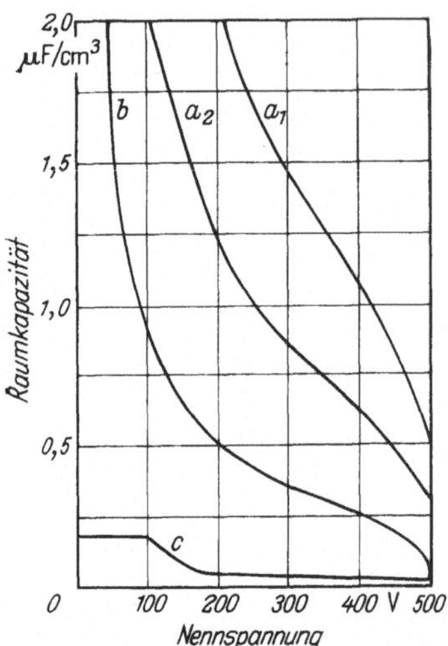

Abb. 190. Raumkapazität von Elektrolytkondensatoren in Abhängigkeit von der Nennspannung.
a_1 Elektrolytkondensatoren mit aufgerauhter Anode (Aufrauhgrad 6); a_2 Elektrolytkondensatoren mit aufgerauhter Anode (Aufrauhgrad 3,5); b Elektrolytkondensatoren mit glatter Anode; c Papierkondensatoren.

Abb. 190 und 191 zeigen einen Vergleich von Elektrolyt- und Papierkondensatoren aus dem Jahre 1941. Der Grund für die nach wie vor bei kleinen Gleichspannungen bestehende Überlegenheit des Elektrolytkondensators liegt darin, daß das Dielektrikum des Elektrolytkondensators um 1 bis 3 Größenordnungen dünner ist als beim Papierkondensator. Die Aufrauhung der Belagoberfläche bringt eine weitere Vergrößerung der Kapazität um 1 bis 2 Größenordnungen. So wird es möglich, die sehr große Kapazität von 1 F für 1,5/1,8 V in einem Gehäuse von nur $185 \cdot 135 \cdot 140$ mm unterzubringen, was einer Raumkapazität von 285 µF/cm³ entspricht [*198*].

Mit derart großen Kapazitäten lassen sich große Zeitkonstanten bei Auf- und Entladevorgängen auf elektrischem Wege erreichen. Die häufigste Anwendung findet der Elektrolytkondensator für die Glättung von welligen Gleichspannungen in Nachrichtengeräten, ferner neuerdings, nach Einführung der Transistoren, für Schaltungen mit kleinen Gleichspannungen. Auch für Kopplungs- und Filterzwecke und als Energiespeicher für Fotoblitz- und andere Stoßstromgeräte wird der Elektrolytkondensator in wachsendem Maße angewendet, außerdem zum Anlassen von Motoren (s. Abb. 192).

Die Regeln VDE 0560, Teil 15 und 16, enthalten die VDE-Bestimmungen für Aluminium- und Tantal-Elektrolyt-Kondensatoren für Nenn-

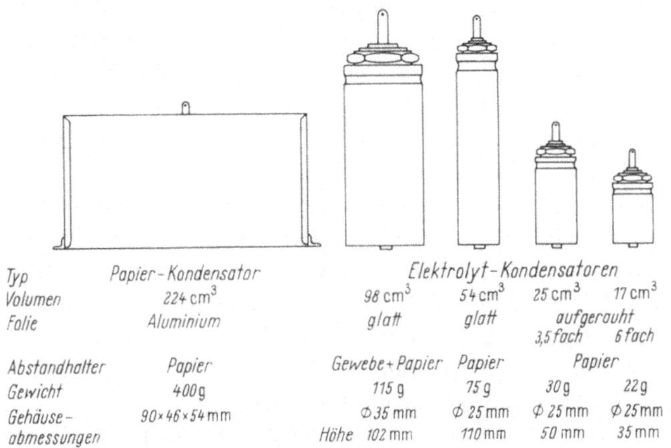

Abb. 191. Raumvergleich von Papierkondensatoren und Elektrolytkondensatoren verschiedenen Aufbaus für 8 µF bei 450/500 V. (Die dargestellten Flächen für die Kondensatorbecher entsprechen dem Rauminhalt der betreffenden Kondensatortypen) [108].

gleichspannungen bis 1000 V (Tab. 32); Kondensatoren für Nennspannungen über 500 V (über 300 V bei Tantal) werden im allgemeinen durch Reihenschaltung innerhalb des Kondensators hergestellt, was die Gleichheit der inneren Widerstände der Schichten oder das Parallelschalten von Widerständen zur Voraussetzung hat, da sonst eine Schicht überlastet wird und durchschlagen kann.

Abb. 192. Motor-Elektrolyt-Anlaßkondensator mit Isolierstoffgehäuse. Nennkapazität: 50 µF; Nennspannung: 280 V∼/50 Hz (Hydra).

E. Glas-, Preßgas-, Vakuumkondensatoren

Diese Kondensatoren werden zur Vervollständigung der Übersicht über die Kondensatorarten (s. Tab. 1) erwähnt. Ihre Anwendungsbereiche sind, verglichen mit denen der bisher genannten Kondensatorarten, sehr klein.

a) *Glas* als Kondensatordielektrikum hat gegenüber organischen Isolierstoffen einige Vorzüge: es ist in besonderem Maße temperatur- und alterungsbeständig und unempfindlich gegen Luftfeuchte, es hat die relativ hohe DK von 6 bis 8 und geringe dielektrische Verluste ($\tan\delta \approx 10 \cdot 10^{-4}$, bei geeigneter Zusammensetzung). Die Leydener Flasche ist wohl der älteste Kondensator überhaupt; sie wird heute noch in Laboratorien als Experimentier- und Meßkondensator mit Kapazitäten von etwa 10^{-9} F für Spannungen von einigen kV verwendet („Minosflaschen").

Dünne Glasschichten lassen sich im Hochvakuum auf Aluminiumfolie aufdampfen. Diese Folien sind biegsam und lassen sich sogar wickeln; leider ist die Sicherheit gegen Bruch klein und die Herstellungskosten sind hoch, so daß sich Glasfolien nur für Sonderzwecke wirtschaftlich anwenden lassen dürften.

b) *Gas* hat keine oder vernachlässigbar kleine dielektrische Verluste, so daß es als Dielektrikum für Normalkondensatoren und Hochfrequenzkondensatoren angewendet wird. Der Verlustfaktor dieser Kondensatoren ist durch die dielektrischen Verluste im Isolierstoff ihrer Durchführungen bestimmt. Die Kapazität ist gut konstant, jedoch im allgemeinen sehr klein, z. B. 50 und 100 pF bei den Preßgasmeßkondensatoren für 100 bis 750 kV für Höchstspannungsprüffelder [*137*]

Die Durchschlagfestigkeit hängt von der Art des Gases und von der freien Weglänge der Elektronen im Gas, d. h. vom Gasdruck ab. Mit wachsendem Druck wird die freie Weglänge kleiner und damit auch die Geschwindigkeit der Elektronen und ihre zur Ionisierung des Gases zur Verfügung stehende kinetische Energie, infolgedessen steigt die Durchschlagfestigkeit mit wachsendem Druck. Wird andererseits mit sinkendem Druck die freie Weglänge schließlich größer als der Abstand der Kondensatorbelegungen (bei 10^{-3} bis 10^{-4} Torr), so können ebenfalls keine Ionenlawinen im Restgas mehr entstehen, sondern höchstens noch durch Elektronen auslösende Prozesse an den Elektroden (Feldemission, Sekundäremission). Zur Verhinderung dieser Prozesse müssen die Elektroden der Kondensatoren gut gereinigt und entgast sein. Wie die Durchschlagspannung vom Druck und Elektrodenabstand abhängt, zeigt die bekannte von PASCHEN gefundene Kurve (Abb. 193). Bei Preßgaskondensatoren mit Drücken >10 at und bei Vakuumkondensatoren mit Drükken $<10^{-3}$ Torr werden hohe Durchschlagfeldstärken erreicht (allerdings noch nicht die der Papierkondensatoren), insbesondere wenn als Gas anstelle von Luft oder Stickstoff elektronegative Gase, wie Schwefelhexafluorid (SF_6), verwendet werden, wodurch eine Verdoppelung der Durchschlagspannung gegenüber Luft erzielt wird: (Näheres s. F. PASCHEN [*208*] und O. ZINKE |*310*, S. 120 bis 123] und die dort angegebene Literatur). S. I. BORGARS [*27*] berichtet über die Entwicklung von Vakuumhochfrequenzkondensatoren für die Luftfahrt. Es handelt sich um verlustfreie, mechanisch robuste Kondensatoren, abgeschmolzen mit Glas, mit sehr konstanter Kapazität von 50 und 100 pF, für 6 und

8,5 kV und 10^6 Hz. Sie sind nach Borgars Angaben für den geforderten Zweck hinsichtlich Größe, Gewicht und Sicherheit allen anderen Kondensatoren überlegen.

Über Normalkondensatoren mit Luft- und Styroflexdielektrikum s. [99].

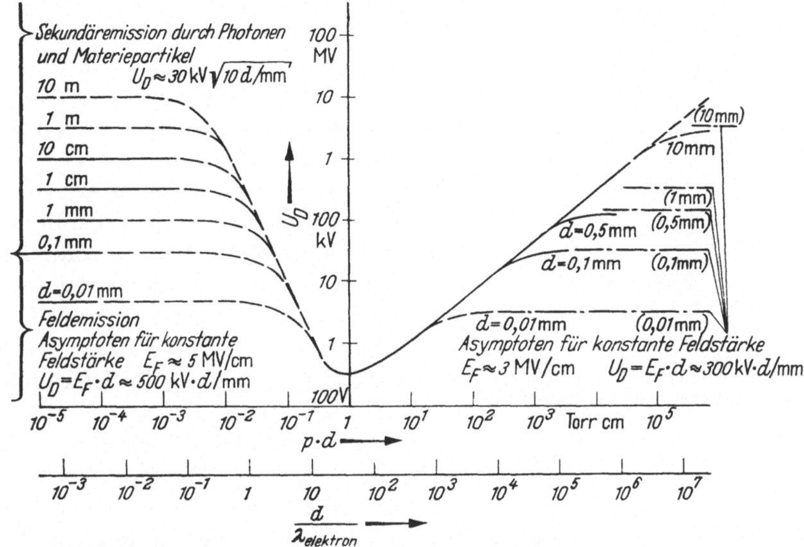

Abb. 193. „Paschen-Kurven". Durchschlaggleichspannung von Luft im homogenen Feld in Abhängigkeit von dem Produkt aus Gasdruck p und Elektrodenabstand d bzw. von dem Verhältnis Elektrodenabstand d zur mittleren freien Weglänge λ der Elektronen. ——— gemessene Werte; – – – – extrapolierte Werte [310].

IV. Die Anwendung des Kondensators

A. Der Leistungskondensator für Wechselspannung

1. Die Kompensation der Blindleistung in Energieversorgungsnetzen

Die Probleme der Abgabe und Verteilung der Blindleistung in Energieversorgungsnetzen gewinnen angesichts des steigenden Bedarfs an elektrischer Energie und der Vergrößerung der Netze zunehmend an Bedeutung, insbesondere in den Industrieländern. Zahlreiche Veröffentlichungen behandeln diese Fragen [5]. Wie bereits in der Einleitung angedeutet, wird von den angeschlossenen elektrischen Betriebsmitteln, wie z. B. Motoren und Transformatoren, zum Aufbau ihrer magnetischen Felder Blindleistung aus dem Netz entnommen. Die in Energieversorgungsnetzen benötigte Blindleistung beträgt im allgemeinen 75···100% der Wirkleistung. Damit die Kraftwerke und Netze nicht durch die Blindleistung belastet und in ihrer Leistungsfähigkeit gemindert werden, sollte sie möglichst nahe am Ort ihres Auftretens durch Blindleistungsmaschinen oder Kondensatoren kompensiert werden. Wie stark beispielsweise die Übertragungsleistung einer Höchstspannungsfernleitung sinken kann, wenn sich der Leistungsfaktor des Verbrauchers verschlechtert, zeigt Abb. 194. Der induktive Widerstand einer solchen Leitung beträgt das Vielfache ihres ohmschen Widerstandes; infolgedessen wird der Spannungsabfall auf der Leitung schnell untragbar groß, wenn sie neben dem Wirkstrom einen wachsenden Blindstrom führen muß. Die Leitung sollte daher spätestens am verbraucherseitigen Ende der Leitung kompensiert werden, s. hierzu auch G. FISCHOEDER [77], K. BONFERT [26, Abb. 1], F. SCHÄR und P. BALLENSPERGER [234].

K. BAUDISCH und W. RAMBOLD [9] berichteten bereits 1937 über eine bemerkenswerte Kompensation einer 100-kV-Freileitung durch eine Batterie aus Parallelkondensatoren von 15, später 24 Mvar, 50 Hz (Abb. 195). Die Batterie besteht aus Gruppen zu je 105 kV, 3000 kvar, jede Gruppe aus 3 Strängen zu je 16 in Reihe

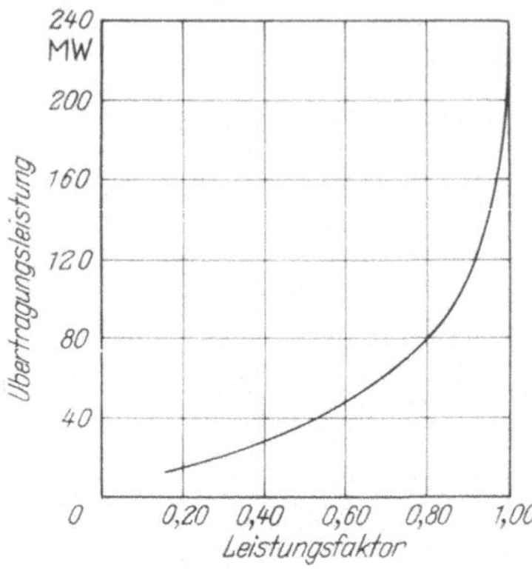

Abb. 194. Abhängigkeit der Übertragungsleistung einer 220-kV-Freileitung von 180 km Länge vom Leistungsfaktor bei einem maximal zulässigen Spannungsabfall von $0,1 \times U_N$ (d.h. 240 kV am Anfang und 218 kV am Ende der Leitung) [153].

Abb. 195. Freiluftkondensatoranlage 5 × 3 Mvar; 105 kV; 50 Hz (Siemens).

geschalteten einphasigen Kondensatoreinheiten von 62,5 kvar, 3,8 kV. Die Batterie ist gegen Erde durch 100-kV-Stützer isoliert und die Kondensatoren gegeneinander durch 30-kV-Stützer.

Die Bedingungen für die Kompensation der Blindleistung sind in den einzelnen Ländern verschieden. Dies wird schon daraus deutlich, daß in Deutschland etwa 4mal soviel Niederspannungskondensatoren wie Mittelspannungskondensatoren hergestellt werden [279], während in Japan das Verhältnis 1963 etwa umgekehrt war; auch in den USA werden vorwiegend Mittelspannungskondensatoren hergestellt. Die Unterschiede sind nicht nur eine Folge der Netzgestaltung, z. B. der Lage der Kraftwerke zu den Verbrauchszentren der elektrischen Energie, und eine Folge der Netzdichte, sondern hängen auch davon ab, in welchem Umfang die Energieversorgungsunternehmen die Blindleistungskompensation in ihren Netzen selbst durchführen und wie weit sie durch Blindleistungstarife den Verbraucher veranlassen, seine Blindleistung selbst zu kompensieren.

1.1 Die Kompensation der Blindleistung in Europa, Amerika und Japan

F. LEHMHAUS [153] bringt auf Grund einer Umfrage in mehreren Ländern eine Übersicht über die Wirkleistungserzeugung, über die Abgabe und Aufnahme von Blindleistung, ferner eine Schätzung des zu erwartenden jährlichen Anstieges, nach dem Stand 1957, Tab. 37. Allen Ländern gemeinsam ist, daß ein großer Teil der Blindleistung immer noch von den Kraftwerken abgegeben wird. Der Rest aber wird unterschiedlich gedeckt, in Japan in hohem Maße durch Leistungskondensatoren in den Hochspannungsnetzen (>30 kV), in Kanada, Schweden und Frankreich ebenfalls, aber teilweise auch durch Blindleistungsmaschinen, in Deutschland und Großbritannien vorwiegend in den Mittelspannungsnetzen (< 30 kV) und beim Verbraucher. LEHMHAUS bildet aus der Tabelle Durchschnittswerte und stellt fest, daß die Netze 32% und die Verbraucher 68% der Blindleistung benötigen; kompensiert werden demgegenüber 67% der Blindleistung von den Kraftwerken, 22% in den Netzen durch Kondensatoren und Blindleistungsmaschinen und nur 11% beim Verbraucher. Den jährlichen Zuwachs an benötigter Blindleistung schätzt er auf 7···9%, der mehr und mehr von Leistungskondensatoren gedeckt werden wird.

1.11 Europa. Hinsichtlich des Aufwandes und der Art der Kompensation unterscheiden sich die europäischen Energieversorgungsnetze voneinander. NORDSTRÖM u. a. [196] teilen die europäischen Länder hinsichtlich der Erzeugung elektrischer Energie in Länder mit Energieerzeugung in Wärmekraftwerken und solche mit Energieerzeugung in Wasserkraftwerken ein. Zur ersten Gruppe rechnen sie Großbritannien, Belgien, Dänemark, Holland, Polen, zur zweiten Finnland, Italien, Portugal,

Tabelle 37. *Bilanz der Blindleistung*

	Land	Wirk-leistung MW	Aufnahme (Mvar) über 30 kV Netz- und Transfor-matoren	über 30 kV Ver-braucher	unter 30 kV Netz- und Transfor-matoren	unter 30 kV Ver-braucher	Gesamt Mvar
Stand Juni 1957	Belgien	(185)[1]	(20)[1]	(130)	—	—	(150)
	Kanada	14000	4400	2600	1000	3100	11100
	Frankreich	9500	1000	2000	1000	5500	9500
	Großbritannien (England und Wales)	16500	2510	7000	—	—	9510
	Deutschland	8782	1500	2440	550	1750	6240
	Japan	7430	2245	1640	487	2552	6924
	Niederlande	(225)	—	—	(152)		—
	Schweden	5000	50	1000	750	3200	5000
Schätzung des jährlichen Anstieges	Belgien	(15)[1] (8,7%)	(4)[1] (20%)	(4) (3,1%)	—	—	(8) (5,3%)
	Kanada	1260 (9%)[2]	390 (8,9%)[2]	210 (8,1%)	90 (9%)	290 (9,3%)	1000 (9%)
	Frankreich	700 (7,4%)	20 (2%)	180 (9%)	100 (10%)	400 (7,4%)	700 (7,4%)
	Großbritannien (England und Wales	1500 (9,1%)	100 (4%)	350 (5%)	—	—	450 (4,7%)
	Deutschland	666 (7,6%)	118 (7,9%)	132 (5,4%)	43 (7,8%)	148 (8,5%)	441 (7%)
	Japan	1147 (15,5%)	352 (15,5%)	271 (16,5%)	85 (17,5%)	300 (12%)	1008 (15,5%)
	Niederlande	(27) (12%)			(19,8) (13%)		—
	Schweden	500 (10%)	150	90 (9%)	90 (12%)	170 (5,3%)	500 (10%)

[1] Werte in Klammern sind nicht vollständig.

in verschiedenen Ländern [153]

| Kraft-
werke | Abgabe (Mvar) | | | | | Gesamt
Mvar |
| | über 30 kV | | | unter 30 kV | | |
	Statische Konden- satoren	Blind- leistungs- maschinen	Ver- braucher- installa- tionen	im Netz	Ver- braucher- installa- tionen	
(150)	—	—	—	—	—	(150)
9 000	800	500	—	300	500	11 100
4 900	100	1 700	500	800	1 500	9 500
6 500	10	—	—	—	3 000	9 510
4 300	108	36	130	966	700	6 240
2 834	2 052	704	—	1 334	—	6 924
(148)	—	—	(4)	—	—	—
3 000	800	800	100	200	100	5 000
— —	(3) —	— —	(5) —	— —	— —	(8) (5,3%)
555 (6,1%) —	225 (28%) —	— —	— —	85 (28%)	135 (27%)	1 000 (9%)
150 (3,7%)	—	150 (8,8%)	75 (1,5%)	200 (25%)	125 (8,3%)	700 (7,4%)
150 (2,3%)	5 (50%)	—	295 (9,8%)	—	—	450 (4,7%)
324 (7,5%)	—	—	6 (4,6%)	55 (5,7%)	56 (8%)	441 (7%)
445 (15,7%)	306 (15%)	86 (12%)	—	171 (12,8%)	—	1 008 (15,5%)
200 (6,7%)	200 (25%)	90 (11,3%)	—	10 (5%)	—	500 (10%)

[2] Der jährliche Anstieg in % bezieht sich auf die entsprechende Werte für 1956

Schweden, Schweiz. Länder mit gemischer Energieerzeugung aus Wärme- und Wasserkraft sind die Bundesrepublik Deutschland und Frankreich. Die Wasserkraftwerke liegen häufig von den Verbrauchsschwerpunkten weit entfernt und müssen daher durch lange Leitungen mit diesen verbunden werden. Typische Beispiele sind Schweden und Finnland, wo die großen Wasserkraftwerke vorwiegend im Norden, die meisten Verbraucher im Süden des Landes liegen. Weiterhin werden mehr und mehr Energieerzeugungszentren innerhalb eines Landes und zwischen verschiedenen Ländern durch Kuppelleitungen zum Zwecke des Energieaustausches verbunden. Die genannten Autoren stellen fest, daß die Kosten der Übertragung der Blindleistung im Verhältnis zu den Kosten ihrer Erzeugung hoch sind, so daß sich Untersuchungen zur Bestimmung des Optimums der Blindleistungsverteilung lohnen. Etwa 80% der Blindleistung sollte durch Kondensatoren möglichst nahe beim Verbraucher gedeckt werden, davon die Grundlast von etwa 20% unmittelbar beim Verbraucher, der Rest in den Verteilerstationen. In der Nähe der Verbraucher sollten in Netzpunkten, in denen die Blindleistung in weiten Grenzen zu schwanken pflegt, Blindleistungsmaschinen aufgestellt werden, die nicht nur der Abgabe und Aufnahme von Blindleistung dienen, sondern vor allem das Netz stabilisieren und die Spannung des Netzes regeln. Die Generatoren der Kraftwerke werden zur Abgabe von Blindleistung dann mitbenutzt, wenn diese in der Nähe des Kraftwerkes anfällt, also in engmaschigen, leistungsstarken Netzen, als reine Blindleistungserzeuger dagegen fast nur zur Spannungshaltung.

BJÖRGERD u. a. [20] berichten über wirtschaftliche Probleme und die spezifischen Kosten der Blindleistungsabgabe durch Synchron- und Blindleistungsmaschinen, durch Reihen- und Parallelkondensatoren in Schweden. Die Blindleistungsabgabe durch Kondensatoren ist im allgemeinen billiger als durch umlaufende Maschinen. Wenn es allerdings möglich ist, aus Wirkleistung erzeugenden Synchronmaschinen zusätzlich Blindleistung zu entnehmen, dann sind mindestens die Anfangskosten geringer als die Anlagekosten von Kondensatorbatterien. Im allgemeinen sollten jedoch Synchronmaschinen nur die Spitze (Jahresbenutzungsdauer bis etwa 1000 h) übernehmen und sonst als Blindleistungsreserve dienen. In ländlichen Bezirken wird die größte Wirtschaftlichkeit erreicht, wenn 15···20% der Blindleistung von Kondensatoren auf der Niederspannungsseite abgegeben wird. Darüber hinaus notwendige Blindleistung sollte durch abschaltbare Kondensatorbatterien von nicht weniger als 1···2 Mvar Leistung aufgebracht werden.

F. LEHMHAUS [153] weist darauf hin, daß der Kondensator um so mehr bevorzugt wird, je engmaschiger die Netze und je kürzer die Abstände zwischen den Kraftwerken werden, so daß Blindleistungsmaschinen nur noch aus Stabilitätsgründen und zur Kompensation des Ladestromes der Freileitungen bei Schwachlast in Frage kommen. Dabei sollte die Blindleistungsmaschine, um wirtschaftlich zu sein, groß sein (60 Mvar und mehr). Im Anhang C beschreibt er die Praxis des Einsatzes von Leistungskondensatoren in Deutschland, insbesondere die des Rheinisch-Westfälischen Elektrizitätswerkes. 300 Mvar Kondensatoren erhöhten den Spannungspegel des RWE-Netzes um 1,5%, an den Netzausläufern um 4% durchschnittlich. Zwischen den beiden möglichen Extremfällen, die Kondensatoren das eine Mal geschlossen in einer Höchstspannungsstation, das andere Mal verteilt im Niederspannungsnetz nahe beim Verbraucher aufzustellen, gibt es viele Zwischenlösungen. Die billigste ist die Aufstellung einer großen Batterie von z.B. 10 Mvar in der 110-kV-Station: man braucht nur einen Schalter, nur einen Satz Schutzeinrichtungen und Zubehör: man hat geschultes Personal für Wartung und Betrieb. Der Anschluß erfolgt nicht direkt an das 110- bzw. 220-kV-Netz, sondern an die 10-kV-Tertiärwicklung des Stationstransformators von 220/110 kV, 100 MVA. Auf diese Weise wurde eine Batterie von 40 Mvar in einer großen Station auf vier Transformatoren aufgeteilt.

Der andere Fall, die Aufstellung der Kondensatoren im Niederspannungsnetz nahe beim Verbraucher, ist teurer, denn sie erfordert viele Schalteinrichtungen oder Sicherungen, und die Kondensatoren müssen entsprechend den Laständerungen der Verbraucher zu- und abgeschaltet werden: die Laständerungen beim Verbraucher sind natürlich viel größer als die Laständerungen in einer viele Verbraucher zusammenfassenden 110-kV-Station. Die Zahl der Betriebsstunden, d.h. die Ausnutzung der in der Nähe des Verbrauchers aufgestellten Kondensatoren, ist geringer. Diesen Nachteilen steht der Vorteil gegenüber, daß die Niederspannungskondensatoren den Transport der Blindleistung über das Hoch- und Mittelspannungsnetz vermeiden. Bei Aufstellung der Kondensatoren in den Mittelspannungsnetzen kommen Vor- und Nachteile der beiden Extremfälle zusammen. So werden die Bemühungen verständlich, optimale Lösungen je nach den Gegebenheiten des Netzes zu finden [77].

1.12 USA. In den USA wurden 1961 etwa 7000 Mvar Leistungskondensatoren hergestellt, in der Bundesrepublik Deutschland zur gleichen Zeit 1000 Mvar. In einem AIEE-Comitee-Bericht [4] wird über Erfahrungen mit Kondensatoren von 68 Elektrizitäts-Versorgungs-Unternehmen (EVU) berichtet. Die Aufstellung umfaßt 15500 Mvar Mittelspannungskondensatoren und zeigt, daß davon 57% auf Masten montiert waren und 31% in Verteilungsstationen standen; die restlichen 12% waren große Kondensatorbatterien für Spannungen oberhalb 15 kV. Die durchschnittliche Leistung einer Mastkondensatorbatterie betrug 220 kvar, die einer Verteilungsstation 1800 kvar und die der Batterien für Spannungen oberhalb 15 kV 6600 kvar. Der Anteil der Niederspannungskondensatoren an der Gesamtproduktion ist in den USA klein. Der auffallend große Anteil der Mastkondensatoren ist eine Folge der Weiträumigkeit der amerikanischen Verteilungsnetze.

Nach W. A. MORGAN [*153*, Anhang F] wachsen in den USA die Kosten für die Blindleistungsmaschinen laufend, während die Kosten der Leistungskondensatoren in den letzten Jahren nahezu konstant geblieben sind, weil die steigenden Materialkosten durch Senkung der Herstellungskosten ausgeglichen werden konnten; daher werden Kondensatoren in wachsendem Maße eingesetzt. Das Verhältnis Blindleistung zu Wirkleistung ist sehr unterschiedlich, es betrug 1957 in Südkalifornien 0,81, dagegen nur 0,49 in den Nordweststaaten, bei der Washington Power Company sogar nur 0,32. Die Anwendung von Kondensatoren anstelle von Blindleistungsmaschinen bringt nach MORGAN so große Ersparnisse, daß es im allgemeinen schwer ist, die Anwendung der letzteren zu rechtfertigen. Wenn allerdings die Netzspannung in geringen Grenzen konstant gehalten werden muß, so ist dieses durch eine Blindleistungsmaschine leichter zu erreichen als durch Kondensatoren. Denn die Leistung der Kondensatoren ändert sich quadratisch mit der Spannung, sinkt also bei einem Spannungseinbruch entsprechend ab, wohingegen die Leistung der Maschine durch Regelung ihres Feldes stoßartig erhöht und das Netz gestützt wird. Eine solche Stützung des Netzes läßt sich aber auch durch eine Reservekondensatorbatterie erreichen, die beim Absinken der Spannung eingeschaltet wird. Nach MORGAN haben Wirtschaftlichkeitsberechnungen ergeben, daß eine solche Batterie meist sogar die billigste Lösung ist.

1.13 Japan. Tab. 37 zeigt, daß Japan seine Netze bis 1957 mehr als alle anderen Länder durch Leistungskondensatoren in den Hochspannungsnetzen kompensiert hat. Bis Ende 1960 waren insgesamt 9500 Mvar installiert, davon 4500 Mvar zur Spannungsregulierung in Hochspannungsnetzen und 5000 Mvar zur Leistungsfaktorverbesserung in Verteilungsnetzen [*153*, Anhang D, *204*].

1.2 Vergleich der Wirtschaftlichkeit
der rotierenden Maschinen und Kondensatoren

Ein Vergleich der verschiedenen Blindleistungsabgeber ist immer nur unter Annahme zahlreicher Größen möglich, wie Preise der Kondensatoren und Maschinen, Leistung, Verluste und deren Bewertung, Zahl der Betriebsstunden, Kosten der Schalt-, Anlaß- und Regelgeräte, Schutzeinrichtungen, Gebäudekosten, Amortisation und Zinsendienst. Vergleiche können daher erheblich differieren.

1.21 Generatoren der Kraftwerke. Ein Generator, der neben einer bestimmten Wirkleistung zusätzlich Blindleistung liefern soll, wird größer und teurer als ein Generator für die gleiche Wirkleistung, da er für einen kleineren Leistungsfaktor (cos$\varphi = 0{,}7\cdots0{,}95$) bemessen werden muß. Alle übrigen Kosten jedoch, z. B. für die Aufstellung, Schaltanlage, Regeleinrichtungen usw. erhöhen sich nicht wesentlich. Es ist daher für den Kostenvergleich mit einer Kondensatoranlage zulässig, nur die Differenz der Kosten beider Generatoren einzusetzen. Dieser Vergleich geht auch heute noch zugunsten der Generatoren aus, insbesondere bei großen Turbogeneratoren, wenn nur die reinen Kosten für Generator und Kondensator verglichen werden, wie Untersuchungen von G. Hosemann [121] und von E. Ge [86] ergeben haben. Wird jedoch eine Verlustbewertung in den Vergleich einbezogen, dann kann der Kondensator wegen seiner niedrigen Verluste mit großen Maschinen (z. B. 50 MVA) konkurrieren. Der Vergleich wird für die Kondensatoren noch günstiger, wenn berücksichtigt wird, daß sie in den Verbraucherschwerpunkten, wo die Blindleistung gebraucht wird, bequem unterteilbar aufgestellt werden können, so daß der Transport der Blindleistung über das Verteilungsnetz wegfällt. Die Kosten für diesen Transport können gegenüber den Kosten der Erzeugung hoch sein (s. S. 274). Überschläglich ergibt sich also, daß bei den heutigen Kondensatorpreisen die Generatoren der Kraftwerke nur die in ihrer Nähe benötigte Blindleistung wirtschaftlich liefern, und zwar die Maschinen der Wärmekraftwerke billiger als die Maschinen der Wasserkraftwerke, weil diese meist weiter von den Verbraucherschwerpunkten entfernt sind.

1.22 Blindleistungsmaschinen. Bereits 1937 ergaben Untersuchungen von Baudisch und Rambold [9], daß Blindleistungsmaschinen nur noch bei großen Leistungen und bei niedriger Benutzungsdauer mit Kondensatoren in Wettbewerb treten können, wenn es sich vorwiegend um die Lieferung von Blindleistung handelt. Einen Kostenvergleich aus den letzten Jahren bringt E. Bornitz [29, S. 35 bis 60]. Danach liegen die Kosten für eine Kondensatoranlage auch bei 100 Mvar noch unter den Anlagekosten einer Blindleistungsmaschine (s. Abb. 196). Maschinen kleiner Leistungen sind noch teurer. Hingewiesen sei auch auf die relativ großen Verluste der Maschinen gegenüber denen der Kondensatoren.

Abb. 197 zeigt die Gesamtjahreskosten in Abhängigkeit von der Benutzungsdauer; dabei sind eine jährlichen Kapitalbelastung von 15% der Anlagekosten für Verzinsung, Amortisation, Wartung, ein Leistungspreis von jährlich 65 DM/kW und ein Arbeitspreis von 0,05 DM/kWh für den Anschluß zugrunde gelegt. Man sieht, daß u. a. die Betriebsstunden und damit die Verluste die Lage der Kurven entscheidend mitbestimmen. Diese Ergebnisse werden von E. Ge [86] und von P. Skogby [252] im wesentlichen bestätigt. Bei Maschinenleistungen von 200$\cdots$400 Mvar allerdings kann nach K. Bonfert [26] die Blindleistungsmaschine konkurrenzfähig sein, insbesondere in Höchstspannungsnetzen, die oberhalb ihrer natürlichen Leistung betrieben werden.

Blindleistungsmaschinen werden eingesetzt, wenn sie technische Aufgaben übernehmen müssen, die von Kondensatoren nicht erfüllt werden können. Die wichtigsten sind folgende:

a) Wenn ein Netz durch Verbraucher, z.B. nachts, nur schwach und durch Kabel oder Fernleitungen kapazitiv belastet ist, dann kann mit der Blindleistungsmaschine durch Untererregung kapazitive Belastung kompensiert werden.

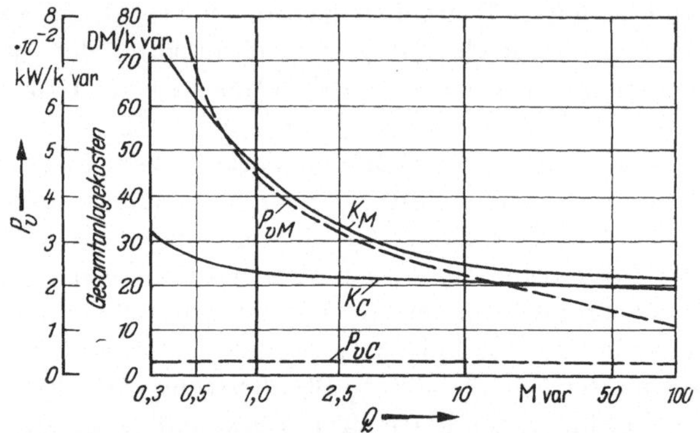

Abb. 196. Richtwerte der Gesamtanlagekosten und Verluste von Kondensatoren und Synchron-Blindleistungsmaschinen in Abhängigkeit von der Kompensationsleistung. K_C Kondensatoranlagekosten; K_M Anlagekosten für Synchron-Bl.M.; P_{vC} Kondensatorverluste; P_{vM} Verluste der Synchron-Bl.M. [29].

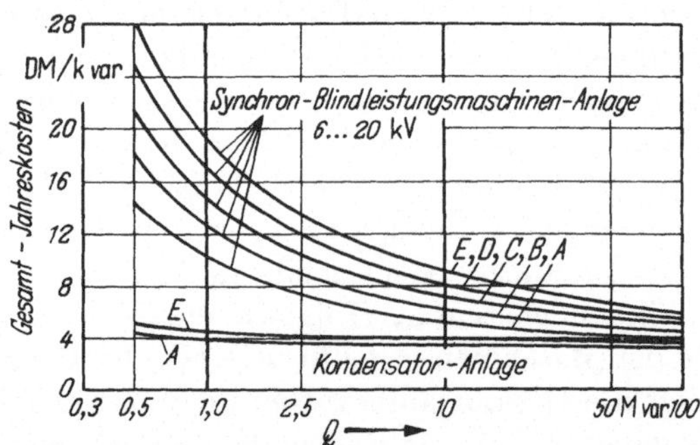

Abb. 197. Gesamtjahreskosten von Kondensator- und Synchron-Bl.M.-Anlagen in Abhängigkeit von der Kompensationsleistung. Betriebsstundenzahlen in h/Jahr: $A = 0$; $B = 1000$; $C = 2000$; $D = 3000$ und $E = 4000$ [29].

b) Blindleistungsmaschinen sind schnell regelbar und erhöhen die Stabilität des Netzes, insbesondere bei Spannungseinbrüchen, die eine Folge von Belastungsstößen oder Kurzschlüssen sind; die Maschine stützt dabei das Netz mit einem Blind- und Wirkleistungsstoß, den sie aus ihrer magnetischen und kinetischen Energie bezieht. Die elektrostatische Energie einer der Größe der Maschine entsprechenden Batterie aus Parallelkondensatoren reicht bei tiefen Einbrüchen meist nicht aus, denn ihre Leistung sinkt quadratisch mit dem Betrag der Spannungsabsenkung. Eine Batterie aus Reihenkondensatoren kann u. U. die Blindleistungsmaschine ersetzen, denn sie wird durch den Belastungsstromstoß aufgeladen, erhöht also ihre Leistung, ohne jede Regelung, und damit die Stabilität langer Leitungen (s. S. 289).

c) Über weitere Aufgaben der Blindleistungsmaschinen s. S. 8.

1.23 Große Drehstrommotoren. Ähnlich wie Synchrongeneratoren geben übererregte Motoren billig, u. U. fast kostenlos Blindleistung ab. Das gilt für Synchronmotoren, synchronisierte Asynchronmotoren und Asynchronmotoren mit Drehstromerregermaschine. Derartige Maschinen werden vorwiegend in Industrieanlagen betrieben: sie können bei genügender Größe (0,1···20 MW) den Leistungsfaktor der Anlage nennenswert verbessern. Aber auch in einer solchen Anlage kann der Kondensator konkurrenzfähig sein, wenn statt einer der oben genannten, wartungsbedürftigen Maschinen der normale, anspruchslose Asynchronmotor in Verbindung mit dem ebenfalls anspruchslosen Kondensator aufgestellt werden kann, oder wenn die Anlage räumlich ausgedehnt ist, so daß sich Einzelkompensation an verschiedenen Orten lohnt, [*29*, S. 60 bis 65]. In großen Energieversorgungsnetzen handelt es sich bei der Blindleistungsabgabe durch Motoren stets um Einzelfälle.

Faßt man Abschnitt 1.2 kurz zusammen, so ergibt sich, daß die bisher von den Kraftwerken abgegebene Blindleistung mehr und mehr von Kondensatoren geliefert werden wird, da deren Preise in neuester Zeit stark gesunken sind und die wachsende Belastung der Energieversorgungsnetze dazu zwingt, die Blindleistung immer näher beim Verbraucher zu kompensieren. Große Blindleistungsmaschinen werden in Sonderfällen weiterhin angewendet werden müssen.

1.3 Wirtschaftlichkeit der Blindleistungskompensation durch Kondensatoren. Blindleistungstarife

H. ROSER [*227*] untersucht die „Wirtschaftlichkeit der Blindstromkompensation durch Phasenschieberkondensatoren" auf der Erzeuger- und Verbraucherseite. Im ersten Fall wird für die Berechnung nur die Einsparung an Kupferverlusten berücksichtigt, nicht dagegen die durch die Entlastung des Netzes entstehende, schwer abzuschätzende Einsparung. Der Aufwand für die Kompensation wird anhand eines Netzbeispieles erläutert, für das 100 kW zu übertragende Leistung, $\cos\varphi = 0{,}707$ und 10% Verluste, d.h. 10 kW, zugrunde gelegt werden. Für den Blindleistungstransport ergibt sich ein Verlustanteil von 5 kW. Um $\cos\varphi = 1$ zu erreichen, muß eine Kondensatorleistung von 100 kvar eingebaut werden; bei $\cos\varphi = 0{,}7$ ist zur Ersparnis von 1 kW Verlusten ein

Kondensatoraufwand von 10 kvar/kW erforderlich, dagegen 20 kvar/kW bei Annäherung an $\cos\varphi = 1$. ROSER gibt Formeln zur Berechnung der Wirtschaftlichkeitsgrenze an. Das Optimum der Wirtschaftlichkeit wird bei $\cos\varphi = 0{,}85$ erreicht, wobei 25 DM/kvar für das installierte kvar und 10 % Kapitaldienst angenommen sind, die Grenze der Wirtschaftlichkeit liegt jedoch erst bei $\cos\varphi = 0{,}97$. Für den Abnehmer ist die Kompensation in der Regel sogar bis $\cos\varphi = 1$ lohnend; für das Elektrizitätsversorgungsunternehmen gilt das bei den üblichen Stromlieferungsverträgen nur soweit, wie die dem Abnehmer gewährte Preisermäßigung durch die auf der Erzeugerseite eingesparten Verluste gedeckt wird. Werden jedoch die weiteren Vorteile der Blindleistungskompensation, vor allem die höhere Ausnutzbarkeit des Netzes, einbezogen, so ergibt eine möglichst umfassende Kompensation durch Kondensatoren beim Verbraucher stets einen volkswirtschaftlichen Nutzen.

Die Wirtschaftlichkeit der Blindstromkompensation beim *Verbraucher* richtet sich nach dem Blindleistungstarif. Diese Tarife sind in den einzelnen europäischen Ländern verschieden [*196*]. Einige Beispiele sollen dies erläutern. In Deutschland wird bei Großverbrauchern $\cos\varphi = 0{,}9$ angestrebt. Erst bei Unterschreitung dieses Wertes, d.h. bei Mehrverbrauch an Blindleistung, muß der Verbraucher neben seinem normalen kWh-Preis noch 10 % des kWh-Preises je kvarh bezahlen. Neben diesem Tarif für den Blindleistungsverbrauch oder „Überverbrauchstarif" gibt es einen „Scheinleistungstarif" [*227*], bei dem neben der Verrechnung der Wirkleistung ein Zuschlag für jedes kVA der während einer festgelegten Zeit registrierten höchsten Scheinleistungsspitze berechnet wird. Schließlich gibt es einen „gemischten Tarif", bei dem neben dem Preis für das Spitzen-kVA noch ein Preis für die Blindleistungsabnahme erhoben wird. Näheres und einen Vergleich dieser Tarife bringt E. BORNITZ [*29*, S. 39 bis 41].

In Belgien wird bei einem Verbrauch von weniger als 1000 kW der Strompreis für jedes Hundertstel, das $\cos\varphi = 0{,}8$ unterschreitet, um 5 % erhöht; bei einem Verbrauch von mehr als 1000 kW liegt die Grenze zwischen 0,8 und 0,9. In Schweden wird für bestimmte Verbraucher $\cos\varphi = 0{,}9$ verlangt, meist aber 0,8 in Kauf genommen. Wird der genehmigte Mittelwert aus mehreren Ablesungen überschritten, dann muß der Verbraucher einen hohen Preis – etwa 10 DM/kvar – bezahlen. In Frankreich wird die Blindleistung allen Verbrauchern von mehr als 25 kvar in Rechnung gestellt. In der Vollastzeit wird $\tan\varphi$ gemessen und die kWh-Preise nach folgenden Formeln berechnet:

Zuschlag von $12{,}5 \cdot (\tan\varphi - 0{,}6)\,\%$, wenn $\tan\varphi > 0{,}6$ ist,

Nachlaß von $5 \cdot (0{,}6 - \tan\varphi)\,\%$, wenn $0{,}2 < \tan\varphi < 0{,}6$ ist,

Nachlaß von 2 %, wenn $\tan\varphi < 0{,}2$ ist.

Die verschiedenen Tarife weisen auf die Bemühungen hin, die Blindleistung kostengerecht an den Verbraucher zu verrechnen. Die Verschiedenheit ergibt sich aus der unterschiedlichen Bewertung der Anteile, aus denen sich die Kosten für die Abgabe und Übertragung der Blindleistung zusammensetzen. Aus der umfangreichen Literatur über dieses Thema seien zwei Arbeiten genannt, die weitere Literaturangaben enthalten: Die Vereinigung Deutscher Elektrizitätswerke [285] ermittelt die im Kraftwerk für die Abgabe der Blindleistung aufzuwendenden Kosten und ihre Verrechnungsmöglichkeiten; die Jahreskosten sind bei Überlandwerken höher als bei Stadtwerken und weit höher als die Kosten der Kondensatoren. W. PAASCH [207] gibt eine Übersicht über seit 1919 gemachte Vorschläge zur Berücksichtigung des Leistungsfaktors in den Tarifen; er empfiehlt, die Tarife auf $\cos\varphi = 0{,}9$ abzustellen und macht Vorschläge zur Vereinfachung des Erfassungsverfahrens, um bei Sonderabnehmern mittlerer Größe den Einbau teurer Meßgeräte zu vermeiden.

Im allgemeinen amortisiert sich bei der Anwendung der genannten Tarife eine Kondensatoranlage in 1 bis 2 Jahren, bei den Kondensatorpreisen der letzten Zeit sogar in einigen Monaten (s. hierzu E. BORNITZ [29, S. 203 bis 209]).

1.4 Einzel-, Gruppen- und Zentralkompensation.
Bestimmung der Leistung einer Kondensatoranlage

Es wäre unwirtschaftlich, einen einzelnen Motor zu kompensieren, der nur kurze Zeit im Jahr läuft (z. B. einen Motor für eine Dreschmaschine). *Einzelkompensation* ist daher nur bei konstantem Blindleistungsbedarf angebracht, z. B. bei größeren Motoren für Dauerbetrieb.

Liegt eine Gruppe von Blindleistungsabnehmern mit aussetzender, schwankender Belastung vor, so ist es vorteilhaft, den durchschnittlichen Blindleistungsbedarf zusammengefaßt zu kompensieren (*Gruppenkompensation*).

Bei *zentraler* Kompensation wird die Blindleistung eines ganzen Betriebes oder eines Netzes durch eine Kondensatorbatterie kompensiert. Hierbei kann es sich empfehlen, die Batterie zur Anpassung an den jeweiligen Blindleistungsbedarf zu unterteilen und durch Blindleistungsrelais automatisch zu regeln.

Soll der Leistungsfaktor $\cos\varphi_1$ eines Motors, einer Industrieanlage oder eines Netzes auf $\cos\varphi_2$ erhöht werden, so läßt sich die notwendige Kondensatorleistung mit Hilfe der Tab. 38 bestimmen.

Beispiel: Eine Verbesserung von $\cos\varphi_1 = 0{,}7$ auf $\cos\varphi_2 = 0{,}9$ erfordert bei einer Wirkleistung $P = 500\ \mathrm{kW}$ eine Kondensatorleistung von

$$0{,}54 \cdot 500 = 270\ \mathrm{kvar}.$$

Tabelle 38. *Kondensatorleistung*

Vorhandener $\cos\varphi_1$	Kondensatorleistung in kvar bei 1 kW Wirkleistung für folgende gewünschte $\cos\varphi_2$						
	0,70	0,75	0,80	0,85	0,90	0,95	1,00
0,20	3,88	4,02	4,15	4,28	4,42	4,57	4,90
0,30	2,16	2,30	2.43	2,56	2,70	2,85	3,18
0,40	1,27	1,41	1,54	1.67	1,81	1,96	2,29
0,45	0,96	1,10	1,23	1,36	1,50	1,66	1,98
0,50	0,71	0,85	0,98	1,11	1,25	1,40	1,73
0,55	0,50	0,64	0,77	0,91	1,03	1,19	1,52
0,60	0,31	0,45	0,58	0,71	0,85	1,00	1,33
0,65	0,15	0,29	0,42	0,55	0,69	0,84	1,17
0,70	—	0,14	0,27	0,40	0,54	0,69	1,02
0,72	—	0,08	0,21	0,34	0,48	0,64	0,96
0,74	—	0,03	0,16	0,29	0,43	0,58	0,91
0,76	—	—	0,11	0,24	0,37	0,53	0,86
0,78	—	—	0,05	0,18	0,32	0,47	0,80
0,80	—	—	—	0,13	0,27	0,42	0,75
0,82	—	—	—	0,08	0,21	0,37	0,70
0,84	—	—	—	0,03	0,16	0,32	0,65
0,86	—	—	—	—	0,11	0,26	0,59
0,88	—	—	—	—	0,06	0,21	0,54
0,90	—	—	—	—	—	0,16	0,48
0,92	—	—	—	—	—	0,10	0,43
0,94	—	—	—	—	—	0,04	0,36

Die dem Netz entnommene Scheinleistung $P_1 = 714$ kVA wird dadurch auf $P_2 = 555$ kVA vermindert (s. Abb. 198). Ist diese Verminderung nicht notwendig, weil die Leitungen und Geräte des Netzes für P_1 bemessen sind, so kann die Wirkleistung von 500 auf 643 kW bei konstant bleibender Scheinleistung erhöht werden, Abb. 199 (s. auch Abb. 2).

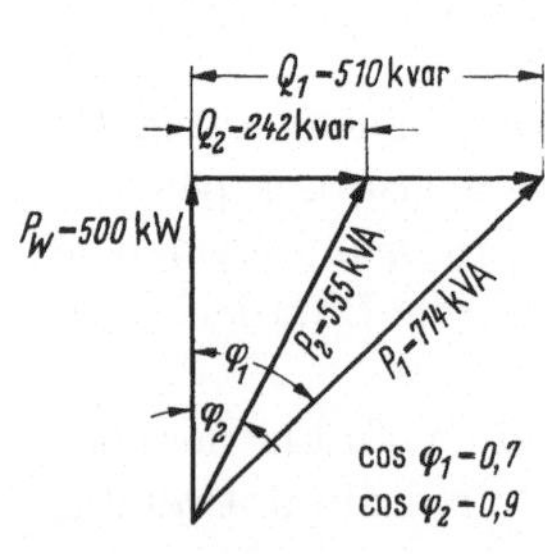

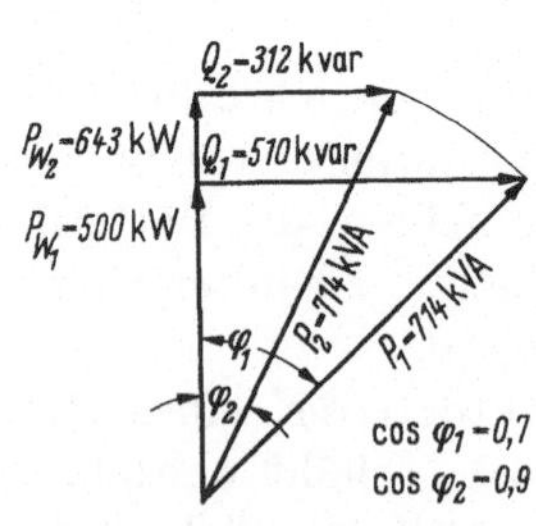

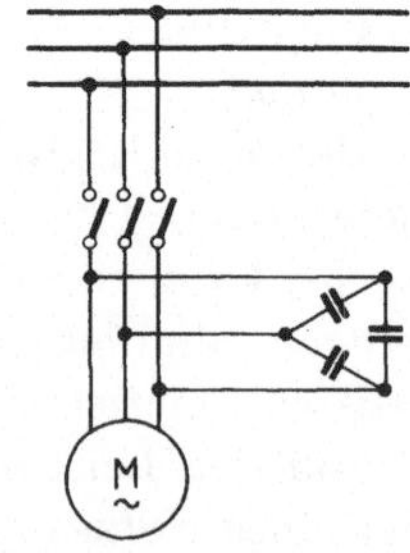

Abb. 198. Verminderung der übertragenen Scheinleistung.

Abb. 199. Erhöhung der übertragenen Wirkleistung.

Abb. 200. Einzelkompensation eines Drehstrom-Asynchron-Motors.

Abb. 200 zeigt die Einzelkompensation eines Drehstrom-Asynchron-Motors. Der Kondensator wird meistens parallel zu den Motorklemmen

angeschlossen und gemeinsam mit dem Motor zu- und abgeschaltet. Um
Überkompensierung bei Teilbelastung und Selbsterregung beim Auslauf
zu vermeiden, darf nur etwa 90% der Leerlaufblindleistung des Motors
kompensiert werden [65]. Damit wird im allgemeinen bei Vollast ein
$\cos\varphi$ von etwa 0,90 und bei Teillast oder Leerlauf von etwa 0,95 erreicht.
Die Leerlaufblindleistung Q_0 beträgt

$$Q_0 = \sqrt{3}\,U I_0 \sin\varphi_0 \approx \sqrt{3}\,U I_0 .$$

Als Anhalt für die Größe der Leerlaufblindleistung dient Abb. 201;
die Kurven sind die Mittelwerte einer großen Zahl von Messungen an
Motoren mit Käfigläufern.

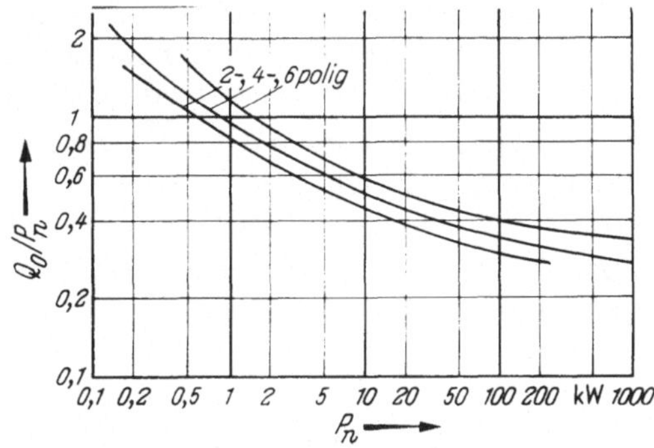

Abb. 201. Verhältnis der Leerlaufblindleistung Q_0 zur Motor-Nennleistung P_N
für Motoren mit Käfigläufer (Mittelwerte).

Auch bei Transformatoren soll im allgemeinen nur deren Leerlauf-
leistung durch den Kondensator kompensiert werden, damit in Zeiten
niedriger Last oder bei Leerlauf Spannungserhöhungen oder Leerlauf-
resonanzerscheinungen (vorwiegend 5. und 7. Oberschwingung) vermieden werden. Tab. 39 gibt hierzu einige Zahlen [286]:

Tabelle 39

Zuordnung der Kondensatorleistungen zu den Nennleistungen von Transformatoren

Nennleistung des Transformators in kVA	Kondensatorleistungen in kvar bei Oberspannungen von		
	5/10 kV	15/20 kV	25/30 kV
25	2	2,5	3
50	3,5	5,0	6
75	5	6	7
100	6	8	10
160	10	12,5	15
250	15	18,0	22
315	18	20,0	24
400	20	22,5	28
630	28	32,5	40

Abb. 202 ermöglicht eine Berechnung mit Hilfe der Transformatorstreuspannung. Hinsichtlich weiterer Einzelheiten beim Entwurf von Kondensatoranlagen wird auf E. BORNITZ [29] und auf Druckschriften und Listen der Kondensatorhersteller verwiesen.

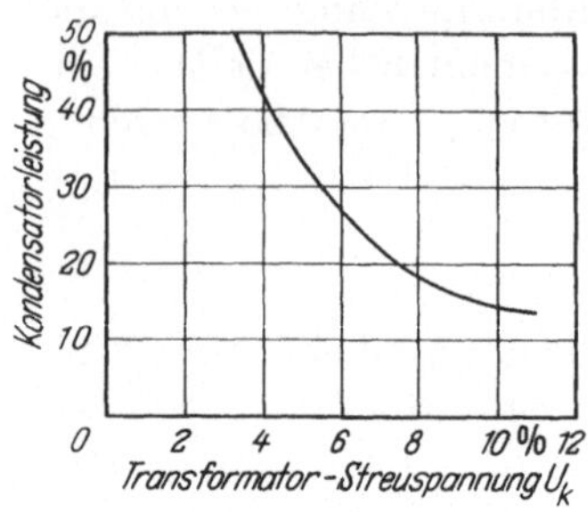

Abb. 202. Bei Schwachlast zulässige Kondensatorleistung in Prozent der Transformatorleistung.

1.5 Der Kondensator im Netz

1.51 Das Einschalten. Der Kondensator stellt beim Einschalten einen Kurzschluß für die Stromquelle dar. Dem Dauerstrom des Kondensators überlagert sich ein Ausgleichstrom, dessen Amplitude exponentiell mit der Zeitkonstanten L/R abklingt. In Starkstromnetzen ist R meist wesentlich kleiner als der Schwingungswiderstand $\sqrt{L/C}$. Daher klingt der Ausgleichstrom relativ langsam, innerhalb 0,01···0,1 sec ab.

Der Spitzenwert $i_{e\,\text{max}}$ des Einschaltstromes berechnet sich zu $i_{e\,\text{max}} \approx \sqrt{2}\,U_N\,\sqrt{C/L}$, L ist die Induktivität des Netzes zwischen Kondensator und Stromquelle. Führt man den Kondensatornennstrom $I_N = U_N\,\omega\,C$ ein, so wird

$$i_{e\,\text{max}} \approx \frac{\sqrt{2}}{\omega}\,\frac{I_N}{\sqrt{LC}} \approx \sqrt{2}\,\frac{\omega_e}{\omega}\,I_N \tag{121}$$

$\dfrac{\omega_e}{\omega} = \dfrac{f_e}{f}$, das Verhältnis Frequenz f_e der Ausgleichsschwingung zur Netzfrequenz f, bestimmt den Spitzenwert des Einschaltstromes. F. BAUER [10] gibt für $\dfrac{\omega_e}{\omega}$ den Bereich 2···13 an, d. h. $f_e = 100···650$ Hz. ω_e und L sind selten genauer bekannt, meist aber die Netzkurzschlußleistung am Einbauort $Q_K = \dfrac{U^2}{\omega L}$. Führt man diese in Gl. (121) ein und ferner die Kondensatorleistung $Q_C = U^2\,\omega\,C$, so wird

$$\frac{i_{e\,\text{max}}}{\sqrt{2}\cdot I_N} = \frac{1}{\sqrt{\omega L\,\omega C}} = \sqrt{\frac{U^2/\omega L}{U^2\,\omega C}} = \sqrt{\frac{Q_K}{Q_C}}. \tag{122}$$

Eine Vergrößerung von Q_C verkleinert also das Verhältnis Einschaltstrom zu Nennstrom.

Messungen von J. BUTER [49] an Kondensatorbatterien von 0,9 bis 20 Mvar bei Netzspannungen von 10···20 kV ergaben, daß die Einschaltstromspitze meist das 2- bis 7fache des Kondensatornennstromes betrug, es kamen jedoch auch Werte bis zum 16fachen vor. Etwa gleiche Werte gibt ein AIEE-Bericht [3] an.

Wesentlich höher kann der Einschaltstrom werden, wenn ein Kondensator C_2 zu einem bereits am Netz liegenden Kondensator C_1 parallelgeschaltet wird. C_1 entlädt sich auf C_2, d.h. es tritt ein zusätzlicher Ausgleichvorgang auf (s. Oszillogramm E. BORNITZ [29, S. 123]) mit der Frequenz

$$\omega_{e2} = \frac{1}{\sqrt{L_2 \dfrac{C_1 C_2}{C_1 + C_2}}} \tag{123}$$

und der Stromspitze

$$i_{e2\,\mathrm{max}} \approx \sqrt{2} \cdot U_N \sqrt{\frac{C_1 C_2}{(C_1 + C_2) L_2}}, \tag{124}$$

wobei L_2 die Induktivität der Verbindungsleitungen zwischen C_1 und C_2 darstellt. Steht C_2 neben C_1 in einer Schaltstation, sind also die Leitungen zwischen C_1 und C_2 sehr kurz und damit L_2 sehr klein, dann können ω_{e2} und $i_{e2\,\mathrm{max}}$ um eine Größenordnung größer werden als beim Einschalten von C_1 oder C_2 allein. L_2 kann näherungsweise berechnet werden, indem 1 μH für 1 m Leitungslänge eingesetzt wird. Das Parallelschalten von Kondensatoren behandelt eingehend H. FLÖTH ([78] s. auch [234, S. 20 bis 23] und [9]).

Zur Herabsetzung des Einschaltstromes werden häufig Leistungsschalter mit Vorkontaktwiderständen versehen, die noch während des Schaltvorganges kurzgeschlossen werden, so daß sich 2 Stromstufen ergeben. Diese Schalter sind sehr wirksam, wie u.a. J. BUTER nachweist (s. auch E. BORNITZ [29, S. 110]), jedoch auch teurer und anfälliger für Fehler. Deswegen wird häufig L_2 durch eine Reihendrosselspule (vor dem Kondensator oder in dessen Sternpunkt) vergrößert, z.B. auf das 100fache, wenn der Einschaltstrom auf das 0,1fache herabgesetzt werden soll.

F. LEHMHAUS [153, S. 29] empfiehlt, das Parallelschalten nebeneinanderstehender Kondensatorbatterien zu vermeiden und große Batterien (z.B. 10 Mvar und mehr als ganze zu schalten, s. auch [234, S. 22]). Gibt eine Batterie zeitweise eine zu große Blindleistung ab, so soll sie abgeschaltet, der zu große Teil durch einen einfachen Schalter abgetrennt und der Rest wieder eingeschaltet werden. Diese Methode hat im RWE-Netz nicht zu Schwierigkeiten geführt. Um die Blindleistung des ausgedehnten RWE-Netzes zu regeln, genügt es auch, einzelne von vielen, über das Netz verteilte Batterien zu- und abzuschalten. Diese Empfehlung dürfte jedoch wegen der unterschiedlichen Betriebsbedingungen in verschiedenen Netzen nicht immer anwendbar sein.

Neuzeitliche Leistungskondensatoren vertragen die hohen Ströme beim Parallelschalten. Maßnahmen zur Verminderung des Einschaltstromes werden zur Schonung der Schalterkontakte getroffen, insbesondere bei häufigem Schalten.

1.52 Das Ausschalten. Der Schalter unterbricht den Wechselstrom im allgemeinen bei dessen Nulldurchgang. In diesem Augenblick ist der Kondensator voll geladen; er behält seine Scheitelspannung $\sqrt{2} \cdot U_N$ bei, während die Netzspannung sich ändert und nach einer halben Periode den Wert $-\sqrt{2} \cdot U_N$ erreicht. Infolgedessen liegt dann die Spannung $2 \cdot \sqrt{2} \cdot U_N$ zwischen den sich voneinander entfernenden Schalterkontakten. Wenn innerhalb dieser Zeit der Abstand des Schaltstiftes vom Schaltstück noch nicht genügend groß geworden ist, kann er durchschlagen werden, es kommt zu einer Wiederzündung. Der Kondensator wird auf die hohe Spannung umgeladen, und u. U. kann es eine halbe Periode später erneut zum Wiederzünden und damit zu hohen Überspannungen kommen (,,kapazitive Rückzündung'', s. R.RÜDENBERG [230] ferner W.KAFKA und H. REIZUCH [130]). J. BUTER [49] hat Schaltversuche an großen Kondensatorbatterien ausgeführt mit Druckluftschaltern, ölarmen Schaltern mit und ohne Zusatzlöschung und mit Kondensatorschaltern mit und ohne Vorwiderständen. Er hat gegen Erde Spannungshöchstwerte bis zum 5,3fachen der Sternspannung gemessen. Gegen Erde geschaltete Entladewandler gaben Anlaß zu Schwingungen und Überspannungen: als zweckmäßiger erwiesen sich Entladewandler in V-Schaltung. Schalter mit stromunabhängiger Löschmittelströmung schalteten zum großen Teil ohne Wiederzündungen und ohne Überspannungen. Dieses Ergebnis bestätigten Schaltversuche von F. SCHÄR und P. BALTENSPERGER [234] mit einer Kondensatorbatterie von 15,75 Mvar in einem 50-kV-Netz. Hinsichtlich weiterer Einzelheiten wird auf [3, 29, 49] und die dort angegebene Literatur verwiesen.

1.53 Das Entladen. Beim Ausschalten eines Kondensators verbleibt in der Regel Ladung auf seinen Belegungen. Die Selbstentladung über seinen Isolationswiderstand kann Tage oder Wochen dauern. Ein außer Betrieb genommener Kondensator soll sogar nach seiner Entladung eine gewisse Zeit kurzgeschlossen bleiben, bis die im Dielektrikum befindliche Nachladung abgeführt ist, ihn also nicht wieder auflädt (s. S. 103). Die Ladung muß daher durch Entladewiderstände, Drosselspulen oder Spannungswandler abgeführt werden, damit eine Gefährdung von Menschen bei einer Berührung der Kondensatorklemmen vermieden wird und damit der Einschaltstrom beim Wiedereinschalten die auf S. 284 angegebenen Werte nicht überschreitet. Ist der Kondensator fest (d. h. ohne eigenen Schalter) mit einem Transformator oder Motor verbunden, so entlädt er sich nach dem Abschalten des Transformators oder Motors über dessen Wicklung. Die Entladezeitkonstante $\tau = R\,C$ soll höchstens 90 sec, bei Niederspannungskondensatoren 60 sec, betragen (VDE 0560, Teil 4, § 17). Daraus bestimmen sich der Entladewiderstand R und die in ihm im Betrieb auftretenden Verluste $\dfrac{U^2}{R}$. Um die Entladung sicherzustellen, wird manchmal verlangt, daß ein Entladewiderstand in das Innere einer jeden Kondensatoreinheit eingebaut wird. Seine Verluste erwärmen den Kondensator zusätzlich; damit sie genügend klein bleiben, wurde die Zeitkonstante von 90 sec als Höchstwert festgelegt. Die Spannung am Kondensator ist nach 3 Zeitkonstanten, d.h. höchstens 4,5 min auf 5% ihres Anfangswertes gesunken und soll dann $\leqq 50$ V sein. Trotzdem soll ein Kondensator vor dem Berühren stets kurzgeschlossen und geerdet werden. Um eine Größenordnung schneller erfolgt die Entladung über Drosselspulen oder Spannungswandler, da nach dem Abschalten der Wechselspannung ihr Gleichstromwiderstand für die Entladung maßgebend und dieser stets viel kleiner als ihr Wechselstromwiderstand ist. Sie werden daher zur Entladung großer Batterien verwendet, und zwar Drosselspulen für Niederspannung, Wandler in V-Schaltung für Hochspannung. Zahlenbeispiele und weitere Einzelheiten s. [*29*, S. 127 bis 132].

1.54 Oberschwingungen im Netz, ihre Entstehung und Beseitigung. Die Spannung der Energieversorgungsnetze ist im allgemeinen sinusförmig, d.h. weitgehend frei von Oberschwingungen. Diese können z.B. dann auftreten, wenn ein Netz eine große Stromrichteranlage speist; die Oberschwingungen sind eine Folge der pulsartigen Anodenströme des Stromrichters, deren Dauer mit wachsender Aussteuerung immer kürzer wird. Ähnlich wirken die stoßartig und unregelmäßig sich ändernden Ströme der Lichtbogenöfen. Auch Transformatoren und Drosselspulen können Oberschwingungen verursachen, wenn ihr Eisenkern hoch gesättigt ist, z.B. infolge erhöhter Netzspannung. Richtig bemessene, neuzeitliche elektrische Maschinen erzeugen keine Oberschwingungen, jedoch kann ihr Betriebsverhalten durch Oberwellenströme ungünstig beeinflußt werden. Beeinträchtigt wird auch die Erdschlußlöschung der Netze. Oberschwingungen verstärken den Störpegel benachbarter Fernmeldeleitungen. In Kondensatoren, deren Leitwert proportional der Frequenz wächst, erhöhen sie den Strom, die Blindleistung und die dielektrischen Verluste; nutzbringend ist jedoch nur die Blindleistung der Grundschwingung. Unzulässig hohe Spannungen und Ströme können durch Resonanz einer Oberwelle zwischen Kapazitäten und Induktivitäten im Netz verursacht werden. W. LEUKERT und E. KÜBLER [*155*] beschreiben Resonanzerscheinungen in Drehstromnetzen bei Anschluß von Stromrichtern und ihre Unterdrückung durch Umstellung von 12- auf 24-Phasen-Betrieb, durch verschiedene Aussteuerung parallel arbeitender Stromrichter oder durch Schwingungskreise und geben Hinweise für deren Bemessung.

G. LEINER [*154*] berechnet die Erhöhung des Stromes und der Blindleistung eines Kondensators durch Oberschwingungen und veranschaulicht die gefundenen Beziehungen durch Zahlenbeispiele. Er findet für den häufig vorkommenden Fall, daß eine Oberschwingung der Ordnungszahl ν besonders stark vertreten ist, die Beziehung

$$Q = \frac{\nu}{\nu + 1}\, U^2\, \omega_1\, C + \frac{1}{\nu + 1}\, \frac{I^2}{\omega_1\, C}\,. \tag{125}$$

ω_1 ist die Kreisfrequenz der Grundschwingung.

Gl. (125) ist für die praktische Anwendung genügend genau und ermöglicht die Bestimmung der Leistungserhöhung allein mit Hilfe der einfachen Messung der Effektivwerte U und I, d. h. ohne Fourieranalyse der Netzspannung, wenn nur die Ordnungszahl der stärksten Oberschwingung bekannt ist. Eine der Oberschwingungen tritt um so mehr hervor, je mehr sich für sie Resonanz zwischen der Kapazität und den Induktivitäten des Netzes ergibt. Die dielektrischen Verluste sind der Blindleistung proportional, da der Verlustfaktor bei den hier in Betracht kommenden Frequenzen und im Temperaturbereich von $20 \cdots 90\,°C$ nahezu unabhängig von der Frequenz ist. Eine Begrenzung des Stromes und der Spannung durch Relais ermöglicht einen einfachen Schutz des Kondensators gegen derartige Überlastungen. Bei großen Batterien lohnt sich darüber hinaus eine thermische Überstromauslösung.

Resonanzen zwischen Netzinduktivitäten und Kapazitäten werden durch die parallel liegende Netzlast gedämpft und meist hinreichend unterdrückt. Tritt jedoch eine Resonanz auf, so kann der Resonanzkreis durch Zu- oder Abschalten von Kondensatoren oder durch Vorschalten einer Drosselspule vor die Kondensatoren verstimmt werden. Um die Gefahr einer erneuten Resonanz mit einer benachbarten Oberwelle zu vermeiden, sollte die Verstimmung so groß sein, daß die neue Resonanzfrequenz des Kreises unter der Frequenz der niedrigstmöglichen Oberschwingung liegt. Eine Vorschaltdrossel steigert die Spannung der Grundschwingung am Kondensator und seine Leistung; z. B. steigt bei einer Drosselreaktanz von 6% der Kondensatorreaktanz die Kondensatorspannung um $6,04\%$ und die Kondensatorleistung um $12,4\%$ an. Die nutzbringend an das Netz abgegebene Mehrleistung beträgt jedoch nur $6,38\%$; die Differenz wird zur Magnetisierung der Drosselspule verbraucht [*30*, S. 10].

Werden Reihendrosselspule und Kondensator auf Resonanz mit einer Oberschwingung abgestimmt, so stellt dieser „Filterkreis" einen Kurzschluß für die Oberschwingung dar. Mehrere Filterkreise für die verschiedenen, auftretenden Oberschwingungen, in der Nähe des Erzeugers der Oberschwingungen parallel an die Netzspannung gelegt, sind daher ein sicheres Mittel, Oberschwingungen vom Netz fernzuhalten. Bei reichlicher Bemessung (d. h. große Kapazität und kleine Induktivität) verbessern sie gleichzeitig den Leistungsfaktor des Netzes. Über ihre Bemessung und allgemein über Oberschwingungserscheinungen in Netzen unterrichten mit vielen Beispielen E. BORNITZ [*29*, S. 340 bis 370, *31*] und M. HOFFMANN [*117*, *118*]. Eine übersichtliche Darstellung des ganzen Gebietes bringen E. BORNITZ, M. HOFFMANN und G. LEINER [*30*]. Sie zeigen eine 30-kV-Filterkreisanlage für 3 Mvar und 600 Hz, ferner einen Filterkreis für 250 Hz, 3 Mvar, 10 kV, der parallel mit einem Filterkreis für 350 Hz in einem Stahlwerk die Oberschwingungen einer 12phasigen Stromrichteranlage kurzschließt und deren Leistungsfaktor verbessert.

1.6 Der Reihenkondensator

Der eigentliche Leistungskondensator liegt *parallel* zum Verbraucher am Netz. Bei konstanter Netzspannung U_N sind sein Strom und seine Leistung $Q_C = U_N^2 \, \omega \, C_\lambda$ konstant. Der *Reihen*kondensator liegt dagegen in *Reihe* mit dem Verbraucher im Zuge der Leitung und wird vom Leitungsstrom I durchflossen. Diesem Strom ist die Kondensatorspannung $U_C = \dfrac{I}{\omega C}$ proportional (C = Kapazität je Strang) und demgemäß ist die Kondensatorleistung $Q_C = 3 \dfrac{I^2}{\omega C}$ (s. Tab. 4). Überströme, insbesondere Kurzschlußströme, überlasten den Reihenkondensator. Er muß daher durch verzögerungsfrei ansprechende Parallelfunkenstrecken und durch Überbrückungsschalter geschützt werden. Hinsichtlich der zulässigen Überlastbarkeit des Reihenkondensators liegen hinreichende Erfahrungen vor. Heute haben Reihenkondensatoranlagen eine Betriebssicherheit erlangt, die denen der anderen Betriebsmittel in Energieversorgungsnetzen nicht nachsteht.

1.61 Der Reihenkondensator im Mittelspannungsnetz. Der Verbraucherstrom erzeugt an Induktivitäten, die im Zuge der Leitung liegen, vor allem an der Induktivität der Leitung selbst, induktive Spannungsabfälle. Diese lassen sich durch die Spannung des Reihenkondensators kompensieren. Abb. 203 zeigt das Ersatzschaltbild und das Zeigerdiagramm einer Energieübertragung von der Spannungsquelle U_1 zum Verbraucher V über eine Freileitung mit der Reaktanz $X_L = \omega \, L$ und mit dem ohmschen Widerstand R. Der Einfluß der Kapazität der Freileitung kann bei Mittelspannung im allgemeinen vernachlässigt werden; erst oberhalb 30 kV beginnt der Ladestrom der Leitung eine Rolle zu spielen. Der Verbraucherstrom I_2 und der Phasenwinkel φ sind durch die Widerstände des Verbrauchers und natürlich durch die Verbraucherspannung U_2, die möglichst konstant gehalten werden soll, bestimmt und werden in Abb. 203 als gegeben angenommen. I_2 erzeugt längs der Leitung den Spannungsabfall $\varDelta U$, der sich aus den Komponenten $I_2 R$ und $j I_2 X_L$ zusammensetzt, wobei $\dfrac{R}{X_L} = 1$ angenommen ist. Bei Betrieb ohne Reihenkondensator muß die Spannungsquelle die Spannung U_1 liefern.

Wird nunmehr der Reihenkondensator eingeschaltet, so kompensiert er je nach seiner Größe den Spannungsabfall mehr oder weniger; wird z. B. $\dfrac{1}{\omega C} = X_C = X_L$ gewählt, ist also der Kompensationsgrad $k = \dfrac{X_C}{X_L} = 1$,

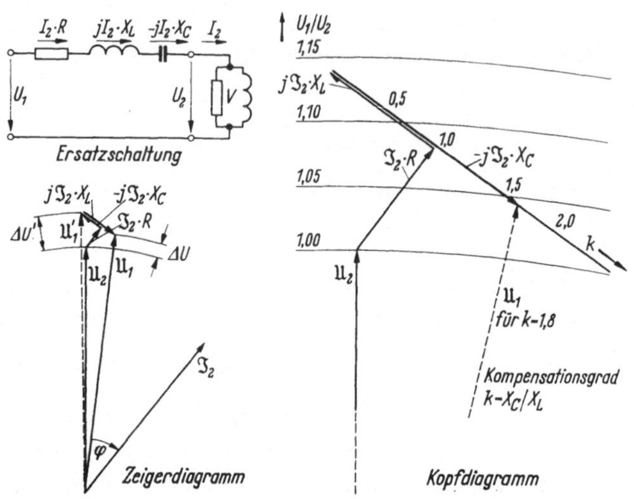

Abb. 203. Zeigerdiagramm einer reihenkompensierten Mittelspannungsleitung [298].

so wird der induktive Spannungsabfall $I_2 X_L$ gerade aufgehoben. In dem in Abb. 203 dargestellten Fall beträtg $k = 1{,}8$, so daß zusätzlich noch ein Teil des ohmschen Spannungsabfalles kompensiert wird; ferner wird der Winkel zwischen U_1 und I_2 verringert, d. h. es wird für die Spannungsquelle der Leistungsfaktor verbessert. Für Mittelspannungsleitungen wird meist $k = 0{,}5 \cdots 1{,}8$, für Höchstspannungsleitungen $k = 0{,}2 \cdots 0{,}6$ gewählt. Abb. 204 zeigt links den Spannungsverlauf längs der Leitung bei Leerlauf, Halb- und Vollast, rechts bei verschiedenen Leitungsfaktoren und Vollast; die Verbraucher liegen hierbei am Leitungsende. Man sieht, daß mit wachsendem Leistungsfaktor die durch den Kondensator bewirkte Spannungserhöhung kleiner wird. Man erkennt das gleiche auch aus dem Zeigerdiagramm der Abb. 203; der Zeiger der Kondensatorspannung $I_2 X_C$ dreht sich bei Annäherung an $\varphi = 0$ in eine Lage senkrecht zu U_2, d. h. die spannungsstützende Wirkung des Reihenkondensators geht allmählich verloren. Der Reihenkondensator kann also durch einen Parallelkondensator ersetzt werden, wenn dieser den Leistungsfaktor des Verbrauchers bis auf $\cos\varphi = 1$ verbessert, so daß der Blindstrom auf der Leitung annähernd Null wird. Dieser Parallelkondensator wird jedoch im allgemeinen erheblich größer als der Reihenkondensator, da er im wesentlichen nicht wie dieser die Blindleistung der Leitung, sondern die meist größere Blindleistung des Verbrauchers kompensieren muß, bei mittleren Netzverhältnissen wird er nach E. WALDMANN [298] 2- bis 8mal größer. Außerdem muß er laufend den Belastungsänderungen mit Hilfe von Regeleinrichtungen angepaßt werden.

Demgegenüber ist ein beträchtlicher Vorteil des Reihenkondensators, daß er selbsttätig und ohne irgendwelche Regeleinrichtungen schnelle

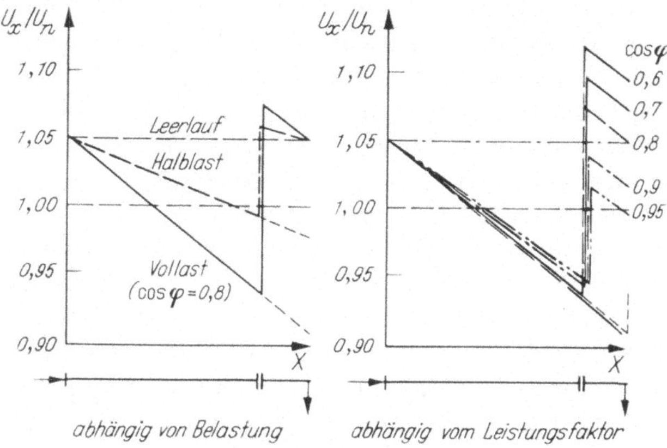

Abb. 204. Spannungsverlauf längs einer reihenkompensierten Mittelspannungsleitung, abhängig von der Belastung und vom Leistungsfaktor [298].

Änderungen des Spannungsabfalles ausgleicht. Dadurch wird die Stabilität der Übertragung wesentlich erhöht, eine Eigenschaft, die mit wachsender Leitungslänge wichtiger wird und bei mehreren hundert Kilometer langen Höchstspannungsleitungen entscheidende Bedeutung erlangt.

Der Reihenkondensator wird, wie Abb. 203 darstellt, vorteilhaft in Stichleitungen verwendet, um die Spannung bei einem am Leitungsende liegenden Verbraucher konstant zu halten. F. J. MÄCKEL und E. WALDMANN [105] vergleichen die Kosten einer Reihenkondensatoranlage in einer 15 km langen 10-kV-Überlandleitung mit denen eines Parallelkondesators, eines Regeltransformators, einer zusätzlichen 10-kV-Leitung und eines 50-kV-Stützpunktes und weisen nach, daß der Reihenkondensator für den gegebenen Fall eine technisch besonders günstige und wirtschaftliche Lösung darstellt. W. SCHICK und E. WALDMANN [235] zeigen, daß der Reihenkondensator für ein Grubennetz mit 2 Fördermaschinen, das über eine 20 km lange 10-kV-Leitung gespeist wird, günstiger und billiger als ein Parallelkondensator oder eine Verstärkung der Leitung ist. Ein weiteres Beispiel beschreibt E. WALDMANN [299].

Werden Stichleitungen zu einem Ring oder mehrere parallele Leitungen zur Übertragung großer Leistungen zusammengeschaltet, so kann mit Hilfe von Reihenkondensatoren die Last auf die einzelnen Leitungszweige wunschgemäß, z. B. entsprechend den Leiterquerschnitten, verteilt werden.

Auch in Industrieanlagen kann die Reihenkompensation für die Spannungshaltung eines Netzes wesentliche Vorteile bringen, z. B. wenn Spannungsabfälle kompensiert werden müssen, die durch Stromstöße in Lichtbogenöfen (s. S. 298) oder Schweißmaschinen verursacht werden. W. KAFKA [*131*] beschreibt die Anwendung zweier über einen Reihentransformator angeschlossenenen Kondensatoren von je 7 Mvar und 11 kV zur Kompensierung von 2 Widerstandsöfen von je 5 MW, 50 kA, die zur Graphitierung von Kohleelektroden dienen. Die sich während eines Arbeitsprozesses allmählich von 0,5 auf 8 Mvar ändernde Blindleistung eines Ofens wird selbsttätig kompensiert, so daß $\cos\varphi \approx 1$ bleibt. Die Anlage ist an Einfachheit kaum zu übertreffen.

Der Reihenkondensator bildet mit den Induktivitäten des Netzes einen Schwingkreis, der durch Schaltvorgänge zu Eigenschwingungen angestoßen werden kann. Diese werden meist durch die Netzbelastung hinreichend gedämpft. Ist die Last jedoch klein, so kann es beim Zuschalten größerer leerlaufender Transformatoren infolge starker Sättigung des Transformatoreisenkerns und Erhöhung des Magnetisierungsstromes (Rusheffekt) zu niederfrequenten Schwingungen zwischen der Kapazität des Reihenkondensators und der Leerlaufinduktivität des Transformators (Ferroresonanz) und zum Ansprechen der Parallelfunkenstrecken kommen. Ähnliche Vorgänge sind in Netzen mit Erdschlußlöschspulen möglich. Beim Hochlauf größerer Asynchronmotoren können vom Läufer her Eigenschwingungen zwischen der Ständer- und Netzreaktanz und dem Reihenkondensator angeregt werden und der Motor kann dabei, besonders wenn er belastet ist, bei einer Zwischendrehzahl „hängen"bleiben. E. WALDMANN [*298*] beschreibt diese Erscheinungen und die Abhilfe, wie Dämpfungswiderstände parallel zum Kondensator.

Steigt die Spannung am Kondensator z. B. infolge eines Kurzschlusses im Netz unzulässig hoch an, so schließen ihn unverzögert oberhalb der 2- bis 4fachen Kondensatornennspannung ansprechende Parallelfunkenstrecken kurz und veranlassen ihrerseits das Schließen eines Überbrückungsschalters. Bei länger dauernden, niedrigeren Überlastungen schließt ein Bimetall- oder Stromrelais über ein Zeitrelais den Überbrückungsschalter. Tritt in einer Einheit des Reihenkondensators ein innerer Fehler, z. B. ein Wickeldurchschlag, auf, so bewirkt eine der in Abb. 145 dargestellten Schutzeinrichtungen das Schließen des Überbrückungsschalters; ähnliche Schutzeinrichtungen werden auch bei Parallelkondensatoren verwendet.

1.62 Der Reihenkondensator im Höchstspannungsnetz. Mit Spannungen von 220···750 kV lassen sich auf einer Drehstromfreileitung Leistungen von einigen hundert Megawatt über Entfernungen von einigen hundert Kilometern übertragen, mit mehreren parallelen Leitungen entsprechend mehr. Die Übertragungsleistung steigt mit dem Quadrat der Spannung: in Kanada sind heute bereits Netzspannungen von 735 kV erreicht.

Bei diesen hohen Spannungen und großen Leitungslängen treten gegenüber der Energieübertragung mit Mittelspannung zusätzliche Probleme auf. Kapazität und Induktivität einer Leitung wachsen proportional ihrer Länge, darüber hinaus wächst die Ladeleistung der Leitung quadratisch mit der Spannung, ihre induktive Blindleistung quadratisch mit dem Strom. Das folgende Beispiel veranschaulicht, daß es sich um große Leistungen handelt und infolgedessen auch große Reihenkondensatorbatterien benötigt werden.

Es werde eine 50-Hz-Drehstrom-Bündelleitung (2 Leiter je Strang) von 500 km Länge für $U = 380$ kV betrachtet. Ihr induktiver Blindwiderstand ωL betrage 0,33 Ω/km je Leiter, ihr kapazitiver Blindwiderstand $\frac{1}{\omega C_b}$ sei $280 \cdot 10^3 \, \Omega \cdot$ km je Leiter; C_b ist die Betriebskapazität der Leitung in F/km [251, S. 453 u. 456]. Die Ladeleistung aller 3 Stränge ergibt sich, entsprechend Tab. 4b, zu

$$Q_{C_b} = 3 \left(\frac{U}{\sqrt{3}} \right)^2 \omega C_b \cdot 500 = 258 \, \text{Mvar} \, . \tag{126}$$

Eine gleich große induktive Blindleistung

$$Q_L = 3 \cdot I^2 \, \omega \, L \cdot 500 = 258 \, \text{Mvar} \tag{127}$$

wird von einem Strom $I = \sqrt{\dfrac{258 \cdot 10^6}{3 \cdot 0,33 \cdot 500}} = 724$ A erzeugt. In diesem Fall, $Q_{C_b} = Q_L$, kompensiert die kapazitive Blindleistung die induktive Blindleistung der Leitung, d.h. der kapazitive Spannungsanstieg wird durch den induktiven Spannungsabfall längs der Leitung aufgehoben: übrig bleibt allein der ohmsche Spannungsabfall. Voraussetzung ist, daß I ein reiner Wirkstrom ist, daß also der am Leitungsende liegende Verbraucher nur Wirkleistung entnimmt. Diese Leistung beträgt

$$P_{\text{nat}} = \sqrt{3} \, U \, I = \sqrt{3} \cdot 380\,000 \cdot 724 = 477 \, \text{MW} \, . \tag{128}$$

Sie wird die „natürliche" Leistung der Leitung genannt [42, S. 446] und wird definiert durch

$$P_{\text{nat}} = \frac{U^2}{Z} \, . \tag{129}$$

Z ist der Wellenwiderstand der Leitung [230, S. 402]: er ergibt sich für $Q_{C_b} = Q_L$ aus Gl. (126), (127) und (129) und bei Einsetzung der oben genannten Werte für L und C_b

$$U^2\,\omega\,C_b = 3 \cdot I^2\,\omega L\,,$$

$$\frac{U}{\sqrt{3}\cdot I} = \sqrt{\frac{L}{C_b}} = Z \approx 300\ \Omega\,. \tag{130}$$

Z hat bei Leitungen für 60···400 kV je nach Größe, Form und Anordnung der Maste und Seile Werte zwischen 240 und 400 Ω.

Entnimmt der Verbraucher am Ende der Leitung eine Wirkleistung $P < P_{\mathrm{nat}}$, so überwiegt Q_{Cb} gegenüber Q_L und die Spannung am Leitungsende steigt an; durch Paralleldrosselspulen kann der Überschuß $Q_{Cb} - Q_L$ kompensiert werden. Ist $P > P_{\mathrm{nat}}$, so überwiegt Q_L gegenüber Q_{Cb} und die Spannung am Leitungsende fällt; sie kann durch Reihenkondensatoren heraufgesetzt werden. Blindleistungsmaschinen können beide Aufgaben erfüllen, da sie bei Übererregung Blindleistung abgeben, bei Untererregung Blindleistung aufnehmen. Sie ermöglichen also den Betrieb bei $P \lessgtr P_{\mathrm{nat}}$ [26]; bei sehr langen Leitungen ($>$1000 km) werden sie zur Querkompensation der Leitung in Abständen von 200···400 km aufgestellt. Zusätzlich werden Reihenkondensatoren zur Längskompensation der Leitung eingesetzt.

Die Konstanz der Spannung längs einer Freileitung bei $Q_{Cb} = Q_L$ und $\cos\varphi = 1$ gilt für den *Effektivwert*, nicht aber für den *Augenblickswert* der Spannung. Elektrische Vorgänge breiten sich auf einer Freileitung mit der Lichtgeschwindigkeit c aus, wobei $c = \dfrac{1}{\sqrt{L\,C_b}}$ gilt. Deswegen eilt der Spannungszeiger am Leitungsende demjenigen am Leitungsanfang um einen Winkel ϑ nach; bei 50 Hz wird die Länge l der Leitung, bei der $\vartheta = 360°$ wird, $l = c\,t = 3 \cdot 10^5 \cdot \dfrac{1}{50} = 6000$ km. Das Nacheilen des Spannungszeigers am Leitungsende ist ohne Bedeutung, wenn das Verbrauchernetz nur aus Widerständen besteht; die Energieübertragung ist dann auf einer beliebig langen Leitung stabil. In Wirklichkeit enthält jedoch ein großes Verbrauchernetz stets Motoren und meist auch Generatoren. Laststöße im Netz verursachen Energiependelungen zwischen diesen Maschinen und den Kraftwerksgeneratoren, die Energieübertragung kann dann unstabil werden. Der Winkel ϑ ist ein Maß für die Stabilität der Energieübertragung und wird Stabilitätswinkel genannt. Theoretisch läßt sich auf einer Leitung bei $\vartheta = 90°$ ein Maximum an „*statischer*" Leistung (d.h. eine konstante Leistung ohne Laststöße und Pendelungen) übertragen; praktisch wird jedoch nur $\vartheta = 25°$ erreicht, da die Leitung bei den unvermeidlichen Laststößen nicht ausfallen darf und da auch die Leitungsverluste berücksichtigt werden müssen. $\vartheta = 25°$ bedeutet, daß die für den praktischen Betrieb notwendige „*dynamische*" Stabilität keine längere Leitung als $\dfrac{25}{360}\,6000 = 417$ km zuläßt, wenn nicht besondere Maßnahmen getroffen werden. Diese bestehen vor allem in der Anwendung von Reihenkondensatoren, die die Leitungsinduktivität kompensieren, Z verkleinern und damit die natürliche Leistung erhöhen. Man kann auch, wie bereits erwähnt, mittels Blindleistungsmaschinen die Leitung in Abständen von höchstens 400 km stützen, in dichten Netzen einfacher noch durch Kraftwerke, wie es in Deutschland meist zwangsläufig geschieht. TH. BUCHHOLD und H. HAPPOLDT [*42*, S. 462] behandeln ausführlich die Stabilität der Leitungen.

Die Energieübertragung von Nord- nach Südschweden ist ein interessantes Beispiel, das in zahlreichen Veröffentlichungen [*149* mit 54 Literaturangaben] behandelt wird. G. JANCKE u. a. [*127*] berichten, daß im Endausbau über mehrere 380-kV-Leitungen von 700···800 km Länge 5500 MW transportiert werden sollen. Die Leistung je Leitung ist durch Stabilitätsbedingungen begrenzt; sie wird jedoch mit Hilfe von Reihenkondensatoren soweit erhöht, daß die Leitungen nunmehr, wie Mittelspannungsleitungen, nach wirtschaftlichen Gesichtspunkten ausgenutzt werden können. Zum Beispiel wird die höchste Wirtschaftlichkeit einer Leitung von 500 km Länge mit 2 Bündelleitern von je 592 mm² bei 600 MW und einem Kompensationsgrad $k = 0,45$, mit 3 Bündelleitern bei 850 MW und $k = 0,6$ erreicht. Die Reihenkondensatoranlage senkt die spezifischen Transportkosten um 15%. Die Verfasser berichten ausführlich über die 380-kV-Leitung Midskog–Hallsberg. Diese 475 km lange Leitung wurde mit 2 Reihenkondensatoranlagen von je 105 Mvar ausgerüstet, je eine in etwa 1/3 Abstand vom Anfang und Ende der Leitung entfernt, mit je 20% der Leitungsreaktanz, entsprechend 35 Ω je Phase, für einen Strom von 1000 A und eine Spannung von $2 \cdot 17,5$ kV je Phase. Jede Anlage besteht aus 2592 Einheiten zu etwa 20 kvar, 48 Einheiten parallel, 18 Gruppen in Reihe je Phase; jede Einheit besitzt Wickelsicherungen. Die Kondensatoren können um 5% der Nennspannung dauernd, um 30% 15 min lang, um 100% 5 min lang überlastet werden. Die Schutzfunkenstrecken sprechen frühestens bei der 3,5fachen Nennspannung des Reihenkondensators an; andererseits soll ihre Ansprechspannung nicht das 3,7fache überschreiten. Weitere Einzelheiten hinsichtlich der Funkenstrecken, des Überbrückungsschalters, der Dämpfungseinrichtungen, des Unsymmetrieschutzes der Kondensatoren, der Prüfbestimmungen usw. s. [*127*]. Leistungsschalter sind längs der Fernleitung nicht eingebaut.

Die über parallele Leitungen transportierte Leistung verteilt sich im wesentlichen umgekehrt proportional der Reaktanz der Leitungen, die Leitungsverluste werden jedoch am niedrigsten, wenn sich die Last umgekehrt proportional dem ohmschen Widerstand der Leitungen aufteilt. Das Verteilen der Last nach dem ohmschen Widerstand kann bereits den Einbau von Reihenkondensatoren rechtfertigen.

In einem neueren Bericht [*126*] fassen G. JANCKE u. Mitverfasser die Entwicklung und Erfahrung mit Reihenkondensatoren im schwedischen Netz während der letzten 15 Jahre zusammen. Heute werden 4000 MW mit 400 kV auf 5 Leitungen übertragen, wobei Kondensatoren von insgesamt 1500 Mvar die Leitungen zu 40···60% kompensieren und die Übertragungskosten um 15% vermindern. Die Übertragungsleistung soll in den Jahren 1975 bis 1980 ein Maximum erreichen.

Dieser Bericht enthält auch einige Angaben über die gegenwärtig größte Kondensatorbatterie der Welt, in Vittersjö, Nordschweden. Zahlreiche Einzelheiten bringen R. NORDELL u. a. [*195*]. Die Batterie hat eine Leistung von 525 Mvar und besteht aus 5832 Einheiten zu je 90 kvar. Die Betriebsfeldstärke beträgt 17,5 V/µm, die spezifische Leistung ist 3,0 kvar/dm³ bzw. 1,58 kvar/kg. Tabellen, Bilder und Kurven zeigen die schnelle Entwicklung seit 1950. Schon 1954 berichten R. NORDELL u. a. [*194*] über die Beanspruchung der Reihenkondensatoren durch Überspannungen, die von Kurzschlüssen und Schwingungen im Netz herrühren. Sie untersuchten den Einfluß der Zahl der Papierlagen und der Dicke des Dielektrikums, der Erholungspausen nach Überbeanspruchungen und des Druckes im Kondensator. Ein für lange Lebensdauer dimensionierter Kondensator kann Überspannungen vom 4- bis 4,5fachen der Nennspannung vertragen, wenn die Überspannungen kürzer als 1 sec dauern und nur wenige Male im Jahr auftreten, wobei das Dielektrikum höchstens 100 µm dick sein darf und die Zahl der Papierlagen 5 oder höher sein muß.

Große Reihenkondensatoranlagen werden auch in den USA [*5, 69, 91*], in Japan [*308*] und in der UdSSR [*147*] betrieben. Aus Platzgründen kann auf sie nicht eingegangen werden.

2. Weitere Anwendungsgebiete des Leistungskondensators für Wechselspannung

2.1 Die Kompensation der Blindleistung in Elektrowärmeanlagen

Elektrowärmeanlagen sind Einrichtungen zum Schmelzen, Glühen, Härten, Löten von Metallen, zur Erzeugung von Graphit aus Kohle, zur Herstellung von Karborundum aus Quarz und Kohle usw. Größeren Umfang haben vor allem die Elektroofenanlagen. Sie arbeiten mit niedrigen Spannungen (z. B. Lichtbogenspannung) und großen Strömen und daher mit beträchtlichen magnetischen Feldern teils im Ofen selbst, teils in der Stromschleife der Anlage. Damit ergibt sich ein niedriger Leistungsfaktor, der zudem noch während des Arbeitsprozesses stark schwanken kann, weil das herzustellende Erwärmungsgut im Laufe der Erhitzung seinen ohmschen und induktiven Widerstand ändert. Nur die mit Heizkörpern beheizten Widerstandsöfen arbeiten mit $\cos\varphi \approx 1$. A. DRILLER [64] gibt einen Überblick über die Elektroöfen und ihre Technik. Tab. 40 zeigt, daß die Induktionsöfen mit einem besonders niedrigen Leistungsfaktor arbeiten; zur Kompensation wird eine Kondensatorleistung benötigt, die ein Vielfaches der Wirkleistung des Ofens beträgt. Abb. 205 zeigt das Prinzipschaltbild eines Induktionsofens. Die wassergekühlte Spule, die den keramischen Tiegel umgibt, erzeugt transformatorisch den Strom im Schmelzgut, das sich im Tiegel befindet. Die magnetische Kopplung zwischen Spule und Schmelzgut ist eine Luftkopplung, daher der niedrige Leistungsfaktor. Die Blindleistung wird laufend und vollständig (Resonanz) durch eine regelbare Kondensatorbatterie kompensiert, so daß der Mittelfrequenzgenerator stets mit $\cos\varphi \approx 1$ arbeitet. Der Schmelzstrom fließt vorwiegend an der Oberfläche des Schmelzgutes (Skineffekt), seine Eindringtiefe sinkt mit steigender Frequenz. Daraus ergibt sich für jedes Schmelzgut und für jeden Tiegeldurchmesser eine günstigste Frequenz und ein optimaler Wirkungsgrad. Induktionsöfen arbeiten mit Frequenzen von 50 bis 10000 Hz. Bevorzugte Frequenzen neben der Netzfre-

Tabelle 40. *Elektrische Daten der Elektroöfen* (nach A. DRILLER [64])

Erzeugnis	Heizung durch	Leistung	Spannung V	Strom kA	$\cos\varphi$	Frequenz Hz
Roheisen, Stahl Edelstahl, hochschmelzende Metalle (Titan)	Lichtbogen Hochvakuum-lichtbogen	bis 100 MVA bis 3 MVA	25···30	bis 100	0,85···0,5	50
Stahl, Grauguß, Messing, Aluminium usw.	Induktion[1]	bis 3 MW			0,2···0,1	50···10000
Graphit, Karborund, Erhitzung von Stahlknüppeln	Widerstand unmittelbar[2]	bis 8 MVA	20···300	bis 80	0,9···0,4	50
Erwärmung von Erzeugnissen jeder Art	Widerstand mittelbar[3]	bis 1 MW			etwa 1	50

[1] Rinnen- oder Tiegelschmelzöfen.
[2] Der Ofenstrom fließt unmittelbar durch das Schmelzgut hindurch.
[3] Heizung durch Heizkörper.

quenz von 50 Hz sind nach VDE 0560, Teil 9 500, (600), 1000, 2000, 4000, 10000 Hz.

Anlagen mit Umformer, nach Abb. 205, sind für das Energieversorgungsnetz normale Verbraucher. Das gilt dagegen nicht für die an das Netz direkt angeschlossenen Öfen, wie Lichtbogen-, Graphit- und Karborundumöfen. Diese benötigen nicht nur eine erhebliche Blindleistung und müssen daher kompensiert werden, sie belasten meist auch das Netz einphasig und daher unsymmetrisch. Eine Symmetrierung läßt sich durch Anschließen von Kondensatoren und Spulen an die unbelasteten Phasen erreichen [*64*, S. 195] und S. 8. Lichtbogenöfen erzeugen außerdem das „Lichtflimmern", Schwankungen der Netzspannung, das durch schnelle Widerstandsänderungen im Lichtbogen und in der Schmelze verursacht wird. Es kann u. U. mit Hilfe von Reihenkondensatoren beseitigt

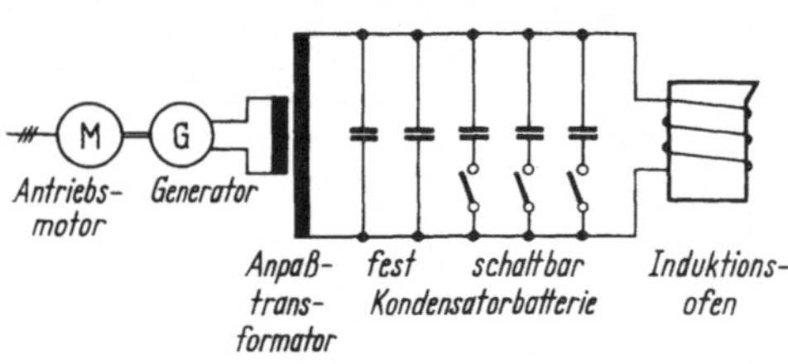

Abb. 205. Prinzipschaltbild einer Induktions-Erwärmungsanlage.

werden [*64*, S. 120, *131*]. Außer den erwähnten größeren Anlagen wird die induktive Heizung in vielen kleineren Einrichtungen angewendet, z. B. für die Oberflächenhärtung von Wellen und anderen Konstruktionsteilen, zum Erhitzen und Löten von metallischen Körpern usw. Auch hier wird im allgemeinen mit Hilfe von Kondensatoren die Blindleistung vollständig kompensiert und dem Generator nur die Wirkleistung entnommen. R. ESCHE und W. MOSCH [*76*] und E. BORNITZ [*29*, S. 230] bringen Beispiele von Industrieöfen und Anlagen für induktives Heizen, Schaltungen und Kondensatorbatterien.

2.2 Die Blindleistung bei der Hochspannungs-Gleichstrom-Übertragung (HGÜ)

Mit hochgespanntem Gleichstrom lassen sich große Energiemengen über weite Entfernungen (1000 km und mehr) und, mit Hilfe von Kabeln, über breite Meeresarme übertragen. Mit hochgespanntem Drehstrom wäre dies nicht möglich oder zur Zeit unwirtschaftlich. Durch eine Hochspannungs-Gleichstrom-Anlage können ferner Drehstrom-Hochspannungs-Netze *asynchron* miteinander gekoppelt werden, und damit auch Netze verschiedener Frequenz, z. B. 50 und 60 Hz.

Nachdem es vor 3 Jahrzehnten gelungen war, Stromrichterventile für hohe Spannungen betriebssicher herzustellen, und mit Hilfe des Wechselrichters Gleichstrom in Wechselstrom umzuwandeln, wurde 1943 zur Erprobung der HGÜ die Anlage Elbe-Berlin für 400 kV, 60 MW errichtet [*32*]. Seitdem wurden bis 1965 Anlagen mit einer Gesamtleistung von 2000 MW gebaut, über die U. Lamm [*150*] berichtet, Abb. 206. Weitere bedeutende Projekte sind 2 HGÜ-Übertragungen von je 1440 MW bei ± 375 kV über 1350 km von The Dallas (Oregon) nach dem Hoover Dam und Los Angeles, Kalifornien [*33*]. Über die Vor- und Nachteile der HGÜ, ihre Kosten und weitere Einzelheiten s. [*29*, S. 300].

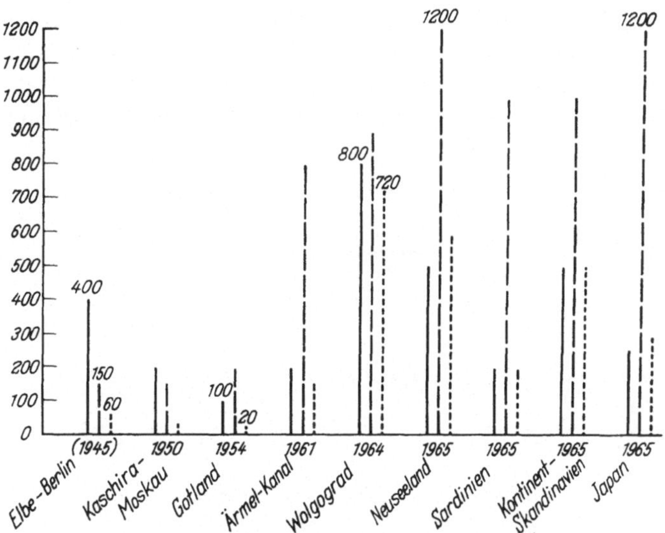

Abb. 206. Übertragungsdaten und Inbetriebnahmejahre gebauter und im Bau befindlicher HGÜ-Anlagen [*116*]. ———— Leiterspannung, maximal 800 kV; – – – – – Leiterstrom, maximal 1200 A; · · · · · Übertragungsleistung, maximal 720 MW.

Abb. 207 zeigt das Prinzipschema einer Drehstrom- und einer Gleichstromübertragung. Die letztere soll Energie vom Drehstromnetz 1 nach dem Drehstromnetz 2 transportieren; demgemäß arbeiten die Ventile V_1 als Gleichrichter, die Ventile V_2 als Wechselrichter. Mit Hilfe der Gittersteuerung läßt sich die Energierichtung leicht und schnell umkehren. Beim Transport der Energie über die Drehstromleitung gibt die Leitung, wenn sie schwach belastet ist, Blindleistung ab (Ladeleistung); sie nimmt Blindleistung auf, wenn sie stark belastet ist. Dagegen entsteht beim Transport über die Gleichstromleitung keine Blindleistung, da bei Gleichstrom keine Umladung elektrischer oder magnetischer Speicher, die von den Kapazitäten und Induktivitäten der Leitung gebildet werden, erfolgt. Dafür muß aber in den Stromrichterstationen Blindleistung aufgebracht werden, weil die Anodenströme Spannungsabfälle an den Reaktanzen der Stromrichtertransformatoren und der Netze hervorrufen. Die Blindleistung entsteht einerseits bei der Kommutierung, d. h. beim Übergang des Anodenstromes von einem Ventil auf das nächste, andererseits bei der Gittersteuerung, mit deren Hilfe die Spannung und Leistung geregelt werden. F. HÖLTERS [*116*] geht auf die Abhängigkeit der Blindleistung vom Kommutierungsvorgang und von der Aussteuerung näher ein. Ihre Größe hängt von der Größe der Kurzschlußspannungen der Transformatoren und der Netze ab; sie beträgt 50···60% der Wirkleistung sowohl in der Gleichrichter- als auch in der Wechselrichterstation. Das ergibt einen Leistungsfaktor von 0,89···0,86. F. HÖLTERS geht auch auf die Deckung der Blindleistung ein. Wird die HGÜ-Anlage unmittelbar durch ein eigenes Kraftwerk gespeist, so liefern dessen Generatoren ohne wesentliche Mehrkosten die Blindleistung für die Gleichrichterstation, für die Wechselrichterstation muß sie anderweitig bereitgestellt werden. Kop-

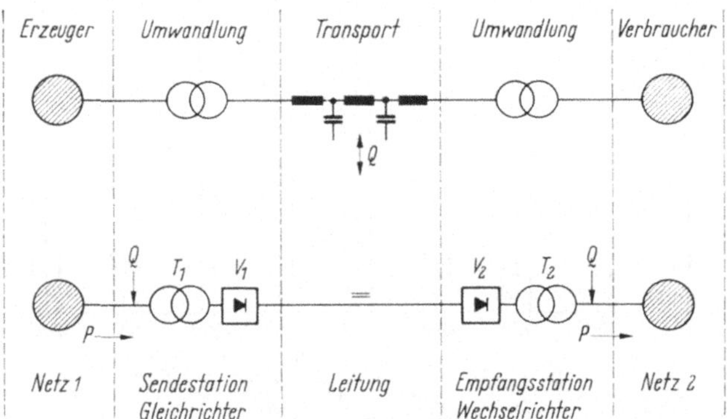

Abb. 207. Prinzipschema einer Drehstrom- und Gleichstromübertragung [*116*]. T_1, T_2 Stromrichtertransformatoren; V_1, V_2 Stromrichterventile; P Wirkleistung der Übertragung; Q entnommene Blindleistung der Gleichrichter- und Wechselrichterstation (unten), entnommene bzw. abgegebene Blindleistung der Drehstromleitung (oben).

pelt die HGÜ 2 Drehstromnetze, so werden in den Stationen Blindleistungsmaschinen oder Kondensatoren zusammen mit Filterkreisen aufgestellt. Filterkreise sind deswegen notwendig, weil, wie auf S. 287 ausgeführt, Stromrichteranlagen nicht nur Blindleistung aufnehmen, sondern gleichzeitig Oberschwingungen erzeugen, und zwar entstehen bei der meist ausgeführten Pulszahl 12 die Frequenzen des Vielfachen von 12 ± 1, d. h. die 11. und 13., 23, und 25. Oberschwingung, aber mit einem geringen Rest auch die 5. und 7. infolge von Unsymmetrie und bei Störungen. Kondensatoren haben geringere Verluste und sind billiger als Blindleistungsmaschinen; diese jedoch regeln schnell und stetig und schließen die Oberwellen kurz, wenn sie einen kräftigen Dämpferkäfig haben. Die im Betrieb oder im Bau befindlichen Anlagen sind meist sowohl mit Blindleistungsmaschinen als auch mit Kondensatoren und Filterkreisen für 250, 350, 550 und 650 Hz ausgeführt. Dabei handelt es sich um Leistungen, die, wie oben gezeigt, in der Größenordnung der übertragenen Leistung liegen.

2.3 Die Kompensation der Blindleistung
des Deutschen Elektronensynchrotrons

Das Deutsche Elektronensynchrotron (DESY) in Hamburg ist eine interessantes Beispiel einer Einzelkompensation. Die Anlage, zur Zeit die größte ihrer Art, dient der Untersuchung von Atomkernen und Elementarteilchen. Den schematischen Grundriß der umfangreichen Anlage

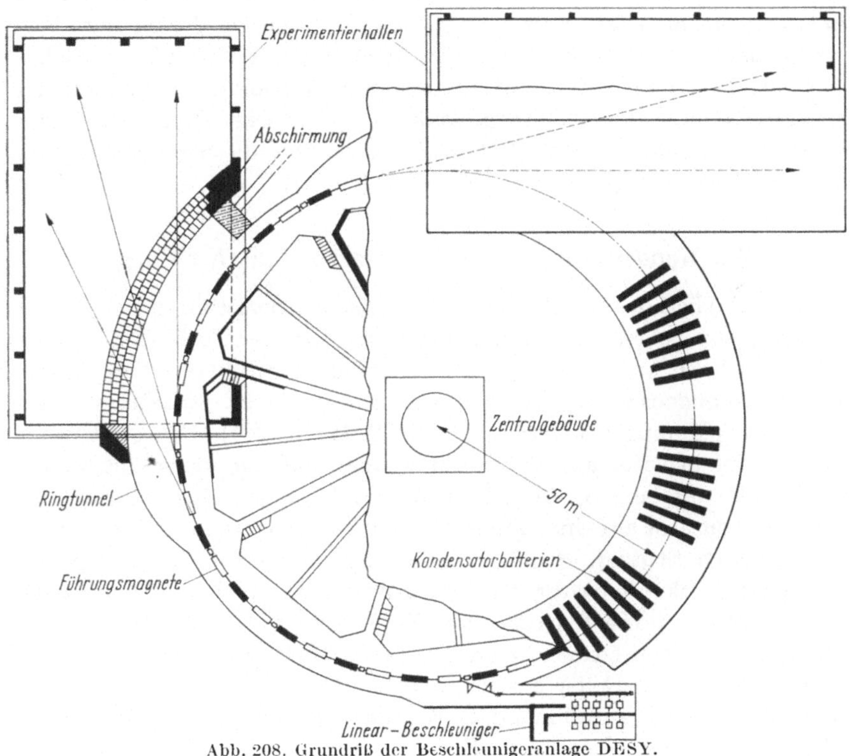

Abb. 208. Grundriß der Beschleunigeranlage DESY.

zeigt Abb. 208. Aus einem Linearbeschleuniger werden Elektronen im 50-Hz-Takt in ein Vakuumrohr eingeschossen und in diesem mit Hilfe von 48 Magneten auf einer Kreisbahn von 100 m Durchmesser geführt. Zwischen den Magneten sind in die Kreisbahn Hochfrequenzbeschleunigungsstrecken eingebaut, die den Elektronen innerhalb von 10000 Umläufen eine Energie von $7,5 \cdot 10^9$ eV erteilen. Die Elektronen verlassen das Vakuumrohr nahezu mit Lichtgeschwindigkeit und erzeugen Kernreaktionen in Blasenkammern, die in den Experimentierhallen aufgestellt sind.

Die 48 Führungsmagnete nehmen eine Blindleistung von 100 Mvar auf, bei nur 600 kW Verlusten. Sie wird vollständig von Parallelkondensatoren kompensiert. Weitere Kondensatoren werden zum Absperren des Erregergleichstromes der Magnete benötigt. Insgesamt sind 3100 Kondensatoreinheiten mit einer Leistung von 156 Mvar im Freien, über dem unterirdischen Ringtunnel, aufgestellt. Mit Hilfe zu- und abschaltbarer Einheiten läßt sich die Eigenfrequenz des Gesamtschwingkreises auf 0,7% genau abgleichen; die Kondensatoren sind so gebaut [97], daß ihre Kapazität sich im Bereich der normalen Betriebstemperaturen im Mittel um nicht mehr als 4,4% ändert, bezogen auf die mittlere Kapazität bei 20 °C. Jede Kondensatoreinheit ist mit einer äußeren Sicherung versehen, die Kondensatorgruppen außerdem mit einem Spannungsvergleichsschutz, der Kapazitätsänderungen anzeigt, falls einmal ein Wickel durchschlagen sollte. Nähere Angaben über die Stromversorgung von DESY macht W. BOTHE [*36, 37, 38*].

B. Der Kondensator als Speicher elektrostatischer Energie

Die Fähigkeit des Kondensators, elektrische Energie zu speichern und stoßartig abzugeben oder aufzunehmen, wird in der Technik und Forschung vielfach ausgenutzt. Man unterscheidet Stoßstrom- und Stoßspannungskondensatoren, je nachdem, ob sie starke Stoßströme oder hohe Stoßspannungen liefern sollen (s. S. 124 u. 214). Der Stoßstromkondensator arbeitet auf einen sehr kleinen äußeren Belastungswiderstand, z.B. auf eine Spule mit geringer Windungszahl, der Stoßspannungskondensator auf einen großen Belastungswiderstand, z.B. auf einen zu prüfenden Stützer. Schlägt dieser über, dann wird allerdings der Stoßspannungskondensator zum Stoßstromkondensator, d.h. ähnlich rasch entladen, je nach Größe des Widerstandes des Prüfkreises. Man kann also zwischen beiden Arten nicht scharf unterscheiden. In den genannten Fällen liefert der Kondensator die Energie. Es gibt auch Fälle, in denen er Energie aufnimmt, z.B. Wanderwellenenergie bei atmosphärischen Störungen in einem Netz. Er dient dann als Überspannungsschutzkondensator.

1. Vergleich elektrischer Energiespeicher

In Abb. 209 werden 3 Energiespeicher miteinander verglichen, und zwar ein Bleiakkumulator, ein rotierender Stoßleistungsgenerator (Umformer) und ein Stoßstromkondensator. Die Zahlen über den Säulen geben die Absolutwerte an. Werden sie durch das Volumen des jeweiligen Gerätes dividiert, dann ergeben sich die Höhen der Säulen, wobei die spezifischen Werte des Stoßgenerators gleich 1 gesetzt und die Werte der anderen Geräte auf diese bezogen wurden. Der Energieinhalt je dm³ des

Akkumulators ist 20mal so groß wie die spezifische kinetische Energie
des Generatorläufers bei Nenndrehzahl (750 U/min) und 2600mal so groß
wie die elektrostatische Energie des Kondensators. Der Kurzschlußstrom
des Kondensators ist jedoch wegen des sehr kleinen inneren Widerstandes
gegenüber dem Strom des Generators um 3, gegenüber dem des Akkumulators um 2 Größenordnungen größer. Noch größer ist die Überlegen-

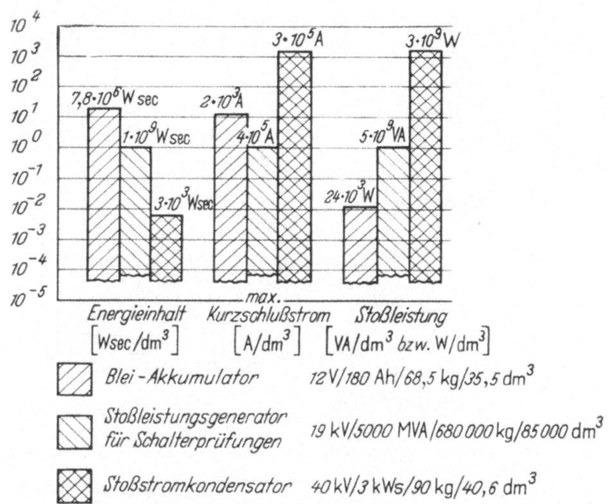

Abb. 209. Vergleich elektrischer Energiespeicher (bezogen auf gleiches Volumen) [105a].

heit des Kondensators bei Vergleich der spezifischen Stoßkurzschluß-
leistungen, nämlich 5000fach gegenüber dem Generator und 10^5fach
gegenüber dem Akkumulator. Allerdings ist der Kondensator bereits in
Bruchteilen einer Millisekunde entladen, während der Generator und der
Akkumulator ihre Energie über mehrere Sekunden abgeben können.
Wegen dieser hohen Stoßleistung ist der Kondensator der geeignete Ener-
giespeicher überall dort, wo Energie extrem schnell verfügbar sein muß,
während der Akkumulator dort eingesetzt wird, wo über relativ lange
Zeit relativ kleine Stoßleistungen benötigt werden, z. B. für den Anwurf
von Benzinmotoren. Der Generator in Abb. 209 dient zur Prüfung von
Hochleistungsschaltern; er soll dabei eine Stoßenergie liefern, die der
Kurzschlußleistung großer Netze entspricht [70, 105a]. Im folgenden
werden einige Beispiele für die Anwendung von Kondensatoren als
Energiespeicher aufgeführt.

2. Anlagen mit Stoßstromkondensatoren

Mit Hilfe starker Ströme können in ionisiertem Gas (Plasma) sehr
hohe Temperaturen erzeugt werden. Der auf 10···40 kV aufgeladene
Kondensator C entlädt sich über die Funkenstrecke F auf die Gassäule

(Abb. 210 oben) oder über eine Spule, die das Entladegefäß umgibt (unten). Das Plasma wird durch das vom Strom erzeugte Magnetfeld zusammengedrückt („Pinch-Effekt"), die Stromdichte wird sehr groß und dabei werden hohe Temperaturen erzeugt. Zweck ist zunächst, das

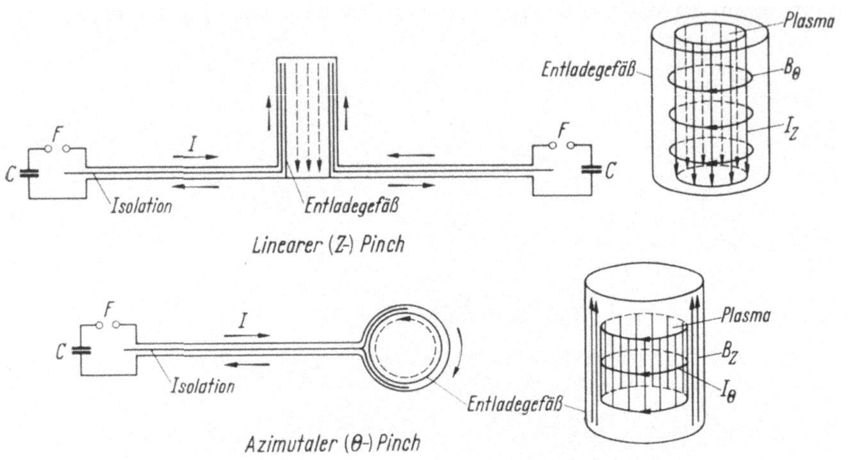

Abb. 210. Erzeugung hoher Plasmatemperaturen mit Hilfe von Stoßstromentladungen.

Abb. 211. Stoßstromanlage für 15 kV; 120 kWs (Siemens).

physikalische Verhalten heißer Plasmen zu studieren („Magnetohydrodynamik)". Endziel ist die Energieerzeugung durch kontrollierte Verschmelzung leichter Atomkerne (Deuterium, Tritium), wie sie in der Sonne unter Abgabe großer Energiemengen stattfindet. Kernfusionsprozesse unter technischen Bedingungen ergeben allerdings erst dann die erforderliche positive Energiebilanz, wenn Temperaturen von etwa 10^8 °K erzeugt und über längere Zeit aufrechterhalten werden können, ein heute noch nicht erreichtes Ziel.

Abb. 211 zeigt eine Stoßstromanlage für 15 kV, 120 kWs. Je 4 der 144 Kondensatoren werden über eine in einem Koaxialrohr liegende Funkenstrecke entladen, so daß insgesamt 36 weitgehend bifilar geführte

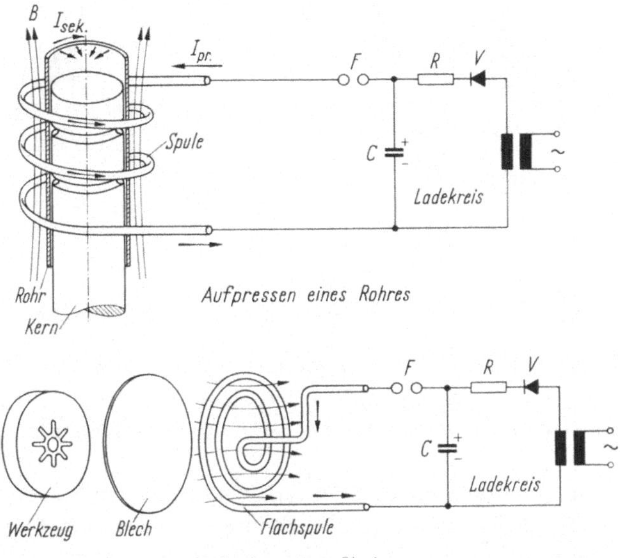

Abb. 212. Elektromagnetisches Umformen von Hohlkörpern und Blechen (Magneform).

Stromwege parallel geschaltet sind und sich so die sehr kleine Induktivität der Gesamtanlage von 4···5 nH ergibt. Der Kurzschlußstrom der Anlage erreicht Werte bis zu 7 MA. Es gibt heute bereits viel größere Anlagen für die plasma- und kernphysikalische Forschung. Über Einzelheiten derartiger Anlagen und allgemein über die technischen Aspekte der modernen Plasmaforschung berichten W. KOCH und H. MENKE [140], ferner R. F. POST [215] und W. RIEDER [223], der eine Zusammenstellung der bisher erschienenen Veröffentlichungen bringt.

Mit Hilfe der Stoßströme und ihrer magnetischen Felder können starke mechanische Kräfte erzeugt werden, die sich auch zur Verformung von Metallen verwenden lassen. Abb. 212 zeigt 2 Beispiele, oben das Aufpressen eines Rohres auf einen Kern, unten das Tiefziehen eines Bleches. Die Induktion liegt bei 100 000 Gauß, der Verformungsdruck erreicht Werte bis zu 3500 at [19].

Ein anderes Verfahren der Metallverformung nutzt die bei Kondensatorentladungen in Flüssigkeiten, z. B. Wasser, entstehenden Druckwellen aus. Abb. 213 zeigt den grundsätzlichen Aufbau einer solchen Anordnung. Wird der Kondensator stoßartig über die Zündfunkenstrecke und die Arbeitsfunkenstrecke entladen, so verdampft der Stoßstrom die umgebenden Flüssigkeitsschichten, so daß vom Entladungskanal aus eine

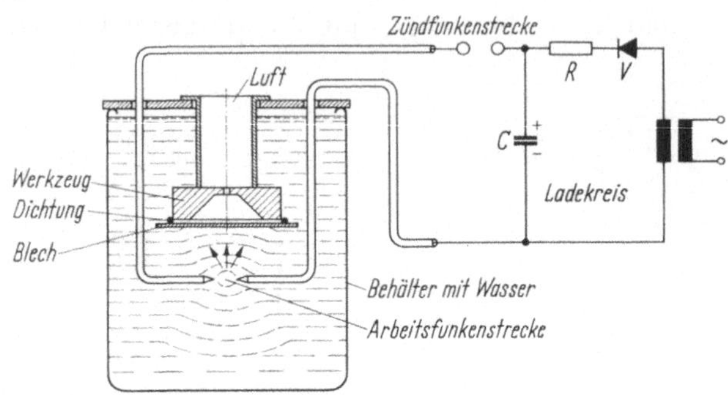

Abb. 213. Elektrohydraulisches Umformen eines Bleches (Hydrospark).

steile Druckwelle durch die Flüssigkeit läuft, die zum Verformen von Metallen benutzt wird. Wenn ein Werkstück nicht in einem Arbeitsgang verformt werden kann, so werden mehrere Entladungen gezündet [48, 260].

Stoßstromkondensatoren werden auf weiteren Anwendungsgebieten eingesetzt, so für Blitzlichtanlagen in Einflugschneisen auf Flugplätzen, zur Erzeugung von Druckwellen in Überschallwindkanälen, zur Impulsschweißung usw.

3. Anlagen mit Stoßspannungskondensatoren

Um das Verhalten elektrischer Anlagen bei Überspannungen, insbesondere bei Gewitterüberspannungen, zu studieren, werden Prüfungen mit Stoßspannungen durchgeführt. Stoßspannungsgeneratoren arbeiten in der Regel nach dem Prinzip der Marxschen Vervielfachungsschaltung (Abb. 214). Die Kondensatoren C_s werden über hochohmige Widerstände R_L parallel aufgeladen, beim Ansprechen der

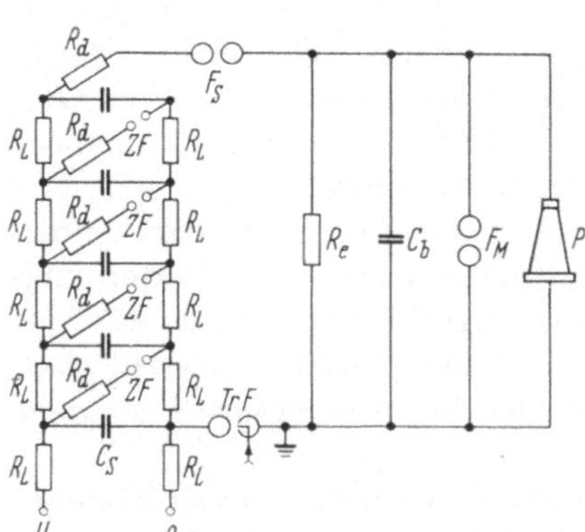

Abb. 214. Vervielfachungsschaltung nach MARX.
C_s Stoßkapazität; C_b Belastungskapazität;
F_s Schaltfunkenstrecke; F_M Meßfunkenstrecke;
P Prüfling; R_d Dämpfungswiderstand; R_e
Entladewiderstand; TrF Triggerfunkenstrecke;
ZF Zündfunkenstrecke.

Zündfunkenstrecken ZF in Reihe geschaltet und über die Schaltfunkenstrecke F_s auf den Prüfkreis mit dem Prüfling P entladen. Die wirksame Stoßkapazität ist bei n Stufen gleich C_s/n. Bei Stufenspannungen von $200\cdots300$ kV lassen sich mit einer derartigen Vervielfachungsschaltung Stoßspannungen von einigen Millionen Volt erzielen.

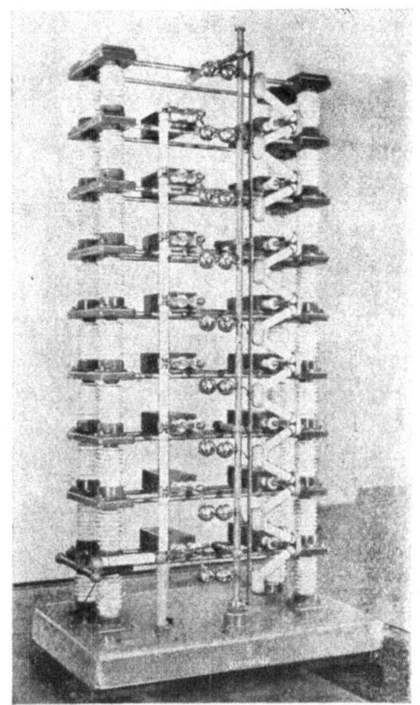

Abb. 215. Stoßspannungsgenerator
für 800 kV, 6,4 kWs (Siemens).

Abb. 216. Stoßspannungsgenerator für 2,7 MV,
162 kWs (Siemens).

Stoßspannungsgeneratoren werden in verschiedenen Bauformen ausgeführt. Werden Kondensatoren in Metallgehäusen verwendet, so liegen diese waagerecht auf Porzellan- oder Hartpapierstützern. Abb. 215 zeigt eine Anlage für kleinere Prüffelder und Hochspannungsinstitute. Bei Stoßgeneratoren in Säulenbauweise sind die senkrecht stehenden Kondensatoren in Isolierstoffrohren mit Isolierstoffstützern zu einer oder mehreren Säulen zusammengebaut (s. Abb. 216). Hier wechseln in jeder Säule Kondensatoren mit äußerlich gleich aussehenden Hartpapierstützern ab. Der Stromweg während der Entladung verläuft zickzack- oder mäanderförmig.

R. ELSNER berechnet die Stoßgeneratoren und ihre Stoßwellen [72] und beschreibt ein Höchstspannungsprüffeld, das mit 3 Stoßgeneratoren für 3,6, 1,4 und 0,4 MV und einem Prüfgenerator für 1,6 MV, 50 Hz ausgerüstet ist [73]. R. STRIGEL [271] behandelt ausführlich die Grundschaltungen, den Auf- und Entladevorgang bei Stoßgeneratoren und die

20*

Stoßspannungsmeßtechnik. Die Leitsätze VDE 0433 für die Erzeugung und Verwendung von Stoßspannungen für Prüfzwecke enthalten die deutschen Bestimmungen über genormte Stoßspannungen; die Stoßspannung soll eine Spannungswelle einheitlicher Polarität ohne merkliche Schwingungen sein (Abb. 86). Störschwingungen entstehen durch die Umladung von Erdkapazitäten und Kapazitäten zwischen den Metallteilen der Stufen; daher müssen die Induktivitäten des Stoßkreises klein sein. Diese Forderung erfüllt am besten ein einstufiger Generator, bei dem keine Umladung irgendwelcher Nebenkapazitäten stattfindet. Zur Aufladung einstufiger Stoßspannungsgeneratoren für sehr hohe Spannungen eignet sich die Vervielfachungsschaltung nach GREINACHER, über deren Wirkungsweise K. MEHLHORN eingehend berichtet [*172*]. Abb. 217 zeigt die Schaltung einer 7stufigen Greinacher-Kaskade, die den einstufigen Stoßspannungsgenerator C_s auflädt. Billiger und platzsparend ist es, die Glättungssäule der Greinacher-Kaskade selbst als Stoßkapazität zu verwenden (s. Abb. 217b). Da die Kaskade auch dann noch relativ gut arbeitet, wenn die Ladesäule C_L nur etwa den vierten Teil der Kapazität der als Stoßkondensator verwendeten Glättungssäule $C_G = C_s$ hat, lassen sich weitere Kosten einsparen. Abb. 218 zeigt eine solche Anlage für eine Gleichspannung von 2,1 MV und einen konstanten Gleichstrom von

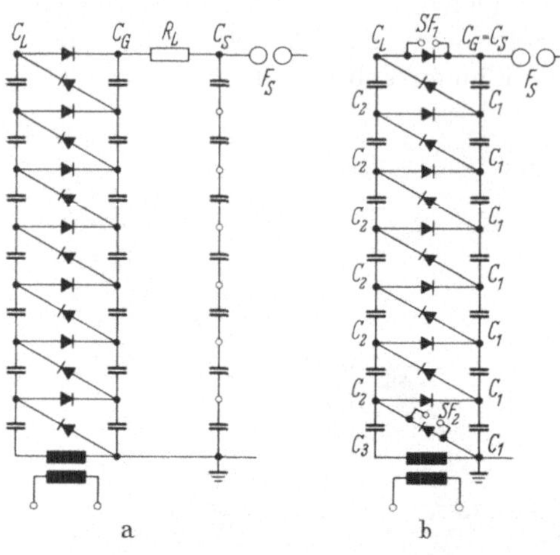

Abb. 217a u. b. Aufladung eines Stoßkondensators mit Hilfe einer Greinacher-Kaskade. a) Greinacher-Kaskade als Ladeanlage für einen Stoßkondensator C_s; b) Greinacher-Kaskade als Gleich- und Stoßspannungsanlage. C_L Ladesäule; C_G Glättungssäule; C_s Stoßkondensator; R_L Ladewiderstand; SF Schutzfunkenstrecke; F_s Schaltfunkenstrecke.

Abb. 218. Anlage für 2,1 MV Gleich- und Stoßspannung (Siemens).

10 mA. Beim Betrieb als Stoßspannungsgenerator steht bei der Spannung von 2,1 MV eine Ladeenergie von 35 kWs zur Verfügung, vgl. W. Held und F. J. Pollmeier [105]. Eine derartige Anlage, die sowohl hohe Gleichspannungen als auch hohe Stoßspannungen liefert, kann für Hochspannungsinstitute vorteilhaft sein.

4. Überspannungsschutz durch Kondensatoren

Die Leitsätze VDE 0675 führen folgende Geräte für den Schutz elektrischer Anlagen gegen Überspannungen an: Ventilableiter, Rohrableiter,

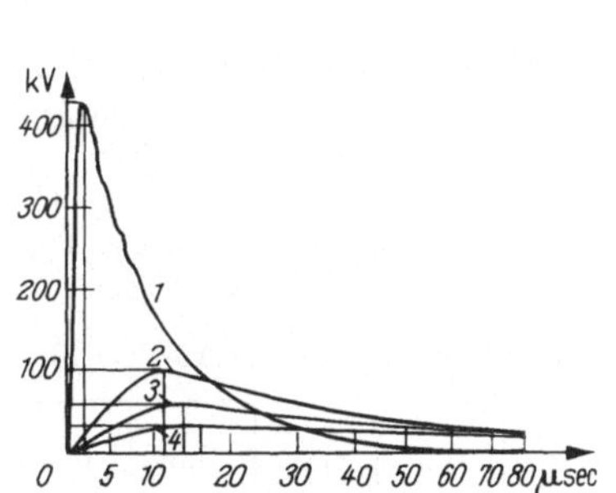

Abb. 219. Stoßspannungen in der Kopfstation. *1* Ungeschützt, einfallender Stoß 243 kV, 1/7 µsec, reflektiert auf 426 kV; *2* geschützt durch Kondensator 0,05 µF; *3* geschützt durch Kondensator 0,1 µF; *4* geschützt durch Kondensator 0,2 µF [175].

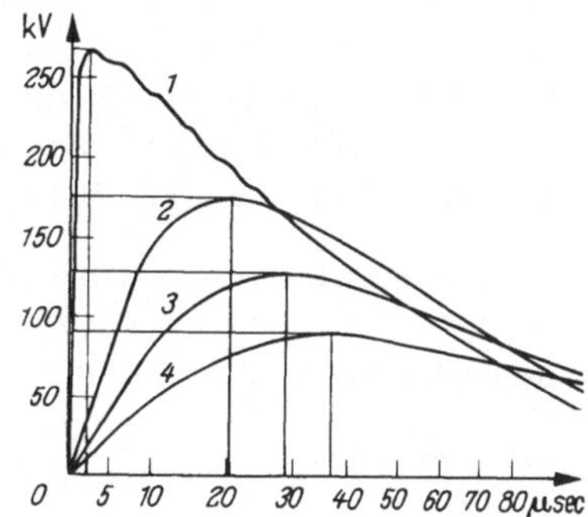

Abb. 220. Stoßspannungen in der Durchgangsstation. *1* Ungeschützt einfallender Stoß 267 kV, 1/40 µsec; *2* geschützt durch Kondensator 0,05 µF; *3* geschützt durch Kondensator 0,1 µF; *4* geschützt durch Kondensator 0,2 µF [175].

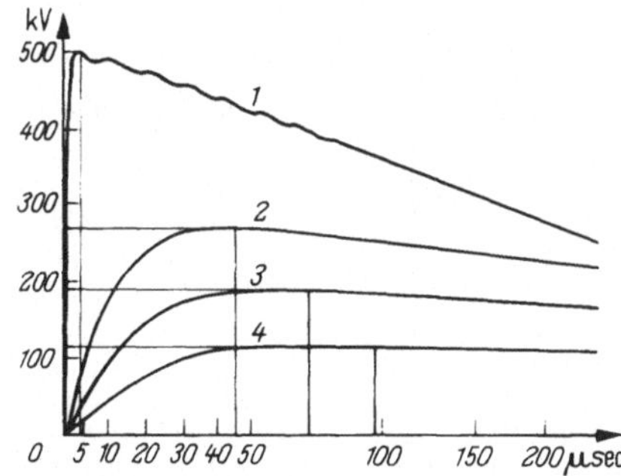

Abb. 121. Stoßspannungen in der Kopfstation. *1* Ungeschützt, einfallender Stoß 267 kV, 1/250 µsec, reflektiert auf 502 kV; *2* geschützt durch Kondensator 0,05 µF; *3* geschützt durch Kondensator 0,1 µF; *4* geschützt durch Kondensator 0,2 µF [175].

Schutzfunkenstrecken und Kondensatoren. Die Wirkungsweise der Überspannungsableiter und der Schutzkondensatoren ist grundsätzlich verschieden: Die ersteren lassen eine Wanderwelle in die zu schützende Station so lange ungehindert einziehen, bis die Ansprechspannung des Ableiters erreicht ist, dann aber lassen sie die Spannung nur noch wenig ansteigen, wie hoch auch immer die einfallende Spannung sein mag. Der Schutzkondensator dagegen verschleift von Anfang an die steile Wanderwellenstirn, senkt jedoch die Höhe der Spannung nur proportional seiner Kapazität. Diese Wirkungen zeigen die Oszillogramme der Abb. 219, 220 und 221. A. Metraux [175] schickte mit Hilfe eines Stoßgenerators Wanderwellen der Form 1/7, 1/40 und 1/250 µsec über eine Freileitung von 1 km Länge auf die Kondensatoren von 0,05, 0,1 und 0,2 µF. Je länger die Wellen werden, um so weniger schützt der Kondensator. Seinen Schutzwert berechnet R. Rüdenberg [230]; weitere ausführliche Angaben macht R. Strigel [271]. Die Wicklung elektrischer Maschinen, die direkt auf Freileitungen arbeiten, ist der Beanspruchung durch steile Sprungwellen besonders stark ausgesetzt. VDE 0675 empfiehlt den Schutz durch Kondensatoren nach Tab. 41; diese sollen möglichst nahe an dem zu schützenden Gerät angeschlossen werden.

Tabelle 41. *Schutzkondensatoren für Maschinen an Freileitungsnetzen (nur zur Verminderung der Windungsbeanspruchung durch die Stirn der Stoßspannung)*

Nennspannung (kV)	0,38	0,5	1	3	6	10	15	20
Kapazität je Leiter gegen Erde µF	2	2	2	0,8	0,5	0,3	0,3	0,3

Günstig ist eine Kombination von Ableiter und Kondensator nach Abb. 222. Der Kondensator flacht die Wellenstirn ab und verhindert dadurch gefährlich hohe Windungsspannungen am Eingang der Wicklung, der Ableiter verhindert dagegen das Überschreiten des zulässigen Stoß-

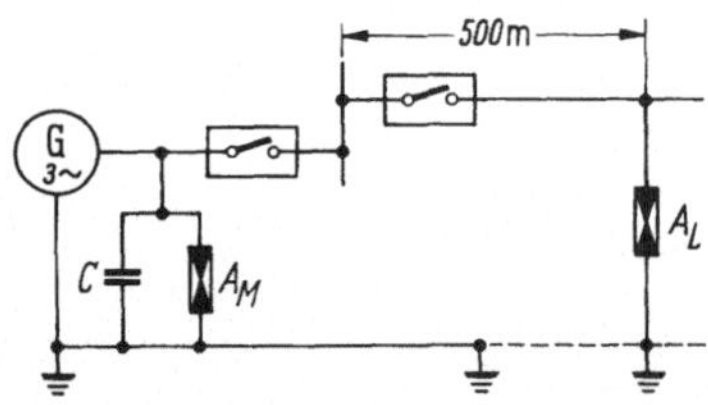

Abb. 222. Überspannungsschutz für einen Generator, der direkt auf eine Freileitung arbeitet. *C* Überspannungsschutzkondensator; *A_L* Ableiter in der Freileitung.

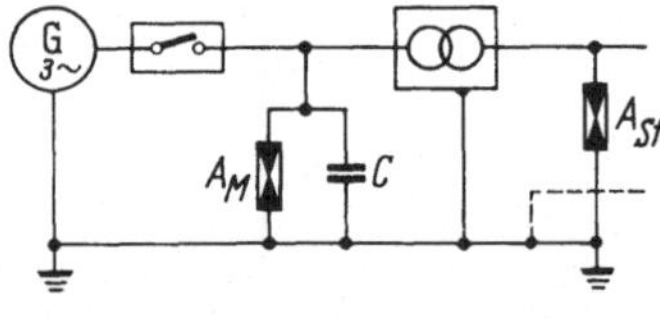

Abb. 223. Überspannungsschutz für einen Generator, der über einen Transformator auf eine Freileitung arbeitet. Kondensatoren zum Schutz gegen kapazitiv übertragene betriebsfrequente Spannungen. *A_M* Maschinenableiter; *A_St* Ableiter in der Station.

spannungswertes. Bei leerlaufenden Transformatoren mit großem Übersetzungsverhältnis (z. B. Oberspannung 110 kV) können bei Erdschluß im Oberspannungsnetz unzulässig hohe Spannungen kapazitiv auf die Unterspannungsseite übertragen werden; das kann man durch einen Kondensator C (s. Abb. 223) verhindern. Die Festlegung bestimmter Kapazitätswerte nach Tab. 41 ermöglicht dem Kondensatorhersteller, Standard-kondensatoren zu bauen. Durch Parallel- und Reihenschaltung derartiger Kondensatoren kann die Typenreihe nach höheren Kapazitäten und Spannungen erweitert werden.

C. Weitere Anwendungen des Kondensators

1. Kapazitive Spannungswandler und Kopplungskondensatoren

Hohe Netzspannungen ($>$100 kV) werden mit induktiven und mit kapazitiven Spannungswandlern gemessen. Die letzteren bieten einen besonderen Vorteil, wenn nicht nur die Spannung gemessen und Netzschutz-relais gespeist werden sollen, sondern wenn die Kondensatoren gleich-zeitig als Kopplungskon-densatoren für Hochfre-quenztelefonie und Hoch-frequenzfernwirkanlagen verwendet werden. Die hin-tereinander geschalteten Kondensatoren C_1 und C_2 (Abb. 224) teilen die Netz-spannung gegen Erde so auf, daß auf C_2 die Spannung von $10/\sqrt{3}$ bis $30/\sqrt{3}$ kV entfällt; diese wird durch einen induktiven Zwischen-wandler weiter auf 100 V

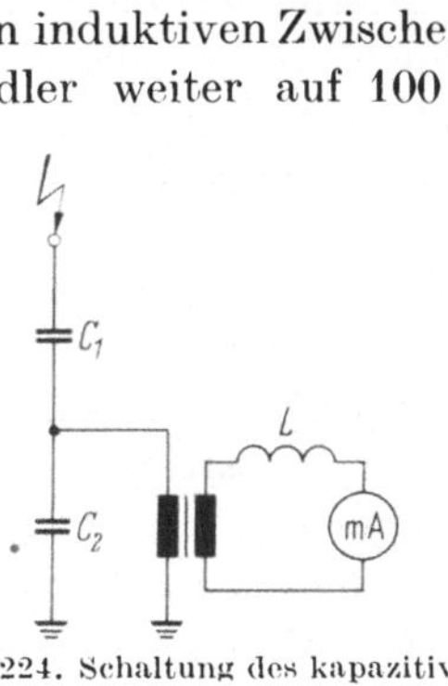

Abb. 224. Schaltung des kapazitiven Spannungswandlers.

Abb. 225. Kapazitiver Spannungswandler in einer 380-kV-Schaltstation (im Vordergrund).

herabgesetzt. Abb. 225 zeigt einen kapazitiven Spannungswandler („C-Wandler") im Netz. R. Bauer [*11*] und G. A. Gertsch [*89*] unterrich-ten über diese Apparate allgemein und über ihre Meßgenauigkeit, W. Spriegel und W. Brackmann [*257*] über ihr Betriebsverhalten. Be-nutzt man den Kondensator lediglich zur Nachrichtenübertragung über

Hochspannungsleitungen, d. h. als Kopplungskondensator, dann können die Anforderungen, insbesondere an die Kapazitätskonstanz, geringer sein. C-Wandler und Kopplungskondensatoren werden heute zahlreich angewendet. Da ihr Versagen Anlagen gefährdet, fordern die Regeln VDE 0560, Teil 3 (Tab. 32) erhöhte Sicherheit.

2. Glättungskondensatoren

Glättungskondensatoren sollen den Wechselspannungsanteil einer pulsierenden Gleichspannung herabsetzen. Die Glättung der Gleichspannung von Gleichrichteranlagen z. B. in Walzwerken, in Netzen für elektrische Bahnen, in Anlagen zur Versorgung von Sendern erfordert oft große Kondensatorbatterien. Kleine Glättungskondensatoren werden in Rundfunk- und Fernsehempfängern und vielen anderen Geräten der Nachrichtentechnik in sehr großen Stückzahlen gebraucht. Die umfangreiche Anwendung dieser Kondensatoren ergibt sich auch aus Tab. 32; die Kondensatoren nach VDE 0560, Teil 11, 13 bis 17, sind zum großen Teil Glättungskondensatoren. Über die Bemessung und Beanspruchung des Glättungskondensators s. S. 220, über Glättungsschaltungen und Glättungseinrichtungen s. F. BAUER [*10*, S. 192].

3. Der Kondensator im Prüffeld und Laboratorium

Der Kondensator wird im Prüffeld und Laboratorium ebenso vielseitig wie im Betrieb verwendet, z. B. als kapazitiver Widerstand bei Maschinen- und Netzuntersuchungen, als kapazitiver Spannungsteiler zur Messung von Spannungen und ihrer Kurvenform, als Bestandteil von Schwing- und Siebkreisen, als Erzeuger von Stoßspannungen und Stoßströmen bei Versuchen an Isolierstoffen und bei Stoßprüfungen an elektrischen Geräten aller Art, wie Ableitern, Transformatoren, Maschinen usw.

Hervorgehoben sei eine Anwendung des Kondensators bei der Entwicklung und Prüfung von Hochspannungsleistungsschaltern. Diese Schalter müssen in starken Energieversorgungsnetzen große Ströme bei hohen Spannungen schalten, insbesondere Kurzschlußströme unterbrechen. Der Hersteller muß die Eignung des Schalters im Prüffeld unter Bedingungen untersuchen, die denen im Netz möglichst nahe kommen, d. h. bei großen Kurzschlußströmen und hohen wiederkehrenden Spannungen; diese versuchen, die Schaltertrennstrecke nach der Unterbrechung des Stromes durchzuschlagen. Den Strom liefert ein Stoßleistungsgenerator (S. 303), die wiederkehrende Spannung eine Kondensatorbatterie, die über eine gesteuerte Funkenstrecke im Augenblick der Stromunterbrechung auf die Trennstrecke geschaltet wird. Diese aus einem Hochstromkreis und einem Hochspannungskreis zusammengesetzten „synthetischen Prüfschaltungen" werden von E. SLAMECKA [*253*] ausführlich behandelt. A. EINSELE und E. SLAMECKA [70] beschreiben ein Hochleistungsprüffeld mit synthetischen Versuchs- und Prüfleistungen bis zu 35000 MVA (äquivalente dreiphasige Kurzschlußleistung) bei Einschwingspannungen, wie sie bei Schaltern bis zu 500 kV Nennspannung auftreten.

An dieser Stelle sei kurz noch auf eine weitere Anwendung von Kondensatoren hingewiesen. Eine sichere Unterbrechung bei Spannungen von 220 kV und höher wird durch Reihenschaltung mehrerer Schaltstrecken erreicht, denen Kondensatoren parallelgeschaltet werden, die bewirken, daß die Gesamtspannung sich gleichmäßig auf die Schaltstrecken verteilt.

4. Motorkondensatoren

Auf die Kompensation von Drehstrommotoren wurde bereits S. 282 hingewiesen. Neben dem Drehstrommotor hat der Einphasenmotor mit Kurzschlußläufer bis zu einigen kW Leistung und für den Betrieb am Lichtnetz eine große Verbreitung gefunden, nicht nur in gewerblichen Betrieben, sondern vor allem in den Haushalten zum Antrieb von Küchen- und Waschmaschinen, Kühlschrankkompressoren, Hauswasserpumpen, Tonbandgeräten, Plattenspielern usw. Der Einphasenmotor braucht, um anlaufen zu können, eine Hilfswicklung: in Reihe mit ihr liegt der Motorkondensator, von dessen Größe das Anzugsmoment des Motors abhängt. Wegen der Reihenschaltung von Induktivität und Kapazität ist die Kondensatorspannung meist größer als die Netzspannung. Wird der Kondensator nach dem Anlauf selbsttätig abgeschaltet, nennt man ihn ,,Anlaßkondensator": dieser kurzzeitige Betrieb ermöglicht die Verwendung der räumlich kleinen Elektrolytkondensatoren (S. 285). Bleibt der Kondensator dauernd eingeschaltet (,,Betriebskondensator"), so muß, auch wenn es sich um ,,aussetzenden Betrieb" (DIN 48501) handelt, ein Papierkondensator verwendet werden. Diese Kondensatoren haben Leistungen bis zu einigen kvar und Spannungen bis zu 1000 V: sie verbessern die Betriebseigenschaften des Motors, z.B. Wirkungsgrad und Leistungsfaktor (s. S. 205).

5. Kondensatoren zur Kompensation von Leuchtstofflampen

Leuchtstofflampen finden wegen ihrer hohen Lichtausbeute und ihrer Leuchteffekte ausgedehnte Anwendung. Die Entladungslampen werden durch einen Spannungsstoß gezündet, der in einer Vorschaltdrosselspule erzeugt wird. Die Drosselspule muß außerdem den Strom begrenzen, weil der innere Widerstand der Lampe mit zunehmendem Strom kleiner wird. Sie setzt den Leistungsfaktor der Lampe auf etwa 0,5 herab: die Stromversorgungsunternehmen verlangen, daß er auf 0,95 gebracht wird. Daher muß entweder jede Lampe oder eine Gruppe von Lampen durch einen

Kondensator kompensiert werden. Für Verbraucher mit vielen Lampen, wie Warenhäuser, Fabrikhallen usw., empfiehlt sich eine Zentralkompensation, evtl. mit selbsttätiger Regelung. Die Größe des Kondensators je Lampe beträgt je nach Leistung der Lampe 30···110 var, seine Spannung meist 220 V, bei Gruppen- und Zentralkompensation auch 380 V. In Frage kommen Papierfolien- oder MP-Kondensatoren (s. S. 205).

6. Störschutz- und Berührungsschutzkondensatoren

Elektrische Maschinen und Geräte, in denen Stromunterbrechungen durch Funkenentladungen auftreten, z. B. Maschinen mit Kommutatoren und Schleifringen, Schalter und Kontakte mit großer Schalthäufigkeit, können hochfrequente Felder über ihre Anschlußleitungen ausstrahlen und den Funk- und Fernsehempfang stören [213]. Der Störschutzkondensator soll die störenden hochfrequenten Schwingungen dicht an ihrer Quelle kurzschließen, und zwar einerseits zwischen den spannungsführenden Leitern und andererseits gegen Gehäuse bzw. Erde, s. C_1 und C_2 in Abb. 226; der im Bild angedeutete Motor ist Teil eines Staubsaugers, einer Handbohrmaschine oder dgl. Da das Gehäuse G von einem Menschen, wie angedeutet, berührt werden kann, darf C_1 keinesfalls durchschlagen und seine Kapazität darf eine gewisse Größe nicht überschreiten, damit der das Gehäuse berührende Mensch nicht von einem gefährlichen Strom durchflossen wird. C_1 wird Berührungsschutzkondensator genannt; für ihn gelten strenge Vorschriften (VDE 0560, Teil 2), vor allem hohe Prüfspannungen. Mit Rücksicht auf die

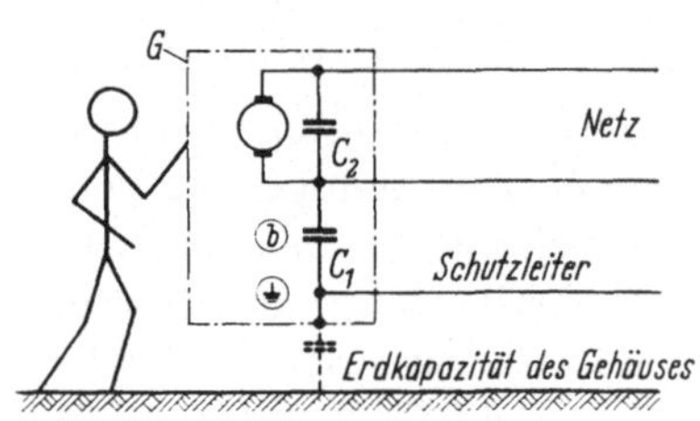

Abb 226. Beispiel einer Funkentstörung mit Berührungsschutzkondensator (aus VDE 0560, Teil 2).

höchstzulässige Kapazität und die Anforderungen auf Isolierfestigkeit werden 3 Arten von Berührungsschutzkondensatoren unterschieden. Die zulässigen Kapazitäten liegen etwa zwischen 0,002 und 0,2 µF. C_2 liegt zwischen den Leitern des Netzes und braucht daher kein Berührungsschutzkondensator zu sein. Für ihn gelten die Regeln für Funkentstörkondensatoren VDE 0560, Teil 7. Fünf VDE-Vorschriften befassen sich eingehend mit den Maßnahmen zur Funkentstörung (VDE 0872, 0874, 0875), mit dem Messen von Störungen (VDE 0877) und den Meßgeräten (VDE 0876). Kondensatoren für Nennwechselspannungen bis 42 V oder für Nenngleichspannungen bis 80 V brauchen nicht als Berührungsschutzkondensatoren ausgeführt zu werden. Für Nennspannungen ab 1 kV gibt es keine Berührungsschutzkondensatoren, hierfür gelten die Vorschriften nach VDE 0101.

7. Kondensatoren der Nachrichtentechnik

Diese Kondensatoren sind im allgemeinen Kleinkondensatoren (Abb. 162 und 191) mit Nenngleichspannungen bis 1000 V und Nennwechselspannungen bis 500 V (Tab. 32). Der Bedarf ist außerordentlich groß für Rundfunk-, Fernseh- und Musikgeräte, für die Telefonie- und Telegraphieanlagen der Post, der Industrie usw. Der Gesamtwert der jährlich produzierten Nachrichtenkondensatoren dürfte den Wert der jährlich für die Verwendung in den Energieversorgungsnetzen produzierten Leistungskondensatoren übertreffen. Die Anforderungen an diese Kondensatoren sind hinsichtlich der Brauchbarkeitsdauer und Betriebszuverlässigkeit (DIN 40040) sehr unterschiedlich. Kondensatoren, von denen die Sicherheit wichtiger Nachrichtenverbindungen oder des Flugverkehrs oder das Funktionieren wichtiger Anlagen, z. B. der Regelungstechnik, Datenverarbeitung abhängt, müssen betriebsicherer gebaut sein als solche, die für weniger wichtige Geräte wie Rundfunkempfänger bestimmt sind.

Das Angebot an Kondensatoren der Nachrichtentechnik ist sehr umfangreich: Papier- und Metallpapierkondensatoren, Lack-, Kunststofffolien-, Glimmer-, Keramik-, Elektrolytkondensatoren. Der Aufbau und z. T. die Anwendung dieser Kondensatoren wurden in Kapitel III behandelt. Eine Übersicht über die Bauformen und den zweckmäßigen Einsatz der Kondensatoren auf den verschiedenen Anwendungsgebieten bringt O. WIEGAND [305]. Grundlegende Angaben enthalten die Bücher von O. ZINKE [310], H. NOTTEBROCK [197] und H. GÖNNINGEN [92]. Zahlreiche DIN-Blätter befassen sich mit diesen Kondensatoren; sie sind am Anfang der jeweiligen Teilvorschrift VDE 0560 aufgeführt.

Literaturverzeichnis

[1] ACKMANN, W.: Charakteristiken von Tantalkondensatoren. ETZ A 86 (1965) 632–635.

[2] AEF: Empfehlungen des Ausschusses für Einheiten und Formelgrößen (AEF) im Deutschen Normenausschuß für die Ausgestaltung von Normen. ETZ B 15 (1963) 492.

[3] AIEE-Capacitor-Subcommittee: Report on the Operation of Switched Capacitors. AIEE-Trans., Part. III, Vol. 74 (Dec. 1955) 1255–1261.

[4] AIEE-Comm-.Bericht: B. H. SCHULZ, K. E. HAPGOOD, W. C. FOWLER, N. M. NEAGLE u. L. T. WILLIAMS: Report of a Survey on the Connection of Shunt Capacitor Banks. AIEE-Trans., 1958, Paper 58–1184, pp. 1452–1459.

[5] AIEE-Special-Publication S-43: Bibliography on Power Capacitors 1925 bis 1950 (Jan. 1952). AIEE-Transactions Bibliography on Power Capacitors 1950 bis 1952, pt. III (Dec. 1953). AIEE-Transactions Bibliography on Power Capacitors 1952–1954, pt. III (April 1956). – AIEE-Transactions Bibliography on Power Capacitors 1954–1956, pt. III (Dez. 1958). – AIEE-Transaction Bibliography on Power Capacitors 1954–1959, pt. III (April 1961). Bibliography on Power Capacitors 1959–1962. IEE-Transactions on Power App. and Systems, Nov. 1964.

[6] ALBER, O., B. ANDERSON, A. BAADER, F. EVERS, W. HOESCH. G. KEINATH, E. KIRSCH, A. NIKURADSE, W. O.SCHUMANN u. H. STÄGER: Isolieröle. Theoretische und praktische Fragen. Herausg. v. Rhenania-Ossag-Mineralölwerke AG Hamburg, Berlin: Springer-Verlag 1938.

[7] BARTENSTEIN, R.: Hochspannungs-Gleichstrom-Übertragung. ETZ A 85 (1964) 544–546.

[8] BAUDISCH, K., u. H. KANN: Der Kondensator in Industrieanlagen und Verteilungsnetzen. Siemens-Z., 1932, H. 10, 9 S.

[9] BAUDISCH, K., u. W. RAMBOLD: Starkstromkondensatoren in Einheitsbauweise und ihre Anwendung in Mittel- und Höchstspannungsnetzen. Siemens-Z. 17 (1937) 461–478.

[10] BAUER, F.: Der Kondensator in der Starkstromtechnik, Berlin: Springer 1934, 214 S.

[11] BAUER, R.: Die Meßwandler. Grundlagen, Anwendung u. Prüfung, Berlin/Göttingen/Heidelberg: Springer 1953.

[12] BAYER, A. G. Druckschrift: Clophen. Hochwertige, flammwidrige Isolier- und Kühlöle für die Elektroindustrie aus der Gruppe der Askarels. Farbenfabriken Bayer AG, Leverkusen.

[13] BECHER, R.: Messung von Durchschlagfeldstärken fester Isolierstoffe im Frequenzbereich 1 MHz bis 15 MHz (Ausbau der Theorie des Wärmedurchschlages). Arch. Elektrotechn. 30 (1936) 411–492.

[14] BECKER, R.: Theorie der Elektrizität, Bd. 1, Stuttgart: Teubner 1957.

[15] BEINDORF, W.: Die Herstellung von Styroflex. Felten & Guilleaume-Rdsch. H. 35 (1952) 78–86.

[16] BENEDICT, R. R.: Behaviour of Dielectrics. A Study of the Anomalous Charging Current and the Variation of Dielectric Energy Loss and Capacitance with Frequency in Solid Dielectrics. Trans. AIEE 49 (1930) 739–754.

[17] BERBERICH, L. J., u. R. FRIEDMANN: Stabilization of Chlorinated Diphenyl in Paper Capacitors. Industr. Engng. Chemistry 40 (1948) 117–123.

[18] BEYERLEIN, F.: Lebensdauerfragen bei Bauelementen, Jahrbuch des elektrischen Fernmeldewesens 1964, Bad Windsheim: Verlag für Wissenschaft u. Leben Georg Heidecker, S. 150–187.

[19] BIRDSALL, D. H., F. C. FORD, H. P. FURTH u. R. E. RILEY: Magnetic Forming. American Machinist Metalworking Manufacturing 105 (1961) No. 6.

[20] BJÖRGERD, A., P.-A. LILJEQUIST, B. NYBERG u. O. PETTERSSON: Economic Problems in Connection with Production on Reactive Power. CIGRÉ-Bericht Nr. 109, 1962, 22 S.

[21] BLOMQUIST, W. C., C. R. CRAIG, R. M. PARTINGTON u. R. C. WILDON, General Electric Company: Capacitors for Industries. Their Selection, Application and Economics for Power-Faktor-Improvement of Industrial Plants, London: Chapman & Hall, New York: J. Wiley 1950.

[22] BÖCKER, H.: Drehstromübertragung mit höchster Spannung. ETZ A 85 (1964) 542–544.

[23] BÖHM, H., u. K. G. GÜNTHER: Überwachung schnell veränderlicher Vorgänge mit dem Massenfilter-Partialdruckmeter. Vakuumtechnik, H. 8, 1962.

[24] BÖNING, P.: Elektrische Isolierstoffe. Ihr Verhalten auf Grund der Ionenadsorption an inneren Grenzflächen, Braunschweig Vieweg: 1938.

[25] BÖNING, P.: Kleines Lehrbuch der elektrischen Festigkeit, Karlsruhe: Braun 1955.

[26] BONFERT, K. Die Blindleistungsmaschine in der Höchstspannungsübertragung. VDE-Buchreihe, Bd. 10, Berlin: VDE-Verlag 1963.

[27] BORGARS, S. I.: Entwicklung von Vakuumkondensatoren. Proc. IEE 99, 1952, Teil III, Nr. 61 Sept.

[28] BORMANN, E., u. A. GEMANT: Zur Natur der dielektrischen Verluste in Ölen, Wiss. Veröff. Siemens-Konzern X (1931) 120–128.

[29] BORNITZ, E.: Leistungskondensatoren und Blindleistungsmaschinen, München/Wien: Oldenbourg 1965, 388 S.

[30] BORNITZ, E., M. HOFFMANN u. G. LEINER: Harmonics in Electrical Systems and their Reduction through Filtercircuits. CIGRÉ-Bericht Nr. 304, 1958, 20 S.

[31] BORNITZ, E.: Planung und Erfahrungen beim Bau von Saugkreisanlagen. VDE-Fachberichte Bd. 19, 1956, 10 S.

[32] BOSCH, M., u. O. SCHILE: Entwicklung der Hochspannungs-Gleichstromübertragung bei den Siemens-Schuckert-Werken bis 1945. Siemens-Z. 40 (1966) 672–681.

[33] BOSCH, M.: Aus der Arbeit der Studienkomitees der Internationalen Hochspannungskonferenz, Bericht des Studienkomitees 10. ETZ A 86 (1965) 821 bis 822.

[34] Robert Bosch GmbH: Bosch-MP-Kondensatoren. Druckschrift v. Okt. 1959.

[35] BOTHE, W.: Aufbau der Stromversorgung für die Führungsmagnete des DESY. ETZ A 84 (1963) 231–235.

[36] –: Energieversorgung von Teilchenbeschleunigern. Atomwirtschaft 2 (1953) 333–337.

[37] –: Stromversorgung und Kühlung. Atomwirtschaft 7 (1964) 337–340.

[38] BOYER, P.: Papierkondensatoren, imprägniert mit stabilisierten, chlorierten Dielektrika. Bull. SEV 52 (1961) 801–804.

[39] –: Die Bedeutung der Wahl des Imprägniermittels für die Konstruktion und die Anwendung von Kondensatoren. Bull. SEV 55 (1964) 100–112.

[40] Boyer, P., u. M. Th. Praehauser: Ageing of Industrial Capacitors. CIGRÉ-Bericht Nr. 120, 1966, 20 S.

[41] Brooks, H.: AIEE Techn. Paper 47–164 (1947).

[42] Buchhold, Th., u. H. Happoldt: Elektrische Kraftwerke und Netze, 4. Aufl., Berlin/Göttingen/Heidelberg: Springer 1963.

[43] Buchholz, H. H.: Einfluß des Gasgehaltes auf das dielektrische Verhalten von Isolierölen. ETZ A, 1954, 763–768.

[44] Büchner, A.: Das Mischkörperproblem in der Kondensatortechnik. Wiss. Veröff. a. d. Siemens-Werken XVIII (1939) H. 2.

[45] Büscher, K. E.: Untersuchungen zur X-Wachs-Bildung. VDE-Fachberichte 18 (1954) S. 24/I.

[46] Büssing, W.: Beiträge zum Lebensdauergesetz elektrischer Maschinen. Arch. Elektrotechn. 36 (1942) 333.

[47] Büttner, G.: Über den Einfluß gelöster Gase auf die Stabilität des Öl-Papier-Dielektrikums. Felten & Guilleaume-Rdsch., 1950, 34–45.

[48] Burkhardt, A.: Schockwellentechnik. Mitt. Forschungsgesellschaft Blechverarbeitung, 1964, Nr. 1/2.

[49] Buter, J.: Schalten von Blindlastkondensatoren. ETZ A 78 (1957) 12–19.

[50] Cammerer, J. S.: Der Wärme- und Kälteschutz in der Industrie, 4. Aufl., Berlin/Göttingen/Heidelberg: Springer 1962.

[51] Church, H. F.: Cationic Exchange Recations of Cellulose and their Effect on Insulation Resistance. J. Soc. Chem. Ind., London, 66 (1947) 221–226.

[52] –: Factors affecting the life of impregnated paper capacitors. Proc. IEE 98 (1951) pt. III, 113–123. Auszug in ETZ A, 1952, 442.

[53] Church, H. F., u. Z. Krasucki: The Ageing of Power Capacitors: Effects due to Ions and the Structure of Paper. CIGRÉ-Bericht Nr. 112, 1966, 16 S.

[54] Cirkler, W., u. H. Löbl: Keramische Sperrschichtkondensatoren. Siemens-Z., 1962, 476, 482.

[55] Clark, F. M., Ph. R. Coursey, F. Liebscher, K. W. Potthoff u. F. Viale: The Use of nonflammable Liquid Impregnants in Electrical Capacitors and Transformators. CIGRÉ-Bericht Nr. 119, 1956, 25 S.

[56] Clausnitzer, W.: Untersuchungen über das Betriebsverhalten von Starkstromkondenstaoren mit Clophen-Papier-Dielektrikum bei Außentemperaturen von − 50 °C bis + 80 °C. VDE-Fachberichte 19 (1956) 81–92.

[57] Curtis, H. L.: Bull. of Stand. Washington 6 (1910) 471.

[58] Dakin, T. W.: The absolute Dielectric Constant of Cellulose Fibers. Annual Report of the National Research Council, 1950. Conference on Electrical Insulation.

[59] D'Ans, J., u. E. Lax: Taschenbuch für Chemiker und Physiker, Berlin: Springer 1943.

[60] Debye, P.: Polare Molekeln, Leipzig: Hirzel 1927.

[61] De Luca, W. B. Campbell u. O. Mass: Canad. J. Res. 16 B (1938) 273–288.

[62] Diels, K., u. R. Jaeckel (Herausgeber): Leybold Vakuum-Taschenbuch, 2. Aufl., Berlin/Göttingen/Heidelberg: Springer 1962.

[63] Döbbrick, W.: Automatisierung von Ionenaustauscheranlagen. Siemens-Z., 1962, 840–846.

[64] Driller, A.: Die Elektroöfen vom Standpunkt ihrer Netzbelastung, besonders ihrer Blindleistung. VDE-Buchreihe, Bd. 10: Blindleistung, Berlin: VDE-Verlag 1963.

[65] Dziwoki, A.: Blindlastkompensation bei Asynchronmotoren mit Hilfe von Kondensatoren. Siemens-Z. 26 (1952) 316–323.

[66] EBINGER, A., u. L. LINDER: Glimmerkondensatoren, ihre Eigenschaften und ihre Bedeutung für die Meßtechnik. E. u. M. 59 (1941) 286–292.

[67] EGERTON, L., u. D. A. McLEAN: Industr. Engng. Chem. 38 (1946) 512.

[68] EGERTON, L., D. A. McLEAN u. H. A. SAUER: Stabilisierung der Dielektrika in Kondensatoren. Industrial and Engng. Chemistry 44 (1952) 135. Auszug in ETZ A 73 (1952) 637.

[69] ELLIS, H. M., J. E. HARDY, A. L. BLYTHE u. J. W. SKOOGLUND: Dynamic Stability of the Peace River Transmission System. IEE Trans. Power Apparatus and Systems (1966) Pas-85 586–600.

[70] EINSELE, A., u. E. SLAMECKA: Das neue Hochleistungsversuchs- und Prüffeld im Schaltwerk der Siemens-Schuckert-Werke AG. Siemens-Z. 36 (1962) 3–13.

[71] ELSNER, H.: Metallpapierkondensatoren. Bull. SEV 43 (1952) 721–727.

[72] ELSNER, R.: Die Vorausberechnung von Stoßgeneratoren und ihrer Stoßwellen. ETZ 59 (1938) 375–378.

[73] ELSNER, R.: Das neue Höchstspannungsprüffeld der SSW in Nürnberg. Siemens-Z. 26 (1952) 259–267.

[74] ENDICOT, H. S.: Electrical Testing of Capacitor Paper. Gen. E. Revue. Sept. 1949, 28–35.

[75] EPSTEIN, B., u. H. BROOKS: J. App. Phys. 19 (1948) 140.

[76] ESCHE, R., u. W. MOSCH: Anwendungen der Mittelfrequenztechnik bei Elektrowärmeanlagen. Siemens-Z. 40 (1966) 756–760.

[77] FISCHOEDER, G.: Die Berücksichtigung der Blindleistung beim Betrieb von Freileitungsnetzen. VDE-Buchreihe, Bd. 10: Blindleistung, Berlin: VDE-Verlag.

[78] FLÖTH, H.: Ausgleichvorgänge beim Parallelschalten von Kondensatoren. ETZ A 78 (1957) 577–583.

[79] FRANZ, W.: Theorie des rein elektrischen Durchschlags fester Isolatoren. Ergebnisse der exakten Naturwissenschaften 27 (1953) 1–55.

[80] FRANZ, W.: Der Mechanismus des elektrischen Durchschlags fester Isolatoren. Zeitschr. f. angew. Phys. 3 (1951) 72–80.

[81] FRANZ, W.: Dielektrischer Durchschlag. Handb. d. Phys., Bd. 17, Berlin/ Göttingen/Heidelberg: Springer 1956, S. 155.

[82] FREUDENBERG, K., u. O. KRATKY: Die molekulare Struktur der Zellulose. Die übermolekulare Struktur der Zellulose. Chemische Textilfasern, Filme und Folien, hrsg. v. R. PUMMERER, Stuttgart: Enke 1951.

[83] FRÜNGEL, F.: Impulstechnik, Erzeugung und Anwendung von Kondensatorentladungen, Leipzig: Geest & Portig 1960.

[84] GÄNGER, B.: Der elektrische Durchschlag von Gasen, Berlin/Göttingen/ Heidelberg: Springer 1953, 581 S.

[85] GARTON, C. G.: Dielectricum loss in thin Films of insulating liquids. J. IEE, London (II), 88 (1941) 103–120.

[86] GE, E.: Bericht über die Kosten der durch Wechselstromgeneratoren erzeugten Blindenergie und Vergleich mit den Kosten der durch andere Quellen gelieferten Blindenergie. Bull. sci. Assoc. Ing. électr. Montefiore (A.I.M.) 76 (1963) 121–147.

[87] GEMANT, A.: Oszillographie von Strömen in Isolierstoffen. Arch. Elektrotechnik 25 (1931) 683–694.

[88] GERLACH, M.: Kondensatoren aus keramischen Massen mit sehr hoher Dielektrizitätskonstante. Elektrotechnik 5 (1951) 78–81.

[89] GERTSCH, G. A.: Fortschritte aus dem Gebiet der kapazitiven Spannungswandler. Scientia-Electrica VI (1960) 1–37.

[90] GESCHKA, H., u. F. LANGE: Styroflexkondensatoren, ihre Eigenschaften und Anwendungsmöglichkeiten. Elektrotechnik 5 (1951) Nr. 3.

[*91*] GILLIES, D. A., E. W. KIMBARK, F. G. SCHAUFELBERGER u. R. M. PARTINGTON: High Voltage Series Capacitors, Experience and Planning. CIGRÉ-Report 118, Session 1966, 20 S.

[*92*] GÖNNINGEN, H.: Der Papierkondensator. Hessen: Selbstverlag H. Gönningen, Schlitz, 1956, 215 S.

[*93*] GRÖBER, H. ERK, S., u. U. GRIGULL: Die Grundgesetze der Wärmeübertragung, 3. Aufl., Berlin/Göttingen/Heidelberg: Springer 1955.

[*94*] GRÜNEWALD: Über die Durchschlagfestigkeit verschiedener Glimmersorten bei 50periodigem Wechselstrom. ETZ 45 (1924) 1084–1086.

[*95*] GÜNTHERSCHULZE, A., u. H. BETZ: Elektrolytkondensatoren, 2. Aufl., Berlin: Technischer Verlag Herbert Cram 1952, 293 S.

[*96*] GÜNTHERSCHULZE, A.: Elektrolytkondensatoren. Arch. techn. Messen, Juli 1953, Z 134-1.

[*97*] GUTMANN, G., u. H. LANGNER: Kapazitätskonstante Leistungskondensatoren. Siemens-Z. 39 (1965) 164–168.

[*98*] HALBACH, K.: Untersuchungen über den Durchschlag und die Verluste einiger fester Isolierstoffe, Diss. TH Braunschweig, 1928. Arch. Elektrotechnik 21 (1929) 535–562.

[*99*] HELD, W., u. R. C. KUNZE: Normalkondensatoren mit Styroflex-Dielektrikum. Siemens-Z., 1958, H. 2.

[*100*] HELD, W., u. R. C. KUNZE: Glimmentladungen im Kondensatordielektrikum. VDE-Fachbericht, Bd. 20, 1958.

[*101*] HELD, W., u. R. C. KUNZE: Glimmentladungen und Lebensdauer von Starkstromkondensatoren. ETZ A, 1961, 333–335.

[*102*] HELD, W., u. K. WENZEL: Dielektrische Verluste durch Ionenleitung im geschichteten Dielektrikum. ETZ A 81 (1960) 121–127.

[*103*] HELD, W., u. R. J. KLAHN: Überlappungswahrscheinlichkeit von Fehlerstellen im geschichteten Dielektrikum. ETZ A 87 (1966) 121–126.

[*104*] HELD, W.: Zur Neufassung von VDE 0560/Teil 4. ETZ B 14 (1962) 570–571.

[*104a*] HELD, W.: Fortschritte beim Bau von Leistungskondensatoren. ETZ-A 83 (1962) 307–311.

[*105*] HELD, W., u. F. J. POLLMEIER: Eine Anlage zur Erzeugung von Gleich- und Stoßspannung von 2,1 MV. Siemens-Z. 39 (1965) 781–786.

[*105a*] HELD, W., W. KAHL u. F. J. POLLMEIER: Energiespeicherkondensatoren. Siemens-Z. 41 (1967) 887–895.

[*106*] HENNINGER, P.: Dielektrische Untersuchungen an der Papierfaser. Frequenz 4 (1950) 167–177.

[*107*] HERRMANN, W.: Zum Mechanismus der Oxydschichtbildung auf Aluminiumanoden von Elektrolytkondensatoren. Wiss. Veröff. a. d. Siemens-Werken, 1940, 188–212.

[*108*] –: Neuere Elektrolytkondensatoren und ihre Eigenschaften. Siemens-Z. 21 (1941) 120–126.

[*109*] HEYWANG, H., u. H. PREISSINGER: Zählung selbstheilender Durchschläge in Metallpapierkondensatoren unter Gleichspannung. Siemens-Z., 1961, 493–499.

[*110*] HEYWANG, H., u. H. PREISSINGER: MP-Impulskondensatoren Ziemens-Z., 1964, 376–380.

[*111*] HEYWANG, W., E. FENNER u. R. SCHÖFER: Sibatit W, eine neue Titanatkeramik, Siemens-Z., 1961, 40–44.

[*112*] Handbuch der Elektrotechnik, Bd. 1, 1. Abteilung, Leipzig: Hirzel 1902, S. 11.

[*113*] HOCHHÄUSLER, P.: Der Phasenschieberkondensator unter dem Einfluß stationärer und nichtstationärer Überspannungen in Versorgungsnetzen. ETZ 59 (1938) 457–461.

[*114*] HOCHHÄUSLER, P.: Verhütung von Kondensatorschäden. ETZ B 8 (1956) 4–7.

[115] HOCHHÄUSLER, P.: Die Verbesserung des Kondensatordielektrikums durch Hochvakuumbehandlung und -tränkung. ETZ 72 (1951) 357.

[116] HÖLTERS, F.: Bedeutung der Blindleistung bei der Hochspannungs-Gleichstrom-Übertragung. VDE-Buchreihe, Bd. 10: Blindleistung, Berlin: VDE-Verlag 1963, S. 321–256.

[117] HOFFMANN, M.: Die Belastung des Kondensators durch Oberschwingungen. Elektrizitätswirtschaft 56 (1957) 119–122.

[118] HOFFMANN, M.: Verbesserung des Leistungsfaktors und Herabsetzung von Oberschwingungen durch Siebkreise. Elektrizitätswirtschaft 56 (1957) 186–191.

[119] HOPKINS, R. J., T. R. WALTERS u. M. E. SCOVILLE: Developments of Corona Measurements and their Relation to the Dielectric Strength of Capacitors. AIEE-Trans. 70 (1951) 1643–1651.

[120] HORN, H.: Herstellung und Anwendung des elektrischen Isolierstoffes Styroflex. Kunststoffe, März 1940, S. 53.

[121] HOSEMANN, G.: Blindleistungserzeugung durch Synchronmaschinen. VDE-Buchreihe, Bd. 10: Blindleistung, Berlin: VDE-Verlag 1963.

[122] Hütte Bd.I: Theoretische Grundlagen, 28.Aufl., Berlin: Ernst & Sohn 1955, S.504.

[123] Insulation, Sept. 1960, S. 73/74.

[124] JAECKEL, R.: Kleinste Drucke, ihre Messung und Erzeugung (Technische Physik in Einzeldarstellungen, Bd. 9), Berlin/Göttingen/Heidelberg: Springer 1950.

[125] JAKOB, M.: Some investigations in the fields of heat transfer. Proc. Phys. Soc. 59 (1947) 726–755.

[126] JANCKE, G., L. AHLGREN, L. HENNING u. T. JOHANSSON: 15 Years Development and Experience with Series Capacitors in Transmission Systems. CIGRÉ Report 316, Session 1966, 23 S.

[127] JANCKE, G., K. S. SMEDSFELT u. P. HJERTBERG: 380-kV-Series-Capatitors in Sweden. CIGRÉ-Bericht Nr. 322, 1954, 22 S.

[128] JANSEN, B.: Elektrizitätswirtschaft 36 (1937) 832. DRP 731019 und 755607.

[129] JUST, J.: Analogien zwischen elektrischen und thermischen Leitungsvorgängen, Teil I bis IV. Wiss. Z. d. Hochsch. f. Elektr., Ilmenau, 1961, Heft 2 u. 3, u. 1962, Heft 3 u. 4.

[130] KAFKA, W., u. H. REIZUCH: Leistungsfaktorverbesserung durch Kondensatoren. Siemens-Z. 27 (1953) 258–264.

[131] KAFKA, W.: Der Reihenkondensator in Industrieanlagen, Siemens-Z. 26 (1952) 62–68.

[132] KAINZ, J.: Werkstoffe und Probleme der Hochfrequenzkeramik. E. u. M. 70 (1953) 473–478 u. 525–530.

[133] KAMMERLOHER, I.: Keramikkondensatoren der Hochfrequenztechnik. Feinmechanik und Präzision 50 (1942) 235–246.

[134] KATZSCHNER, W.: Ein Beitrag zum Schichtungsproblem elektrischer Isolierstoffe. ETZ 71 (1950) 273–275.

[135] KEHBEL, H.: Sirutit, ein neuer keramischer Werkstoff für die Hochfrequenztechnik. „Das Elektron in Wissenschaft und Technik" 4 (1950) 153–154.

[136] KEIM, K.: Das Papier, Stuttgart: Blersch 1951, Abb. 40.

[137] KELLER, A.: Verwendung von Preßgas für Meßzwecke. E. u. M. 59 (1941) 292 bis 296.

[138] KETNATH, A.: Die Entfernung von gelöstem Gas und Wasser aus Transformatorenöl mit technischen Mitteln. Arch. Elektrotechn., 1933, 254–266. ETZ, 1933, 1259–1260.

[139] KIRSCHT, B.: Starkstromkondensatoren. Hausmitteilung „Der Anschluß der Siemens-Schuckert-Werke" 19 (1954) 24–28.

[140] KOCH, W., u. H. MENKE: Technische Aspekte der modernen Plasmaforschung. ETZ A 84 (1963) 65–75.

[141] Kok, J. A.: Der elektrische Durchschlag in flüssigen Isolierstoffen. Philips Technische Bibliothek, 1963.

[142] Kollmann, F.: Technologie des Holzes, Berlin: Springer 1936.

[143] Kordatzki, W.: Taschenbuch der praktischen pH-Messung, 4.Aufl.,München: Müller & Steinecker 1949.

[144] Korn, R., u. F. Burgstaller: Papier- und Zellstoff-Prüfung (Handbuch der Werkstoffprüfung, Bd. 4), 2. Aufl., Berlin/Göttingen/Heidelberg: Springer 1953.

[145] Kornetzki, M.: Die Nichtlinearität von Titanatkondensatoren. Frequenz 7 (1953) H. 5.

[146] Krasucki, Z., H. F. Church u. C. G. Garton: Factors controlling the life of power-capacitors. CIGRÉ-Bericht Nr. 138, 1962, 23 S.

[147] Krikuntschik, A. B., S. S. Rokotjian u. Y. u. A. Yakub: Some Problems on long distance Power-Transmission in the U.S.S.R. CIGRÉ-Bericht Nr. 412, 1960, 22 S.

[148] Küpfmüller, K.: Einführung in die theoretische Elektrotechnik, 8, Aufl., Berlin/Heidelberg/New York: Springer 1965.

[149] Lalander, S., u. L. Norlin: The Use of Series Capacitors on High Voltage Transmission Systems. CIGRÉ-Bericht Nr. 330, 1958, 28 S.

[150] Lamm, U.: Neue Anlagen für hochgespannten Gleichstrom. ASEA-Z. 8 (1963) 35–40.

[151] Landolt-Börnstein: Physikal.-chemische Tabellen, 5. Aufl., Hauptband S. 1289 ff., 1. Ergänzungsband S. 708 ff., 2. Ergänzungsband S. 1256 ff., 3. Ergänzungsband S. 2365 ff., Berlin: Springer 1923–1936.

[152] Lauster, F.: Elektrowärmetechnik, Stuttgart: Teubner 1963.

[153] Lehmhaus, F.: Planning and Operation of Large Capacitor Batteries. CIGRÉ-Bericht, 1958, Nr. 140.

[154] Leiner, G.: Blindstrom- und Blindleistungsabgabe eines Kondensators an mehrwelliger Spannung. ETZ A 74 (1953) H. 21.

[155] Leukert, W., u. E. Kübler: Oberwellenbelastung von Drehstromnetzen durch Stromrichter. E. u. M. 54 (1936) 37–44 u. 52–55.

[156] E. Leybold's Nachfolger: Katalog HV 110, E. Leybold's Nachfolger, Köln-Bayenthal.

[157] Lichtenecker, K.: Die Dielektrizitätskonstante natürlicher und künstlicher Mischkörper. Phys. Z. 27 (1926) 115–158.

[158] Liebscher. F.: Über die dielektrischen Verluste und die Kurvenform der Ströme in geschichteten Isolierstoffen bei hohen Wechselfeldstärken von 50 Hz. Wiss. Veröff. a. d. Siemens-Werken XXI (1943) 214–248.

[159] –: Neuere Erkenntnisse über Erwärmungs- und Zerstörungsvorgänge in geschichteten Isolierstoffen. ETZ 64 (1943) 425–427 u. 450–453.

[160] –: Aufbau der Starkstromkondensatoren. In „Die Entwicklung der Starkstromtechnik bei den Siemens-Schuckert-Werken" (SSW-Jubiläumsbuch 1953), S. 518–526, Herausgeber: SSW, Berlin u. Erlangen.

[161] –: Glimmer und Glimmererzeugnisse. ETZ B 7 (1955) 359–362.

[162] –: Leistungskondensatoren für tiefe und hohe Temperaturen. Elektrizitätswirtschaft 56 (1957) 245–250.

[163] –: Kondensatoren. ETZ A 83 (1962) 556/557.

[164] Luther, H., u. H. Röttger: Zur Druck- und Temperaturabhängigkeit der Durchschlagfestigkeit von Kohlenwasserstoffen. Erdöl u. Kohle 9 (1956) 601 bis 606. ETZ A 78 (1957) 462–464.

[165] Mäckel, F. J., u. E. Waldmann: Anwendung eines Reihenkondensators zur Spannungsstützung in einem 10-kV-Überlandnetz. Elektrizitätswirtschaft 53 (1954) 117–183.

[*166*] MANSBRIDGE, G. F.: The Manufacture of Electrical Condensers. J. Inst. electr. Engrs. 41 (1908) 535–585.

[*167*] MARBURY, R. E.: Power Capacitors, New York: McGraw-Hill 1949, 205 S.

[*168*] MAXWELL, I. C.: Lehrbuch der Elektrizität und des Magnetismus, Bd. 1, Art. 328–330, Berlin: Springer 1883.

[*169*] McLEAN, D. A., H. A. BIRDSALL u. C. J. CALBICK (Bell Tel. Lab., Inc., Murtay Hill): Microstructure of Capacitor Paper. Microstructure of Paper. Industr. Engng. Chem. 45 (1953) 1509–1515.

[*170*] MEDWEDJEW, S. K.: Elektritschestwo, 1961, H. 8, 66–72.

[*171*] –: Zur Berechnung der elektrischen Festigkeit geschichteter Dielektrika. Elektritschestwo, 1963, 62–66.

[*172*] MEHLHORN, H.: Über die Greinacher Vervielfachungsschaltung und ihre Verwendung zur Erzeugung hoher konstanter Gleichspannung. Wiss. Veröffentl. Siemens-Konzern 21 (1943) 1–46.

[*173*] MENKART, G. R., u. P. L. WALDON: New S × T Formula Uses Temperature and Voltage as Key to Longer-life Capacitors. Sonderdruck GER-2067 des Capacitor Department der General Electric Comp., Hudson Falls, N. Y., 11–63.

[*174*] MENNERICH, W.: Über das Verhalten von Tantalelektrolytkondensatoren in breitem Frequenz- und Temperaturbereich. Siemens-Z. 37 (1963) 175–178.

[*175*] METRAUX, A.: Der Kondensator als Überspannungsschutz. Bulletin SEV 30 (1939) 17–20.

[*176*] METSCHL, E. C.: Wesen und Anwendung der Piezoelektrizität. ETZ 59 (1938) 819–825.

[*177*] MEYER, H.: Die Isolierung großer elektrischer Maschinen, Berlin/Göttingen/ Heidelberg: Springer 1962.

[*178*] MEYER, H.: Zur Zeitabhängigkeit des elektrischen Durchschlages technischer Isolierungen. Diss. TH Hannover 1966, 78 S. Auszug: ETZ A 89 (1968) 5–11.

[*179*] MILLER, H. F., u. R. J. HOPKINS: Modified process makes possible an improved capacitor unit. Development of modification. Gen. El. Rev., 1947, 20 bis 24.

[*180*] MOELLER, F.: Kapazität von Anordnungen mit Ebenen und Zylindern. Arch. techn. Messen Z 130-1 und Z 130-2, Sept. u. Okt. 1943.

[*181*] MOELLER, F.: Taschenbuch für Elektrotechniker, I: Grundlagen, Stuttgart: Teubner 1953.

[*182*] MOELLER, F.: Zur Behandlung stationärer Wärmeströmungen mittels elektrischer Abbilder. E. u. M. 61 (1943) 4–8.

[*183*] MOLE, G.: Design and performance of a portable a. c. discharge detector. E.R.A. Techn. Report Ref. V/T 115, 1952 and E. R. A. Report Ref. V/T 149, 1962.

[*184*] Monsanto-Druckschrift, Monsanto Dielectric Fluids: Aroclors, Pyroclor. Monsanto Chemicals Ltd., London S.W. 1, Monsanto House, Victoria Street.

[*185*] MONTSINGER, V. M.: Trans. Amer. Inst. El. Eng. 49 (1930) 776.

[*186*] MÜLLER, F. H.: Dielektrische Verluste im Zusammenhang mit dem polaren Aufbau der Materie. Ergebnisse der exakten Naturwissenschaften, 1938, 220.

[*187*] MÜLLER, F. H.: Physik des organischen Isolators. ETZ 59 (1938) 1155–1158 u. 1176–1182.

[*188*] MÜLLER, F. H.: Zur Physik des Styroflexes. Wiss. Veröff. aus den Siemens-Werken XIX (1940) 1. H.

[*189*] MÜLLER, R., u. TH. WÖRNER: Untersuchungen über die Alterungsbeständigkeit von Transformatorölen, abhängig von ihrer Konstitution. ETZ A, 80 (1958) 623–628.

[*190*] MÜNDEL, E.: Zum Durchschlag fester Isolatoren. Untersuchungen im Hochvakuum. Archiv Elektrotechnik XV (1925) 320–344.

[*191*] NEUBERT, U.: Beitrag zum Verhalten elektronegativer Gase auf die Durchbruchfeldstärke. Archiv Elektrotechnik, 1952, 370–375.

[*192*] NIKURADSE, A.: Das flüssige Dielektrikum (Isolierende Flüssigkeiten), Berlin: Springer 1934, S. 170.

[*193*] –: Über Elektrizitätsleitung bei Feldstärken bis zu Entladespannungen und Ionenkonstanten in dielektrischen Flüssigkeiten. Arch. Elektrotechn. 22 (1929) 283.

[*194*] NORDELL, R., L. HÖGFELDT u. S. LINDERHOLM: Dielectric Strength of Series Capacitors. CIGRÉ-Bericht Nr. 340, 1954, 15 S.

[*195*] NORDELL, R., K. HÄGGLUND u. S. WRETEMARK: Progress in the Design and Manufacture of Series Capacitors. CIGRÉ-Bericht Nr. 141 (1966) 18 S.

[*196*] NORDSTRÖM, B., L. NORLIN u. A. RISSMAR: Blindleistungserzeugung und -verteilung in einigen europäischen Ländern. Bericht Nr. IV. 1 zur Tagung der UNIPEDE in Baden-Baden vom 11.–18. 10. 1961.

[*197*] NOTTEBROCK, H.: Bauelement der Nachrichtentechnik, Teil 1: Kondensatoren, Berlin: Schiele & Schön 1949.

[*198*] –: Ein Kondensator mit der Kapazität von 1 Farad. Siemens-Z. 20 (1940) 259.

[*199*] NUSSELT, W., u. W. JÜRGES: Das Temperaturfeld über einer lotrecht stehenden geheizten Platte. Z. VDI 72 (1928) 597.

[*200*] NUSSELT, W.: VDI-Forsch.-Heft 64, S. 82.

[*201*] OBENAUS, F., u. F. STEYER: Keramische Lochplatten für Hochspannungskondensatoren. ETZ 69 (1948) 241–242.

[*202*] OBERDORFER, G.: Begriffserklärung und Erläuterung der Blindleistung. VDE-Buchreihe Bd. 10: Blindleistung, Berlin: VDE-Verlag 1963.

[*203*] OLLENDORF, F.: Potentialfelder der Elektrotechnik, Berlin: Springer 1932, S. 319.

[*204*] OMORI, T., H. UEDA u. K. OSHIMA: Some Technical Aspects in High Voltage Capacitors in Japan. CIGRÉ-Bericht Nr. 304, 1954, 17 S., ferner Nissin Review, Bd. 1 (1961) Nr. 1, Kyoto, Japan.

[*205*] OMORI, T., K. OSHIMA u. S. NODA: Power Capacitor in Japan, Nissin Electric Co., Ltd. Kyoto Japan, Technical Paper Section No. C-1768.

[*206*] ONCLEY, I. L., u. W. C. HOLLIBAUGH: Low Voltage D-C-Measurements on electrical Insulating Oils. Electr. Engng. 59 (1940) 625–628.

[*207*] PAASCH, W.: Verrechnungsarten von Blindstrom für Sonderabnehmer mittlerer Größe. Elektrizitätswirtschaft 56 (1957) 183–186.

[*208*] PASCHEN, F.: Wiedemanns Annalen 37 (1889) 69.

[*209*] PERESELENZEW, J. F., W. P. PROSKURNIN u. A. S. MEDWEDEWA: Verwendung synthetischer Tränkemittel für bei niedriger Temperatur betriebene Leistungskondensatoren. Westnik elektropromyschlenosti 33 (1962) 35–38.

[*210*] PERLICK, P.: Der Wärmedurchschlag nach K. W. WAGNER. ETZ A 74 (1953) 169–173.

[*211*] –: Über den Frequenzgang der Durchschlagspannung bei festen Isolierstoffen im Bereich Gleichspannung bis Rundfunkfrequenz. Diss. TH Berlin 1934.

[*212*] PIERSON, M.: Influence of the Improvement in the Quality of Paper on Capacitor Ratings. CIGRÉ-Bericht Nr. 112, 1958, 21 S.

[*213*] PISTOR, W.: Starkstromkondensatoren: Aufbau und Betriebseigenschaften. Gesichtspunkte für ihre Auswahl und Verwendung. E. u. M. 59 (1941) 227–286.

[*214*] POLHAUSEN, E.: Der Wärmeaustausch zwischen festen Körpern und Flüssigkeiten mit kleiner Reibung und Wärmeleitung. Z. angew. Math. Mech. 1 (1921) 115–121.

[*215*] POST, R. F.: Controlled fusion research – an application of the physics of high plasmas. Rev. mod. Phys. 28 (1956).

[216] PRINZ, H.: Blindleistung. VDE-Buchreihe Bd. 10: Blindleistung, Berlin: VDE-Verlag 1963, S. 169/170.

[217] PUNGS, L.: Holz als Dielektrikum im Hochfrequenzfeld. ETZ A 75 (1954) 433–438.

[218] RACE, H. H.: Tests on Oil Impregnated Paper. Effects of Gas Pressure. Teil I: Electr. Engng. 55 (1936) 590–599; Teil II: Electr. Engng. 56 (1937) 845–849; Teil III: Electr. Engng. 59 (1940) 1063–1085.

[219] RENNE, W. T., N. N. KALJASINA u. M. N. MOROZOWA: Dielektrische Verluste im Kondensatorpapier. Elektritschestwo Nr. 9 (1958) 47–52.

[220] RENNE, W. T., u. M. N. MOROZOWA: Effect of the Type of Cation, attached to Cellulose in an Ion-Exchange Reaction on the Dielectric Properties of Capacitor Paper. Soviet Physics–Technical Physics, Vol. 3, No. 9, S. 1835–1838.

[221] RENNE, W. T.: Alterung getränkter Papierisolation bei Wechsel- und Gleichspannungen. Elektrizität, Moskau 27 (1952) 71–75. Literaturauszug Elektrotechnik 7 (1953) 233.

[222] REY, E., u. L. ERHART: Die Beurteilung von inhibierten und nicht inhibierten Isolierölen für Hochspannungstransformatoren und Meßwandler. Bull. SEV Nr. 11 (1961) 14 S.

[223] RIEDER, W.: Thermonukleare Reaktionen in Gasentladungsplasmen. E. u. M. 75 (1958) H. 18.

[224] RODMANN u. MANDE: Trans. Amer. Electrochem. Soc. 47 (1925) 71.

[225] ROEPER, R.: Kurzschlußströme in Drehstromnetzen, herausgegeben von Siemens-Schuckert-Werke AG, Erlangen 1964.

[226] ROGOWSKI: Gasentladung und Durchschlag. Archiv Elektrotechnik 25 (1931) 551.

[227] ROSER, H.: Wirtschaftlichkeit der Blindstromkompensation durch Phasenschieberkondensatoren. ETZ, 1941, 449–454.

[228] ROTH, A.: Hochspannungstechnik, Wien: Springer 1950, S. 27.

[229] DE LA RUE, W., u. H. W. MÜLLER: Phil. Trans. Roy. Soc. Lond. 171 (1880) 65.

[230] RÜDENBERG, R.: Elektrische Schaltvorgänge und verwandte Störungserscheinungen in Starkstromanlagen, 3. Aufl., Berlin: Springer 1933, S. 489.

[231] SACHSE, H.: Ferroelektrika (Techn. Physik in Einzeldarstellungen, Bd. 11), Berlin/Göttingen/Heidelberg: Springer 1956.

[232] SAKAMOTO, T., K. OSHIMA, Y, YOSHIDA, R. SHINODA u. Y. TAKE: Improvement of Dielectric Properties of Capacitors Papers. CIGRÉ-Bericht Nr. 133, 1962.

[233] SCHÄFER, F. A.: Über das dielektrische Verhalten von Niederspannungskondensatoren mit geschichteter Papierisolation. Arch. Elektrotechn. 1930, 351 bis 381.

[234] SCHÄR, F., u. P. BALTENSPERGER: Capacitor Switching in the Lachmatt Substation (Switzerland) of the Aare-Tessin Electricity Co. Ltd. („ATEL"). CIGRÉ-Bericht Nr. 138, 1958, 25 S.

[235] SCHICK, W., u. E. WALDMANN: Der Reihenkondensator für die Spannungsverbesserung in Mittelspannungsnetzen. ETZ B 7 (1955) 105–108.

[236] SCHILL, H.: Neue Entwicklungen an Dünnschichtkondensatoren. Nachrichtentechnische Zeitschrift 15 (1962) H. 11.

[237] SCHMIDT, E.: Thermodynamik, 10. Aufl., Berlin/Göttingen/Heidelberg: Springer 1963.

[238] SCHMIDT, E., u. E. ECKERT: Über die Richtungsverteilung der Wärmestrahlung von Oberflächen. Forsch. Ing.-Wes. 6 (1935) 175.

[239] SCHMIDT, E.: Schlierenaufnahmen des Temperaturfeldes in der Nähe wärmeabgebender Körper. Forsch. Ing.-Wes. 3 (1932) 181.

[240] Schmidt, E., u. H. Beckmann: Techn. Mech. u. Thermodyn. (Forschung) 1 (1930) 341, 391.

[241] Schmidt, E.: Über die Anwendung der Differenzenrechnung auf technische Anheiz- und Abkühlungsprobleme. Beiträge zur technischen Mechanik und technischen Physik 83, 1924, August-Föppl-Festschrift, Berlin: Springer.

[242] Schoeller & Hoesch: Druckschrift „Kondensatorpapier" Gernsbach, Baden: 1962.

[243] Schrötter, A.: Die Ausmessung elektrischer Felder im elektrolytischen Trog. Arch. techn. Messen, 1962, V 312-6.

[244] Schulze, W. H. M.: Erdalkalititanate als Dielektrika und eine neue Gruppe von Seignette-Elektrika. Elektrotechnik 3 (1949) 365–372.

[245] v. Schweidler, E.: Studien über die Anomalien im Verhalten der Dielektrika. Ann. Physik 24 (1907) 711–770.

[246] Schwenkhagen, H.: Betriebserfahrungen mit Kondensatoren in Starkstromanlagen. ETZ 59 (1938) 599–601.

[247] Scoville, M. E.: The Why of a 25-kvar-Capacitor. General Electric Review, 1949, 19–27.

[248] Segre, G.: Capacitor Installations on the Networks of the Edison-Group. CIGRÉ-Report 152, Session 1962, 14 S.

[249] de Senarclens, G.: Entwicklung und Fortschritte auf dem Gebiet einiger elektrischer Isoliermaterialien. Scientia Electrica 1 (1954) 83–103.

[250] v. Siemens, W.: Über Erwärmung der Glaswand der Leydener Flasche durch die Ladung. Poggendorffs Ann. d. Phys. u. Chem. 125 (1864) 137.

[251] Siemens AG.: Formel- und Tabellenbuch für Starkstromingenieure, 2. Aufl.

[252] Skogby, P.: Die wirtschaftliche Bemessung von Leistungskondensatoren. Elektrotekn. T. 78 Jg., 25. Jan. 1965.

[253] Slamecka, E.: Prüfung von Hochspannungs-Leistungsschaltern, Berlin/ Heidelberg/New York: Springer 1966.

[254] Smyth, C. P., u. C. S. Hitchcock: J. Amer. chem. Soc. 54 (1932) 4631.

[255] Soyk, W.: Hochspannungskondensatoren für Hochfrequenz aus keramischen Werkstoffen. E. u. M. 59 (1941) 343–346.

[256] Soyk, W.: Die chemischen und physikalischen Grundlagen der Hochfrequenzkeramik. Feinmechanik und Präzision 50 (1942) 225–233.

[257] Spriegel, W., u. W. Brackmann: Betriebsverhalten kapazitiver Spannungswandler. BBC-Nachr., 1963, 395–398.

[258] Spriegel, W.: Kapazitive Spannungswandler. Elektrizitätswirtsch. 58 (1959) 803–806.

[259] Stamm, H., u. M. Kahle: Physikalisch-chemische Probleme bei der Entsalzung von Isolierpapieren. Wiss. Z. d. Hochschule f. Elektrotechnik, Ilmenau 9 (1963) 293–299.

[260] Stamm, H., u. M. Kahle: Hochspannungsexplosionsverformung. Technik 18 (1963) H. 1.

[261] Stange, K.: Zur Ermittlung der Abgangslinie für wirtschaftliche und technische Gesamtheiten. Mitt. f. math. Statistik u. ihre Anw. 7 (1955) H. 2.

[262] Staub, H.: Die dielektrischen Anomalien des Seignettesalzes. Naturwissenschaften 23 (1935) 728–733.

[263] Stiles, L. W., u. J. D. Stacy: Test Methods and Apparatus for Improving Capacitor Paper. Insulation, 1961, 42–43.

[264] Stoll, P., u. R. Schmid: Neue Erkenntnisse über die Eigenschaften der Mineralöle im Hinblick auf die Pflege von Transformatorölen. Schweizer Archiv, Nr. 12 (1960) 28 S.

[265] Stoops, W. N.: J. Amer. chem. Soc. 56 (1934) 1480.

[266] Sträb, H., u. H. Maylandt: Present Stage of The Technique of Metallized Paper Capacitors for Power Systems. CIGRÉ-Bericht Nr. 109, 1958, 21 S.

[267] Sträb, H.: Die Selbstheilung von MP-Kondensatoren und ihre Auswirkungen im Dauerlauf. VDE-Fachberichte 18 (1954) I/28–33.

[268] –: Selbstheilende Metallpapierkondensatoren für Wechselspannung. E. u. M. 76 (1959) 103–108.

[268a] Sträb, H., u. W. Held: Hochspannungskondensatoren für plasma- und kernphysikalische Experimente. Atom-Reaktoren, -Energie, -Forschung in Deutschland. Situation 1965, Überblick 1966, Sprendlingen bei Frankfurt: Conté.

[269] Strigel, R., u. H. Winkelnkemper: Die Durchschlagfestigkeit von luftübersättigtem Öl und Öl-Papier-Dielektrikum. ETZ A 82 (1961) 833–838.

[270] Strigel, R.: Der Durchschlagmechanismus in Luft, Öl und festen Isolierstoffen. ETZ A 87 (1966) 34–40.

[271] Strigel, R., u. G. Helmchen: Elektrische Stoßfestigkeit, 2. Aufl., Berlin Göttingen/Heidelberg: Springer 1955.

[272] Sugawara, S., u. T. Sato: Heat transfer on the surface of a flat plate in the forces flow. Mem. Fac. Engng., Kyoto Univ. 14 (1952) 21–37; Auszug in Chemie-Ing. Techn. 24 (1952) 633.

[273] Tank, F.: Über den Zusammenhang der dielektrischen Effektverluste von Kondensatoren mit den Anomalien der Ladung und der Leitung. Ann. Phys. 48 (1915) 307–359.

[274] Tedeschi, B.: Untersuchungen über elektrische Leitfähigkeit einiger Preßspan- und Pilitsorten. Arch. Elektrotechn. 1 (1913) 497–504.

[275] Thiesbürger, K. H.: Der Elektrolytkondensator. Druckschrift der Frako Kondensatoren- und Apparatebau GmbH, Teningen/Baden.

[276] Tittel, J.: Blindleistungsmaschinen zur Symmetrierung unsymmetrischer Netzbelastungen. ETZ, 1961, 365–372.

[276a] –: Der Spannungseinbruch im Netz beim plötzlichen Ausfall großer Maschineneinheiten. ETZ A 88 (1967) 267–274.

[277] Trapp, W.: Das dielektrische Verhalten von Holz und Zellulose im großen Frequenz- und Temperaturbereich. Diss. TH Braunschweig 1954.

[278] Trapp, W., u. L. Pungs: Bestimmung der dielektrischen Werte von Zellulose. Glukose und Zellsubstanz im großen Frequenzbereich. Holzforschung 10 (1956) 1.

[279] Trümper, E.: Heutiger Stand der Leistungskondensatoren. VDE-Buchreihe. Bd. 10: Blindleistung, Berlin: VDE-Verlag 1963.

[280] Tuuri, M., B. Anthoni u. P. Valkeila: On the Characteristics of Aluminumoxyd-loaded Capacitor Paper. CIGRÉ-Bericht Nr. 110, 1962; Auszug ETZ, 1962, 556.

[281] Ubbelohde, L : Zur Viskosimetrie, 6. Aufl., Leipzig: Hirzel 1944.

[282] Ullmann, F. (Hrsg.): Enzyklopädie der technischen Chemie, Bd. 6, 3. Aufl., München/Berlin: Urban & Schwarzenberg 1955.

[283] Veith, H.: Die Abhängigkeit des Gleichstromwiderstandes und des Verlustwinkels von Papier von dessen Trocknungszustand und Temperatur. Frequenz 3 (1949) 165–173 u. 216–223.

[284] –: Zur thermischen Stabilität von Papier im Vakuum. Kolloid-Z. 150 (1957) 67–72.

[285] Vereinigung Deutscher Elektrizitätswerke, VDEW e.V.: Die Blindlast, eine Richtlinie für ihre Bewertung im Mittelspannungsnetz, Frankfurt/M.: Verlags- und Wirtschaftsgesellschaft der Elektrizitätswerke (VWEW) 1958.

[286] Vereinigung Deutscher Elektrizitätswerke, VDEW e.V.: Leistungskondensatoren. Technische Richtlinien (1958), Frankfurt/M.: Verlags- und Wirtschaftsgesellschaft der Elektrizitätswerke (VWEW).

[287] VDI-Wärmeatlas: Berechnungsblätter für den Wärmeübergang, Düsseldorf: Deutscher Ingenieur-Verlag GmbH. 1957.

[288] VIEWEG, R., u. TH. GAST: Ein Beitrag zur Ermittlung der Dielektrizitätskonstanten von Mischkörpern. Z. techn. Phys., 1943, 56–62.

[289] VONDENBUSCH, A.: Schaltungskenngrößen von Kondensatorstoßstromerzeugern. ETZ A 84 (1963) 472–479.

[290] WAGNER, K. W.: Die Isolierstoffe der Elektrotechnik, hrsg. v. Prof. H. SCHERING, Berlin: Springer 1924, Zahlentafel 1.

[291] WAGNER, K. W.: Zur Theorie der unvollkommenen Dielektrika. Ann. d. Phys. 40 (1913) 817–855.

[292] WAGNER, K. W.: Erklärung der dielektrischen Nachwirkungsvorgänge auf Grund Maxwellscher Vorstellungen. Arch. Elektrotechn. 2 (1914) 371–387.

[293] WAGNER, K. W.: Dielektrische Eigenschaften von verschiedenen Isolierstoffen. Arch. Elektrotechn. 3 (1914) 67–106.

[294] WAGNER, K. W.: Der physikalische Vorgang beim elektrischen Durchschlag von festen Isolatoren. Sitzungsbericht d. preuß. Akad.Wiss., physik.-math. Kl., 1922, 438.

[295] –: The physical nature of the electrical breakdown of solid dielectrics. J. Amer. Inst. electr. Eng. 61 (1922) 1034.

[296] –: Der elektrische Durchschlag von festen Isolatoren. Arch. Elektrotechnik 39 (1948) 215–233.

[297] WAGNER, K. W., u. A. GEMANT: Der Frequenzgang der Durchschlagspannung im Wärmegebiet. Sitzungsbericht d. preuß. Akad. Wiss., physik. math. Kl., 1934, 100–111.

[298] WALDMANN, E.: Reihenkondensatoren für Mittelspannungsnetze. VDE-Fachberichte 17 (1953).

[299] WALDMANN, E.: Reihenkondensatoren. Siemens-Z. 29 (1955) 104–105.

[300] WARNER, A.: Electrical and Physical Properties of IN 420: A New Chlorinated Liquid Dielectric. AIEE-Trans. 71 (1952) 330–335.

[301] WEISE, R.: Wärmeübergang durch freie Konvektion an quadratischen Platten. Forsch. Ing.-Wes. 6 (1935) 281.

[302] WESTPHAL, W. (Herausgeber): Physikalisches Wörterbuch, Berlin/Göttingen/Heidelberg: Springer 1952.

[303] WESTPHAL, W. H.: Physik. Ein Lehrbuch, 22.–24. Aufl., Berlin/Göttingen/Heidelberg: Springer 1963.

[304] WHITEHEAD, J. B., u. R. H. MARVIN: Anomalous Conduction as a Cause of Dielectric Absorption. Trans. AIEE 48 (1929) 299, 316.

[305] WIEGAND, O.: Elektrische Bauelemente für erhöhte Anforderungen. Siemens-Z. 35 (1961) 270–274.

[306] WÖRNER, TH.: Über die Gasfestigkeit und Gasabschaltung von Isolierölen im elektrischen Feld. Erdöl u. Kohle 3 (1950) 427–436.

[307] –: Über die Gasfestigkeit von Isolierölen im elektrischen Feld. ETZ 72 (1951) 656–658.

[308] YAMADA, T., I. NAGAMURA, T. OMORI, K. OSHIMA u. S. NODA: Development of Series Capacitors in Japan during last 15 Years. CIGRÉ-Report No. 130, Session 1966, 32 S.

[309] ZANOBETTI, D., PH. R. COURSEY, C. G. GARTON, A. DEJOU, P. GAUSSENS u. G.SOULAGE: Ionisation in Industrial Capacitors. CIGRÉ-Bericht Nr.141, 1958.

[310] ZINKE, O.: Widerstände, Kondensatoren, Spulen und ihre Werkstoffe, Berlin/Heidelberg/New York: Springer 1965.

Berichtigung

S. 94. Abb. 59: Die Kurve der Durchschlagfestigkeit für *Isolierflüssigkeiten* ist versehentlich um eine Größenordnung zu hoch eingezeichnet worden.

S. 260, Abb. 181 und 182:

$$\text{Statt}\quad \frac{1}{\varepsilon}\cdot\frac{\mathrm{d}\,\varepsilon}{\mathrm{d}\,t}\quad\text{lies}\quad \frac{1}{\varepsilon}\cdot\frac{\mathrm{d}\,\varepsilon}{\mathrm{d}\,\vartheta}$$

Liebscher/Held, Kondensatoren